초일류 자동차부품기업의
공장관리 매뉴얼

자동차 협력업체의 생존 혁신

안병하 지은이

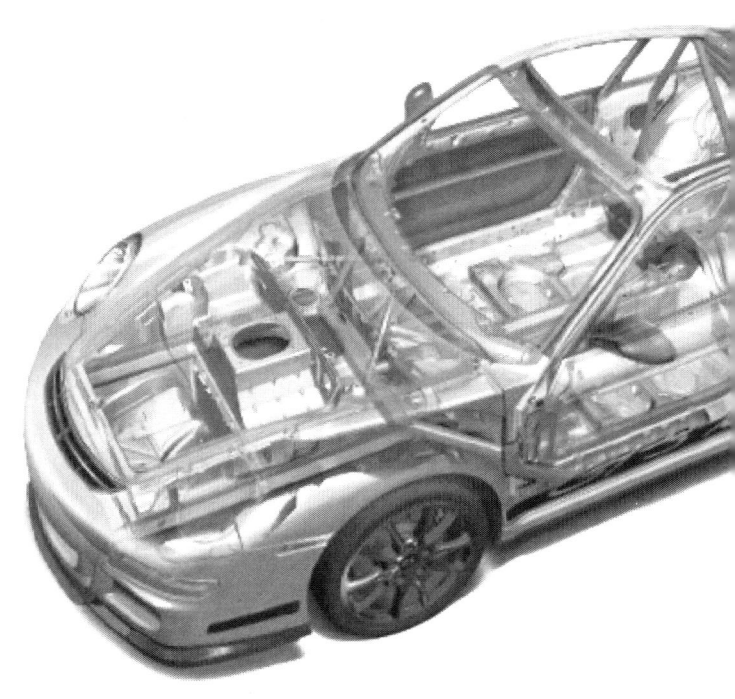

★ 불법복사는 지적재산을 훔치는 범죄행위입니다.
저작권법 제97조의 5(권리의 침해죄)에 따라 위반자는 5년 이하의 징역 또는 5천만원 이하의 벌금에 처하거나 이를 병과할 수 있습니다.

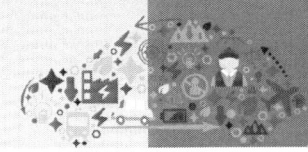

자동차산업의 본질, "변해야 산다!!"

    나는 오랫동안 급변해온 자동차산업의 변화를 현장에서 지켜보고 특히 IMF 외환위기와 글로벌 금융위기로 거대한 자동차 재벌그룹과 수많은 부품기업이 사라지고 대규모의 정리해고가 이루어지는 고난과 위기의 역사를 몸으로 경험하였다. 그러나 이런 치열한 경쟁과 변화에도 끊임없이 혁신을 거듭하고 진화의 역사를 기록하며 오늘날 글로벌 자동차 강국으로 도약한 대한민국의 자동차산업의 발전에 무한한 경외심을 느낀다.

    이 산업중의 산업이요 종합산업인 자동차산업과 기업 생태계에 대한 특성, 생존의 본질에 대해 수십 년간 학습하고 수백 권의 책을 읽으며 수많은 공장을 돌아보고 얻은 경험의 편린을 모아 후학에게 전하고자 8권의 책을 엮기도 했다. 이를 토대로 대학과 기업의 강단에 섰지만 아직도 제대로 완성치 못한 것은 성찰과 노력이 부족한 탓으로 지금도 부끄러울 뿐이다.

    그래도 자동차산업과 기업경영의 특성을 탐구하는데 많은 실무경험을 하였고 오직 이 길만 걸어왔기에 자동차산업의 변화 방향을 보는 안목과 기업이 생존하는 혁신방법을 조금이나마 이해하여 이 책을 펴내게 되었다. 오랜 적폐를 과감히 탈피하여 기본과 원칙이 지켜지는 조직이 되어야 한다. 그래야만 우리의 모든 협력업체가 세계로 나아가는 초일류 자동차부품기업으로 홀로서기할 수 있다는 것이다.

    끝으로 오늘날 현대차그룹을 세계 5위로 만들고 일류 자동차부품강국의 토대를 구축한 것은 열악한 근로환경에서 묵묵히 일하시는 1, 2차 협력업체의 헌신과 희생 덕분이라고 생각한다. 이 모든 분께 감사와 존경을 보내며 다시 한 번 대도약과 혁신을 기대한다.

지은이   안병하

목 차

제1편 자동차의 기본 이해

1. 자동차의 개념과 매력 ······ 3

신이 내린 축복의 선물 - 자동차 / 이동개념의 변화와 자동차출현 / 인간의 원초적인 이동본능과 자동차 / 모든 교통의 중심 - 20세기 교통혁명의 주역 / 자동차 - 도시의 광역화와 기동성 사회의 주역 / 자동차의 기본적인 상품개념 / 자동차는 개별화되는 인텔리전트 서비스 상품 / 자동차 문화와 사회변화 / 자동차는 어른들의 장난감 / 자동차는 심리적 자유와 스트레스를 해소 / 자동차는 자기 자신의 표현수단이며 분신 / 자동차에 중독 된 현대사회 / 자동차는 움직이는 거실이자 섹스의 공간 / 운전으로 얻는 안정감과 자유

2. 자동차의 역사 ······ 8

인류의 위대한 발명 - 수레바퀴 / 마차의 전성시대 - 모든 길은 로마로 통한다. / 증기기관의 산업혁명과 인류 최초의 증기자동차 발명 / 인류역사의 새로운 혁명 내연기관의 발명 / 세계 최초 가솔린자동차 등장으로 자동차 역사의 시작 / 수공업시대의 말없는 초기 마차 자동차 / 1920년대 - 초기 대량생산 시대 / 1930년대 - 디자인 개념의 정립 / 1940년대 - 스타일의 다양화 / 1950년대 - 디자인의 전성시대 / 1960년대 - 개성 차와 스포츠카 시대 / 1970년대 - 소형차와 에어로 다이나믹스 / 1980년대 - RV 붐과 프로세스 혁신 / 1990년대 - 디자인의 동질화와 곡면화 / 21세기의 디자인

3. 자동차 모델 개발과 디자인 ······ 13

자동차 모델이란? / 모델 전략 / 모델 변형(Model Variation) / 모델 교체 / 플랫폼과 모델 / 플랫폼 통합 / 플랫폼의 구동방식 / 엔진 개발 / 제품개발력은 기업경쟁력의 원천 / 디자인 인(Design-In)과 게스트 엔지니어링 / 신차개발 업무와 프로세스 / 기획 단계 / 선행 개발 / 디자인 단계 / 설계 단계 / 시작 단계 / 시험 단계 - 자동차는 시험의 산물 / 생산준비 단계 / 양산 단계

4. 자동차의 성능과 안전 ······ 25

구동력과 저항 / 제동 성능 / 조종 안정성 / 승차감 / 안전의 개념과 안전장치 / 충돌 안전장비와 예방 안전장비 / 차체 안전 / 안전기준과 인증제도 / 안전도 평가 / 매직워드'환경과 안전'- 절대 타협하거나 양보해선 안 되는 필수 / 자동차 연비 / 차량 경량화 / 공기저항 감소

5. 자동차 생산공정과 방식 ······ 31

자동차공장은 고도의 협력과 조화, 원활한 흐름과 유기적 결합이 핵심 / 자동차공장은 거대한 공장의 복합체 / 세계 최대 현대자동차 울산공장 / 주조 공정 / 단조 공정 / 열처리 공정 / 기계가공 공정 / 엔진조립 공정 / 프레스가공 공정 / 차체 용접가공 및 조립공정 / 도장 공정 / 차량조립 공정

6. 자동차의 생산관리 ······ 35

생산 기획 / 생산기술 / 생산계획과 BOM 관리 / 자동차공장의 가동률과 가동시간 / 생산관리의 목표 / 린 생산방식 / 노동생산성 / 현장관리와 개선

7. 자동차 품질 ·· 39
품질개념 / 품질평가 / 품질관리 / 품질보증 / 품질코스트 - 약 10%가 쓸데없이 들어간다

8. 자동차 원가관리 ··· 42
원가의 구성 / 원가기획 - 설계단계에서 80% 원가가 결정 / 원가절감과 학습효과 / VE/VA (가치공학/가치분석) / TEAR DOWN과 VRP(Variety Reduction Program)

9. 자동차 기술 ·· 45
자동차 3대 기술은 제품기술, 제조기술, 공정기술 / 자동차기술의 미래 / 자동차 동력원의 미래 / 하이브리드는 20년 후 주류로 등장 / 산업혁명 이후 새로운 변혁 - 연료전지 혁명 / 텔레매틱스는 스마트 카의 핵심

제2편 자동차산업과 경영

1. 자동차산업의 특징 ··· 51
전후방 연계효과가 큰 종합산업 / 양산효과가 뚜렷한 산업 / 국가의 기간산업 - 방위산업 - 세수산업 / 세계 최대의 초대형 산업 / 지속적인 안정 성장산업 / 세계시장을 무대로 하는 글로벌 산업 / 산업지배력에 따른 정치적인 산업 / 투자위험이 큰 자본산업 / 기술집약적 시스템산업이며 혁신산업 / 고유기술과 축적된 경험이 중요한 산업 - 제조업의 진화 주도 / 철강다소비 산업 - 연간 자동차용으로 1억톤 소비 / 기계공업의 꽃에서 전자공업과 IT 결합 / 전장, 케미컬, 2차전지가 주도하는 자동차 미래 - '현대차의 최대 적수는 삼성전자' / 부품업체에 의존하는 대표적인 조립산업 / 애프터 마켓의 수익이 큰 산업 / 제품구조상 표준화와 모듈화가 어려운 고도의 아키텍처 산업 / 고객 밀착성이 강한 다품종 대량생산의 시장수요산업

2. 자동차 기업경영의 특징과 전략 ·· 59
'자동차 생활문화의 창출'이 기업경영의 본질 / 사회성이 높은 안전철학의 경영 / 세계고객지향의 글로벌 추구경영 / 개선과 진화능력의 축적이 발전의 원동력 / 탁월한 운영(Operation) 능력이 기업의 성공요소 / 변화관리와 탁월한 혁신 추진이 경쟁력 / 조화와 타협의 예술이 필요한 경영 / 전사적 팀워크와 사상 통일이 사업성공의 열쇠 / 고객의 생애가치를 중시하는 고객만족경영 / 폭넓은 이익창출 경영 / 다양한 상품 전개와 사양 관리가 중요한 경영 / 브랜드 가치 중시 경영 / 부품공급 네트워크의 시스템 경쟁력 / 기업경쟁력 확보전략 / 글로벌 산업과 글로벌 전략 / 생산체제와 제품전략 / 부품조달 전략 / 계열구조의 변화와 모듈화 / 브랜드 중시전략 / 비전중심 전략과 장기계획

3. 세계 자동차산업의 변화 ·· 67
자동차산업의 100년 역사와 미래 / 글로벌 금융위기 이후 새로운 변화 / 세계 자동차산업의 재편과 요인 / 양산효과와 과점논란은 일부 타당성 / 시장독점 현상은 일어나기 힘들다. / 신흥시장의 선점과 중국의 세계진출에 달려있다. / 산업발전과 생존원리는 결국 혁신이다. / 패러다임이 바뀌는 변화와 무한경쟁 / 세계 자동차보유는 2012년 11억대, 중국 1억대 돌파 / 수요는 2013년 8천2백만 대에서 2016년 1억대 돌파 전망 / 떠오르는 자동차 신흥대국 - 세계 생산 판매 1위의 중국

4. 국내 자동차산업의 변화 ·· 73
한국은 세계 5위의 자동차 생산대국 / 품질경쟁력은 지속적으로 향상 / 현대자동차 / 기아자동차 / 한국GM / 쌍용자동차 / 르노삼성자동차 / 자일대우버스(ZYLE DAEWOO BUS) / 타타대우상용차

제3편 자동차부품산업

1. 자동차부품의 분류 ·· 79

자동차부품과 부품산업의 분류 / 한국표준산업 분류의 자동차부품제조업과 품목 - 산업통계와 공장등록에 활용 / 보수용 자동차 부품 / 보수용 부품의 가장 큰 특징 / 자동차 용품

2. 자동차부품산업의 특성 ··· 82

자동차산업의 기초이며 중간재 공업 / 다양한 업종과 기술 / 중층의 분업구조와 계열화 / 부품업체규모의 다양성 / 현대기아차 1차 협력사 344개, 2차 협력사 4,271개사 일반구매 2,618개사 / 내·외제 정책과 구분 / 부품개발 방식의 다양화 / 생산의 동기화와 서열공급 - 2시간 단위로 발주와 재고관리 / 모듈화 확대에 대응하는 전략 필요 / 수익성의 노출과 단가인하 가능성이 항상 존재 / 모기업의 원가인하 요구에 대응하는 능력 구축 / 보수용 자동차 부품과 용품시장의 확대에 대응 / 완성차기업과 운명공동체 / 완성차 경쟁력의 원천은 부품공급 / 글로벌 순위- 현대모비스 8위, 현대위아 38위, 만도 46위 / 글로벌 자동차 부품 회사 개요

3. 자동차부품의 모듈화와 플랫폼 ·· 91

자동차산업의 3대 싸움과 모듈화 / 모듈화란 무엇인가? / 모듈화 확대에 대응하는 전략 필요 / 모듈화와 더불어 플랫폼 혁신도 가속화

4. 자동차부품산업 변화와 대응 ··· 94

자동차부품은 1조4천억 달러의 거대시장 - 8천만대 신차시장, 11억대 서비스시장 / 자동차부품산업의 변화 - 글로벌화, 모듈화, 전자화, 계열구조, 조달전략 / 부품개발 방식의 변화 - 승인도방식이 주도 / 국내 부품기업 해외매출 비중이 60% 상회 - 글로벌 기업으로 성장 / 부품업체의 향후 발전 방향 / 기업규모의 대형화 중소부품업체의 전문화 / 기업 간 경쟁에서 기업 네트워크단위로 변화 - 상생과 협력의 시대

5. 자동차부품기업의 변화와 대응방향 ·· 98

기술변화에 대응하기 위한 부품사의 역할 강화 / 모듈단위 설계로 대형 부품업체들의 성장가능성 증대 / 완성차의 원가절감에 따른 부품 단가인하 압력 증대 / 경쟁 입찰제와 복사발주제도에서는 경쟁력이 생존요소 / 완성차의 수요의존 연관성에 대응 / 현대차그룹 협력업체와 공동 해외진출, 육성과 상생 / 현대차 1차 협력사는 10% 수준 영업이익과 글로벌 매출

제4편 현대자동차그룹의 이해

1. 현대자동차그룹 ·· 103

세계 5위의 자동차그룹 / 기아 인수 후 통합 시너지효과 / 완성차 매출 120조원, 그룹 매출 상장기업만으로 215조원 / 글로벌 8백만대 생산체제, 중국에 230만대 생산체제 추진 / 현대차그룹 엔진라인업 완성 / 현대차그룹 품질경영과 지휘사령탑 - 종합상황실 / 현대차그룹의 성공요인 / 현대자동차그룹의 과제

2. 현대자동차 ··· 110

462만대 판매 87조원 매출 6만여 명 직원의 거대기업 현대자동차 / 세계 최대의 울산공장

3. 기아자동차 ·· 112
기아 – 70년 역사, 글로벌 누적판매 3천만대 돌파, 매출 50조원 / 글로벌기업으로 성장 – 해외판매 1998년 25만대 → 2013년 237만대

4. 현대모비스 ·· 113
종합자동차부품회사 현대모비스

5. 현대자동차의 성장과 노사관계의 이해 ·· 114
현대차의 초고속 성장과정 / 현대차 노조의 탄생 / 현대차의 기업문화와 노사관계 / IMF 외환위기의 경험 / 현대자동차의 노무관리의 특징과 문제

제5편 도요타자동차 벤치마킹

1. 세계 1위 자동차기업 – 도요타자동차 ··· 119
직물기계 공장이 세계 최대의 자동차 메이커가 되다 / 글로벌 생산에 의한 규모의 경제, 누적생산 2억대 돌파 / 친환경자동차 개발의 선두주자 / 1천만대 생산에 240조원 매출의 초우량기업 / 일본의 자존심으로 시가총액 1위 최고 선망의 기업

2. 도요타생산방식의 사상과 철학 ··· 122
도요타직원은 문제해결에 미친 광신도 / 도요타방식의 출발은 부도위기에서 생겨났다 / 도요타생산방식의 사상 – '철저한 낭비제거의 사상' / 도요타는 문제해결과 실천에 집착하는 집단 / 도요타 힘의 비밀 – 도요타 DNA / 제조업 진화의 전형 – 도요타 / 도요타의 개선 혼, 개선정신, 즉실천 / 도요타 개선의 전제, 표준화 / 도요타의 원가개념 / '우선 해보자'와 '즉각실천' / 계속이 힘이다. / 인간존중 / 도요타의 7가지 습관 / 도요타 노사관계

3. 렉서스 성공요인 ··· 131
새로운 개념과 글로벌로 성공한 렉서스 / 렉서스의 성공요인은 무엇일까? / 도요타 렉서스공장 – 세계 최고의 다하라 공장

제6편 기업 혁신

1. 기업의 본질은 고객만족의 가치 창출이다 ··· 135
부품회사는 고객이 만족하는 제품 만들기가 본질 / 기업의 단기 목적인 이윤은 기업 활동의 결과이며 생존의 기본조건 / 기업의 장기 목적은 영속과 번영 / 일이란 고객만족의 대가이다 – 고객만족이 없는 일은 가치가 없다 / 인생을 걸고 일해보고 싶은 가치 있는 회사를 만들자

2. 고객과 시장을 명확히 알자 ·· 137
시장과 고객을 먼저 명확하게 정의하라 / 고객은 완성차기업만이 아니다. 후공정도 내부고객이다 / 시장은 제품별 기술별로 세분화하라 / 고객의 소리를 듣는 방법 / 고객 불만사항의 해결

3. 기본과 원칙이 지켜지는 기업풍토를 만들자 ·········· 139

일류기업의 특징은 기본충실 원칙준수 / 삼성전자 – 원칙중심의 경영으로 초일류기업 성장 / 기본과 원칙이 무너진 오랜 적폐가 '세월호 참사' 근본 원인 / 일할 맛 나는 직장분위기의 기본은 배려와 경청 / 고객과 사회에 공헌하는 기업문화 – 공익정신과 자기희생 / 기본예절이 지켜지는 조직 / 작업질서의 기본 – 정리, 정돈, 청소

4. 강한 기업체질을 만들자 ·········· 142

'시련'이 체질을 강하게 한다 / 위기감을 놓지 않고 새로운 도전 목표를 설정하자 / 도요타 세계1위 비결은 위기의식과 벤치마킹 / 조직의 기강이 제대로 서야 한다 / 스스로의 머리로, 스스로의 손으로 문제를 해결하자 / 기업 체질은 변화와 혁신을 통해 이루어진다 / 수익향상을 위한 6대 지표관리를 철저히 해야 한다

5. 기업의 체질강화는 혁신에 있다 ·········· 145

강한 체질은 불황에도 이익 내는 수익구조 / 혁신을 보는 7가지 기본관점 – 변화하는 기업만 살아남는다 / 혁신은 고통과 행동이 따라야 한다 / 변화는 도전과 행동에 있다. / 변화와 혁신은 새로운 일류 기업문화를 만드는 것이다 / 세계화와 초일류지향의 고객, 현장, 지식중시 경영 / 변혁은 최고 경영층이 주도해야 / 앞서가는 관리방식을 정착시키자. / 강한 기업체질은 혁신과 함께 구조개혁과 경쟁력 향상에 있다 / 벤치마킹은 앞선 분야를 표적 삼아 부단한 자기혁신 / 삼성의 혁신에서 배우자

6. 대기업병을 몰아내자 ·········· 151

77년간 세계1위 GM도 파산시킨 대기업병 – 기아, 대우, 쌍용, 삼성자동차도 파산 / 대기업병의 9가지 증상 / 대기업병 자가 진단법 / 대기업병 예방과 치유는 '괜찮아' 부터 없애라

7. 기업혁신은 이렇게 추진하자 ·········· 154

이런 기업은 즉시 혁신해야 한다 / 기업혁신은 목적, 대상, 방법의 3요소를 명확히 해야 한다 / 변화와 혁신을 성공으로 이끄는 8단계 과정

8. 기술력과 인재육성은 기업의 미래 ·········· 160

기업 성장 원동력은 기술력과 인력 / 인력개발은 교육이요 교육은 철학이다 / 현장교육은 선배가 하는 OJT가 가장 효과적이다 / 능력개발은 자기 책임이다 / 자동차 부품기업 직원이 알아야 기본 요소 / 현장 직원이 반드시 알아야 할 3대 지식과 기술 / 4대 기술의 배양과 융합 능력 / 생산기술은 부품기업의 성장 동력

9. 6시그마 혁신운동을 추진하자 ·········· 163

6 시그마란 / 6 시그마의 본질 / 6 시그마의 성공조건 / 6 시그마의 추진요원의 육성

제7편 조직과 노사 혁신

1. 조직을 활성화시키자 ·········· 169

조직을 활성화하려면 먼저 공유가치를 만들자 / 전원참여의 비전을 계층별 기능조직별로 만들자 / Communication의 기본은 비전의 공유 / 모든 정보를 공유하자 / 열린 풍토를 만들자 / 실패를 인

정하는 문화를 만들자 / 높은 목표에 도전하고 성취하는 문화를 만들자 / 권한을 위임하자 / 변화에 대한 보상을 하자 / 기본과 원칙이 지켜지는 문화를 만들자 / 각종 동기부여 프로그램을 새로이 정립하자 / 서로 경청하고 칭찬하는 조직문화를 만들자

2. 관리감독자의 리더십을 키우자 ······ 174

현장 리더란 누구인가 / 현장리더의 7가지 역할 / 현장 리더가 갖추어야 할 조건 / 현장 리더에게 필요한 6가지 능력 / 현장 리더가 해서는 안 되는 말 / 현장 리더십 강화의 9원칙

3. 회의문화를 바꾸자 ······ 178

회의는 기업문화의 결정체 / 회의 문화가 일류 기업을 만든다 / 삼성의 회의 3.3.7원칙 / 회의는 반드시 결론을 내라 / 회의에서 중요한 것은 '결정'이다 / 회의 내용을 전파하라 / 회의의 발표와 경청의 기술

4. 최고 경영자를 이해하자 ······ 183

자동차부품업체 CEO - 힘들고 고달픈 자리 / 최고경영자 - 막중한 책임 고독과 인내의 자리 / 모든 이해집단의 조정 책임자 / 주주의 권익을 최대로 보장해야 / 금융회사 은행은 자금을 무기로 통제 / 자재 공급자와 협력기업과는 동반자 관계 유지 / 고객의 요구는 무조건 수용해야 존속한다 / 경쟁기업은 항상 옆에서 위협을 가한다 / 종업원과 노동조합은 사장의 파트너이자 상사이다 / 정부와 지역사회 언론은 결코 무시 못 할 권력집단 / CEO의 사내 3대책임

5. 노사협력의 새로운 틀을 만들자 ······ 187

노사관계의 새로운 방향 - 철학과 가치를 공유하자 / 노사 상호신뢰와 협력기반 구축하자 / 참여하고 싶은 열린 경영을 하자 / 서로가 장기적인 관점을 갖자 / 법치주의 노사문화를 만들자

제8편 생산성 혁신

1. 종합생산성을 혁신하자. ······ 193

수익성을 향상 맵을 그려 전원이 참여하자 / 3대 생산성 / 생산성은 임금인상과 경쟁력의 원천이다. / 제조경쟁력 극대화를 위한 종합생산성 향상 / 재료 생산성 향상 방안

2. 편성효율과 조립생산성을 올리자 ······ 198

자동차기업의 생산성지표는 국제수준에 미흡 / 조립생산성(HPV) / 직행률 / 편성효율을 올리자 / 편성효율 향상의 기본원칙

3. 현장관리를 철저히 하자 ······ 200

생산의 4요소 중 작업자가 가장 중요 / 현장관리자의 역할 / 현장관리자의 마음가짐 / 현장관리자의 1일 행동기준

4. 5S는 공장관리의 기본이다 ······ 203

5S는 관리의 기본이며 표준화의 출발점 / 5S는 '눈으로 보는 관리'의 기본

5. 눈으로 보는 관리를 실천하자 ··· 207
'눈으로 보는 관리'는 문제점·이상·낭비를 예방하는 관리 방식 / 눈으로 보는 관리의 도입과 추진 순서

6. 생산공정을 개선하자 ·· 209
생산시스템은 최소 인풋과 최대 아웃풋의 변환과정 / IE 정의 / 작업관리란 / 공정분석 / 공정개선의 원칙 / 가동분석 / 작업분석 / 동작분석 / 준비교체시간 단축

7. 개선을 활성화하자 ·· 213
개선이란 고객을 만족시켜나가는 활동 '계속이 힘이다.' / 문제의식을 저해하는 10가지 장벽 / 개선 테마 선정 시 고려사항 / 개선성공 10대 원칙 / 문제해결 마음가짐 / '왜 왜' 의 사고 / 개선의 기본사고 / 개선을 저항하는 10가지 말

8. 관리 사이클을 정착시키자 ··· 219
관리의 Cycle과 품질개선활동 / PDCA와 일의 Level Up

9. 제안제도는 기업발전의 원동력이다 ··· 221
획기적인 생산성은 전원의 지혜를 모으는 제안활동에 있다 / 제안이란 관심이다 / 제안의 마음가짐 / 제안의 목적과 기대효과 / 제안의 문제점과 개선방안 / 제안제도 개선 방향 / 제안 활성화 방안 사례 / 공장혁신을 위한 개선제안 Point / 현대모비스 제안사례

10. 분임조를 활성화시키자 ··· 226
소집단 활동과 품질분임조 / 분임조 활동의 마음가짐 / 분임조 활동 역할 / 분임조 리더의 역할 – 리더는 소집단의 핵심이다

11. 준비작업 교체시간을 단축하자 ··· 228
준비교체 단축은 다품종 소량생산 단 납기시대 핵심경쟁력이다 / 준비작업시간 절감은 프레스·기계가공 공장에선 절대 필요 / 준비작업 교체의 사고방식 / 준비작업 시간절감 추진방안 / 준비작업 시간절감 단축 포인트

12. 작업표준을 확실히 지키자 ··· 233
표준작업은 사람의 동작중심 작업표준은 생산기술의 기준 / 표준 작업에 꼭 들어가야 할 3요소 / 작업 표준서의 역할 / 작업표준을 어떻게 해야 준수하나 / 작업표준을 적용할 때 주의사항 / 표준의 교육과 현장적용 / 작업 관리 / 작업표준 달성을 위한 15가지 요건

13. 제품개발기간과 생산리드타임을 단축하자 ································ 238
제품개발기간과 생산리드타임 단축의 장점 / 생산 Lead Time 단축의 접근사고방식 / 생산기간의 단축 포인트

14. TPM 추진으로 설비 고장제로에 도전하자 ································ 240
TPM이란 – 고장 제로와 수명연장 / TPM 추진 5원칙 / TPM 추진의 내용과 목적 / 자주보전

제9편 품질 혁신

1. 품질관리체계를 구축하자 ··· 245
품질관리의 변화추이 / 품질관리의 포인트 변화 / 품질관리의 업무영역 / 품질관리 기본전략 / 품질정보의 공유 방법 / 이상처리 Flow 정립 / 이상발견 및 처리의 순서와 연구 / 불량처리 Flow 정립 / 초물관리대 운용 / 품질개선활동 전개 / 원류관리를 철저히 하자

2. 품질관리기법을 활용하자 ··· 252
QC 7수법은 품질개선의 가장 유용한 도구이다 / 파레토 도표 / 특성요인도 / 체크시트 / 히스토그램 / 산점도 / 층별 / 그래프

3. 품질을 혁신하자 ··· 256
품질문제가 근절되지 않는 이유 / 품질혁신의 기본 방향 / 제조공정의 필수 품질관리 항목 / 품질개선대책의 수립 방법 / 품질혁신은 정해진 룰을 준수하는 체질에 있다

4. 품질비용을 줄이자 ·· 260
품질확보의 3원칙 / 품질비용 / 품질비용 관리체계의 구축

5. 리콜과 P/L에 대비하자 ·· 263
제조결함 시정제 – 리콜(Recall) / GM 1천만대 이상 리콜 – 교체비용 57센트 방치 벌금은 3500만 달러 / 미 타임지 선정 10대 리콜 중 1위는 도요타자동차 매트 끼임 / 제조물 책임법– PL법 / PL법의 과제와 대응

6. 현대기아차그룹의 품질경영체제에 대응하자 ···························· 266
현대기아차의 고질적인 품질문제에서 출발 / 현대차 내구품질은 업계 하위권수준 / 정몽구회장의 품질철학과 품질경영 – 'GQ(Global Quality)–3355' / 현대–기아 품질총괄본부와 종합상황실 / 품질패스제, 테크니컬 핫라인센터 / 협력사 품질평가제도 – 5그랜드스타와 SQ인증

7. 현대기아차그룹의 그랜드 5스타를 획득하자 ···························· 270
품질5스타는 부품협력업체의 품질수준 척도이자 수출보증서 / 그랜드 5스타 – 초일류 글로벌부품기업 증표 / 평가요소 – 품질경영체제, 입고불량률, 클레임비용변제율, 품질경영 / GM은 '올해의 우수 협력업체' 선정

8. 2차 협력업체에게 SQ인증을 따게 하자 ································· 273
2차 협력업체는 SQ를 획득하자 / SQ MARK 인증제도 / SQ인증 대상기업의 조건 / SQ MARK 인증제도 평가

9. 자동차산업의 품질인증을 획득하자 ······································ 276
자동차관련 국제인증 / QS 9000– 미 BIG 3사 주도인증 / QS 9000의 목적과 기대효과 / ISO/TS 16949 / ISO 26262 – 전장부품 인증 / QS 9000 구성요소 중 APQP : 사전 제품 품질계획 / PPAP – 양산부품 승인절차(Production Part Approval Process) / FMEA / MSA(Measurement System Analysis) : 측정 시스템 분석 / SPC(Statistical Process Control) : 통계적 공정관리 / QSR

10. 풀프르프 체제를 구축하자 ·········· 281
   풀프르프와 품질보증 / 풀프르프 관련 불량의 Worst 10 / 풀프르프 실수 방지의 구조 / 풀프르프 실수 방지 장치의 검지 방식 / 풀프르프 개선의 기본정신

11. 도요타의 품질관리 14원칙 ·········· 283
   품질이란 모든 생산활동의 질 향상이다 / 도요타 품질관리의 14가지 원칙

제10편 원가 혁신

1. 원가를 절감하자 ·········· 289
   직원들의 개선노력이 수익성향상의 첫 걸음 / 원기의식을 강하게 심자 / 제조원가 3요소와 공장원가 / 원가관리란 / 목표원가 관리 / 원가절감 추진원칙 / 원가절감 점검 포인트

2. 원가혁신은 목숨을 걸고 하자 ·········· 295
   상품 기획·설계 단계에서 목표원가를 확정하라 / 제품개발 단계에 협력업체를 참여시켜라 / 구매부서를 원가 혁신의 선도자로서 활용하라 / 프로세스상의 낭비적인 요인을 제거하라 / 과도한 재고를 줄여라 / 도요타 CCC21(가격경쟁력 재구축)로 30% 원가혁신 성공 / 원가 혁신을 위한 7가지 방안

3. 낭비를 철저히 없애자 ·········· 299
   낭비와 제거활동 / 낭비의 종류 / 3불의 정의와 낭비 - 목적에서 어긋나는 것은 낭비 / 생산현장의 낭비(도요타 7가지 낭비) / 낭비발견의 마음가짐과 포인트 / 낭비제거 활동 추진순서

4. 공수절감은 영원한 과제 ·········· 306
   공수는 돈이다 / 생산성향상은 표준시간(ST)과 공수종합효율에 달려있다 / 공수 종합효율은 관리자의 가동률과 작업자의 작업효율이다 / 시간당 생산량 관리로 실적을 관리하자 / 공수관리의 주요 관련용어

5. 부품을 반으로 줄이자 ·········· 310
   표준화를 통한 VRP 부품 반감화 / 부품반감화가 필요한 기업

6. 재고를 줄이자 ·········· 311
   '재고는 나쁘다' 부터 전원이 인식하라 / 자재 재고자산회전율을 관리하라

7. 기계설비 로스를 줄이자 ·········· 313
   기계설비의 6대 로스 / 설비종합효율 산출방법 / 설비 가동시간 / 고장대책

제11편 구매개발과 납기혁신

1. 구매혁신으로 새로운 경쟁력을 갖자 ········· 319
구매역량이 새로운 경쟁력 / 구매 관련 비용이 원가의 70% 수준 / 우수업체의 발굴과 상생은 장기협력체제 구축의 발판 / 구매 전략 / 구매요원의 행동지침

2. 서열납입과 단납기 생산체제에 대응하자 ········· 321
납기의 중요성 / 납기관리 / 원가상승을 불러오는 납기지연 / 현대차그룹의 유연생산체제와 납기 / 2시간 단위 부품 직서열 공급체제 - 글로비스 지원 / 현대차그룹 'JIS(Just In Sequence)' 방식은 도요타의 'JIT'방식보다 우위

3. 부품업체의 선정과 발주 ········· 323
공급업자의 선정과 관리 / 업체 평가기준 - 가격과 품질이 최우선 요소 / 선정업체별 발주량 조정 - 최우수평가업체가 유리 / 단가인하와 동반성장 - 매년 CR능력을 키우자

4. 협력업체의 지도와 육성 ········· 326
협력업체의 납기관리 / 협력업체 품질관리 / 협력업체 품질지도

5. 부품개발의 신뢰도를 향상시키자 ········· 331
부품개발의 인증매뉴얼 - QS 9000 구성요소 중 APQP(사전 제품 품질 계획) / 부품개발 및 품질계획 시 사전 및 기본 검토사항 / 양산가능성 타당성 검토 / 양산부품승인절차(PPAP) / 양산 초도품 승인 (Initial Sample Inspection Report)

제1편
자동차의 기본 이해

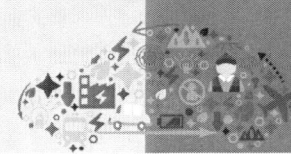

1. 자동차의 개념과 매력

▮신이 내린 축복의 선물 – 자동차

자동차는 인간과 물자를 편하고 빠르게 이동(Mobile)하는 도구로서 인간의 원초적 본능인 달리고 싶은 욕망을 만족시키고 더 나아가 오늘날 현대인의 삶을 자유롭고 풍요롭게 만든 '신이 인간에게 내린 축복의 선물'이다. 이러한 자동차는 오늘날 모든 교통수단의 중심으로서 수천 년간 이어온 인간의 이동에 대한 생각을 변화시켰고 인류의 생활과 사회의 구조도 바꾸어 놓았다.

▮이동개념의 변화와 자동차출현

운송수단이 처음 생긴 이후 수천 년간 인류의 이동은 의식주를 해결하는 생존본능의 수준에 머물렀으나 근대 증기기관과 철도의 발달로 인한 산업혁명으로 경제발전과 함께 시간과 공간을 단축시켰다. 이어 19세기말 자동차의 출현은 인간생활에 획기적인 변화를 가져왔다. 먼저 시간과 공간의 한계에서 탈피하였고 자유로운 생활이 이루어졌으며 인간 개개인의 삶의 질도 크게 향상되었다.

이동개념의 변화

구 분	이동수단 발명	이동수단 발달	자동차 출현
이 동 기 구	수레바퀴와 마차	증기기관과 철도	자동차의 발달
주 요 목 적	의식주 해결	경제 군사 발달	삶의 질 향상
주 요 수 단	군사 수단	인간 재화 이동	자유생활 추구
주 요 결 과	생존 본능충족	시·공간 단축	시·공간 탈피

▮인간의 원초적인 이동본능과 자동차

인간은 걷고 뛰는 원초적 이동본능을 가지고 있다. 사람의 신체로는 1시간에 4km밖에 걸을 수 없어 옛날에는 하루 이동거리가 겨우 40km 정도에 머물렀다. 그러나 오늘날에는 자동차로 하루에 1천km를 움직일 수 있어 인간의 행동반경은 획기적으로 넓어졌다. 바로 인간 자신의 확장을 추구하려는 이동본능에서 자동차가 생겨난 것이다.

▌모든 교통의 중심 – 20세기 교통혁명의 주역

인간의 활동이 일어나는 수많은 장소와 장소를 서로 연결하는 서비스가 교통이며, 이러한 교통은 도로, 철도, 선박, 항공으로 이루어진다. 교통이용자는 이 가운데 이동성, 접근성, 편리성, 쾌적성, 안전성, 경제성, 신속성을 모두 고려하여 가장 적합한 교통수단을 선택한다.

이러한 교통수단에 있어 철도는 레일, 항공기는 공항시설, 선박은 항구시설이 각각 있어야 하지만 자동차는 도로만 있으면 언제나 이용이 자유로워 철도, 선박, 항공기의 양끝 수송을 맡는 보완수단이면서 문에서 문(Door to Door)까지 수송이 가능한 종합운송시스템의 근간을 이룬다.

또한 자동차는 운전조작이 쉽고, 이용이 자유로우며 개인 소유와 대중화가 가능하여 20세기 교통혁명의 주역이 되었고 앞으로도 모든 교통 활동의 중심이 될 것이다. 이를 가리켜 역사학자인 A.토인비는 '20세기 문명가운데 인류가 이룩한 최고의 업적은 교통발달' 이라고 지적하였다. 이것은 바로 자동차의 발달을 의미하는 것이다.

▌자동차 – 도시의 광역화와 기동성 사회의 주역

자동차는 단순히 새로운 교통수단의 출현이라는 차원을 넘어 현대사회의 모든 분야에 영향을 주었다. 무엇보다 도시구조를 광역화하고 교외로 넓히며 현대인의 생활을 기동성 중심 사회로 변화시켰다. 자동차가 출현하기 전까지 도시와 마을의 형성은 인간의 행동반경과 도보 속도에 맞추어졌으나 오늘날에는 자동차 속도를 기준으로 이루어져 도시 자체의 규모가 커지고 고속도로로 도시와 도시를 연결하는 선벨트라는 위성도시가 대도시 주변에 생겨났다.

▌자동차의 기본적인 상품개념

자동차는 본질적으로 다음의 상품요건을 충족시켜야 존재 의의를 가지고 시장과 소비자 속에서 지속적으로 이용되고 발전되어 갈 것이다.

① 운송기계로서 기능과 주행성능을 갖추어야 한다.
② 안전과 환경조화로 사회성도 충족시켜야 한다.
③ 스타일링과 디자인이다. 아름다우며 타는 이의 개성과 신분을 나타내야 한다.
④ 편리성이다. 다양한 편의장치가 구비되어야 한다.
⑤ 품질신뢰성이다. 물건으로서 품질균일성과 내구성이 있어야 한다.
⑥ 가격이다. 내구소비재로서 살 수 있는 가격에 가격경쟁력도 있어야 한다.
⑦ 고객지향성이다. 수많은 차종가운데 선택되고 고객욕구를 충족시켜야한다.

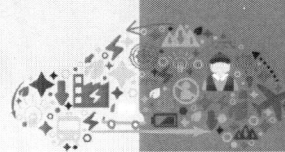

제1편 자동차의 기본 이해

▎자동차는 개별화되는 인텔리전트 서비스 상품

이러한 상품성이외에 자동차는 보급시기에 따라 추구하는 상품의 개념이 달라져 왔다. 자동차는 어느 국가나 지역에 처음 도입될 때에는 고가의 사치재로서 신분의 상징(Status Symbol)이 된다. 이 시기가 지나 대중화 보급이 시작되면 자동차는 생활의 편익을 가져다주는 내구소비재로서 유행성과 실용성이 강조되며, 대중화가 완성되어 성숙시장이 되면 자동차는 다시 구매자 개인의 개성과 욕구를 충족시키는 개성화 상품으로 개념이 바뀐다.

또한 생산과 기술의 요구를 반영하는 제품 개념도 처음에는 '중공업 기계'이었지만 전자화가 확대되면서 '전자화 기계'로 바뀌고, 보다 지능화되고 정보화된 자동차가 출현하면서 자동차는 '인텔리전트 서비스' 제품으로 변화하고 있다.

▎자동차문화와 사회변화

문화라는 개념은 매우 포괄적이고 다양한 의미를 내포하고 있어 정의하기가 쉽지 않다. 일반적으로 문화는 개인이나 집단의 그 시대 생활방식이나 가치관을 뜻한다. 따라서 자동차 문화란 자동차를 개발, 생산, 유통, 소유, 사용하는 제반활동에서 나타나는 제도와 법규, 도로교통과 질서, 풍토 등의 환경특성 그리고 자동차 이용자들의 공유된 가치관이나 행동양식 등의 총체적 집합이라고 할 수 있다.

이러한 자동차 문화는 그 나라나 지역의 자동차공업 수준, 보급 수준, 보급시기, 유통 체계, 도로교통 인프라, 질서 수준, 보험가입, 국민교육 수준, 국민소득 수준 등의 여러 요소와 관련이 있어 이런 모든 것을 종합적으로 평가해야 그 수준을 가늠할 수 있다.

한국과 미국의 자동차문화 환경 특성

구 분	한 국	미 국
풍토특성	전국적으로 비슷한 사계절 기후	지역별로 다양한 기후조건 존재
도로특성	변화가 많은 도심 위주의 도로 여건	긴 직선로와 장판로의 고속도로 주행 빈번
문화특성	단일민족형 공통주의적 문화 (전국적 규모의 트렌드가 존재)	다양한 민족의 다양한 문화가 존재 (전체적 유행과 개개별 기호가 동시 존재)
사회특성	대부분의 도시형 라이프 스타일을 가짐	다양한 생활패턴을 가짐
거주특성	개인 독립공간 협소한 아파트 거주체제 (좁은 주차공간, 한정된 레저공간)	개인주택 위주의 타운 형성 (Garage문화, 일부 도심에 국한된 주차난)
심리특성	신속함(빠른 반응)과 개성을 중요시	안정감과 안전성, 안락감을 중요시
생활특성	생활공간 간 이동거리 짧고 택배 등 발달	이동거리 길고 Do-it-yourself 위주의 삶의 형태

사회 환경변화와 자동차에 미치는 영향

사회 변화	자동차의 영향과 변화	사회 변화	자동차의 영향과 변화
핵가족화, 노령화	자동차 수요 확대, 고령 운전자 증가	소득수준 향상	자동차 대중화, 프리미엄 브랜드 시장 확대
여성의 사회진출	여성 운전자 증가, 여성 밀착형 차량개발	디지털 진전	카 일렉트로닉스, 스마트 카 보급
여가 확대	레저 차량 증가(SUV, 미니밴 등)	라이프 스타일 변화	개성추구 모델, 다양한 옵션 확대
도시화 확대	첨단 교통체계(ITS) 개발 보급	고객 중심화	자동차 품질, 고객만족 경쟁 격화
글로벌화 확대	자동차 교역 증대, 디자인 동조화	인터넷 확산	유통구조 변화와 소비자 주권 확대
환경 중시	환경 규제 강화, 그린 카 개발	가족 민주화	주부와 자녀의 구매결정 참여 확대
에너지난 심화	저 연비차, 하이브리드 카 보급 확대	선택기준의 감성화	디자인, 엔진, 소리 등의 감성품질 중시

▮자동차는 어른들의 장난감

어린이들이 많이 가지고 노는 장난감 중의 하나가 자동차이다. 또한 어른들도 가장 갖고 싶고, 타고 놀면서, 여가와 취미생활까지 즐길 수 있는 것이 자동차이다. 그래서 자동차를 '어른들의 값비싼 장난감'이라고도 한다. 그러면 자동차는 어떤 매력이 있기에 사람들은 사고 싶고 타려고 하는가.

▮자동차는 심리적 자유와 스트레스를 해소

자동차를 왜 사느냐고 물으면 가장 많은 사람들이 편리하기 때문이라고 대답한다. 아무리 대중교통기관이 잘 되어 있어도 자가용의 편리성이 차를 가지려는 가장 큰 이유가 된다. 즉, 언제 어디서나 마음만 먹으면 자유롭게 갈 수 있고 어떤 비상사태가 생겨도 도피수단으로 자동차가 있다는 것은 소유자에게 심리적 자유와 안심감을 갖게 한다. 또한 자동차를 고속으로 운전하다보면 스트레스도 해소되고 무력감에서 벗어날 수도 있게 된다.

▮자동차는 자기 자신의 표현수단이며 분신

어떤 자동차를 가지고 있다는 것은 소유자의 신분(Status)을 나타내고 타는 사람의 개성을 표현하기도 한다. '자동차를 산다'는 것은 '자신의 사람됨'을 표현하는 것이다. 그것은 자기의 지위를 객관적으로 타인에게 나타내는 가장 분명한 수단인 것이다.

제1편 자동차의 기본 이해

▍자동차에 중독 된 현대사회

자동차의 대중화 보급은 인간의 생활모습도 크게 변화시켜가고 있다. 자동차를 이용한 생활문화로 자동차를 타고 은행 일도 보고 영화도 즐기며 쇼핑도 하게 되었다. 더 나아가 출퇴근, 레저 패턴, 쇼핑, 데이트, 외식 등 생활 패턴도 바꾸어놓아 이제는 현대인의 생활 자체가 자동차에 중독된 현상이 우리의 생활을 지배하게 된 것이다. 이를 가리켜 '완전 자동차사회'라고도 부른다. 바로 마약 같은 자동차중독이 끊임없이 수요를 창출하여 영원히 자동차수요를 안정적으로 신장시키는 토대가 된다.

▍자동차는 움직이는 거실이자 섹스의 공간

자동차라는 작은 공간 내에서 부부, 연인, 가족, 동료끼리 이동하거나 여행을 하면 자연스럽게 대화의 기회가 많아져 자동차는 '움직이는 거실'이 되기도 한다. 특히 서구사회에서 자동차는 젊은이에게 '독립과 섹스의 상징'이 된다. 청소년이 운전면허를 따 자기 차를 갖게 되면 부모로부터 독립된 자기 인생이 시작된다.

▍운전으로 얻는 안정감과 자유

운전은 사회적으로 안정감을 구하는 욕구 중의 하나이다. 차에 담겨있는 안정감의 상징은 일반적으로 사회에서 얻을 수 있는 안정감보다 더 매력적인 요소를 가지고 있다. 두꺼운 강철 커버로 둘러싸인 큰 차안에 있으면 마치 자궁에 들어간 느낌을 갖는다. 즉, 보호받고 있다는 느낌을 받으며 안전하다는 행복감을 갖게 된다. 또한 운전자들은 자신의 차를 자유자재로 운전할 수 있으면 또 자신감을 갖는다. 바로 고도로 복잡한 기계도구를 지배하는 의기양양한 기분을 느끼게 된다. 특히 머리를 흩날리며 신나게 달리는 기분이나 길과 하나가 되는 드라이브의 느낌은 기술적 신비감과 함께 뿌듯한 우월감으로 넘치게 한다.

2. 자동차의 역사

▍인류의 위대한 발명 - 수레바퀴

스스로 움직이는 차에 대한 인간의 꿈은 장구한 인류의 역사와 그 근원을 같이하고 있다. 오늘날 일반화된 가솔린 자동차의 역사는 기껏해야 128년이 조금 넘은 정도지만 보다 근원적인 차원에서 자동차의 역사는 인류문명의 태동기였던 기원전 4천년 경 남메소포타미아의 수메르 인에 의해 고안된 소나 노새가 끄는 '수레바퀴'에서 시작된다.

▍마차의 전성시대 - 모든 길은 로마로 통한다.

기원전 2천년에는 보다 강하고 빠른 말이 끄는 기동력 있는 마차 민족이 세계각지를 정복하게 되었고, 특히 고대 로마제국은 유럽 전역에 도로망을 닦아 '모든 길은 로마로 통한다'는 마차 운송시대를 열었다. 이러한 마차는 가장 오랫동안 인류의 육상 교통수단으로써 이용되었으며 자동차가 출현하기 전인 18세기부터 19세기까지의 약 200년은 '마차의 전성시대'를 이루었다. 그러나 마차는 동물의 힘에만 의존하는 한계 때문에 '말없는 마차', '스스로 움직이는 자동수레'에 대한 꿈을 버리지 않았던 인류는 15세기 레오나르도 다빈치가 태엽장치로 움직여보기도 하고 바람이나 스프링을 이용해보다 1860년에는 만유인력을 발견한 영국의 뉴턴에 의해 증기분사력을 이용한 자동차의 모형이 처음 제작되었다.

▍증기기관의 산업혁명과 인류 최초의 증기자동차 발명

1712년 뉴커먼에 의해 증기기관의 제작에 성공하고 이어 1765년 제임스 와트가 회전식 증기기관을 개발하여 기계를 움직이거나 광산용 펌프로 실용화하자 이러한 증기기관을 자동차에 얹혀 증기차를 개발하려는 최초의 시도가 루이 14세 때인 1769년 프랑스포병장

교 N.J 퀴뇨에 의해 대포를 끌기 위한 포차로 1호 차를 만들었으나 주행에는 실패하고 말았다. 1771년 2호 차를 만들어 4명을 태우고 시속 3.5km로 빈센느 거리를 달림으로써 인위적인 동력으로 움직이는 세계 최초의 자동차가 되었다.

제1편 자동차의 기본 이해

그 후 영국의 리처드 트레비딕이 1801년 매우 실용적인 증기자동차를 만드는 데 성공한 후 1820년부터 본격적으로 보급이 늘어나 1900년대 초까지 '증기자동차의 황금시대'가 열렸었다. 한편 1825년 스티븐슨이 발명한 증기기관차는 발달을 거듭하여 1848년 영국에서는 철도길이가 8천km를 넘어 19세기는 증기기관차와 기선이 근대 산업혁명과 교통혁명의 주역이 되었다.

▍인류역사의 새로운 혁명 내연기관의 발명

인류역사를 바꿔놓은 석유를 쓰는 내연기관 자동차는 실린더 내에서 직접 연료를 연소시켜 그 폭발력으로 동력을 얻는 기계로 먼저 1860년 프랑스 르노아르가 가스엔진을 처음 완성하였고, 1872년 독일의 N.오토가 4사이클 엔진의 기본원리를 이용한 가스엔진을 실용화한 후, 함께 일하던 G.다임러가 1883년 소형의 고효율 가스엔진을 완성하고 이어 1885년에 2륜 목재 자전거에 엔진을 탑재, '사상 최초의 2륜 자동차'인 모터사이클을 만들었다.

▍세계 최초 가솔린자동차 등장으로 자동차 역사의 시작

곧이어 다임러는 1886년 2인승 4륜 마차에 휘발유 엔진을 얹혀 '세계 최초의 휘발유 자동차'를 탄생시키기에 이르렀다. 이 자동차는 최고속도 시속 15km로 스프링, 냉각기, 클러치, 2단 변속기, 자동기어 등 비록 원시적인 형태였지만 현대식 주행장치는 거의 다 갖추고 있었다. 같은 시기 같은 독일 K.벤츠라는 기술자도 1885년 4사이클 휘발유 엔진을 3륜차에 탑재

하고 1886년 특허를 취득하게 됨으로써 다임러와 벤츠는 '가솔린 자동차의 아버지'로 부르게 되었고, 두 사람이 각자 만든 자동차 회사가 1926년 합병하여 다임러 벤츠사가 되었다.

1886년 가솔린 자동차의 특허를 획득한 벤츠는 곧 상품화하였다. 이 무렵 설립한 벤츠, 푸죠, 르노, 포드, 피아트 등 오늘날 세계적 기업은 모두 100년 이상의 역사를 가지게 된다. 1900년 이전의 초기 자동차는 부유한 특수계층의 장난감과 같은 소량의 주문생산에 머물러 1900년 세계 생산규모는 1만대 수준이었다.

▍수공업시대의 말없는 초기 마차 자동차

1886년 1월 29일 독일의 벤츠(Karl Benz)가 특허(Patent NO 37435)를 받은 3륜차가 공식적인 세계 최초의 가솔린엔진 자동차로 인정되고 있다. 물론 같은 해 같은 독일에서 가솔린엔진의 4륜차가 다임러(G. Daimler)에 제작되었으나 특허를 기준으로 벤츠의 3륜차를 근대 자동차의 효시로 꼽고 있다.

초기의 자동차는 '말없는 마차(Horseless Carriage)'의 형태로 승객실(Cabin)의 개념이 없었고 차대(Chassis)도 마차와 동일한 구조를 가지고 있어 디자인의 개념은 존재하지 않았다.

자동차가 발명된 후 구조적인 진보는 초기 유럽을 거쳐 헨리포드에 의해 미국에서 빠르게 이루어졌다. 포드 T형 모델이 대량방식에 의하여 생산되기 시작한 1913년 이전까지는 엔진과 구동장치를 만드는 새시업자에게 공급받아 차체를 만드는 마차 제조업자에게 의뢰해서 완성하는 수공업형태에 머물러 있었다.

다임러가 제작한 4륜 가솔린차

1920년대 - 초기 대량생산 시대

1914년부터 포드 T모델의 대량생산시대를 거치고 1920년대 비로소 앞쪽은 엔진공간이 뒤쪽은 주거공간이 있는 2 Box형태의 고전적 자동차 디자인의 형식을 갖추었다. 1920년대 말에는 유선형의 자동차 디자인이 등장했고 트렁크의 개념이 생기며 세단 형이 선보이기 시작하였다.

1930년대 - 디자인 개념의 정립

포드의 대량생산방식이 자리를 잡고 미국의 빅3-GM, 포드, 크라이슬러가 미국의 자동차대중화를 주도하면서 금형 프레스로 자동차가 만들어져 금형을 다시 만들 때마다 형상의 변경이 이루어지는 스타일 중심의 디자인 개념이 정립되었다.

1940년대 - 스타일의 다양화

제2차 세계대전으로 미국은 군수산업의 전쟁특수로 자동차생산이 크게 늘었고, 자동차기술의 진보도 크게 이루어졌으며, 전쟁영향으로 엔진의 대형화, 고성능화와 차체의 대형화, 고급화로 진전되었다. 반면 유럽은 전후 어려운 경제사정으로 소형차가 대부분이었다. 구조 또한 간단하고 장식적인 요소가 적은 스타일이 주류를 이루었다.

이 당시 미국은 민간용 차량과 함께 대표적인 군용으로 지프(Jeep)가 등장하였다. 한편 전후 유럽의 대표적 모델은 1945년 독일의 폭스바겐의 비틀(Beetle)과 이를 최초로 설계한 포르쉐박사가 만든 포르쉐 스포츠카가 등장하였다. 또한 전쟁 후 민간용 차량의 생산을 재개한 피아트, 란치아, 페라리도 소형차와 스포츠카에서 독특한 유럽스타일의 모델을 선보였다.

1950년대 - 디자인의 전성시대

자동차의 바로크시대로 부를 만큼 화려한 장식과 공기역학 구조의 형태가 절정을 이룬 시기였다. 1954년부터 매년 새 모델이 발표되어 변화주기가 짧아지고 자동차 디자인의 중요성이 크게 부각되었다. 기술의 진보도 급속히 이루어져 모노코크 차체의 출현과 OHC 엔진 개발 등으로 차체높이가 낮아지고 엔진의 고성능화가 이루어졌다. 미국과 유럽에 이어 일본메이커도 다양한 모델을 개발하면서 각각의 고유의 캐릭터를 가지게 되었고 새로운 스타일이 속속 등장하였다.

1960년대 - 개성 차와 스포츠카 시대

자동차가 일반 대중상품으로 인식되는 시기로 정통적인 디자인 개념에서 탈피하여 다양한 소비자의 취향에 따라 선택하는 소비제품의 개념으로 변화한다. 미국에서는 1964년 발표한 포드의 머스탱에 의한 새로운 스타일의 전기가 마련되면서 스포츠 스타일의 요소가 가미한 다양성이 스타일의 주류를 이루었고 유럽은 기술의 성숙성에 관심을 기울이며 유럽형의 고급화와 실용성의 소형차가 자리를 잡아갔다. 한편 신흥공업국인 일본의 자동차가 세계시장에 서서히 선보이기 시작하였다.

1970년대 - 소형차와 에어로 다이나믹스

1970년대는 두 차례에 걸친 오일쇼크로 자동차산업계에 엄청난 변혁을 가져다주었다. 유가의 폭등으로 소형차가 세계시장의 주류를 이루었고 미국시장에서 별로 주목받지 못하던 일본차가 급격히 새로운 강자로 등장하였다. 미국에서는 모든 메이커의 차량 사이즈와 엔진크기가 줄어들었고 날카로운 박스형 차체와 기하학적인 형태가 유럽과 일본에서 주류를 이루었다.

1980년대 - RV 붐과 프로세스 혁신

1980년부터는 디자인의 관심이 방법과 프로세스의 변화에 맞추어지고 차량전체가 부드러운 라운드 형태로 주류를 이루었다. 또 운전시간이 길어지면서 실내공간이 넓어지고 레저용 차량으로 SUV와 미니밴의 다양한 모델이 선보였다.

1990년대 - 디자인의 동질화와 곡면화

자동차의 성숙기 시대로 다품종 소량생산으로의 변화와 함께 자동차의 일반적 형태로 완전곡면과 선의 개념으로 바뀌었다. 또한 자동차기술이 보편화되면서 메이커마다 갖고 있던 정체성(독자성)이 희박해지고 있다.

21세기의 디자인

자동차 디자인은 차체의 성형성이 증대되어 디자인 자유도는 더욱 높아지고 기술의 변화에 따라 지금의 자동차와 전혀 다른 형식의 자동차 출현도 예견되고 있다. 이러한 자동차의 개념 변화는 디자인 개념의 변화를 뜻하는데 21세기에는 개인의 가치추구에 부응하며 개성과 질을 존중하는 개성화 개념으로 디자인의 목표설정이 이루어지고 인간생활의 질을 높이는 문화 창출 수단의 개념으로 변화가 이루어질 것이다.

자동차의 발달 연표

기원전 4천년경	수메르인 수레바퀴 발명
기원전 2천년경	2륜 전투마차 전성기, 마차 민족의 시대
200년경	8만km 마차도로 건설. '모든 길은 로마로 통한다.'
1712년	뉴커멘(Th.Newcomen), 증기기관 발명
1769년	퀴뇨(N.J.Cugnot), 증기자동차 제작
1859년	르노아르(JJ.Lenoir), 석탄가스 내연기관 발명
1876년	오토(N.A.Otto), 스파크 점화식 내연기관 발명
1886년	다임러(G.Daimler) 가솔린 4륜 자동차, 벤츠(K.Benz) 가솔린 3륜차 발명 특허취득 다임러, 마이바흐 공동 세계최초 오토바이 발명
1891년	영, 볼크 전기자동차 발명
1892년	디젤(R.Diesel), 디젤엔진 발명
1894년	세계 최초 자동차 레이스(프랑스 파리-르앙)
1897년	미쉘린(E.Michelin), 자동차용 공기 타이어 발명
1898년	제1회 파리살롱 개최(프랑스 세계최초 모터쇼)
1899년	프랑스 르노, 푸죠, 이태리 피아트 설립
1903년	미국 굿이어튜브레스 타이어 개발, 포드사 설립 고종즉위 40주년 국내 포드 차 1대 도입탑승
1908년	포드-T 개발, General Motors(GM)설립
1911년	미국 캐딜락사, 최초로 자동차 시동기 개발
1914년	포드자동차 컨베이어 시스템 도입 대량 생산 개시
1921년	다임러사, 세계 최초 디젤자동차 개발
1926년	다임러와 벤츠 합병, 다임러벤츠 출범
1934년	시뜨로엥, 세계 최초 전륜 구동차 개발
1937년	도요타자동차 설립 (2014년 연간생산 1천만대 돌파)
1938년	폭스바겐 양산 개시(비틀)
1950년	연간 세계 자동차생산 1천만대 돌파
1959년	세계 자동차생산 누계 1억대 돌파
1967년	현대자동차 설립 (2001년 기아차 계열기업 지정)
1974년	세계 자동차 보유 3억대 돌파
1977년	연간 세계 자동차생산 4천만대 돌파
1997년	세계 최초 하이브리드 카 시판 (도요타 프리우스)
2011년	세계 자동차보유 10억대 돌파
2013년	연간 세계 자동차수요 8천만대 돌파 중국 연간 생산 판매 2천만대 돌파 (세계1위)

제1편 자동차의 기본 이해

3. 자동차 모델 개발과 디자인

▌자동차 모델이란?

자동차에 있어 모델이란 어느 회사에서 생산되는 제품이 그 회사의 타제품과 완전히 다른 외부차체를 사용한 것을 뜻한다.

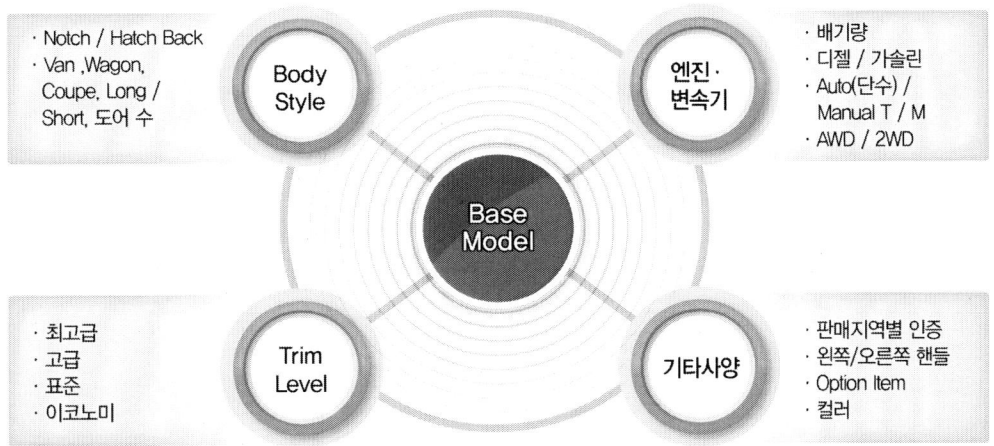

기본 모델과 모델 변형

따라서 차체외형의 전체 모습(Silhouette)이 전혀 다른 차이므로 도어의 수를 변형시키거나 차체 뒷부분을 바꾼 스테이션왜건, 노치백 세단, 해치백 세단과 같은 파생차종이나 버전은 하나의 모델로 간주된다.

▌모델 전략

모델 전략은 새로움과 차별성을 추구하는 소비자의 욕구에 부응하기 위하여 모델의 다양성과 동시에 엔진이나 변속기 조합, 부품레벨, 조립 부품단위와 수량, 각 국별 고객이나 인증요구 등 생산에서 나타나는 생산다양성(Underskin Complexity)을 늘리며 또 이를 위해 제품 개발 사이클을 어떻게 단축시키느냐가 성패의 열쇠이다. 모델다양성과 생산다양성 전략의 궁극적 목표는 전체 모델의 생산수량을 늘리고 생산 공수를 절감하여 코스트 경쟁력을 갖게 하는데 있다.

모델 변형(Model Variation)

　모델전략에 있어 교체주기와 함께 변형 모델을 얼마나 다양하게 개발하느냐 하는 것으로 다양한 고객의 요구에 맞추어 플랫폼과 전체 모델의 생산수량을 확대하는 것이 중요하다. 모델 수는 차체(Body Style), 엔진, 변속기, 선택 사양, 탑재장비, 의장 수준, 판매지역별 특별 사양과 인증요건 등으로 매우 다양하여 여기에 칼라 사양과 철판 소재까지 조합한다면 하나의 차종은 수백 수천 가지의 변형 모델이 있을 수 있다.

모델 교체

　자동차의 모델 교체는 가격 및 품질과 함께 기업경쟁 전략의 중요한 항목이 된다. 시장에서의 소비자 니즈와 새로운 기술변화를 신제품에 반영함으로써 소비자의 구매 욕구를 창출할 수 있는 수단은 모델교체 밖에 없기 때문이다. 따라서 다른 조건이 동일하다면 모델교체를 빠르게 하는 기업이 그렇지 못한 기업에 비해 강한 경쟁력을 갖게 되는 것은 당연하다.

　세계 자동차산업에서의 모델 교체주기는 고급차는 길고 대중차는 짧으며, 대중차에서도 지역적으로 일본은 짧고 유럽과 미국이 긴 특징을 가지고 있다. 일본메이커의 대중차를 예를 들면 모델 교체는 4년에 1회, 그 중간 연도에 부분교체 1회 실시하는 것이 보통이다. 이에 비해 미국과 유럽에서는 대중차는 5년 이상이며 고급차는 6~7년 이상의 주기를 유지하고 있다.

자동차 개발과 플랫폼 구성

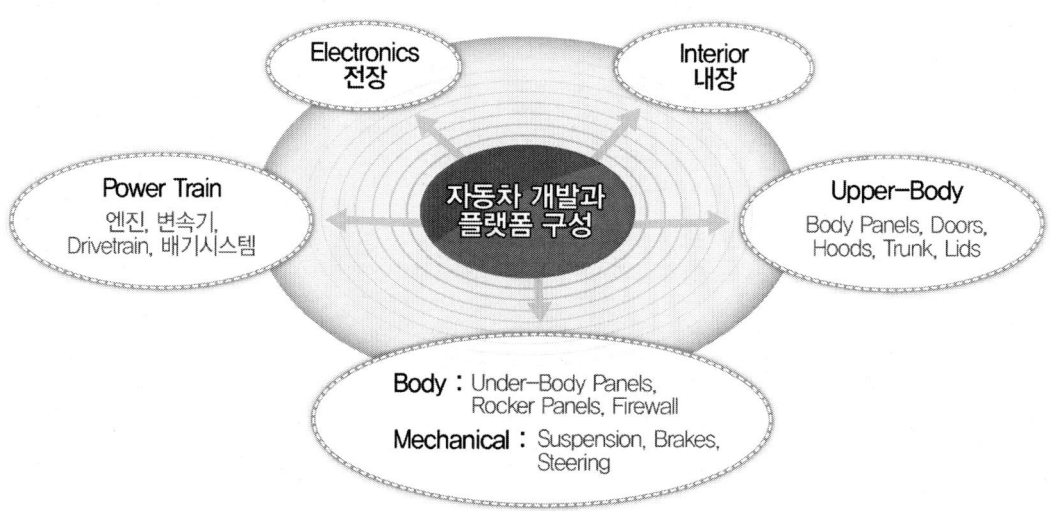

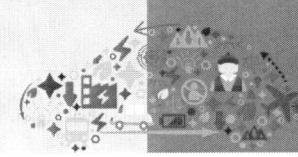

제1편 자동차의 기본 이해

▌플랫폼과 모델

자동차 모델개발의 프로젝트는 전략상 크게 3가지로 나누어진다. △첫째, 전혀 새로운 플랫폼(Platform)을 쓰는 신규 모델개발(New Design) △둘째, 플랫폼가운데 플로어 패널이나 서스펜션 시스템을 약간 변형하는 응용개발 △그리고 플랫폼은 그대로 두고 차체만 수정하는 단순 수정개발이다.

여기서 플랫폼이란 스타일링의 영향을 받지 않는 모델의 기본구조(基本構造)로서 크게 차체 플랫폼과 구조(Mechanical) 플랫폼으로 나누어진다. 차체 플랫폼은 언더 보디패널, 대시패널 등을, 구조 플랫폼은 서스펜션, 스티어링, 휠, 엔진, 미션 등을 말한다. 따라서 플랫폼은 신제품 개발의 핵심요소로서 나머지 차량부품의 기본성격에 영향을 크게 미쳐 하부시스템 또는 표준차대(標準車臺)라고도 한다.

▌플랫폼 통합

플랫폼 통합은 제품 개발비용 절감, 개발기간 단축, 부품 공용화, 대량 구매를 통한 부품 구매비 절감 등의 비용절감 효과가 뛰어나다는 점 때문에 1990년대 들어 세계적 추세로 자리잡아가고 있다. 현대자동차가 기아자동차를 인수한 후에 현대차그룹은 2002년 22개 플랫폼에서 28개 모델을 생산했지만 2013년 6개 플랫폼에서 40개 모델을 생산했다. 제품 개발기간도 같은 40개월에서 2013년 19개월로 단축했고 모델 개발비를 크게 절감하면서도 제품라인업을 완성하며 그룹의 경쟁력 향상에 크게 기여했다고 본다.

플랫폼 공용화 사례는 현대차그룹의 그랜저와 K7, 쏘나타와 K5, 아반떼와 K3, 투싼과 스포티지는 같은 플랫폼을 쓰고 있다. 특히 VW그룹의 플랫폼 공유전략의 경우 플랫폼은 MQB(Modular Tansverse), MLB(Modular Longitudinal Toolkit), MSB(Modular Sportcar Toolkit)이 있다. 각각 중소형, 중대형, 그리고 고급차 세그먼트용이다.

이 세 개의 플랫폼으로 폭스바겐을 비롯해 아우디, 스코다, 세아트, 포르쉐, 람보르기니, 부가티, 벤틀리 등 8개 브랜드에서 생산하고 있는 세단과 해치백, 왜건, 쿠페, 컨버터블, 로드스터, 크로스오버, SUV 등 8개 타입의 모델들을 모두 생산한다. 이는 가솔린과 디젤, 하이브리드 전기차, 배터리 전기차, CNG, LPG, 에탄올 등 7개 종류의 에너지원에 대응하는 파워트레인을 시장에 따라 대응할 수 있는 배경이다.

생산방식에 있어서도 '모듈 킷 구조(Modular Kit Architecture)'는 자동차 개발비와 생산비를 줄이기 위한 방식인데, 글로벌 완성차 업체들이 경쟁적으로 도입하고 있다. 모듈 킷 생산방식은 모든 차량에 단일 플랫폼을 적용하는 생산방식이다. 종래엔 동급차량만 같은 플랫폼을 공유할 수 있었지만, 모듈 킷 구조에선 전 차종을 망라한다. 현대차에 비유하자면, 준중형 세단 아반떼를 생산하는 플랫폼을 해치백모델인 i30, 기아차의 K3 등 동급차량 생산에 활용하는 게 지금까지의 방식이지만 모듈 킷 제작방식에서는 한 플랫폼으로 아반떼, 쏘나타, 그랜저는 물론 엑센트, 모닝까지 생산할 수 있는 것이다. 모듈 킷의 원리는 '레고식 조립'이다. 엔진, 변속기 등 각 기능을 하는 뭉치(모듈)들을 표준화해 레고 블록 조립하듯 어디에든 얹을 수 있도록 함으로써, 신차 개발에 들어가는 시간과 돈을 줄인다.

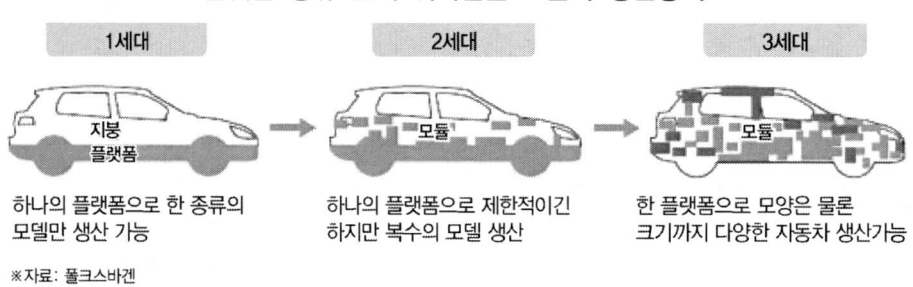

▎플랫폼의 구동방식

플랫폼을 개발할 때 가장 먼저 차의 크기와 성격에 따라 차체 구조는 프레임과 모노코크로 나누고 구동방식은 전륜과 후륜으로 나누는데 탑재엔진의 크기와 구조와도 관련이 있다. 일반적으로 중소형 차량은 대부분 전륜구동 방식을 채택하는 데 그 이유는 차량중량을 감소시키고 구동효율을 증대시켜 연비를 향상 시킬 수 있고 차량의 실내공간을 확보하기 쉬우며 단순한 구조로 원가를 절감할 수 있다. 그러나 대형 고급차량은 승차감에 중점을 두고 있어 대부분 후륜구동 방식을 쓴다. 또한 차체구조는 승용차는 모두 모노코크 구조이고 SUV 차량은 도입 초창기는 프레임에서 점차 모노코크로 이행하고 있어 대형 SUV는 프레임이 중소형은 모노코크가 주류를 이루고 있다.

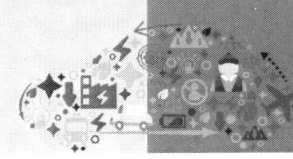

제1편 자동차의 기본 이해

▎엔진 개발

자동차의 심장부인 엔진은 자동차의 성격, 차급, 성능, 품질, 내구성, 경제성, 가격 등을 결정짓는 가장 중요한 부품이다. 또 자동차메이커가 독자엔진을 갖는다는 것은 '기술자립'이란 상징적인 의미 외에 수출 제한에서 벗어나고 기술사용료(Royalty)도 절감할 수 있어 고유엔진의 개발과 자체 생산은 자동차메이커의 기본 생존요소이다.

하나의 새 엔진이 탄생하는 데는 대략 3~4년의 시간과 약 3~5천억 원의 개발비가 투자된다. 여기에 생산설비 투자까지 포함하면 약 1조원이 들어간다. 엔진 개발과정은 ▷기획 ▷설계 ▷시제품 제작 ▷테스트 및 수정 ▷개선설계의 5단계로 나누어진다.

기획단계에서는 배기량, 엔진방식, 보어·스트로크의 크기, 신기술 적용 등을 결정하며 1~2년 정도의 시간이 걸린다. 기획단계에서 새 엔진의 기초골격이 세워지면 이를 기초로 상세설계에 들어간다. 엔진본체는 물론 인접부품과의 간섭 등을 고려하여 보통 6~10개월간 진행된다. 이 설계도면으로 시제품을 제작하는 데는 5~10개월이 걸린다. 시제품이 완성되면 실제 적용할 차량에 장착할 테스트를 한다. 주행시험장과 일반도로에서 10만km이상의 주행시험을 거치며 수정작업이 5~12개월간 반복된다. 이어 각종 테스트에서 드러난 문제점을 6~7개월 동안 개선설계 단계에서 고친 뒤 대량생산에 들어간다. 이런 개발과정을 자동차업체가 독자적으로 하는 것은 아니다. 기술부족으로 엔진개발 기술 전문회사와 공동 또는 위탁해서 개발하기도 한다.

▎제품개발력은 기업경쟁력의 원천

자동차메이커의 경쟁력 원천은 제품개발력에 달려있다 해도 과언이 아니다. 첫째, 신제품의 개념화에서 시장 출하까지 소요되는 리드타임 둘째, 다양한 모델을 신속히 개발해 낼 수 있는 제품개발 생산성 셋째, 제품의 신뢰도(낮은 결함지수), 설계의 우수성, 소비자의 높은 재 구매 의도 등을 나타내는 종합상품력 등의 세 가지 측면에서 우수한 기업이 경쟁력을 갖게 된다는 것은 일본 메이커의 국제경쟁력 우위에서 실증되었다. 특히 스타일 확정(Styling Freeze)부터 신차개발 소요기간이 1990년대에는 3년이 걸렸지만 현재는 15개월 정도로 단축되었다. 이러한 개발경쟁력은 개발과정의 통합화와 제조하기 쉬운 설계, 그리고 개발과정에 얼마나 빠르게 많은 부품업체가 참여하느냐에 달려 있다.

▎디자인 인(Design-In)과 게스트 엔지니어링

자동차는 대표적 조립 산업이므로 수많은 부품을 모두 완성차업체가 자체 개발하는 것은 거의 불가능하다. 따라서 신차개발에 능력 있는 부품업체의 조기참여가 절대 필요하다. 제품개발에 부품업체의 참여를 촉진하는 대표적인 예는 신차개발에 부품업체를 참여시키는 디자인 인과 부품개발에 있어 완성차업체는 부품개발의 콘셉트와 사양만 제시하고 나머지는 부품업체가 세부설계부터 테스트까지 담당하는 승인도 부품이 있다. 반면에 완성차업체가 설계도면을 제작한 후 부품업체가 이 도면에 따라 생산하는 것을 대여도 부품이라고 하고 부품업체가 단독 개발한 것을 완성차업체가 선택해서 사용하는 것을 시판부품이라고 한다.

신차개발에 참여하려면 모기업과 협력업체가 동반자의식을 바탕으로 협력업체 직원을 모기업에 초청하여 개발과정에 함께 일하면서 조기에 품질을 확보하고 개발기간의 단축, 더 나아가 협력업체의 설계능력 배양에도 크게 기여하게 되는데 이를 게스트 엔지니어링이라고 부른다. 이렇게 제품설계와 제조 엔지니어들 간의 긴밀한 의사소통과 협조관계를 나타내는 개발과정의 인적 통합도가 높을수록 생산성 향상과 리드 타임의 단축이 이루어져 종합적 상품력이 높아지는 것으로 나타났다. 여기에 컴퓨터의 디지털 네트워크로 제품기획, 설계, 시작, 부품개발, 생산 등의 각 부문이 리얼 타임으로 연결되어 개발 프로젝트의 통합도도 빨라졌다. 이러한 방식을 동시 엔지니어링이라고 한다.

▎신차개발 업무와 프로세스

신차는 나라마다 회사마다 개발형태가 다르지만 풀 모델 체인지의 신차가 양산되어 시장에 나오기까지는 기획단계, 설계단계, 시작단계, 시험단계, 양산시작단계를 거쳐야 하며 수천억 원에 이르는 투자비와 통상 2~3년의 개발기간을 쏟아 부어야 한다. 따라서 각 메이커는 얼마나 개발기간을 단축할 것인가, 개발방법을 어떻게 혁신적으로 변화시킬 것인가라는 과제를 항상 안고 있다.

제1편 자동차의 기본 이해

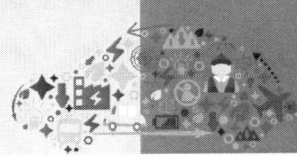

신차 개발기간 단계별 업무

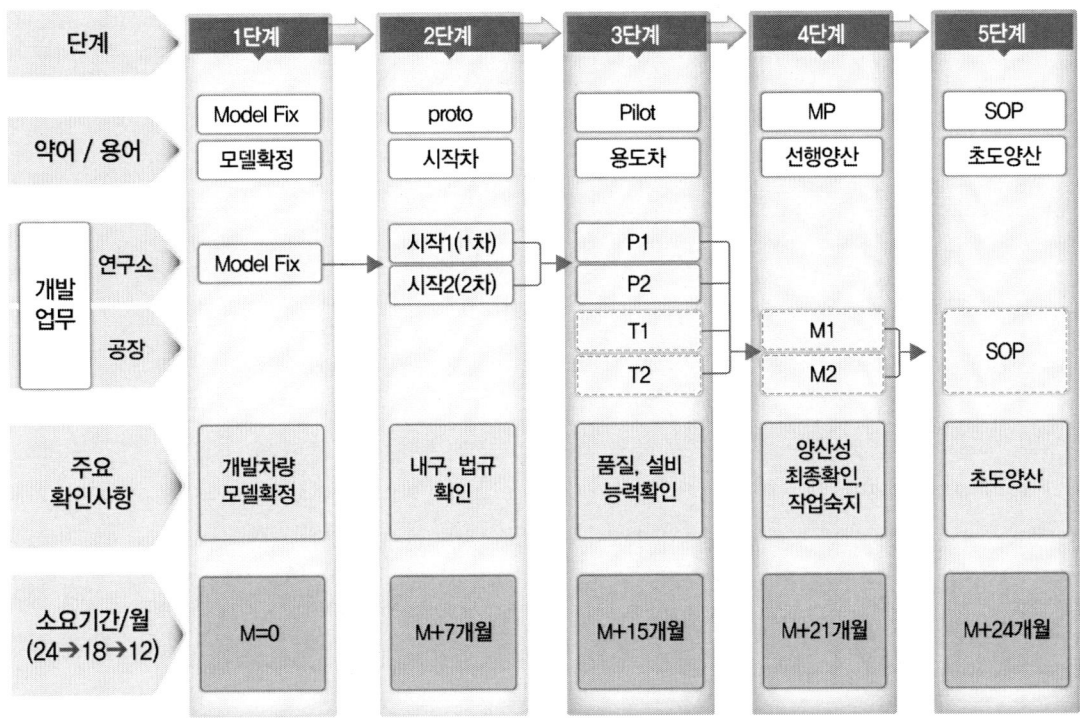

자동차 신제품 개발 단계별 업무

▌기획 단계

새 차를 만들려면 무엇보다 3~4년 뒤를 내다볼 수 있는 예측력을 갖고 있어야 한다. 하나의 예로 신차 개발에 걸리는 기간이 2~3년, 양산 후 단종 할 때까지 5~6년, 폐차되려면 8~10년이 걸릴 것이다. 따라서 어떤 모델이 기획되어 사라질 때까지 적어도 16~20년의 기간 동안 시장과 고객에게 받아들여지도록 기획되어야 한다. 새 차의 성패여부는 기획과 시장조사에 달려있다고 할 만큼 중요하다. 자사와 경쟁사의 동향과 세계적 수준을 냉정하게 평가 분석하여 중장기 상품기획서를 작성하고 이어 구체적인 개발목표를 설정한 제품개발 계획을 만들어 최고 경영층의 승인을 받는다.

이에 앞서 아이디어를 모으는 회의를 거치며 제품개념을 개발(Concept Development)하고 개발 모델을 확정한다. 개발하려는 상품의 콘셉트가 정해지면 다시 수개월동안 세부검토를 거쳐 구체적인 차량의 개발계획을 정하게 된다. 여기에는 신차의 설계와 생산을 위한 기본 제원을 검토하고 실내 스페이스 레이아웃을 설정한다. 동시에 연비와 성능, 내구신뢰성, 차량중량, 엔진방식, 각 기구의 메커니즘 등을 어떻게 설정할 것인가를 면밀히 검토한다. 이때 경쟁차나 앞선 차를 벤치마킹하기 위해 차량을 분해분석(Tear Down)해서 구조, 재질, 무게 등의 설계목표를 설정한다.

▌선행 개발

하나의 새로운 자동차 모델은 일반적으로 향후 10년 정도의 기술동향을 예측하는 기초연구나 신기술개발 등을 제품개발에 앞서 거쳐야 하는데 이를 선행 개발이라고 부른다.

선행 개발은 기초 공학연구, 소프트웨어 연구, 전자공학, 물리학, 인간공학 등 다양한 연구 분야에 걸쳐 하는데 주로 차량성능, 소음진동, 안전, 연비, 대체연료, 공기역학, 신소재, 카 일렉트로닉스, 신 엔진, 신 변속시스템 등의 개발과 개선에 주력한다.

신제품계획 승인 전에 엔진, 변속기, 현가장치 등과 같은 주요기능 부품의 설계, 프로토타입 조립, 시험까지를 포함하는 선행개발(Advanced Engineering)은 제품개발 전에 대부분 먼저 이루어지고 있어야 한다. 이러한 선행개발은 파워트레인과 플랫폼의 개발이 중심이 되는데 엔진이 주축을 이루는 파워트레인의 개발이 완료되면 전체 제품개발의 약 40%가 완성되었다고 볼 수 있으며 플랫폼까지 개발이 끝나면 약 80%가 사실상 이루어진 것으로서 신제품개발은 바로 선행개발의 성패에 달려 있다.

디자인 단계

 기획단계는 대부분 기획이나 마케팅 부서를 중심으로 진행되나 디자인단계부터 연구소로 업무가 넘어가 디자인팀과 설계팀이 본격적으로 작업에 들어간다. 디자인팀은 신차개발 방침이 정해지면 곧바로 외형 디자인작업을 시작한다.

 자동차의 디자인은 크게 외장설계, 내장설계, 컬러디자인으로 나누어진다. 외장디자인을 기준으로 업무 프로세스는 ▷디자인 콘셉트단계 ▷아이디어 전개단계 ▷품평단계 ▷선도단계로 순차적으로 확정될 때까지 반복을 거듭한다.

 디자인 콘셉트단계는 스타일 이미지를 설정하거나 기획 목표를 향해 스타일링의 방향을 어떻게 특징짓는가를 결정하는 작업으로 기획의 목표에 대한 고객의 속성, 취향, 사용목적, 사용방법, 경쟁차 특징, 스타일링 경향 등의 관련 자료를 폭 넓게 수집하고 그 목표의 배경을 충분히 인식한다.

 아이디어 전개단계는 설정된 이미지를 구체적인 아이디어 스케치로 기본적인 레이아웃을 설정하여 스타일 측면에서 검토한다. 설계 레이아웃과 스타일 이미지가 서로 부합되지 않아 이미지가 붕괴되는 경우가 생기기도 한다. 이를 위해 1:1의 테이프 드로잉과 1:1테이프 렌더링으로 스케일 모델을 만든다.

 렌더링(Rendering)이란 많은 Idea Sketch가운데서 선택된 아이디어를 기초로 이미지를 구체화한 형상으로 표현하는 것이다. 이때 조형적·기술적 현실을 가미한 형상으로 표현하기 위해 자동차만이 아닌 배경도 넣어 스타일의 이미지를 북돋우는 수법이다. 또 스케일 모델이란 입체조형 검토 작업으로 통상 1/5축척으로 만들어진다.

 모델을 확정하고 디자인을 최종 결정들 받기 위해서는 각 단계마다 테이프 드로잉이나 클레이 모델로 필요한 의사결정을 해야 하며 최종적인 의사결정을 받기 위해서는 풀 사이즈 보드에 테이프 드로잉을 하고 레이아웃 그림으로 거주성, 기계성, 법규 등을 검토하여 최종적인 1/1 클레이 모델(Clay Model)을 만든다. 가장 실차에 가까운 형태로 내외장과 색채 등 전체가 실차처럼 마무리가 끝난 모델로 프레젠테이션을 한다.

 디자인이 통과되면 스튜디오 엔지니어와 설계 엔지니어에 의해 선도 작업이 시작된다. 선도는 승인된 디자인의 차체형태와 주요 외장부품의 모양을 보여주는 도면이다. 차체 모양을 3차원 측정기로 읽은 수치 테이프를 자동선도기에 입력해 3면도를 만든다. 선도에는 스타일상의 디자인의 의도가 표현되어 있다. 그러나 설계나 생산기술에서 요구하는 모든 조건을 반영한 것이 아니기 때문에 부품간섭, 단차, 간격, 모양, 생산기술의 문제점인 가공성, 생산성 등을 해소하기 위한 설계와 시작 시험이 계속 이루어져야 한다. 선도는 연구용 풍동모델, 시작 목형 등의 NC가공, 부품 현도 작성, 금형 설계·가공에 이르기까지 폭 넓게 활용된다. 이런 디자인작업은 스타일링의 중심인 렌더링과 테이프 드로잉은 물론 선도 작업까지 컴퓨터장비를 이용한 스타일링과 소프트 프로그램으로 엔지니어링 작업기간이 크게 단축되었고 스타일링 품질이 크게 향상되었다.

▎설계 단계

차량개발에서 가장 중요한 의사결정 사항인 제품기획, 디자인 모델 고정, 목표원가, 목표중량, 목표성능 등을 달성하기 위한 구체적인 활동을 하는 것이 설계단계이다. 먼저 시작차 제작용 시작도면으로 시작차를 만들고, 시험을 거쳐 다시 양산차 정식도면을 만들어 수정 보완하여 최종적인 양산도면과 사양을 확정한다. 설계는 차체설계, 의장설계, 새시설계, 전장설계로 나누며 처음부터 컴퓨터로 설계, 해석, 시험, 제도(CATIA, CAE, 3-D Testing, CAD/CAM)가 이루어진다.

▎시작 단계

시작(試作)은 설계사양의 품질을 확인하고 신차의 제반 성능을 최단 시일 내에 양산에 준하는 품질로 제작하는 것으로 시작 차는 양산 차의 원형을 이룬다. 시작의 목적은 차량 및 부품의 제작 문제점을 개선하고 설계품질을 확인하며 생산성, 정비성, 상품성을 검토한다. 시작의 종류로는 신차 설계 품질을 양산 전에 확인하기위한 시작 차, 장기간 시간이 소요되는 부품을 선행 개발하기 위한 시험 차, 시스템의 연구개발을 위한 용도시험 차외에 유닛제작과 신 제조공법 개발 및 적용연구 등이 있다.

▎시험 단계 - 자동차는 시험의 산물

자동차는 '시험의 산물'이라고 할 만큼 시험의 과정과 종류도 많고 또 중요하다. 시험은 개발단계에 따라 선행시험, 시작차 시험, 파일럿 카 시험, 생산차 시험으로 나누어지며 시험 항목은 진동소음, 충돌, 방청, 가속, 내구성, 성능 등이 있다. 특히 리드타임 및 비용절감 측면에서 가상시험(Virtual Testing)을 위한 CAE와 3-D Testing은 필수장비가 되어 있다.

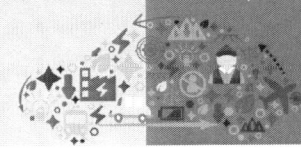

제1편 자동차의 기본 이해

자동차는 많은 부품과 장치로 구성되어 그 성능과 기능은 서로 복잡하게 연계되어 있기 때문에 반드시 시험으로 그 필요한 정보를 얻지 않으면 안 된다. 메이커로서는 전 세계 어떤 고객이 어디에서 어떻게 자동차를 사용하는지 제대로 알 수가 없고 또 고객은 폐차될 때까지 차량의 모든 것을 주시하고 있기 때문에 완벽한 시험을 통한 모든 사용조건과 환경의 시뮬레이션을 해보거나 검증을 하지 않으면 안전도와 품질에 대한 신뢰성을 확보할 수 없다.

시험(Test)은 메이커 자체의 품질 테스트와 각종 법규에 따라 실시하는 법규 테스트가 있다. 우리나라의 법규 테스트는 양산차의 형식승인제도로 구조기준, 안전기준, 내구시험, 성능시험(38개 항목)과 환경 관련법규에서 정하는 배기가스와 소음의 시험인증이 있다.

자동차 품질평가 항목

항목	내용
외관(Exterior)	외관, Finish/단차/Gap 세련미, 균형미, 안정감, 크기, 짜임새, 마무리
인테리어(Interior)	계기판, 도어그립, 시트, 콘솔, 카펫, 트림류 전체적임 배치, 세련미, 끝마무리 상태
거주성	승하차성, 시트/벨트, Leg/Head/Shoulder Room
조작성	Steering Wheel, Seat, Door, Console, Switch, Pedal, Lever의 편리성, 부드러움, 정확성, 느낌
정비성	엔진 Room, Spare Tire, 소모품, 오일류 점검교환
공조성능	실내온도 조절, 환기/풍량 배분, 서리/안개 제거
시계성	전/후/측면 시계, 후방감지, 거울
조명/ 품질	계기판 시인성, 램프류 조명, A/V 음질, 선명성
동력성능(Performance)	초기 가속감, 추월 가속감, 고속/등판 주행성능
운전성능(Driveability)	시동감, Idle Feel, 엔진성능, Shiftability, 페달작동
승차감(Ride Comfort)	노면 충격 흡수정도, 차체진동, Ride Motion
조종안정성(Handling)	직진 안정성, Steering 응답성/복원성/ 가볍고 부드러움, 조타안정성, Road Shock
소음·진동(N·V·H)	Idle Shake, 소음(Wind/Road/흡기/Booming) 엔진 소음, Driveline 소음, 마찰소음
제동 성능(Brake)	제동력(고열, 강우시), 페달 Feel, 제동안정성(자세), 진동이나 끽 소음

메이커가 자체적으로 실시하는 시험은 △각종 성능(출력, 속도, 등판능력 등)시험, △충돌시 승객과 차체의 피해정도를 분석하는 실차 충돌시험(Crash Test), △물이 스며드는 여부를 점검하는 수밀도시험, △공기저항과 역학구조를 점검하는 풍동시험(Wind Tunnel Test), △소금물과 진흙탕에서 실시하는 부식시험, △영하 50℃ 이하의 냉동실에서 실시하는 혹한시험, △요철 길을 달리는 진동시험, △소음시험, △브레이크시험, △연비시험, △냉각성능시험, △조종안정시험, △공기조화시험, △승차감시험 등 수없이 많다.

이러한 주행시험은 주로 주행시험장(Proving Ground)에서 이루어지는데 현대차의 경우는 남양 종합기술연구소 주행시험장과 울산공장 주행시험장외에 미국 캘리포니아에 530만평 규모의 종합주행시험장을 운영하고 있다. 메이커들은 또 일반도로와 다양한 자연조건에서 실시하는 로드테스트도 중요시한다. 로드테스트는 스칸디나비아 반도나 캐나다 북부의 혹한지대와 미국 애리조나 사막의 혹서지역 등 가혹한 조건에서 실시한다. 이밖에도 테스트 드라이버와 시험장비가 동원된 제동, 핸들링, 소음, 배기가스, 연비, 내구성 등 각종 성능을 점검한다. 이때 테스트 드라이버들은 실제 운전을 하면서 각 분야별로 이상 유무와 제품의 완성도를 최종적으로 평가하는 막중한 책임을 가진다.

생산준비 단계

최종 설계가 확정되어 도면이 배포되면 생산공정 계획에 따라 외제는 부품업체에서 내제는 사내 생산기술에서 설비, 치구, 금형, 공구, 게이지 등의 세부사양을 결정하여 발주, 설계, 제작, 설치, 조정이 이루어진다. 양산에 필요한 공정정비가 완료되면 작업자를 배치, 정규상태에 준하여 선행 양산(Pilot Production)을 보통 3~5단계로 나누어 수백 대를 시험생산 한다. 이때 종합품질을 확인하고 설비와 부품의 미비점을 수정 보완하며 작업표준서, 작업요령서, 품질검사 표준서 등의 매뉴얼을 정비한다.

양산 단계

선행 양산의 문제점을 수정, 보완하여 양산 1호차가 생산 개시되면 모든 개발과정이 종료된다. 그러나 양산 시점(SOP: Start of Production) 이후에도 생산과 품질의 조기 안정을 위하여 관련 조직은 비상체제로 운영하여 완전한 품질안정의 양산체제를 빨리 갖추어야 한다.

4. 자동차의 성능과 안전

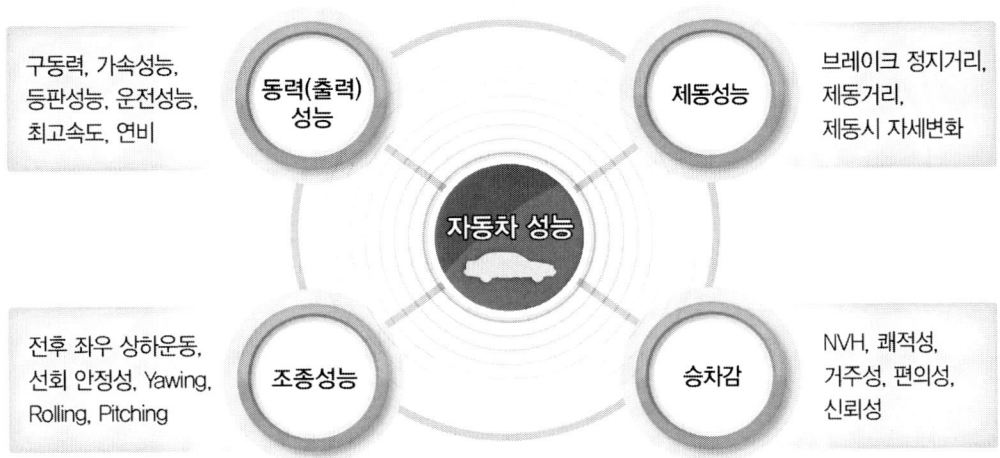

자동차의 성능

자동차는 달리고(Run), 좌우로 돌고(Turn), 달리다 멈추는(Stop) 세 가지 동작을 하는 단순한 운동기계로 볼 때 동력성능, 제동성능, 조종성능의 세 가지로 나누어지며 여기에 이런 모든 운동성능이 탑승자나 차체에 전달되는 승차감을 포함해서 '자동차의 성능이 어떻다'라고 말할 수 있다.

▎구동력과 저항

자동차가 움직이고 있을 때에는 언제나 구동력과 그것에 대항하는 힘(주행저항)이 작용하여 속도가 빨라지거나 늦거나한다. 엔진에서 나오는 토오크는 Transmission Gear와 Fin Gear를 통해 타이어에 전해져 자동차를 움직이는 힘 즉 구동력이 된다. 한편 자동차가 주행 중에 받는 주행저항은 구름저항, 공기저항, 구배저항 및 가속 저항의 4종류로 구분된다.

저속에서는 구름저항이 크지만 속도가 올라갈수록 공기저항의 영향을 많이 받는다. 일반승용차의 경우 시속 60~85km에서 구름저항과 공기저항의 값이 같아지며 그 후부터는 공기저항의 영향이 속도의 제곱크기로 커진다. 이러한 공기저항은 자동차의 연비향상만이 아니라 주행 안정성, 핸들링의 향상, 주행 중 소음감소, 차내 환기성능, 엔진 및 제동장치의 냉각성능 향상 등에 관계되어 이를 연구하는 것이 공기역학(Aerodynamics)이다.

제동 성능

차량의 속도를 올리려면 큰 엔진출력이 필요한 것은 알고 있지만 차량을 정지시키는 데에는 보다 큰 힘이 필요한 것을 아는 사람은 드물다. 예를 들어 출력 100ps의 승용차가 100km/h까지 가속하는데 약 15초가 걸리지만 100km/h에서 급브레이크로 정지할 때까지 3.6초가 걸린다고 한다. 공기저항이나 구름저항을 무시한다면 브레이크로 정지할 때까지 필요한 힘은 출력의 5백, 즉 500ps로 되어 가속에 필요한 힘과 비교할 때 제동 시에 필요한 힘이 매우 큰 것을 알 수 있다.

조종 안정성

조종 안정성이란 운전자가 생각하는 데로 선회한다거나 컨트롤 할 수 있는가 어떤가를 나타내는 것으로 좁은 산길에서 자유자재로 코너링하거나, 고속도로에서의 주행 중에 바람이 갑자기 불어도 안심하고 주행할 수 있거나 장애물을 여유 있게 피해갈 수 있는 등의 자동차 자체의 성능과 운전자의 의도대로 움직여지는 것을 말한다. 자동차의 주행은 기본적으로 6가지 운동의 조합으로 이루어진다. 즉 전후운동, 좌우운동, 상하운동, Yawing운동, Rolling운동, Pitching 운동으로 나누어지고 선회 시에는 좌우운동, Yawing, Rolling의 3종류가 대표적인 운동이라고 할 것이다. 이와 같은 조종 안정성에 영향을 주는 선회특성과 고속시 안정성 등은 핸들의 무게, 서스펜션 시스템, 스티어링 시스템 등과 밀접한 관련성이 있다.

승차감

넓은 의미로 승차감이라고 하는 경우는 실내의 크기, 시계, 시트의 승차감, 실내의 정숙함, 각 부위의 진동크기를 가리키지만 일반적으로 승차감이란 이 가운데 진동에 관계된 승객의 쾌적함을 의미하는 경우가 많다.

안전의 개념과 안전장치

자동차 안전의 기본은 안전에 관련된 모든 장치와 부품 즉 보안 부품인 엔진, 동력전달장치, 스티어링, 서스펜션, 브레이크, 휠, 타이어, 안전장비 등과 차체 구조가 요구되는 안전기준에 맞게 설계·개발·생산되어야 한다. 안전은 사고예방을 위한 적극적인 1차 안전과 사고 후 승객의 피해를 최소화하는 2차 안전으로 나누어 구조와 장비를 이해할 필요가 있다.

세계에서 자동차사고로 사망하는 인구는 연간 130만 명에 부상자는 5천만 명에 이른다. 2013

년 우리나라 자동차 교통사고는 111만 건(경찰신고 22만 건)이 발생하여 5,092명이 사망하고 178만 명(경찰신고 32만 명)이다. 그만큼 자동차는 안전이 생명이다.

충돌 안전장비와 예방 안전장비

2차 안전 장비로는 안전벨트와 에어백이 있다. 안전벨트는 가장 기본적이고 값싸며 확실한 효과를 얻을 수 있는 장비다. 1차 충돌 이후 뒤로 밀렸다 신체가 다시 튀어나가 2차 충돌하는 것을 막아주기 때문이다. 에어백(Air Bag)은 정식 명칭이 SRS(Supplemental Restraint System)로 안전벨트의 보조 장치라는 뜻이다. 즉 에어백의 안전은 안전벨트가 제대로 작동되어야 가능한 것이다.

예방 안전장비로서 가장 보편화된 것은 급제동시 자동차의 휠이 잠기거나 미끄러지는 것을 막아 중심을 잃지 않고 제동거리를 짧게 하고 각 바퀴의 회전을 같게 유지하는 ABS와 각 바퀴의 부하에 따라 제동력을 다르게 배분하는 전자제어 제동력 배분장치인 EBD, 더 나아가 급코너와 급경사에서 엔진출력을 조절하여 차가 한쪽으로 미끄러지지 않도록 구동력 제어장치인 TCS(ASC, ASR)가 있고 ABS와 TCS를 통합하고 차체 기울기 조절 기능을 더한 복합 전자제어 주행안정 시스템인 ESP 또는 ESC로 메이커의 상표권과 독자성을 위해 여러 이름(VDC, DSC, VSA, VSC)으로 부르며 이제는 소형차까지 장착되고 있다.

차체 안전

차가 정면으로 충돌을 했을 때에는 차체가 적당히 찌그러져 충격 에너지를 흡수하는 엔진실과 트렁크 부위의 부드러운 크럼플 존(Crumple Zone)과 어떤 충격에도 원형 그대로 견고하게 유지되어야 하는 서바이벌 셀(Survival Cell)이 있어야 하고 측면의 충격을 막아주는 임팩트 바(Side Impact Bar)가 문이 찌그러지거나 정면충돌로 문이 열려 승객이 튀어나가는 것을 막아 주어야 한다.

차체 안전은 기본적으로 차체의 구조와 강도에 달려 있다. 차체의 경량화도 이루면서 차체도 이루면서 안전부위에 고장력 강판이나 아연도 강판을 써 계란처럼 단단한 모노코크 차체로 만드는 설계기술과 제조기술이 메이커의 안전 노하우가 된다.

안전기준과 인증제도

미국과 캐나다의 안전기준과 인증제도는 거의 비슷하므로 미국을 보면 1966년 '국가교통 및 차량안전법'을 만들어 국가도로교통안전국(NHTSA)을 설치했고 이어 안전관련 규정으로 차량구분, 연비기준, 인증제도, 안전기준을 정하였는데 가장 중요한 것이 미연방의 자동차안전 기준(FMVSS)이다. 북미 인증제는 제조업자 스스로 FMVSS에 합격여부가 확인되면 언제든지 판매할 수 있는 자기인증 제도를 채택한다. 그러나 판매 후 사고비중이나 고발건수 등의 안전문제로 정부의 사후확인에 불합격하면 해당차종을 모두 리콜(Recall)해야 한다. 이러한 강제 리콜은 차량의 안전도에 대한 이미지 실추로 경쟁력 상실은 물론 소비자로부터 엄청난 제품책임(PL) 소송에 직면하게 되므로 사전에 FMVSS 규정 및 품질에 대한 안전설계나 확인시험을 거쳐야 한다.

안전도 평가

자동차 안전기준은 국가가 소비자의 안전을 위해 보증하는 최대 기준치가 아니라 최소한의 요구사항이다. 따라서 소비자들에게 자동차가 최소한의 안전기준을 넘어서고 있다는 것을 보여줄 수 있는 방법이 필요했다. 이 대표적인 예가 바로 NCAP(New Car Assesment Program)이다. 이밖에 미국 보험회사협회인 IIHS도 미국 내 판매되는 승용차에 대해 차량의 안전과 관련된 모든 통계자료를 대외적으로 발표하는데 이 결과도 판매에 매우 중요한 영향을 미친다. 우리나라도 1999년 소형승용차부터 자동차성능시험연구소에서 미 NCAP와 같이 시속 56.3km의 정면충돌시험 결과를 발표하고 있다.

매직워드 '환경과 안전' - 절대 타협하거나 양보해선 안 되는 필수

미국 자동차산업에는 매직워드(Magic Word)가 있다. 바로 '환경과 안전'이다. 품질, 고객만족, 성능, 가격과 같은 문제는 기업의 선택이지만 환경과 안전에 관해서는 어느 누구도 피해갈 수 없고 타협의 여지도 없는 필수인 것이다. 특히 지구 환경문제로 대두된 자동차의 환경문제는 국제적인 협약과 규제로 발전하였고 배출가스 기준이나 저공해 자동차의 판매의무도 자동차 메이커의 생존을 위협하기에 이르렀다. 이를 위해 연비절감, 차량경량화, 배출가스 저감장치 개발, 리사이클링 개발, 대체 에너지 차 개발, 신소재·신물질 개발 등이 활발히 이루어지고 있다

자동차 연비

자동차 연비란 자동차에 쓰이는 단위연료 당 주행거리로 이를 연료소비율(Fuel Economy)로 숫자가 높을수록 기름이 적게 먹는 연비가 좋은 차이다. 연비 단위로 우리나라와 일본은 km/L로 기름 1L로 몇 km까지 달릴 수 있는가를 나타내고 미국은 mpg로 기름 1갤런(3.785L)으로 몇 마일을 달릴 수 있는가를 표시하며 독일, 프랑스, 캐나다, 호주 등은 L/100km로 100km 달리는데 기름이 얼마나 드는가로 나타낸다.

연비의 종류는 크게 수평의 평탄한 직선 포장도로에서 측정구간을 설정하여 이 구간을 일정속도로 주행한 후 측정하는 정속주행 연비와 실제의 주행조건과 도로 상태에서 측정하는 실주행연비, 그리고 시가지나 고속도로의 특정지역 주행패턴을 대표하는 주행모드(Mode)로 시험실의 새시 동력장비로 재현하여 측정하는 모드연비로 나누어진다.

정부는 오는 2020년부터 10인승 이하 승용·승합차량에 대한 국내 자동차 연비 규제 기준이 L당 24.3km 이상으로 강화할 것으로 보이며 미국은 오는 2025년부터 갤런 당 56.2마일(23.9km/L) 이상의 연비 기준을 제시하고 있고, 일본과 EU 역시 오는 2020년부터 각각 20.3km/L, 26.5km/L로 연비 규제를 강화한다.

주요국 자동차 연비 규제 기준

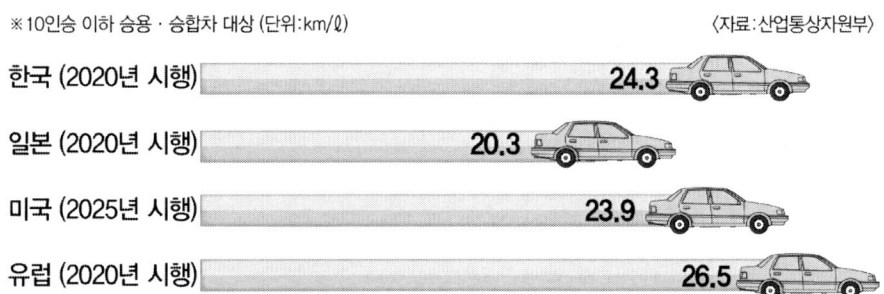

연비 향상을 위해서는 엔진 기술개발, 차체 경량화, 공기저항감소 스타일 등을 복합적으로 추진하여야 한다. 특히, 정밀한 설계와 제조기술로 각종 기계손실을 줄이는 것도 연비향상의 해결방법이다. 중형승용차 기준으로 에너지 손실이 93%정도나 되고 실제 주행운동에 들어간 에너지는 7%도 안 되기 때문이다.

▌차량 경량화

연비를 1% 향상시키려면 차량 중량을 1% 감소시켜야 한다. 1,500kg 중량의 승용차 연비를 10% 향상시키려면 150kg이상 차체무게를 줄여야 한다. 차체의 무게를 줄이는 방법은 개별부품의 두께감소, 부품의 간소화·통합화, 구조변경을 동반한 소재전환 등이 있으나 가장 효과적인 것은 소재의 경량화를 통해 가능하다고 볼 때 가장 중량이 무거운 철강사용 비중을 줄이고 대신 알루미늄과 플라스틱을 늘리고 동시에 신소재를 개발하는 것이 지름길일 것이다.

자동차를 구성하는 소재는 현재 철강 계열이 70%, 플라스틱 계열이 30% 가량 쓰인다. 자체의 70% 차지하는 철을 보다 가벼운 소재로 대체하면 무게를 크게 줄일 수 있다. 이 가운데 마그네슘 합금은 철강을 대체할 유력 소재다. 마그네슘은 초경량 금속으로 알루미늄과 철강에 비해 무게가 각각 3분의 2, 5분의 1 수준이다.

▌공기저항 감소

자동차 주행에 미치는 공기의 영향 즉 바람은 크게 셋으로 나눌 수 있다. 차체 앞쪽에서 받는 항력(Drag), 옆바람에 의한 횡력(Side Force), 차체를 위로 뜨게 하는 양력(Lift)이 그것이다. 3가지 공기저항력 중 전면 바람의
저항을 줄이는 게 가장 중요하며 항력계수 단위로 cd계수가 있다. 편의상 사람의 경우를 1.0으로 보고 정사각형 판은 1.1, 계란이나 돌고래 형이 0.043~0.045, 비행기는 0.1~0.19, 승용차는 0.3 전후, 버스는 0.38, 트럭은 0.8 정도이다.

5. 자동차 생산공정과 방식

▎자동차공장은 고도의 협력과 조화, 원활한 흐름과 유기적 결합이 핵심

자동차는 거대한 공장, 현대식 생산설비, 고도의 집중성, 세분화된 분업구조, 대규모의 동질화된 노동력으로 일관조립 생산에 의존하는 전형적인 제조업이다. 따라서 수많은 부품과 재료가 순차적으로 투입되고 이동 조립으로 대량생산되므로 공정간 고도의 협력과 조화를 필요로 하고, 생산활동의 원활한 흐름과 유기적 결합이 절대적으로 중요하다.

자동차 생산체계의 특성은 대규모의 공정을 통해 생산하는 반복성에 있다. 대량 반복생산을 위해서 작업공정은 세분화되어 있으며, 공정들의 긴밀한 연계 하에 동일한 동작이나 작업이 짧은 공정 사이클로 끊어졌다, 이어지면서 생산이 이루어지는 것이다. 따라서 공정의 효율성을 높이고 일의 '틈'을 제거하는 작업의 유연성이 원활한 흐름생산을 유지하는 전제가 된다.

▎자동차공장은 거대한 공장의 복합체

자동차공장은 거대한 공장의 복합체이다. 자동차 생산은 승용차를 기준으로 크게 ▷프레스(철판 절단 및 압축성형)공장 ▷ 차체 (프레스 철판의 용접, 조립)공장 ▷ 도장 (차체의 방음, 방진, 방청처리 및 색 도장)공장 ▷ 의장 (차체의 내·외장 및 새시 조립)공장 ▷ 최종 테스트 공정을 축으로 엔진 및 변속기를 생산하는 주조공장, 단조공장, 가공조립공장이 서로 연결되어 있다.

▎세계 최대 현대자동차 울산공장

현대자동차 울산공장은 현대자동차의 가장 중요한 생산기지로 세계최대 규모의 단일 공장이다. 프레스, 차체 조립, 도장, 의장조립의 4라인을 가진 생산규모의 완성차 공장이 5개나 있고 자동차의 주요 소재를 만드는 9개의 주조공장, 7개의 엔진공장, 변속기 공장 시트공장 외에 20만평 규모의 종합주행시험장과 전용운반선 3척을 동시에 접안할 수 있는 수출 선박부두도 있다.

150만평의 부지에 연건평 70만평의 생산설비에서는 하루 평균 7천여 대의 차량이 생산된다.

근무시간 대비 생산대수로 보면 평균 10초에 1대가 자동차라인에서 나오는 셈이다. 공장직원은 3만여 명으로 2교대제로 18시간 년250일 작업 시 연간 생산량은 약 162만대에 달한다.

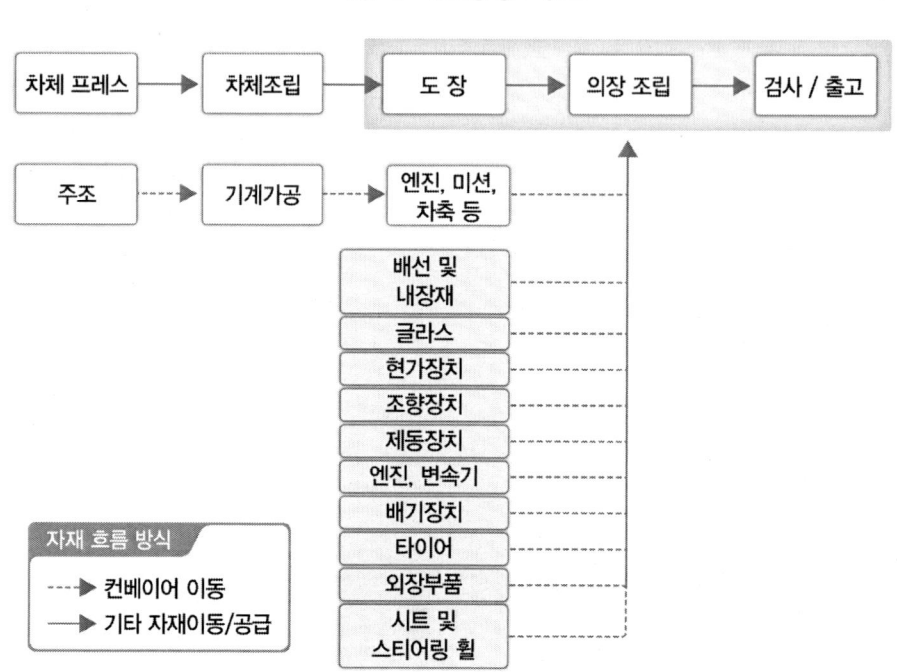

자동차를 구성하는 가장 핵심적인 부품은 엔진과 기어류이다. 엔진공장은 주물, 단조, 가공, 조립공정으로 이어지면서 하나의 흐름 생산체계를 구성하고 있다.

▎주조 공정

자동차의 심장부의 엔진이나 기어 등의 주요부품은 거의 주물로 만들어진다. 주조는 크게 주철 주조와 경합금 주조로 나누어지는데 주철 주조는 엔진 및 새시 등의 주물소재를 생산하는 것이고, 경합금 주조는 알루미늄 부품을 생산하는 것이다.

▎단조 공정

금속재료를 소성 유동하기 쉬운 상태에서 압축력 또는 충격력을 가하여 단련하려는 것을 단조라 한다. 철강이 주조된 상태에서는 조직이 균일하지 못하기 때문에 이것을 가열하거나 소성변형을 통해 내부조직을 기계적으로 파괴, 조직의 균일화를 얻는 것이다. 주요 단조품은 크랭크샤프트, 각종 기어류, 등속 조인트, 리어 액슬 샤프트 등이 있다.

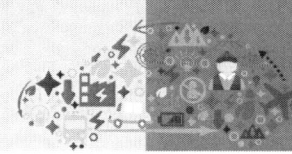

열처리 공정

자동차를 구성하는 각종 부품 중 강도와 내구성 및 고도정밀성이 요구되는 기어와 샤프트에 필요한 공정이다. 열처리는 강도의 내구성을 높이고 고도의 정밀도를 가능하게 함으로써, 추후 기계가공을 용이하게 하고 조직 균일화와 절삭성, 표면처리의 안정을 가능하게 한다.

기계가공 공정

기계가공(절삭가공)은 불필요한 부분을 제거함으로써 필요 치의 치수형상 또는 표면성질을 얻는 선삭, 드릴링, 연삭 등을 말하는 것이다. 주요 기계가공 부품으로는 실린더 블록, 실린더 헤드, 크랭크샤프트 등의 엔진부품, 미션 케이스, 메인 기어, 메인 샤프트 등의 엔진부품, 미션 케이스, 메인 기어, 메인 샤프트 등의 트랜스미션 부품, 스티어링, 기어 하우징과 같은 스티어링 부품 등과 액슬 부품을 들 수 있다.

엔진조립 공정

엔진은 전체 작업공정 가운데 가장 많은 부품(약3천 종)이 조립되어 하나의 부품을 형성하게 되는, 이른바 '자동차의 심장'을 만드는 곳으로 대략 ▷소재 입고 ▷기계가공 ▷단품 조립 ▷워싱(Washing) ▷엔진 조립 등의 다섯 가지 공정을 거치게 된다.

프레스가공 공정

프레스가공은 자동차의 외형을 만드는 패널을 만드는 과정으로서 코일형태로 입고된 철판을 필요한 크기로 자르고 여기에 금형을 장착한 프레스기계로 찍어서 일정한 성형의 철판조각을 만든다. 자동차의 프레임, 보디, 브래킷 등의 무게는 자동차 총 중량의 50% 이상을 차지하고 있는 데, 이들이 모두 프레스가공을 거치는 강판을 소재로 하고 있다. 프레스공정은 입고된 코일을 세척하여 블랭킹 프레스에서 금형과 프레스를 이용해 자동차 각부에 들어가는 패널을 성형하기 좋은 최적의 평면 철판 형태로 생산, 프레스가공 라인으로 옮겨 역시 금형과 프레스를 이용, 필요한 형상을 만드는 것이다.

차체 용접가공 및 조립공정

용접은 접합부분을 용융 또는 반 용융 상태로 만들어 접속하고자 하는 두 개 이상의 물체나 재료를 직접 접합시키거나 용가재를 첨가하여 접합하는 작업을 말하고 차체 조립공정은 차체 각 부분 패널을 용접, 실러, 납땜, 볼트, 헤밍, 마무리작업으로 조립해 차체의 모양을 만들어내는 과정이다. 한 대의 차체를 조립하는데 보통 450여 개의 크고 작은 프레스 가공품이 소요되고 필요한 용접 포인트가 거의 6,000점에 달한다는 사실을 감안할 때, 공장 자동화 하면 차체 조립공정을 떠올리게 되는 것이다.

도장 공정

자동차 표면에 도료를 칠하는 도장은, 녹이나 부식으로부터 소재를 보호하고, 아름다운 색채로 다른 차종과 다르다는 것을 나타낸다. 특히 자동차는 세계 각지의 다양한 기후와 환경조건 속에 오랜 기간 사용되기 때문에 도장공정은 높은 수준의 품질과 기술이 요구된다. 이와 같은 특징 때문에 자동차도장은 일반도장과는 비교할 수 없을 정도로 복잡한 공정을 갖고 있다. 이를 살펴보면 ▷방청을 주목적으로 하는 전 처리 공정 ▷외판은 물론 차체 내부까지 균일하게 도장하여 차체의 부식을 방지하는 전착 공정 ▷보디와 패널이 겹치는 부분 등에 실러를 도포하는 실러 공정 ▷차체 바닥이나 도어 내부에 언더코팅을 하여 주행 시 소음과 진동을 줄이는 언더코팅 공정 ▷상도의 질을 높이기 위한 중간칠 작업인 중도공정 ▷차체 표면의 미관과 색채감의 품질을 결정하는 상도 공정 ▷마무리 공정으로 되어 있다.

차량조립 공정

차량의 조립공정은 도장된 차체에 3천여 종에 이르는 내장, 계기판, 시트, 창유리, 전장품 등 실내외 의장·전장부품과 엔진, 트랜스미션, 차축 등의 유닛을 조립 장착하며 배선·배관작업을 하여 차량으로서 완성하고 품질확인을 하여 상품으로서 마무리하는 최종공정이다.

조립라인은 1교대 8시간 근무, 사이클 타임 1분, 150여개의 공정, 400여명의 조립작업자로 이루어진 것이 평균적인 조립라인이다.

또한 완성차 검사라인은 고객의 곁을 찾아가기 전에 최종적으로 시험과 확인을 거치는 '유종의 미'를 거두기 위한 과정이다. 대표적으로는 휠 얼라인먼트 검사, 헤드램프 조향각도 조정, 엔진룸 검사, 각종부품 장착 상태확인 및 기능검사와 수정작업을 하게 된다.

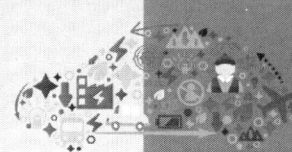

6. 자동차의 생산관리

▮ 생산 기획

차량의 개발기획에서 생산개시까지의 기간은 보통 3~4년이다. 차량의 개발계획에 따라 부품의 자체 생산 또는 외주조달을 결정하여 생산설비와 금형 등을 제작하고 품질, 코스트, 생산량, 생산시기 등이 목표와 계획에 맞게 이루어지도록 하는 것이 신차 생산준비의 과제이며 생산기획이라고 할 수 있다.

▮ 생산기술

생산기술은 생산시스템의 구축 및 제조 조건을 설정하기 위한 공장의 설계, 개선 등의 기술로서 시스템기술, 프로세스기술 그리고 설비기술로 이루어진다. 이런 생산기술은 바로 도면과 기술 사양이 똑같은 설계품질의 차를 가장 경제적으로 만들기 위해 제조품질의 개선, 생산성 향상 및 납기 단축을 목적으로 한다.

생산기술 가운데 중요한 것이 시스템기술이다. 시스템이란 제품설계와 공정설계 그리고 공정(설비와 작업)이 제 기능을 발휘하여 계획대로 제품이 나오도록 '체제'를 만드는 것을 말한다. 다시 말해 공정제어라는 체계로서 '물건 만들기'의 기본인 가공, 조립, 출고검사로 이어지는 자재의 변화과정 즉 흐름이 어떻게 설계되고 관리하느냐 하는 정보기술이 결합된 시스템기술이다.

▮ 생산계획과 BOM 관리

생산계획은 생산활동의 기초가 되며 단기에서 장기까지 책정된다. 이 계획에는 자재구입계획, 재고계획, 인원계획을 포함하여 장단기 수요예측에 따른 월간/주간/일일단위의 계획이 있고, 이에 따라 공정편성, 자재부품 수배, 기계설비 및 치·공구수배, 인원수배, 자금계획 등이 이루어진다.

생산계획은 판매수요를 예측하여 1~3개월 단위로 확정하여 생산과 자재부문에 물량과 납기를 정하여 생산 또는 납입하라는 지시를 한다. 이 지시가 잘못되면 결품, 과잉재고, 공정과 물류의 불균형이 발생하므로 정확한 수요예측과 생산계획은 재고삭감과 공장 가동률 향상에 매우 중요하다.

월간 생산계획과 부품구성표에 따라 자재를 발주하고 판매주문을 감안하여 일일 생산계획에 정해진 차량 투입순서로 차체공정부터 투입된다. 이런 모든 공정별 생산지시는 컴퓨터에 의해 통제된다. 이때 생산에 필요한 정보로서 부품구성표(BOM ; Bill Of Material)는 제조업체의 기술데이터를 생성, 구성, 유지, 전달하기 위한 EPL(Engineering Part List)로 설계상의 기술정보, 구성부품의 생산자재 원가 등 회사의 기본정보가 된다. 따라서 BOM은 전사적인 통합 시스템과 정보체계로 운영되어야 한다.

▌자동차공장의 가동률과 가동시간

자동차산업의 적정 가동률은 대체로 80% 전후로 보는 것이 일반적이다. 자동차는 조립-부품 부문간, 조립 공정간 100% 시설일치가 어렵고 또 장치산업의 요소가 있어 선행수요를 미리 예상하고 시설확장을 해둔 후 경기변동에 따라 일정 수준의 유효 설비를 보유해야 한다.

가동률 산정기준으로 연간 총 가동시간은 8,660시간(365일×24시간)이나 80% 가동 시는 6,928시간이 된다. 그러나 공휴일, 노사단체협약에 따른 근로시간, 노사분규와 부품공급 차질에 따른 가동정지 시간까지 예상하면 연간 가동 일수는 220여일 정도밖에 되지 않는 데다 3조 이상의 교대근무가 아닌 2조 주야간 교대근무 또는 2조 주간 근무형태도 있어 실제 공장 가동은 연간 3,000~5,000시간 수준에 있다. 예를 들어 연간 4,000시간 가동공장의 경우 1시간당 60대를 생산(Tact Time 60초/시간당 Job수 60대)하는 승용차공장의 경우 연간 24만대 공장이 된다.

▌생산관리의 목표

기업의 목표는 매출액을 중심으로 한 성장추구와 실리를 추구하는 수익성향상으로 크게 나눌 수 있다. 기업은 이 두 개의 목표 중 어느 것에 중점을 두느냐에 따라 생산관리의 목표가 결정된다. 생산관리의 목표는 △제품이나 서비스를 신속하게 제공하는 신속성 △소비자의 다양한 욕구를 충족시키기 위해 다양한 제품이나 서비스를 제공할 수 있는 다양성 혹은 유연성 △경쟁자보다 싼값으로 제품 및 서비스를 제공할 수 있는 저가 생산능력 △주어진 가격대비 최고의 품질을 제공할 수 있는 품질관리 능력의 향상 등을 들 수 있다.

생산관리의 목표와 수단

기업목표	생산관리 목표	생산관리 시스템
• 외형 성장 • 수익 향상 ⇩ • 기업 영속	• 신속성 • 유연성 • 품질 향상 • 원가 절감	• IE · VE · QC · CR · 6시그마 • 간판방식 · JIT · MRP · 5S • 제안제도 · 소집단활동 • FMS · CIM · TPM IT 시스템 • 혼류생산 · 도요타 생산방식

자동차산업에서 생산방식은 각 나라마다 메이커마다 다르다. 오늘날 도요타생산방식이 최고의 성과를 낸다고 모두 이 방식을 도입할 수는 없다. 생산방식은 작업조직, 인적자원관리, 부품업체와의 관계, 노사관계 등 여러 요인에 의해 오랜 기간의 관행과 진화의 과정을 거치면서 형성되기 때문이다.

린 생산방식

도요타생산방식(TPS:Toyota Production System), '린(Lean) 생산방식' 등으로 부르는 생산시스템은 수십 년에 걸쳐 서서히 구축되어 온 진화의 결과이며 도요타자동차의 국제경쟁력의 원천이 되었다. 이를 재확인한 것이 'The Machine That Changed The World(세상을 바꾼 자동차)'라는 책으로 1990년 미국 매사추세츠 공대(MIT)의 국제자동차 프로그램의 결과로 출간 발표되었다. 일본 자동차산업의 경쟁력은 '린 생산방식'(도요타식 생산방식의 어떤 부분을 재해석한 이념형)이라는 생산·구매·개발 등의 총체적 시스템의 강점이라고 지적했다.

이 '린 방식'은 이후 미국과 유럽의 기업이 벤치마킹하여 세계 자동차업계의 일반적인 선진방식으로 자리 잡았다. 이러한 린 생산방식은 그 원형이 되고 있는 도요타생산방식에서 보여주는 끊임없는 개선시스템, 즉 생산성, 품질, 납기, 유연성을 동시에 해결하기 위한 문제 해결 및 조직학습 구조가 먼저 이루어져야 한다.

노동생산성

일반적으로 완성차 조립공장의 노동생산성은 HPV(Hour Per Vehicle)를 쓴다. 즉 프레스 공장을 제외한 차체, 도장, 조립공장의 연간 총 직접과 간접 Manhour를 총 생산대수로 나눈 것으로 생산라인과 관련 있는 생산관리, 생산기획, 공장관리, 자재물류, 보전, 품질(일부)을 포함한다. 2012년 승용차 평균 HPV는 GM 23 포드 21.7 혼다 23.4 닛산 23.8 도요타 27.1 현대 31.3으로 나타나고 있다.

▌현장관리와 개선

생산현장의 기본 목표는 필요한 물건을 필요한 양만 필요한 때에 값싸고 품질 좋게 만드는 것이다. 즉 '품질관리'와 '제조관리'가 현장관리 포인트로 이 둘은 서로 밀접한 관계가 있다. 생산현장의 최대의 적은 낭비와 불량이다. 불량품을 만들지 않고 라인에 흐르지 않도록 하고 '필요한 것을 필요한 때에 필요한 만큼' 만드는 이외에는 모두 낭비이다. 낭비와 불량을 없애려면 가장 필요한 의식이 '문제의식'과 '개선의식'이다. '문제를 어떻게 해서든지 없애자.' '어딘가에 문제가 있다'는 '문제의식'을 갖고 '3현주의(현장에서 현물로 현실적으로)'와 문제를 풀어가는 '5 why'가 작업자의 몸에 배어야 한다.

7. 자동차 품질

▌품질개념

세계에서 가장 우수한 품질의 자동차를 만들자고 했을 때 여기서 말하는 품질이란 무엇일까? 품질이란 일반적으로 '그 제품을 사용했을 때의 상태로서 제품의 좋고 나쁨을 나타내는 성질·역할·성능' 등이 어떠한가를 기준으로 말한다. 즉 '요구사항에 대한 일치'이다. 따라서 좋은 품질이란 '고객이 그 제품을 사용했을 때 고객이 바라는 기능을 충분히 발휘할 수 있는 것'이라고 할 수 있다. 따라서 '작업표준 그대로 만든 차' '검사에 합격한 차'가 다 좋은 품질의 차가 아닌 것이다. 이러한 품질은 고객의 관점이나 개발과정에서 여러 가지 개념이 있다.

1. 시장품질- 고객이 원하는 품질을 말한다. 스타일이 산뜻한 것, 승차감이 좋은 것, 내장이 화려한 것, 값이 싼 것, 안전한 것 등 시장에서 고객이 요구하는 것을 조사하여 정해지는 품질이다.
2. 설계품질- 고객의 요구를 정확히 반영하여 설계단계에서 이를 완벽하게 구현하는 것이다. 이때 설계과정의 실수나 전문성 부족으로 생겨난 품질문제는 양산 후 설계 변경을 통해 지속적으로 개선해야한다.
3. 조립품질- 완성품질이라고도 한다. 설계 품질대로 각각의 부품을 정확하게 제조·조립되었지만 전체적인 조화와 균형이 안 맞아 생기는 문제도 있다.
4. 부품품질- 개발품질이라고도 한다. 수천 여 부품을 공급하는 협력업체의 기술이나 품질관리 수준이 완성차의 품질로 직결된다.
5. 내구품질- 자동차는 계속적으로 반복하여 수년간 사용하므로 출하초기의 고장률 같은 초기품질도 중요하지만 장기적으로 품질을 안정적으로 유지하는 내구성이 더욱 중요하다.

▌품질평가

제 3자에 의한 자동차의 품질평가는 1970년 때부터 미국의 소비자단체인 컨슈머리포트와 1986년부터 시장조사회사 JD파워에서 독립된 평가를 하여 잡지나 인터넷에 결과를 공표하기 시작했다. 컨슈머리포트의 경우 그 평가 결과는 바로 20~30% 판매가 증대되는 영향력을 가져 '컨슈머리포트 효과'라는 말도 생겼다. JD파워의 대표적인 평가지수는 다섯 가지로 품질로는 IQS, VDI, APEAL, 딜러에 대한 판매만족도로 SSI, 수리의 고객만족도로 CSI 등이 있다.

IQS(Initial Quality Study)

　소비자가 차량을 구입하고 90일 경과 후 불량이나 불편함 등의 품질 문제를 얼마나 경험했는가를 9영역 135항목으로 조사해서 차량 100대당 문제 발생 건수로 나타낸 지표이다. 즉 '초기품질'의 수준을 나타낸다.

VDI(Vehicle Durability Index)

　소비자가 차량을 구입한 후 4~5년간에 불량이나 불편함 등의 품질문제를 얼마나 경험했는가를 IQS와 같은 방식으로 조사하여 차량 100대당 문제발생 건수의 지표로 '내구품질'을 말한다. 특히 VDI 조사표는 IQS 조사표의 9 영역 135 항목을 기초로 해서 시간이 경과하면서 생기는 변화의 특징인 성능저하, 녹, 부식, 마모, 느슨해짐, 덜컹거림, 변색 등의 시점에서 필요한 부분을 수정·추가한 질문으로 구성되어 있다.

　VDI는 중고차의 잔존가치, 즉 신차 구입시 중고차에 대한 보상가격을 유추하는 지표가 되기도 한다. 따라서 신차 가격에서 중고차 보상가격을 공제한 실질적인 신차 가격을 나타내는 지표라고도 할 수 있기 때문에 요즘 들어 소비자의 관심이 높아졌다.

APEAL(Automotive Performance Execution and Layout)

　소비자가 차량을 구입하고 90일 경과 후에 차량의 스타일이나 디자인, 차량승차감과 핸들링, 엔진·트랜스미션의 성능, 쾌적성과 편의성 등에 얼마나 만족하는가를 설문조사(18영역 114항목)해서 100대당 득점수를 나타낸 지표로 디자인과 감성의 '매력적 품질'을 말한다.

품질관리

　품질관리란 고객이 요구하는 제품을 값싸게 제때에 공급하기 위하여 품질의식을 바탕으로 경영전반에 걸쳐 계획을 세워 실시하고 확인한 후 필요한 조치를 취하는 제반활동을 말하며 항상 다음과 같은 기본이념이 있어야 한다.

1. 기업 경영활동의 궁극적 목표를 고객 제일주의에 두고 고객의 입장에서 항상 문제를 보고 고객만족이 기업발전의 원천이라는 철학이 있어야 한다.
2. 품질관리 활동에는 기업의 전원이 공동의 목표를 갖고 같은 방향으로 서로 힘을 모아 강력히 추진해야 한다.
3. 품질을 관리하려면 자주검사와 자주보증의 품질과 관리의식이 모든 구성원에게 뿌리내려야 한다.
4. 품질요소의 혁신이 끊임없이 이루어져야 한다.

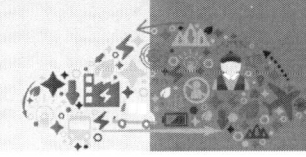

우리나라는 대부분 기업이 100PPM(품질불량률 100만개 당 100개) 품질목표를 두고 있다. 그러나 세계 선진기업은 '6시그마 경영'(백만 개 중 불량품이 3.4개인 3.4PPM/불량률 0.00034%)을 품질목표로서 두고 있어 '신의 작품'이 아닌 이상 도전하기 힘든 품질수준을 향해 가고 있다. 특히 자동차는 2만개 이상의 부품으로 조립되어 그 가운데 어느 한 부품만 불량이어도 완성품 자체가 불량 판정을 받을 수 있기 때문에 품질관리가 무엇보다 중요하다.

▍품질보증

품질보증(Quality Assurance)이란 소비자가 안심하고 만족하게 구입하고 사용한 결과 만족감을 갖고 오래 사용할 수 있도록 품질을 보증한다는 의미로 제품의 기획에서 설계·생산·출고 이후 사용단계에 이르기까지 모든 단계에 걸친 품질확보의 활동을 그 내용으로 한다.

품질보증과 기능과 업무내용

순위	기 능	업 무 내 용
1	품질방침의 설정과 전개	최고 경영자의 품질경영·철학 정립
2	품질보증방침 설정	무상 보증수리 기간/거리 등
3	품질보증 시스템의 운영	전 과정의 부문별, 업무별, 기능별 체계
4	설계품질 확보	설계(Design Review), 품질기능전개(QFD)
5	품질문제의 등록·해석	(예) Worst 10품목 집중관리
6	제조품질	공정/작업표준, 자주보증체계, 검사기준
7	품질조사와 클레임 처리	시장(고객) 품질조사와 클레임처리, 리콜
8	품질표시/설명서 관리	제품책임(PL)과 관련한 사항
9	애프터서비스	판매된 제품의 점검·수리 등 A/S체계
10	품질감사와 시스템감사	제품의 완성도 평가, QC 전반 감사
11	품질 정보	모든 품질 정보의 수집 분석 활용

▍품질코스트 – 약 10%가 쓸데없이 들어간다

품질코스트란 불량품과 관련되어 발생하는 불량품 생산비, 불량발견 및 개선 대책비로 예방과 평가 그리고 실패의 범주로 나누어진다. 품질이 철저히 관리되는 회사는 총 매출액의 2.5%가 품질코스트이고 품질관리가 제대로 되지 않은 회사는 총 매출액의 15~20%라는 통계가 있어 품질비용의 절감이 바로 기업의 수익성 개선에 가장 지름길이라는 명쾌한 결론을 얻을 수 있다.

8. 자동차 원가관리

　기업경쟁이 심화되고 있는 상황에서 기업의 영속성은 이익창출에 의해서만 가능하고 이익창출은 원가절감에 달려있다. 원가절감관리 즉, 원가관리는 크게 둘로 나누어 신제품계획 단계부터 목표원가를 설정하고 그 달성방법을 관리하는 원가절감 활동인 원가기획과 표준원가를 설정하고 통제와 개선활동을 통해 원가를 절감하는 전통적인 방법의 원가관리가 있다.

▌원가의 구성

　자동차의 원가구성 비율은 직접재료비(부품구입비+주요원자재비)가 약 70% 정도로 가장 크고 나머지 30%가 감가상각비, 노무비, 경비, 관리비 등이다. 또한 변동비와 고정비의 비율은 변동비가 약 80%이고 고정비가 20% 정도이다.

자동차 가격과 원가구성

　이익을 올리는 방법은 원가는 그대로 두고 비싸게 많이 팔아 매출을 올리는 방법, 매출을 그대로 두고 원가를 낮추는 방법, 원가의 상승보다 매출증가를 크게 하는 방법, 원가 하락보다 매출하락을 적게 하는 방법이 있을 수 있다. 그러나 매출액의 결정은 시장에서 고객과의 관계로 발생하는 상품경쟁력으로서 통제하기가 곤란하다. 반면 원가의 결정은 사내의 역량에 따라 달라지는 코스트경쟁력으로 통제가 비교적 가능하다. 이 코스트경쟁력이 바로 상품경쟁력의 원천이 되는 것이다. 경쟁이 심화되는 시장경쟁에서 이익의 확보는 고객이 요구하는 가치(Value)를 가진 판매가격으로 제공되어야 하고 필요한 적정이익이 확보되는 허용한계의 코스트로 만들 수 있는 능력을 가져야 한다. 바로 시장 지향적 원가 사고가 필요하다

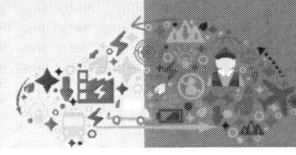

원가기획 - 설계단계에서 80% 원가가 결정

원가기획은 개발을 기획하고 있거나 개발 중인 상품을 대상으로 기획 단계부터 생산, 판매에 이르기까지의 모든 과정에서 원가관련 부문이 체계적으로 원가절감활동을 하도록 하는 것으로 이를 가격결정이나 목표원가의 산출과 관리를 목적이 있어 '목표원가'라고도 한다. 원가는 설계단계에서 70%~80%가 이미 결정된다. 도면이 완성되면 대부분의 코스트가 결정되어 버린다. 따라서 처음부터 어떻게 상품을 구상하고 부품의 설계를 관리하느냐 하는 원류관리가 매우 중요하다. 개발구상 단계에서 목표원가로서 원가의 범위를 정하고 이 예산으로 각종 설계·구매·공장설비 등을 관리하는 것이 원가기획이며 바로 원류관리의 대상이다.

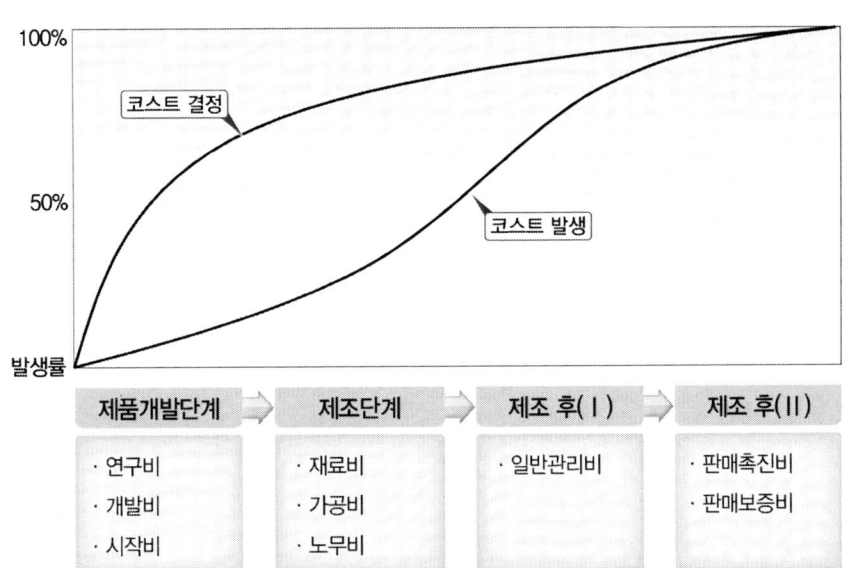

단계별 코스트의 결정과 발생곡선

원가절감과 학습효과

개발하고 있는 상품을 대상으로 하는 원가기획 활동과는 달리 현재 생산하고 있는 상품의 원가를 유지하고 개선하는 것을 원가절감(CR: Cost Reduction) 활동이라고 한다. 신상품이 원가기획에 의해 목표원가에 도달하였다면 양산이후 표준원가로 설정되고 이 표준원가는 부문별, 공정별, 비목별, 부품별로 코스트 테이블이 상세하게 작성되어야 한다. 표준원가는 다시 원가개선활동 즉 IE, VE, TQC, TPM, TPS, JIT 등의 다양한 관리기법을 활용하여 원가를 절감하고 다시 새로운 표준원가를 설정한다. 이러한 원가절감 활동을 꾸준히 반복하는 것이 원가관리이다.

▮ VE/VA (가치공학/가치분석)

가치공학(VE: Value Engineering)이나 가치분석(VA)은 구하는 기능을 최소한의 자원과 비용으로 제품가치를 향상시키는 기능추구의 과학적 연구와 방법을 말한다. VE기법은 설계단계에서 주로 요구되나 개발, 제조, 판매단계에도 적용되고 제품이외의 공정이나 방법, 관리체계나 사무업무에도 광범위하게 적용되고 있다. 이러한 VE의 사고는 핵심기능만 빼고 모두 발파 분쇄한 다음 새로운 발상으로 창조하고 보다 세련된 기능을 만드는 것이며 가치의 기본은 항상 사용자 우선이어야 한다.

▮ TEAR DOWN과 VRP(Variety Reduction Program)

TEAR DOWN은 자사 제품과 국내외 타사 제품을 분해하여 부품을 기능적으로 철저하게 비교, 검토하고 현 제품의 개량이나 차기 개발제품에 반영하는 기법이다. 분해된 장치나 부품 또는 데이터를 나열하여 보는 것으로 비교 분석 대조법이라고도 한다.

VRP은 제품, 부품, 공정, 설비 등 다양하게 개발된 부분을 원가측면에서 거품으로 생각되는 모든 요소를 제거해 나가는 원가혁신 기법으로 공용화, 제품 수 삭감, 단순화, 모듈 등을 추구함으로써 불필요한 요소를 개선하는 데 주안점을 두고 있다.

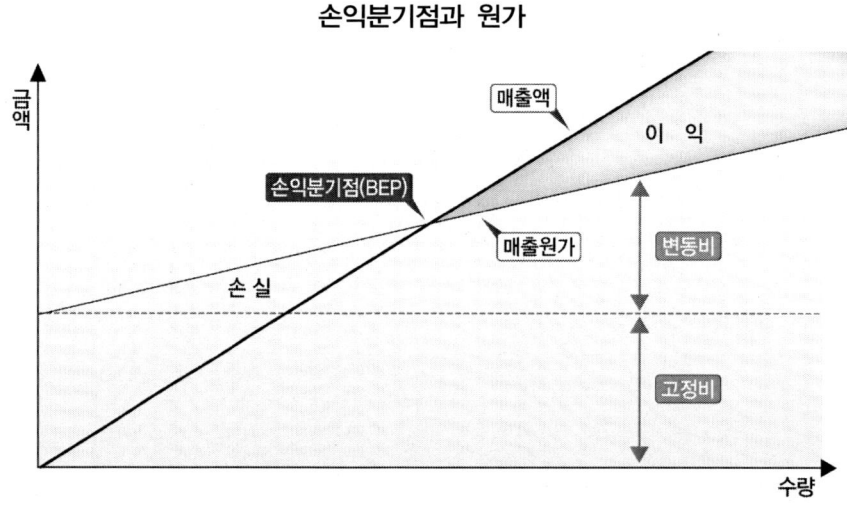

손익분기점과 원가

9. 자동차 기술

┃자동차 3대 기술은 제품기술, 제조기술, 공정기술

자동차 기술은 제품 기술(Product Engineering)과 공정 기술(Process Engineering)/제조 기술(Manufacturing Engineering)로 나누어진다. 제품 기술은 목표로 하는 제품의 성능, 품질, 원가를 달성하기 위한 설계, 해석, 시험, 평가로 나누고 세부내용은 차량과 각 부품별, 프로세스별, 목표항목별(안전도, NVH, 배기가스, 연비, 공력, 전자제어, 승차감 등)로 나누어진다.

자동차 기술 분류

항 목	내 용
제품기술	• 차종/UNIT/Component 별 설계, 해석, 시험, 평가 　- 승용차, SUV, 트럭, 버스, 경차, 스포츠카 등 　- 엔진, 변속기, 액슬, 조향장치, 브레이크, 차체, 냉각, 공조 • 프로세스별 기술 　- 스타일링, 모델링, 설계, 해석, 시험평가, 인증 • 목표 항목별 기술 　- 연비 향상, 배기가스 저감, NVH, 안전도, 경량화, 공력, 　　전자제어, 승차감 • 신차 개발기술, 신소재 기술, 선행연구기술, ITS, 대체연료
제조기술 공정기술	• 공정기술 　- 주조, 단조, 열처리, 표면처리, 기계가공, 금형, 프레스, 용접, 도장, 조립, 검사 • 자동화 기술 　- CNC, FA, FMC/FMS, CIM, 유·공압, 로봇 • 관리수법 기술 　- 설비관리, 품질관리, 작업관리, 물류관리, 원가관리

┃자동차기술의 미래

향후 초고유가와 지구온난화로 친환경 차와 대체연료 차의 보급량이 늘 것으로 보인다. 엔진 연소제어의 혁신과 함께 엔진제어시스템이 고도화 될 것이다. 하이브리드 자동차와 전기자동차 상용 모델은 세계 업계가 모두 경쟁적으로 쏟아내고 있다. 이어 수소와 산소의 화학반응을 이용한 수소연료전지를 원동력으로 기존의 내연기관 대신 전기모터로 자동차를 구동하는 친환경 미래 차는 개발이 더욱 빨라질 것이다.

전자제어와 통신기술의 발전으로 운전자와 보행자를 보호하는 적극적인 예방안전 시스템이 더욱 빨라질 것이다. 에어백의 장착부위가 확대되었고 스마트화가 진전되었으며 ABS 등 능동적 안전 분야에서는 제어가 고도화되면서 ESP, ESC(전자식 안전제어)와 브레이크 록(Lock)제어가 가능해졌다. 궁극적으로는 수동적 안전시스템과 능동적 안전시스템이 복합되고 통신기술이 어우러져 악천후 상황과 주변위험을 인식하는 'Pre-Crash Safety' 등의 위기회피 종합 주행시스템이 구축될 것이다.

자동차에 적용되는 대표적인 정보통신 기술은 첨단 안전 자동차(ASV), 텔레매틱스, 지능형 첨단 교통시스템(ITS)으로 차량 간, 차량과 도로 간의 통신을 통한 위험 회피, 교통정보의 전달 등 다양한 기능이 추가되어 지금까지는 폐쇄공간이었던 자동차는 외부사회와 연결되는 개방화가 더욱 촉진될 것이다. 더 나아가 이런 기술을 모두 종합한 무인자동차는 인터넷기업 구글이 개발을 선도하며 실용화를 앞두고 있다.

▮자동차 동력원의 미래

자동차산업의 패러다임이 바뀌고 있다. 이 가운데 특히 주목되는 것이 파워트레인의 변화로 기존의 내연기관을 하이브리드 또는 연료전지 시스템으로 대체할 것이라는 전망이다. 무엇보다 향후 40년 내에 석유고갈의 문제에 부딪히고 지구환경에 대한 관심이 고조되기 때문이다.

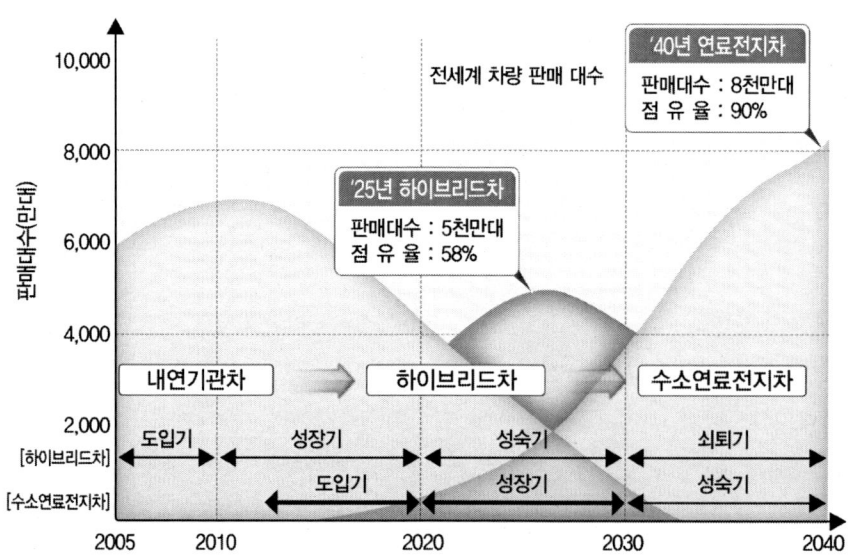

제1편 자동차의 기본 이해

가솔린과 디젤로 대표되는 내연기관은 하이브리드 시스템의 등장이후 언제까지 살아남을 수 있을 것인가가 관심거리가 되었지만 가솔린 엔진은 직접 분사방식, 디젤엔진은 커먼레일 등을 적용하여 고연비, 저공해를 현저히 실현시켜가고 있다. 내연기관은 기존 자동차의 인프라를 가장 효율적으로 이용할 수 있으며 제작비도 가장 저렴하여 대단히 매력적이기 때문이다.

▍하이브리드는 20년 후 주류로 등장

그러나 1997년 양산 판매된 하이브리드 시스템은 기존 인프라를 잘 활용하면서 내연기관에 뒤지지 않는 성능에 탁월한 연비로 대중화보급에 성공적으로 진입하였다. 2010년 연간 1백만 대 판매가 달성되었고 2013년 220만 대를 넘어섰으며 2020년 1천만대가 될 것으로 보여 향후 20년 후에는 자동차의 주류로 자리 잡을 전망이다. 왜냐하면 궁극적인 미래형 친 환경차로 평가되는 수소를 이용하는 연료전지차가 대중화되려면 앞으로도 20년 이상 소요될 것으로 예상되기 때문이다.

BMW i8 전기차 플랫폼

▍산업혁명 이후 새로운 변혁 – 연료전지 혁명

21세기에는 산업혁명이후 새로운 대변혁이 인류사회에 찾아올지도 모른다. 그 주역이 수소들을 연료로 하는 새로운 발전장치인 연료전지이다. 21세기 안으로 휘발유 엔진은 그 모습을 갖추고 연료전지 자동차가 그것을 대신할지도 모른다. 전문 조사업체인 '글로벌 인사이트'는 세계 수요전망에서 2040년에는 연료전지차가 8천만대가 팔려 전 세계 차량 판매대수의 90%를 차지할 것으로 예측하고 있다.

▍텔레매틱스는 스마트 카의 핵심

텔레매틱스(Telematics)란 통신(Telecommunication)과 정보과학(Informatics)의 조합으로 통신의 쌍방향성과 정보과학의 정보성을 함께 갖춘 것이다. 이러한 텔레매틱스의 서비스는 차량관련 서비스로 리얼타임 내비게이션, 긴급출동서비스, 차량진단서비스, 첨단교통서비스 등이 있고 비 차량관련 서비스로 인터페이스, 정보제공, 모바일, 엔터테인먼트, 커뮤니케이션 등의 서비스로 스마트 카로 발전해갈 것이다.

승용차의 기본구조

- 동력발생장치
  - 엔진보디 — 실린더 헤드, 블록, 피스톤, 콘로드, 밸브, 흡·배기관
  - 연료장치 — 연료 공급계, 연료 컨트롤
  - 냉각윤활장치 — Cooling sys, Lubricating sys
  - 엔진전기장치 — Cranking, Charging, Ignition
- 동력전달장치
  - 클러치시스템 — Clutch Assy, Clutch Control
  - 변속기 — Gear Change, Housing, Gear
  - 프로펠라 샤프트 — Shaft, Joint
  - 리어액슬 — Real Axle, Differential, Shaft
  - 트랜스 액슬 — (전륜구동차) CV Joint
- 섀시장치
  - 현가장치 — Axle, Suspension, Spring
  - 조향장치 — Steering Wheel, Shaft, Gear
  - 제동장치 — Wheel Brake, Control, Line
  - 휠 어셈블리 — Wheel, Tire
- 차체
  - 차체 — Frame, Deck, Body Shell
  - 차체의장 — 차체 내장, 외장, 전장

제2편
자동차산업과 경영

제2편 자동차산업과 경영

1. 자동차산업의 특징

▎전후방 연계효과가 큰 종합산업

자동차는 2만여 개의 각종 소재부품으로 만들어지고 자동차의 판매, 이용, 유지에 광범위한 산업이 존재하며 관련 산업의 중심으로서 전후방 연계효과가 큰 종합산업의 특징을 가진다.

자동차는 가전제품처럼 내구소비의 일반재이다. 만일 자동차에 대한 수요가 1만대 증가한다면 자동차 제조공장에서는 1만대를 더 만들기 위해 사람을 더 고용하고 여기에 들어가는 여러 부품을 더 구입해야 한다. 물론 각 부품회사도 사람을 더 고용하고 소재를 더 구입하며 설비도 늘리고 공장을 새로 짓기도 한다. 이처럼 일반재의 수요가 늘어나면 다시 산업재를 생산하는 후방산업에 대한 수요도 늘어나 경제가 성장하는 것이다.

자동차 관련 산업으로는 전방산업으로 철강, 금속, 유리, 고무, 플라스틱, 섬유, 고무 등의 소재산업과 시험연구 및 제조 설비산업이 있고 후방산업으로 이용부문의 여객운송, 화물운송, 렌트/리스, 주차장 등 운수 서비스산업, 판매·정비부문의 자동차 판매 및 부품·용품 판매, 정비 등의 유통서비스 산업이 있고 관련부문으로 정유, 윤활유, 주유소, 보험, 할부금융, 의료, 스포츠, 레저에 이르기까지 폭 넓은 산업연관성과 파급효과를 갖는 특성을 가지고 있다.

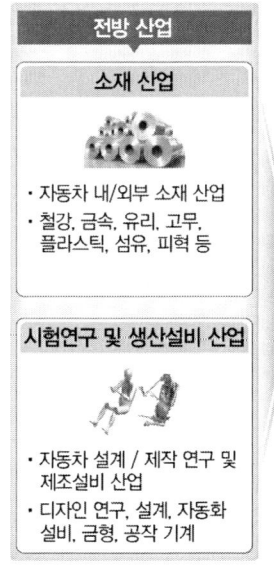
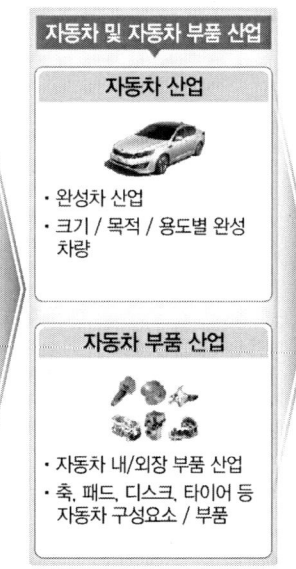
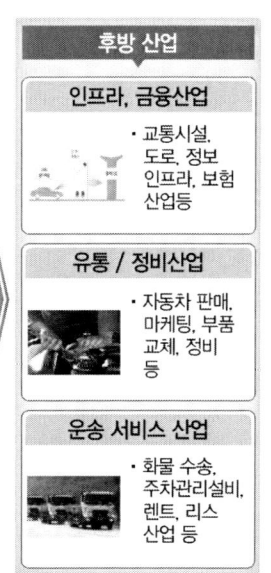

▌양산효과가 뚜렷한 산업

생산수량의 증가에 따라 나타나는 생산비용의 감소효과를 양산효과 또는 규모경제(Scale Merit) 효과라고 하는데 자동차산업에도 뚜렷이 존재한다. 자동차의 개발과 생산에는 막대한 시설투자와 개발비가 소요되며 이는 적정 수준의 생산규모를 유지해야 비로소 가격경쟁력을 가질 수 있다. 이러한 규모경제는 제조와 구매뿐만 아니라 연구개발, 마케팅, 서비스 네트워크 등 기업 활동의 모든 부문에서 나타난다.

조립라인의 최적 규모는 경험적으로 약 25만대라고 말한다. 이것은 1분 사이클을 가진 2교대 라인이 생산할 수 있는 연간생산 대수(60대×18시간×20일×12월)로서 현재 동일한 플랫폼에서 복수의 차별화된 모델은 개발하는 기술로 전제하면 약 25만대가 하나의 플랫폼 경제규모로 볼 수 있다. 만약 플랫폼 당 경제규모를 약 25만대로 보고, 포트폴리오 방식으로 5개의 플랫폼과 몇 개 파생모델 군으로 구성된 라인업을 가지고 시장을 커버한다면 글로벌 메이커의 경제규모는 최소 150만대로 볼 수 있다.

▌국가의 기간산업 – 방위산업 – 세수산업

자동차산업은 생산액, 고용, 수출 등의 국민경제에 큰 비중을 차지하고 있어 그 나라의 경제발전과 경기순환에 지대한 영향력을 미친다. 따라서 국가는 경제성장 및 고용확대를 위하여 국가기간산업으로서 중점 육성하고 있다. 특히 관련 산업과의 연관성이 크고 노동집약적인 조립산업이기 때문에 고용규모와 비중이 큰 고용창출 산업이다. 또한 한 나라의 자동차산업의 발전은 관련 산업의 생산성과 기술수준을 선도할 뿐만 아니라 자동차 수출국으로 진입하게 되면 그 나라의 공산품 품질수준을 세계적으로 인정받게 된다. 바로 현대자동차가 세계에서 명성을 쌓아올리면 우리나라 모든 제조업의 수준은 저절로 세계적 수준이 된다.

자동차산업의 발달은 평시 군수물자의 원활한 수송과 병력 이동을 용이하게 하여 기동력을 높이고 전시에는 정밀기계공업으로서 설비, 기술, 인력을 군수용 차량과 병기제조는 물론 항공기, 전차 등 전투장비의 생산으로 바꿀 수 있는 군수산업의 성격을 갖기도 한다.

자동차는 '세금을 먹고사는 하마'라고 한다. 구매단계부터 등록, 보유, 운행단계마다 세금이 징수되는 국가의 주요 세수산업이다. 우리나라의 경우 2013년 기준으로 총 국세와 지방세 세금은 약 270조원으로 이 중 자동차 관련세금은 약 44조원으로 16%에 이른다.

제2편 자동차산업과 경영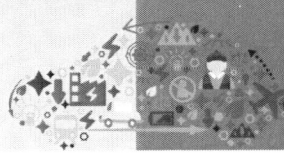

세계 최대의 초대형 산업

산업의 경제적 크기나 영향력을 보고 자동차산업을 '산업중의 산업(Industry of Industry)'이라고 부른다. 이는 세계 최대의 시장규모를 가지고 모든 산업을 이끌어가기 때문이다. 세계 자동차 시장의 연간 신차수요가 8천만 대(2013년)를 넘고, 금액 규모로는 1조9천억 달러를 상회하며 자동차 보유대수도 11억 대를 넘어 관련 산업의 규모까지 합치면 세계 최대 규모이다.

자동차산업은 정유산업, 전기·전자산업과 함께 세계 BIG-3 산업을 이루고 있는데 이는 사람과 재화의 이동이 현대의 인간생활과 경제활동에 얼마나 중요한가를 나타내며 주요자원으로 이용되는 정유산업이나 인간생활을 보다 편리하게 하는 전자·전기산업보다도 시장규모가 큰 초대형 산업임을 알 수 있다.

지속적인 안정 성장산업

자동차산업은 130년의 산업 역사를 가진 성숙산업이라기보다는 글로벌 수요측면에서 보면 아직도 지속적으로 완만한 안정 성장산업으로서 향후에도 계속 세계시장은 확대되어 갈 것이다. 일본, 유럽, 한국 등은 성숙시장으로 수요증가가 미미하나 인구 증가가 지속되는 미국과 급속한 경제성장을 이어가는 중국을 중심으로 인도, 브라질, 러시아 등에서 꾸준한 수요증대가 예상된다. 이렇게 자동차는 통제받지 않는 마약과 같은 존재로 한번 맛을 들이면 여간한 노력 없이는 평생 끊을 수 없기 때문이다. 이렇게 자동차 없이는 생활할 수 없는 사회구조인 완전 자동차사회의 확산으로 앞으로도 지속적으로 신차수요의 증가를 뒷받침해 줄 것이다.

세계시장을 무대로 하는 글로벌 산업

자동차산업은 다국적 기업들의 시장지배와 국제시장에서 차지하는 전략적 위치에 크게 영향을 받는다. 이들 기업끼리의 전 세계적 협력체제로 신차개발, 생산, 부품조달, 시장판매, 자본 등 제휴형태가 다양해지고 국가 간의 소비패턴도 동질화되어 가는 범세계적 산업 또는 국제화산업의 특징을 갖는다.

국제화를 나타내는 국제교역 규모에 있어 자동차제품의 교역규모는 세계 최대 규모인 약 1조 달러('12년 기준)로 세계 전체 교역에 있어 약 11%의 비중을 갖고 있다.

산업지배력에 따른 정치적인 산업

자동차산업은 엄청난 고용효과와 방대한 산업지배력 때문에 고도로 정치적인 산업의 특성을 갖는다. 따라서 소유와 경영의 국적 측면에서 정부는 산업육성에 관여하는 경우도 있다. 프랑스는 자국 산업을 보호하려고 르노나 시뜨로엥의 경영권을 가지기도 하였다. 한편 스페인, 브라질은 선진국 메이저에 종속되어 발전하였고 영국은 과거 국적기업(로버, 재규어, 롤스로이스, 미니 등) 모두가 해외로 넘어가는 정치적 선택을 한 바 있다. 오늘날 세계적 자동차기업의 국적은 미국, 독일, 일본, 프랑스, 한국, 이태리로 손꼽을 수 있을 정도이다.

▎투자위험이 큰 자본산업

자동차산업은 GM, 르노, 닛산, 폭스바겐, 크라이슬러, 혼다 등의 모든 기업이 도산까지 가는 경영위기를 겪지 않은 기업이 별로 없다. 영국 국적 기업은 모두 도산되어 국외로 넘어 갔으며 심지어 미국의 포드도 수차례의 위기를 맞은 적이 있고 일본의 도요타도 대규모 정리해고를 겪었으며 우리나라도 지난 외환위기시 현대자동차를 빼고 삼성, 대우, 쌍용, 기아그룹이 모두 부도를 냈거나 그 직전까지 몰린 적이 있었다. 이때마다 각국 정부의 대규모 금융지원으로 회생하였다. 바로 자동차산업은 금융시스템과 불가분의 관계를 맺고 있다. 대규모 투자위험과 자본산업의 특성 때문이다.

또한 자동차생산에는 대규모의 토지와 공장 그리고 생산과 연구 설비가 필요하고 신차개발과 마케팅 투자에도 엄청난 돈이 들어간다. 우리나라의 경우 30만대 승용차공장을 새로 지으려면 약 2조원이 소요되며, 신 모델 개발에도 2천~3천억 원이 필요하다. 한편 투하된 자금이 회수되는 데까지 걸리는 투자 회임기간도 10년 정도 걸려 탄탄한 자금력이 뒷받침되지 않으면 안 되는 대표적인 자본집약적 산업이다.

이러한 대규모의 자본투자가 요구되므로 신차 개발의 성패가 기업 경영성과의 결정적 요인이 된다. 따라서 상품력의 좋고 나쁨이 기업의 수익으로 직결되는 대단히 고 위험산업의 특성을 갖는다. 따라서 하나의 모델이 판매에 성공하면 고수익이 보장되고 실패하면 엄청난 손실이 나기 때문에 다양한 차종을 갖추어 위험을 분산하는 풀 라인상품 전략이 필요하다.

▎기술집약적 시스템산업이며 혁신산업

자동차는 기능과 소재가 상이한 2만여 부품의 집합체로서 수많은 기술과 시스템이 요구되는 기술집약적 시스템산업이다. 자동차기술에는 디자인, 설계, 시험의 제품기술과 생산에 필요한 주조, 단조, 기계가공, 금형, 열처리, 도금, 도장, 용접, 조립 등의 제조기술 그리고 생산관리, 품질관리, 원가관리, 물류관리 등의 관리운영기술이 있다. 또한 자동차산업은 매출액에서 연구개발비의 비율인 기술특화계수가 높은 대표적인 혁신산업으로서 신소재 기술, 일렉트로닉스

제2편 자동차산업과 경영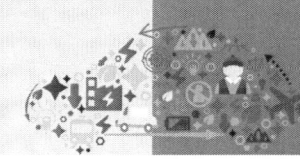

기술, 정보통신 기술, 신 생산시스템 등의 혁신적 기술의 개발과 채용 여부가 제품경쟁력의 원천이 되고 있다.

▌고유기술과 축적된 경험이 중요한 산업 – 제조업의 진화 주도

자동차산업은 관리운영 기술 또는 생산조업 기술이라는 독특한 공장 운영의 기술과 노하우가 사업 성패의 관건이 된다. 다양한 공정구성과 관련기술, 대단위 생산설비와 대단위 생산라인, 다품종 소량생산 추세, 수만 명의 작업자 등을 효율적으로 운영하는 것은 매우 어려운 과제가 된다. 특히 생산의 전문화·표준화·기계화·자동화·평준화에 있어 다른 산업에 앞서고 'JIT생산방식'이나 '컨베이어 생산방식'이 자동차산업에서 생겨났기 때문에 자동차산업을 '생산방식의 도장(道場)'이라고 부른다.

자동차 생산시스템의 변화

	20세기 초 포드식 생산시스템	1970년대 도요타식 생산시스템	1990년대 글로벌 네트워크형 시스템
기본전략	· 대량생산, 대량판매로 코스트 절감 · 규격화된 부품을 벨트 컨베이어로 운반해 조립 · 근로자는 한가지 작업만 반복수행	· 다품종 소량생산 무재고 Just in time · 근로자가 여러 기계를 담당하는 U자형 생산라인 · 현장 근로자의 품질개선 활동을 중시	· 도요타식 Just in time방식을 IT를 이용해서 고도화 · 글로벌한 차원에서 아웃소싱을 활용 · 경영스피드 중시, 주문생산에도 대응
특징	· 수직 통합된 회사 조직 구조 · 획일화된 제품으로 대중 소비사회 구축	· 계열회사를 거느리고 시장과 조직의 중간적 거래관계 활용 · 제품의 다양화로 소비자의 선택폭을 확대	· IT 관련 산업이 중심이며, 아직 도입단계 · 글로벌한 개방형 네트워크 조직 지향

▌철강다소비 산업 – 연간 자동차용으로 1억톤 소비

자동차의 재료 중 철강 비중은 차량 중량의 70%를 넘는다. 중형 승용차의 무게가 1200kg이면 840kg이 철강인 것이다. 세계적으로 트럭을 포함한 연간 9천만대 자동차생산에는 연간 9천만 톤 이상의 철강이 필요하기 때문에 단일 품목으로서는 세계 최대의 철강 다소비 산업이다. 따라서 자동차산업의 발전을 위해서는 반드시 철강산업의 뒷받침이 있어야 한다. 바로 현대자동차그룹의 성장기반에는 '쇳물에서 자동차까지'의 종합제철 일관계열구조가 한 몫을 차지하고 있다.

▎기계공업의 꽃에서 전자공업과 IT 결합

자동차산업은 차체, 엔진, 기어, 엑슬 등 철강의 생산소재에 많이 의존하고 또 기능과 생산공정의 특성상 조립금속과 수송기계 제조업이다. 기계는 고도로 정밀성이 요구되는 '도구(Tool)'가 생산의 중심이며 자동차 자체가 기계공학의 산물이기 때문에 자동차공업은 '기계공업의 꽃'으로 부른다. 그러나 전자공업의 발전으로 자동차의 전자화 부품비중이 확대되고 공장자동화의 추세에 따라 기계와 전자기술이 결합한 메커트로닉스(mechatronics)와 자동차의 핵심부품인 카 일렉트로닉스의 비중이 늘어나 자동차공업은 융합공학의 전형이라고 할 수 있다.

특히 세계 자동차시장을 재편할 하이브리드(hybrid) 자동차, 연료전지-전기자동차, 지능형 고속도로, 지능형자율주행 자동차 등이 미래형자동차의 핵심으로 급부상할 것으로 보여 전장분야는 더욱 비중이 커질 것이다.

▎전장, 케미컬, 2차전지가 주도하는 자동차 미래 -'현대차의 최대 적수는 삼성전자'

2013년 현재 자동차 제조원가에서 전장부품이 차지하는 비중은 약 30%정도로 10년 만에 두 배가 되었다. 고급차일수록 그 비중은 크고 하이브리드 차량은 60%, 전기 차는 70%에 이르러 자동차의 기술혁신은 대부분 IT에 그 기반을 두고 있다.

전기자동차의 혁신 아이콘으로 떠오른 미국의 테슬라는 회사는 년 3만대도 미치지 못하는 소량생산 기업이지만 기업 가치는 시가총액이 310억 달러로 연산 1천만대의 GM의 절반에 이른다. 그 이유는 기존 자동차업체들이 전기차를 구색용이나 이미지제고용으로 만드는데 반해 테슬라는 리튬이온전지를 아낌없이 깔아 고급 스포츠카에 버금가는 성능을 갖추고 17인치 대형 스크린으로 차량의 모든 기능을 컨트롤하는 첨단 IT를 구현하기 때문이다.

휴대폰 업체들이 노키아가 아닌 애플의 아이 폰으로 초토화된 것처럼 현대차의 적수는 삼성전자라고도 한다. 자동차가 지난 100년간 연비와 속도를 개선하는 기계공학에 치중했다면 앞으로 100년은 IT와 케미컬(화학)경쟁으로 삼성과 LG의 센서와 제어기술 2차전지가 될 것이라고 할 수 있다.

▎부품업체에 의존하는 대표적인 조립산업

자동차는 2만여 개의 부품으로 만들어지는 대표적인 조립 산업이며 자동차 원가의 70% 정도가 재료비로 차지할 만큼 부품의 원가, 품질, 납기, 업체관리 등이 중요한 산업이다. 따라서

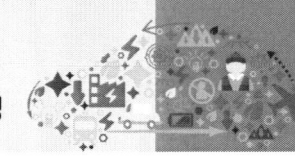

제2편 자동차산업과 경영

자동차산업의 육성과 기업 경쟁력은 부품산업의 튼튼한 하부구조의 구축과 조달체계를 이루는 계열화 구조의 견실성에 달려 있다.

한편, 완성차 업체의 내제 율은 계속 낮아지고 있어 GM은 50%대 수준으로 낮아졌고 포드가 40%, 크라이슬러가 일본과 같은 20% 내외, 유럽은 아직도 40~50%에 이른다. 즉, 완성차의 자가 생산비중이 30%면 나머지는 부품업체의 조달에 의존하고 있다는 것이다.

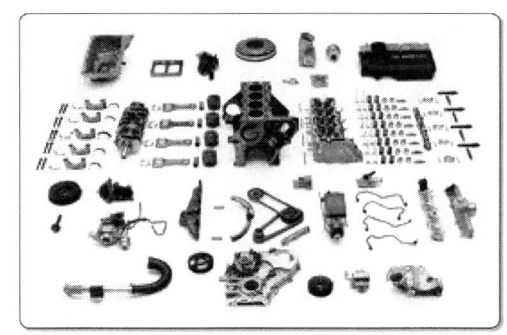

▌애프터 마켓의 수익이 큰 산업

자동차산업은 자동차판매 후에 일어나는 보험, 렌트, 리스, 할부금융, 중고차판매, 부품판매, 정비, 용품, 튜닝, 폐차에 이르는 각 단계의 시장규모와 수익의 총 규모는 완성차 생산보다 2~3배에 이른다. 이것은 연간 세계 신차 판매시장이 2013년 9천만 대이고 세계 보유대수는 신차판매의 12배에 이르는 10억대 수준이기 때문이다. 따라서 세계적인 자동차메이커의 대부분은 그룹 내 금융서비스와 유통 사업을 전담하는 자회사를 두고 있으며 수익규모도 완성차 판매에 못지않게 크다.

▌제품구조상 표준화와 모듈화가 어려운 고도의 아키텍처 산업

자동차는 수천 개의 기능 부품으로 구성된 복잡한 기계제품으로 이들 부품의 구조가 기능과 기능 사이에 복잡하게 얽혀 있다. 같은 기계제품으로 부품 간 인터페이스의 표준화가 상당히 진행된 퍼스널 컴퓨터나 자전거와는 달리 기업을 넘어 공유화 할 수 있는 범용제품의 비율이 20%를 넘지 않는다. 또한 다양하고 까다로운 고객의 취향에 맞추기 위해 치밀한 설계의 제품 차별화가 요구되기 때문에 데스크톱 퍼스널 컴퓨터와 달리 일방적인 모듈화가 어렵다. 따라서 기업자체의 끊임없는 고유의 능력구축이 요구되며 한편으로는 사내 모델 간 공용화와 기업 간 업체 표준화가 필요한 산업분야이다. 다시 말해 자동차는 구조, 설계, 체계와 함께 고도로 통합적인 전체 부품 간 인터페이스 구조와 설계 아키텍처를 갖고 있는 제품으로 전반적인 기술과 경영능력이 동반 발전해야 한다.

▎고객 밀착성이 강한 다품종 대량생산의 시장수요산업

자동차는 고객에게 어필하는 특장점이 어느 산업보다 다양하다. 따라서 하나의 나라나 하나의 업체가 전반적으로 압도적 경쟁우위를 보이기 힘들다. 브랜드, 가격, 디자인, 기술, 성능, 품질을 모두 갖춘다는 것은 매우 어렵기 때문이다. 특히 고객의 차별화와 개별화 추세가 빠르게 존재하는 제품특성으로 고객 밀착형 디자인도 중요해져 세계화와 지역화가 동시에 일어난다. 따라서 자동차산업은 어느 산업보다도 고객 밀착성이 강한 산업이다.

또한 자동차는 항공기, 철도차량, 선박 등의 주문 생산방식과는 달리 시장의 다양한 고객에 맞추어 대량생산방식으로 만든다. 또한, 제품은 전 세계의 다양한 국가별 고객의 요구에 맞추고 또 하나의 차종에 여러 가지의 엔진, 새시, 차체, 편의장치, 옵션, 칼라 등을 선택할 수 있어 한 개 모델에 수백 종의 사양이 생산되는 다품종 시장수요 산업이다.

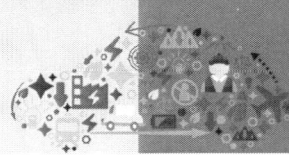

2. 자동차 기업경영의 특징과 전략

▌'자동차 생활문화의 창출'이 기업경영의 본질

인간의 기본적 욕구인 이동은 자동차의 출현으로 의식주와 똑같이 필요한 생활양식으로 자리를 잡았다. 이러한 자동차가 대중화시대를 거치면서 사람들은 개성과 '자동차 삶의 질' 향상의 욕구를 갖는다. 따라서 자동차를 타는 모든 고객에게 질이 높은 '자동차 생활문화의 창출'이 자동차 기업경영이 추구해야 할 본질적인 목표이다.

▌사회성이 높은 안전철학의 경영

자동차는 개인의 소유물이면서 사회전체가 공유하는 사회성을 가지고 있다. 따라서 '안전한 차' '깨끗한 차' '편리한 차' '값싸고 품질 좋은 차'가 자동차 경영이 지향해야 할 과제이다. 특히 자동차를 만드는 일은 사람의 생명을 책임지는 일이다. 다른 무엇보다 '안전을 우선해야 한다.'는 경영철학이 생산라인의 작업자에서 경영층까지 철저히 뿌리내려 있어야 한다.

▌세계고객지향의 글로벌 추구경영

자동차는 내구소비재로서 인간이 존재하는 한 끊임없이 수요가 생성되는 시장의 영구성과 함께 교통과 통신의 발달로 세계가 하나의 시장이 되는 국제적 상품성을 지닌다. 따라서 고객과 시장 지향적이어야 하며 전 세계 어디에도 팔릴 수 있는 상품요소와 매력을 가져야하는 글로벌을 지향하지 않으면 안 된다.

▌개선과 진화능력의 축적이 발전의 원동력

고도의 기술과 노하우를 바탕으로 수만 명의 인적자원과 대규모의 자본과 설비, 수천 개의 부품이 수많은 공정에서 결합하여 만드는 것이 자동차경영의 특성이며, 바로 '물건 만들기'의 전형이다. 따라서 도요타 생산시스템 같은 탁월한 개선능력과 끊임없는 진화능력이 있어야 경쟁력 있는 기업으로 성장할 수 있다.

▌탁월한 운영(Operation) 능력이 기업의 성공요소

탁월한 운영능력이 기업의 성공요인으로 도요타와 같은 기업에서는 효율성을 중시하는 학습 방향을 찾아볼 수 있다. 효율성을 중시하는 학습방향은 팀이 단결하면서 끊임없이 높은 업적목표에 도전하는 기풍을 낳는다. 사원은 낮은 비용으로 높은 가치를 만들어 내기 위한 치밀한 프로세스 관리능력과 고도의 팀워크를 몸에 익힌다. 이런 기업은 자사의 자원을 효율적으로 활용하기 위해 훌륭한 시스템을 구축하고 있으며 그 시스템의 끊임없는 개선을 통해 효율성 추구에 사원의 학습이 더욱 더 집중되고 있다.

▎변화관리와 탁월한 혁신 추진이 경쟁력

자동차는 일정한 수준의 품질과 고도의 기술력, 자본력, 마케팅 능력을 가져야 세계적 경쟁시장에서 살아날 수 있다. 따라서 변화하는 환경과 고객의 요구 등에 대응하여 경영방식, 조직, 제품, 업무 프로세스 등을 세계적 수준으로 변화시키는 능력, 즉 탁월한 혁신력이 있어야 한다.

▎조화와 타협의 예술이 필요한 경영

자동차 기술은 고객의 요구와 회사의 요구 그리고 자연법칙을 총체적으로 고려해 제품요소(모양, 재질, 공차, 시험방식 등)를 최적화해내는 기술이다. 다시 말해 상호 모순되는 요구를 타협하고 조화와 균형으로 최종적으로 고객을 만족하는 것을 목표로 하는 조화의 예술이 필요하다.

▎전사적 팀워크와 사상 통일이 사업성공의 열쇠

하나의 완성차가 만들어지려면 2만여 개의 부품이 사내·외에서 만들어진다. 승용차 조립공장은 40~60초에 한 대씩 생산되는 라인을 흐르며 수천 명의 작업자의 손을 거쳐야 한다. 또 신 모델 개발에도 3~4년 동안 수많은 부문의 여러 단계를 거쳐야 한다. 따라서 팀워크와 협력은 자동차 사업성공의 열쇠이다.

특히 제품개발의 경우에 있어서는 수백 명의 마케팅 요원이 판매과정에서 수천수만의 전 세계 고객과 시장의 동향을 읽어내고 거기서 요구하는 스타일링, 디자인, 성능, 품질을 연구개발과 기획부문에 피드백 한다. 다음 관련자들이 모여 기술적 특성, 보유기술의 한계와 특성, 중장기 기술전략, 투자비, 원가, 요구품질, 생산설비의 한계와 특성 등 수많은 요소를 종합적으로 고려한다. 이어 수백 수천의 관련 임직원이 광범위하고 풍부한 커뮤니케이션과 피드백을 거치며 때로는 최고경영진의 직관과 통찰력으로 개발 프로젝트를 진행해 간다. 바로 활발한 의사소통과 아이디어의 교환이 성공의 핵심이 된다.

또한 '부품품질은 자동차품질'이며 '자동차품질은 작업자의 품격'이라고 한다. 또한 협력기업과의 파트너십과 노사 간의 화합이 필요하다. 그러나 무엇보다 중요한 것은 기업 내 수천수만 명의 종사자들이 한데 뭉쳐 고도의 시너지효과를 내고 개선 아이디어를 창출해야 한다. 이를 위해 커뮤니케이션의 활성화는 물론 '언어와 용어의 통일'이나 '사상통일'이 이루어져야 한다.

▌고객의 생애가치를 중시하는 고객만족경영

'한번 거래한 고객의 충성도에 변함이 없다면 한 대에 2만5천 달러의 차를 평생 12대를 사게 되고 부품과 서비스 요금을 더하면 33만2천 달러의 평생 구매액이 된다.'고 미국의 렉서스의 유명 딜러 칼스웰이 「평생고객」이라는 책에서 소개하였다. 하나의 고객이 일생동안 구매하는 모든 비용을 고객의 생애 가치(Life Time Value)라고 하는데 자동차는 그 어느 제품보다 크기 때문에 고객 충성도를 높이려면 고객만족도 향상에 주력해야한다.

▌폭넓은 이익창출 경영

자동차 사업의 이익 풀(Profit Pool)은 제조와 판매뿐만 아니라 할부금융, 중고차 판매, 정비, 부품판매, 렌트/리스, 유류 판매, 자동차보험 등 광범위하며 신차판매 이익보다 할부금융과 같은 애프터마켓에서 더 많은 이익이 창출된다.

▌다양한 상품 전개와 사양 관리가 중요한 경영

자동차는 다양한 고객의 요구에 대응하는 상품전개가 필요하다. 그러나 자동차는 개발기간, 개발비용, 생산비와 관리비용을 감안할 때 이를 잘 기획하고 관리하며 조화시켜야 한다. 하나의 모델에는 차체 형식, 엔진, 변속기, 운전석 위치, 인테리어 그레이드 또는 트림 레벨, 옵션 장비, 도색 그리고 각 국별 인증 요구나 고객기호 또는 특정 품목의 부품 장착 요구에 따라 수백 종에서 수천 종에 이르는 사양수가 있기 때문에 사양관리가 매우 중요하다.

▌브랜드 가치 중시 경영

소비자는 제품보다 브랜드를 구매한다. 자동차는 고가의 내구성 상품으로서 안전성, 일관성, 성능과 품질 등의 보증을 바로 브랜드가 하기 때문이다. 소비자들은 브랜드가 주로 후광효과를 중시하는 경향이 강하여 브랜드 가치에 필요한 품질, 이미지, 인지도, 충성도 등을 체계적으로 구축해야 한다.

▌부품공급 네트워크의 시스템 경쟁력

한 대의 자동차는 여러 기업의 수많은 가치 활동이 결합한 시스템 상품이기 때문에 자동차기업을 '조립업체(Assembler)'라 부른다. 대부분의 자동차기업의 내제 율은 30% 내외이다. 즉 대부분 자동차부품은 외부 부품업체에 의존한다. 결국 자동차란 단일 업체의 경쟁력이 아니라, 다수 관련기업의 경쟁력이 시스템으로 결합한 것이다. 즉, '자동차의 경쟁력은 부품공급 네트워크의 시스템 경쟁력'이라고 할 수 있다.

기업경쟁력 확보전략

자동차는 대표적인 국제화산업이다. 기술, 자본, 판매, 생산 등 기업경영의 모든 분야에서 국경이 무너지고 '세계'라는 하나의 시장에서 누가 살아남느냐 하는 경쟁이 더욱 심화되고 있다. 이러한 생존경쟁에서 살아남기 위해 가장 중요한 것은 경쟁전략의 핵심인 국제경쟁력의 확보에 있다. 이러한 기업의 국제 경쟁력을 결정하는 요인은 내부의 제품력, 생산체제, 신제품개발력, 시장지배력과 외부의 국가 산업정책, 임금, 환율, 이자 등의 경제여건 등으로 나누어진다.

자동차기업은 무엇보다 제품경쟁력이 있어야 한다. 제품경쟁력이란 '고객이 그 제품의 어떤 매력에 끌려서 선택' 이란 구매행동을 하는 결과로서 이러한 선택이란 고객의 머릿속에서 일어나는 복잡한 형상으로 즉, 기업내외의 모든 요인이 복합적으로 반영된 것이다. 이러한 경쟁력의 평가는 제조비용, 조립생산성, 시간당 노무비, 제조품질, 개발생산성, 고객만족도, 초기품질만족도 등 지표로 나타낼 수 있는 요소 외에 부품조달체계, 기술력, 노사관계, 유통구조, 기업의 유연성과 혁신력, 기업이미지, 브랜드 가치 등 지표로 나타내기 어려운 요소도 있다.

지금 세계 자동차 시장의 경쟁력은 품질, 기술, 연비, 제품 믹스 등에서 대부분의 선진기업들이 동일한 수준에 이르고 있어 앞으로는 제품개발력에서 우열이 나타날 것이다. 즉 새로움이 아닌 차별성을 추구하는 소비자의 욕구에 맞추기 위한 모델의 다양성과 생산다양성으로 매출은 늘리고 수익성을 향상시키는 것이 경쟁력의 원천이 될 것이다.

글로벌 산업과 글로벌 전략

자동차산업은 전형적인 글로벌산업이다. 즉, 전 세계시장과 각국의 소비를 대상으로 조향방식과 환경기준 등에 약간의 차이는 있으나 거의 동질적인 제품을 연구개발·생산·판매하는 산업인 것이다. 다시 말해서 세계화란 연구개발, 생산, 부품조달, 마케팅 등을 목적으로 해외투자, 무역, 기업 간 제휴협력 등이 초국적기업을 중심으로 국경을 초월하여 이루어지는 기업활동의 발전패턴을 가리킨다. 이러한 세계화가 기업의 생존과 성장력의 잣대가 되는 국제 경쟁체제의 확보가 시급하게 되었고, 이는 바로 국제 분업구조를 진전시키면서 기업간의 다양한 제휴와 협력관계로 더욱 발전하는 계기를 만들었다.

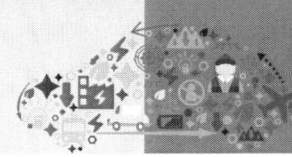

제2편 자동차산업과 경영

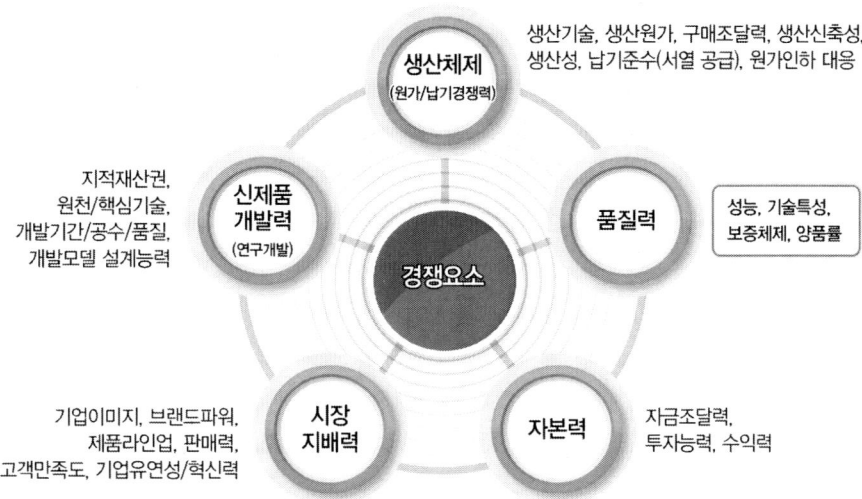

생산체제와 제품전략

자동차기업은 생산체제와 마케팅으로 저가 대량생산체제와 고가 소량생산체제로 나눌 수 있는데 이들 분류의 차이는 생산력과 제품 성격에 따라 다르다. 일반적으로 저가 대량생산체제는 저가의 소형차 중심으로 대량 판매에 주력하는데 비해 고가 소량생산체제는 고가·고품질·고성능의 소량생산을 그 특징으로 하는데 대표적으로 BMW, 벤츠, 아우디, 사브, 포르쉐, 볼보, 재규어, Rolls-Royce 등이며 유럽 고급차 업체가 대부분이다. 반면 저가 대량생산업체는 푸조, 르노, 피아트, 시뜨로엥, VW, 오펠, 스즈키, 스바루, 다이하츠 등이 있다.

세계 자동차시장을 지배하는 대부분의 업체는 대규모 생산체제를 유지하면서도 고가 고품질의 대형차부터 저가 소형차까지 다양한 판매차종을 보유하는 풀 라인 제품전략을 쓰고 있다. 풀 라인 제품전략이란 고가차부터 저가 차까지 폭넓고 완전한 구색상품(Full Product Line Up)을 구비하여 모든 계층의 모든 가치를 커버하는 고객층을 개발하고 제품공간상 빈 공간을 줄여 후발 기업이나 타사가 진입을 못하게 하는 전략을 쓰는 것이다.

부품조달 전략

자동차 메이커의 코스트절감은 2개 주축 즉, 신차의 완성 후에 현행차를 대상으로 VA제안이나 생산공정의 낭비제거 등의 개선을 통해 원가를 절감하는 활동과 신차개발 시 설계단계부터 원류로 파고 들어가 부품별로 원가기획을 하고 목표원가를 달성하는 활동으로 나누어진다. 여기서 중요한 것은 코스트의 8할이 설계에서 결정되고 기본사양은 자동차메이커가 정하지만 상세한 부품도면은 약 85%를 부품 메이커가 작성하고 있다는 점이다. 즉 승인도방식의 개발이 확대되는 추세에서 부품메이커의 역할이 커지고 있다는 것이다.

자동차 메이커의 구매는 이제 글로벌 부품메이커와 거래하고 세계 최저가격으로 결정하며 구매업무의 세계표준화를 추진하는 세계 최적 조달전략을 실시하고 있다. 소위 도요타자동차가 말하는 '절대원가' 즉, 세계 부품 메이커로부터 견적을 받아 'Best in Cost'를 찾아내는 도요타의 조달시스템이 전형적인 사례이다. 동시에 구매기능의 본사 일원화나 1차 거래업체에의 집약화가 빠르게 진전되고 있다.

▌계열구조의 변화와 모듈화

계열구조라는 시스템을 일본의 자동차 메이커와 부품 메이커 쌍방의 합리적인 체제로 인정되었지만 버블 붕괴와 계열의 폐쇄성에 문제가 생기면서 축소되었고 현재는 매력적인 조건만 된다면 세계 어느 업체나 계열업체라도 거래를 맺는 것이 새로운 흐름이 되고 있다. 자동차 메이커의 1차 거래사가 단독형에서 타사도 거래하는 산맥 형으로 바뀌고 있는 것이다. 즉, 서로의 거래 상대가 자동차 메이커, 부품 메이커 모두 늘어나고 있다.

부품의 모듈(Module)화는 기존 부품을 여러 회사가 단품으로 납품하던 것을 한 회사가 시스템화하여 조달하는 것으로 모듈화는 '서플라이어의 집약화'를 유발하며 집약화는 M&A를 통한 부품업체의 대형화를 유도하고 있다. 앞으로 부품업체는 모듈화 방향에서 탈락하면 단품전문 업체로 전락할 수도 있게 된다.

▌브랜드 중시전략

볼보는 안전의 대명사다. 도요타 렉서스는 완벽한 품질을 지향한다. BMW는 최고의 핸들링과 주행성능을 자랑하는 자동차다. VW은 독일 엔지니어링이 만들어낸 작지만 빈틈없는 차로 평가된다. 벤츠하면 명예와 부의 상징이다. 이렇게 모든 자동차메이커는 자사의 독특한 이미지 즉 브랜드이미지를 가지고 있다.

한 조사기관에 따르면 소비자들이 자동차를 살 때 85%는 브랜드를 보고 구매결정을 하고 단지 15%만이 가격을 보고 결정한다고 한다. 요즘처럼 수백 개의 모델이 경쟁하는 자동차시장은 엔진과 같은 기본 성능은 상당히 평준화되어 소비자는 브랜드를 보고 차를 더욱 선택하게

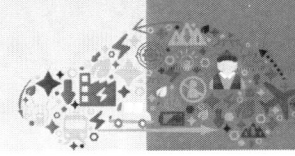

된다. 소비자는 이제 제품 자체의 기능보다 감성이나 개성창출 가치의 표현수단으로 구매한다. 바로 브랜드 이미지를 산다고 할 수 있다. 브랜드가 기업의 미래 수익을 창출하는 척도가 되면서 기업경영에 있어 브랜드 전략은 더욱 중요해지고 있다.

VW은 유럽에서 동급차종인 Opel 이나 Ford 보다 10%정도 비싸다. 이는 디스카운트하지 않아도 브랜드 이미지가 강하기 때문에 비싸게 해도 잘 팔린다. 바로 강력한 글로벌 브랜드 구축은 장기적인 수익의 원천이 된다.

브랜드 이미지를 향상시켜 브랜드 충성도를 올리려면 글로벌 브랜드를 전략적으로 구축하여야 한다. 먼저 브랜드 핵심가치를 견고히 형성해야 한다. 즐거운 드라이빙, 핸들링, 디자인 등 기본요소의 품질수준을 향상시킬 필요가 있다. 여기에 강력하고 호의적이며 차별적인 브랜드로 인식시켜야하며 이를 각 지역별 속성을 고려하여 차별화해야 한다. 그리고 광고를 포함한 장기적 마케팅 전략을 체계적으로 추진해야 한다.

비전중심 전략과 장기계획

기업경영은 기업의 비전(Vision)을 달성하기 위하여 한정된 경영 자원(인력, 물자, 자본, 설비, 기술, 노하우, 정보, 시간, 고객, 협력인프라, 브랜드, 기업문화 등)을 끊임없이 개발하고 변화하는 환경에 적응하면서 시장의 확대와 고객만족 추구를 통하여 기업의 새로운 가치창출과 이익실현을 추구함으로써 영속기업을 꾀하는 제반활동을 말한다.

기업비전은 자사의 미래 존재성격을 분명히 하고 조직구성원에게 꿈과 이상을 던져주는 미래의 좌표이다. 따라서 기업비전은 사명과 성장성을 지향하는 기업의 전략과 철학을 함께 담고 있어야 한다. 이러한 기업비전과 사명은 도요타자동차가 명확히 세우고 전파하는데 있어 벤치마킹 포인트라고 할 수 있다.

자동차기업의 비전과 계획은 이를 구현할 장기 경영계획을 수립하는 데서부터 시작한다. 이 계획을 바탕으로 기간별 프로젝트 계획을 세우고 사업 단위별로 세부적인 제품개발, 투자, 생산판매, 지원관리계획을 수립한다. 신차 개발에는 적어도 기초연구를 포함하여 5년 이상의 기간이 소요된다. 따라서 장기개발 기본계획에는 대개 5년 이상의 장기간에 걸친 경영전략에 바탕을 둔 연구개발 방침과 설비, 자금, 인력계획을 포함하여야 하며 장기간에 걸친 계획이므로 시장 환경변화와 사내여건에 맞추어 매년 한두 번 정도 조정하여야 한다.

자동차 경영계획 체계(예)

제2편 자동차산업과 경영

3. 세계 자동차산업의 변화

┃자동차산업의 100년 역사와 미래

　자동차의 역사는 1886년 세계 최초로 가솔린 자동차를 만든 칼 벤츠와 다임러에 의해 시작되었다. 그러나 초기 2~30년은 수공업형태로 산업이라고 할 수 없었다. 그러다 1910년대 포드자동차의 대량생산으로 미국이 수십 년간 주도하는 제1차 개편이 이루어지고 제품다양화 속에 기술과 디자인으로 유럽까지 확대되는 제2차 개편이 일어났다. 다시 1970년대 일본이 도요타생산방식을 무기로 품질과 가격 경쟁력을 내세운 3차 개편이 일어났고 1990년대 이후에는 한국까지 참여하는 글로벌경쟁의 4차 개편이 다시 2010년 이후 세계 1위의 생산과 판매의 중국이 등장하며 플랫폼 통합과 대체 에너지 자동차의 기술선점 경쟁이 이루어지는 5차 개편이 시작되었다.

세계자동차산업 100년의 변화와 미래

구 분	제1차 개편	제2차 개편	제3차 개편	제4차 개편	제5차 개편
기 간	1910~1940	1950~1960	1970~1990	1990년대 이후	2010년 이후
컨셉트	단순수송기관	이동 생활 공간	국제화 성장	세계 경쟁	중국 등장
변화주도	미국	미국, 유럽	미, EU, 일	미, EU, 일, 한	미,일,유럽,한,중
변화요인	대량생산방식	제품 다양화	린 생산 체제	환경, M&A	대체에너지
경쟁환경	제조공정	기술, 디자인	품질, 원가	혁신, 연비	플랫폼, 공급조정

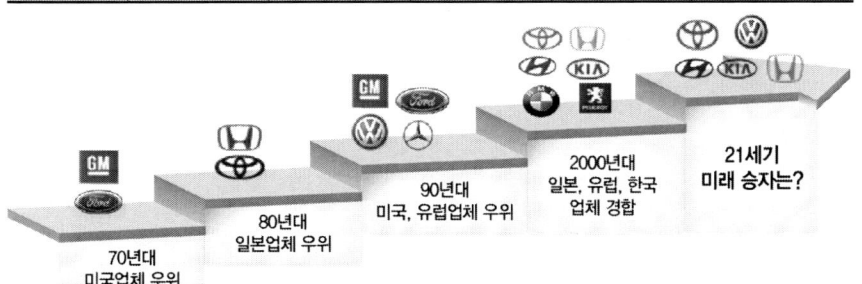

┃글로벌 금융위기 이후 새로운 변화

　미국·일본·유럽의 3극체제 속에서 1980년대부터 한국이 새로운 세력으로 세계시장에 진출하였다. 소형차 수출기반을 구축하고 90년대 중반에는 세계 5대 자동차생산국으로 부상하여 신흥 공업국가 중 가장 크게 성장하였다. 그러나 1997년 말 불어 닥친 외환위기로 한국의 자동차산업은 현대자동차를 제외한 기아, 대우, 삼성, 쌍용 모두가 새롭게 재편되었다.

2000년 이후 세계자동차업계는 미국·EU·일본 외에 한국과 중국이 가세한 다극화된 무한 경쟁체제에서 2008년 미국의 글로벌 금융위기 이후 미국 빅3의 재편, 세계 최대생산국이자 수요국가로 등장한 중국의 향배, 끊임없는 기업 간 인수합병, 일부국가의 신용위기로 촉발되는 자동차수요 둔화, 기후변화와 에너지위기에 따른 신기술 신제품개발 등이 새로운 변화요인이 되고 있다.

세계 자동차산업의 재편과 요인

1980년대부터 '200만대이상 못 팔면 살아남지 못한다.'며 '세계에서 10개 자동차회사만이 살아남는다.'는 글로벌 과점 논란은 다시 1990년대 말 '연간 4백만 대 이상 생산하지 못하는 기업은 살아남지 못한다. 앞으로 5, 6개회사만 살아남는다.'는 Big-6 생존설'이 논란 속에 2008년 글로벌 금융위기로 미국 GM이 파산하고 재탄생하며 구조개편은 계속되고 있다. 이러한 합종연횡의 구조개편은 궁극적으로 메이커의 수익률 저하에 있으며 바로 코스트 경쟁력의 상실에 있다고 할 수 있다. 특히 세계수요가 크게 늘지 않는데도 시설능력은 계속 늘려 공급과잉이 주요 요인이 되었다는 주장도 있다.

양산효과와 과점논란은 일부 타당성

자동차에도 양산효과는 확실히 존재한다. 하나의 메이커가 플랫폼 당 최소 최적규모를 25만 대로 보고 5개의 플랫폼을 갖는 라인업으로 삼으면 기업생존의 최소규모는 125만대면 충분하다고 볼 수 있다. 따라서 '2백만 대' '4백만 대'라는 생존규모는 너무 많다고 할 수 있다. 그러나 글로벌 빅3 (Toyota, GM, VW)는 1천만대 판매 돌파를 앞두고 빅5(르노-닛산, 현대차그룹)도 8백만 대를 향해가고 있어 양산효과와 과점논란은 일부 타당성이 있다고 볼 수 있다.

시장독점 현상은 일어나기 힘들다.

제조비용 측면에서 지난 80년대부터 보다 작은 양의 생산으로도 돈을 버는 유연한 생산기술이 발달해 왔다. 또한 표준적인 프로젝트 한 개당 개발 코스트도 꾸준히 절감되었다. 동시에 기업들도 전략적 제휴로 공동개발, 공동생산, 생산위탁 등을 이용하여 코스트를 절감하고 수익률을 늘려왔다.

자동차는 기본적으로 독점적인 제품. 즉 그 자체로 고객을 만족시켜야 팔리는 재화이다. 따라서 고객은 자신의 기호와 라이프스타일에 맞는 모델을 고르는 경향이 있다. '다른 많은 사람이 고르기에 그 제품이 자신에게도 매력이다'라는 네트워크 재화가 아닌 것이다.

자동차는 규모의 효과를 능가하는 경쟁력 요소가 많다. 상대적으로 설비투자비는 적고 품질, 성능, 디자인, 기술동향 예측, 제품기획, 마케팅 등 다른 경영 요소에서 경쟁력을 갖추어 가도 충분히 수익을 내며 기업의 생존과 성장을 유지할 수 있다.

▎신흥시장의 선점과 중국의 세계진출에 달려있다.

2000년 이후 중국, 브라질, 러시아, 인도, 남아공 등 고속 성장하는 신흥시장 수요 증대에 누가 어떤 사업전개와 생산방식으로 경쟁력을 갖느냐에 따라 앞으로 자동차산업의 주도권에 변화가 올 것이다. 이는 이미 2천만대 커진 세계 1위의 중국시장에 글로벌기업 모두가 참여하여 생존을 시장쟁탈전이 벌어지고 있다. 자국에서 경쟁력을 키운 중국 메이커의 본격적인 세계시장 진출과 중국 내 구조조정 등의 요인에 의해 세계 자동차산업은 새로운 방향으로 재편될 것으로 보인다.

▎산업발전과 생존원리는 결국 혁신이다.

이러한 산업발전과 끊임없이 변화하는 환경 속에서 살아남기 위해 생존원리는 혁신이다. 경쟁관계가 치열해 졌을 때 산업은 새로운 혁신을 낳는 것이 역사적 교훈이다. 근본적인 혁신이 나타나면서 새로운 경쟁력을 갖는 승자가 정해지는 것이다. 앞으로도 자동차산업은 새로운 기술이 혁신을 주도하고 기업 간의 협력과 경쟁이 자동차산업의 변화와 발전을 이끌어 갈 것이다

▎패러다임이 바뀌는 변화와 무한경쟁

세계자동차시장의 경쟁상황을 영어로 "상대방의 목을 따는 경쟁(cut-throat competition)"이라 표현한다. 그만큼 죽고 살기식의 경쟁이고 제로섬 게임이다. 그러니 남보다 못하면 지는 것이고 남이 나보다 잘하면 내가 망하는 게임이다.

세계 자동차산업은 시장, 기술, 상품 등의 측면에서 패러다임이 바뀌는 변화가 일어나고 있다. 2천만대에 이르는 생산능력의 과잉으로 인한 가격과 제품 경쟁력의 중요성이 커지고 있으며, 경쟁력 확보를 위하여 인수·합병과 전략적 제휴는 앞으로도 계속 이어지고 경쟁력이 약한 메이커는 비용절감을 위한 공장 폐쇄와 구조조정이 계속 추진될 것이다.

또한, 환경규제 강화와 고유가시대의 진입으로 고효율 친환경 자동차시대로 빠르게 전환되고 있다. 이미 하이브리드 카는 도요타를 선두로 실용화를 넘어 글로벌수요가 2백만 대에 이르는

새로운 시장기반을 확보하였고 전기자동차를 필두로 수소에너지의 연료전지차도 2020년 1백만대 수준의 양산목표를 향해 개발이 빠르게 진행되고 있다. 이와 함께 자동차전자화 확대와 IT · 통신 기술이 접목된 지능형 · 미래형 스마트자동차가 텔레매틱스의 등장으로 더욱 빠르게 실용화되고 있다.

미국의 GM, 포드, 크라이슬러는 과도한 노조요구의 부담으로 글로벌 금융위기 이후 경영손실이 늘어나 GM은 파산 후 정부의 지원으로 국유기업으로 재탄생하였지만 강력한 경쟁력회복은 어려워 미국시장에서도 과거의 지배력을 상실하고 말았다.

세계 자동차메이커 순위

순위	기업(브랜드)	2013년도(만대)
1	도요타(TOYOTA)	998
2	폭스바겐(VW)	973
3	제네럴모터스 (GM)	971
4	르노-닛산(Renault Nissan)	826
5	현대-기아	756
6	포드(FORD)	625
7	피아트-크라이슬러	435
8	혼다(HONDA)	410
9	푸조-시트로엥	282
10	스즈키(SUZUKI)	266
11	BMW	192
12	다임러 벤츠	156
13	마쯔다(MAZDA)	132
14	미쓰비시	128
15	타타(TATA)	104

┃세계 자동차보유는 2012년 11억대, 중국 1억대 돌파

세계 자동차보유대수는 2012년 말로 11억대에 이른다. 1950년 7,040만대, 1980년 4억대, 1990년 5억8천만대, 2000년 7억4천만대로 늘어나 2010년 10억대를 넘고 매년 약 3~5천만대씩 증가하고 있다. 특히 중국이 미국에 이어 1억대를 돌파하고 매년 5~6백만 대씩 늘어나는 대중화 시대를 앞두고 있어 머지않아 생산, 판매에 이어 보유까지 세계1위가 될 것으로 보인다.

수요는 2013년 8천2백만 대에서 2016년 1억대 돌파 전망

수요는 2013년 전 세계 자동차 판매대수 8,230만대로 매년 5~6% 정도로 시장은 계속 성장할 것으로 전망되고 있다. 우선 2016년 1억대를 돌파하고 2020년에는 1억 2,000~4,000만대까지 증가할 것이라는 전망이 있다. 중국시장이 2013년 2,198만대에서 2020년 4,000만대 시장으로 성장한다는 전망을 감안한다면 가능할 것으로 보인다.

주요국 자동차 보유대수 추이

(단위: 만대, %)

구 분	'07	'08	'09	'10	'11	'12	연평균 증가율
전세계	91,578	96,188	97,924	103,267	170,000	111,428	4.0
미국	25,121	25,189	24,997	24,823	24,893	25,150	0.02
일본	7,572	7,532	7,532	7,536	7,551	7,613	0.1
독일	4,402	4,418	4,463	4,526	4,598	4,654	1.1
이탈리아	4,037	4,089	4,132	4,165	4,207	4,200	0.8
선진 4개국 합계	41,132	41,249	41,124	41,050	41,249	41,617	0.2
브라질	2,560	2,748	2,963	3,206	3,465	3,727	7.8
러시아	3,411	3,826	3,951	4,065	4,286	4,538	5.9
인도	1,782	1,951	2,116	2,381	2,661	2,935	10.5
신흥 3개국 합계	7,753	8,525	9,030	9,652	10,412	11,200	7.6
중국	4,009	4,702	6,117	7,802	9,350	10,944	22.2

자료: 각국 자동차공업협회, 한국자동차산업협회

떠오르는 자동차 신흥대국 - 세계 생산 판매 1위의 중국

인구 13억6천만 명의 거대한 인구대국으로 자동차 보유도 1억대를 돌파한 중국의 자동차산업은 차 가격이 떨어지고 개인 소득이 더욱 늘어나며 대중화 보급이 보다 빠르게 진행되어 2013년에는 2천만대를 판매하여 명실 공히 세계 생산 판매 1위국으로 등장하였고 2020년 이후에는 3천만대에 이르는 거대한 시장으로 세계 대부분의 자동차업체는 중국을 놓치면 2류 업체로 전락할 수 있다고 보고 중국 사업을 강화하고 있다.

중국 자동차산업의 고속성장에도 불구하고 투자과열에 따른 공급과잉으로 120여개 기업 간 경쟁이 더욱 격화되어 머지않아 수익성이 크게 떨어질 것으로 보인다. 중국은 세계 최대 생산국이 되었지만 기술수준으로 보면 세계 유명 자동차의 합작조립공장에 불과하고 자동차 시장도 다국적 기업이 지배하여 단순히 소비시장으로 보고 중국에 진출하고 있다.

현대자동차는 2002년 북경기차와 절반 출자한 베이징현대기차에 현재 90만대를 기아자동차는 2002년 등펑위에다 기아를 만들고 43만대 생산체제를 구축하면서 현대차그룹은 현재 중국 승용차 점유율은 10%를 돌파하고 충칭 신공장이 완공되는 2016년경에는 160만대 생산체제를 구축할 것으로 보인다.

2013년 10대 자동차 생산국 순위

(단위 : 천대, %)

순위	2011년			2012년			2013년			
	국가	대수	비중	국가	대수	비중	국가	대수	비중	증감률 ('13/'12)
1	중국	18,419	22.9	중국	19,272	22.6	중국	22,117	25.3	14.8
2	미국	8,646	10.7	미국	10,332	12.1	미국	11,046	12.6	6.9
3	일본	8,399	10.4	일본	9,943	11.7	일본	9,630	11.0	-3.1
4	독일	6,304	7.8	독일	5,797	6.8	독일	5,865	6.7	1.2
5	한국	4,657	5.8	한국	4,562	5.4	한국	4,521	5.2	-0.9
6	인도	3,940	4.9	인도	4,149	4.9	인도	3,896	4.5	-6.1
7	브라질	3,406	4.2	브라질	3,403	4.0	브라질	3,740	4.3	9.9
8	멕시코	2,680	3.3	멕시코	3,001	3.5	멕시코	3,052	3.5	1.7
9	스페인	2,354	2.9	캐나다	2,463	2.9	태국	2,457	2.8	0.1
10	프랑스	2,278	2.8	태국	2,454	2.9	캐나다	2,380	2.7	-3.4
세계 총계		80,524	100.0		85,117	100.0		87,377	100.0	2.7

제2편 자동차산업과 경영

4. 국내 자동차산업의 변화

▌한국은 세계 5위의 자동차 생산대국

우리나라는 2013년 자동차 생산대수(국내생산) 452만대로 3년 연속 세계 5위를 유지하고 있다. 수출은 294만 대 내수는 154만대로 우리나라 자동차산업의 업황은 국내 경기보다는 세계 경기에 더 민감하게 반응한다.

국내 자동차 보유대수는 2013년 5월 2천만대를 넘어 섰으나 내수시장은 150만대 수준에서 머물며 향후 자동차 보유대수의 큰 폭 증가는 어려울 전망이다. 저성장과 고유가로 자동차 대체기간도 늘어나 내수 판매증가도 둔화될 것이다. 반면 수입차는 승용차시장의 점유율이 2014년 15%를 넘어서고 2015년이면 20만대를 넘는 큰 시장이 될 것이며 앞으로도 20%까지 커진다면 현대차그룹에 이어 두 번째로 큰 점유율을 차지할 것이다.

내수시장은 현대·기아차의 독과점 시장으로 두 회사가 2013년 기준 78%를 차지하고 나머지를 한국지엠 11%, 쌍용 6%, 르노삼성 5%로 나누고 있다. 양사가 한 현대차그룹으로 통합한 지난 15년 간 경쟁은 사라지고 가격과 서비스정책을 주도하는 양상이 되었다.

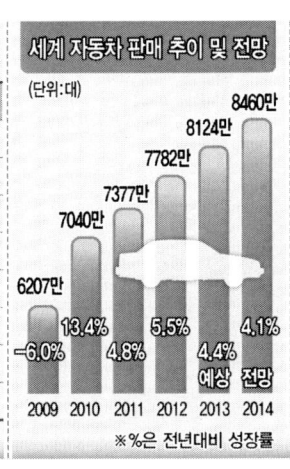
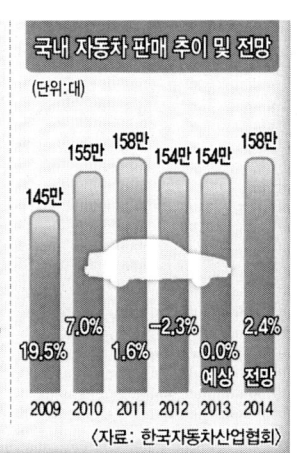

〈자료: 한국자동차산업협회〉

● 업체별, 연도별 국내 자동차생산량 추이 (단위:대) 〈자료: 한국자동차산업협회〉

	현대차	기아차	한국GM	르노삼성	쌍용차	전 체
2009년	160만6879	113만7176	53만2191	18만9831	3만4703	351만2926
2010년	174만3375	141만6681	74만4096	27만5269	8만67	427만1741
2011년	189만2254	158만3921	81만0854	24만4260	11만3249	165만7094
2012년	190만5261	158만5685	78만5757	15만3891	11만9142	456만1766
2013년	185만2456	159만8863	78만2721	12만9638	14만3516	452만1429

▎품질경쟁력은 지속적으로 향상

우리나라의 품질경쟁력은 전반적으로 개선되는 추세에 있다. 미국 컨슈머리포트는 국산차로는 처음으로 2008년 최고의 차로 소형차에 현대 아반떼, 중형 SUV부문에 산타페를 각각 선정하였고 J.D.Power사의 신차품질만족도(IQS) 조사 결과 고장률이 현대차와 기아차 모두전체 평균보다 나아 지속적인 품질개선이 이루어지고 있다. 다만 내구품질에서는 산업평균에 못 미치고 있다.

▎현대자동차

현대자동차는 1967년 12월에 창립한 한국 자동차의 대표기업이요, 국내 2위의 기업집단이고 세계 5위의 자동차그룹이다. 종업원 수가 6만3천명에 이르며 50여개 관계사로 현대모비스, 기아자동차, 현대캐피탈, 현대카드, 현대제철, 현대하이스코, 위아, 다이모스, 글로비스, 현대오토넷, 케피코 등 자동차제조의 수직 계열화와 애프터마켓까지 일관된 사업협력 체제를 가지고 있다.

현대자동차의 자본관계는 현대모비스와 기아자동차 3사가 서로 순환출자 구조를 이루고 있다. 국내 공장은 세계 최대의 단일공장인 울산공장(생산능력160만대), 아산공장(30만대), 상용차 전문의 전주공장이 있고 해외에는 미국 앨러버머, 유럽 체코, 중국, 터키, 인도, 브라질, 러시아에 각각 현지 및 합작 공장을 가지고 있다.

▎기아자동차

기아자동차는 1944년 12월 설립되었고 지난 2001년 4월 현대차그룹으로 계열지정 되었다. 종업원이 3만3천여 명에 이르며 국내 공장으로는 소하리공장, 화성공장, 광주공장, 서산공장이 있고, 해외 공장은 미국 조지아공장 (30만대), 유럽 슬로바키아공장(30만대), 중국공장(43만대)이 있다. 현대차 모델과 플랫폼 공유 확대로 경영여건이 크게 개선되었으며 해외생산을 확대하는 글로벌전략을 추진하는 한편, 현대자동차와 독립된 독자 경영전략을 추진하고 있다.

▎한국GM

1955년에 부산에 세운 신진공업사가 한국GM의 시초이며 1965년에 부실화된 새나라자동차의 부평공장을 인수하여 신진자동차공업 → GM 코리아 → 새한자동차 → 대우자동차주식회사로 변경하였다. 대우자동차가 외환위기로 1999년 그룹의 경영악화로 2001년 미국의 자동차업체인 GM에 매각이 결정되었다.

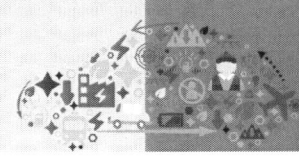

제2편 자동차산업과 경영

　GM은 대우자동차(주)의 승용차 부문만 인수하기로 결정되었으며 이에 따라 2002년 10월 지엠대우(주)가 새롭게 출범하였고, 버스 부문은 대우버스(주)로, 상용차 부문은 대우상용차(주)로, 부평공장은 대우인천자동차(주)로 각각 분할하여 법인이 설립되었다. 대우상용차는 인도의 타타그룹으로 매각되어 '타타대우상용차(주)'가 되었고 '대우버스(주)'는 영안모자에 매각되었으며, 대우인천자동차(주)는 GM대우로 흡수되었다. 2011년 1월에 대한민국 내에서 판매되는 차량의 브랜드를 쉐보레(Chevrolet)로 변경하기로 결정하고 그 해 3월 1일에 회사명을 한국GM으로 바꿨다.

　한국GM은 2013년 78만대를 생산하여 15조6천억원의 매출에 1조원의 영업이익을 거두었다. 국내공장은 부평공장(50만대), 군산공장(30만대), 창원공장(24만대)이 있고 GM의 중소형차인 쉐보레의 글로벌 R&D 및 생산기지로 자리매김하고 있다. 다만 미국 제너럴모터스(GM)가 유럽시장에서 2016년부터 유럽의 대중차 시장에서 평판이 좋은 '오펠'과 '복스홀' 브랜드 중심으로 사업을 하면서 쉐보레 브랜드를 단계적으로 철수키로 함에 따라 한국GM의 20%수준인 18만대 가량의 국내 생산 물량 감소는 피하기 힘들 것으로 보인다.

국내자동차기업 생산 및 직원현황

회사	2013년 국내생산(대)/ 판매 (조원)	2013년 직원수	전년비생산/직원수
현대자동차	1,652,456 (87.3)	63,099	−2.8(5.5%)
기아자동차	1,598,863 (47.6)	33,576	0.8(2.5%)
한국지엠	782,721 (15.6)	16,956	−0.4(−1.1%)
쌍용자동차	143,516 (3.5)	4,789	20.5(9.7%)
르노삼성	129,638 (3.3)	4,577	−15.8(−4.2%)
합계	4,507,194 (157)	122,605	−0.9(3.5%)

▎쌍용자동차

　쌍용자동차는 1954년 설립되어 하동환자동차 → 동아자동차 → 거화인수 → 쌍용그룹 쌍용자동차 → 대우그룹 → 워크아웃 → 상하이기차집단(SAIC) → 마힌드라그룹으로 변화되었다. 종업원 수가 4천8백여 명에 이르고 평택공장(20만대)과 창원 엔진공장을 가지고 프리미엄 고급 승용차와 SUV를 주력 생산하고 있다.

　2009년 5월 29일, 정리해고를 실시하려는 회사 방침에 반대하는 쌍용자동차 노조의 파업투쟁으로 인해, 직장이 폐쇄되었으며 이에 맞선 노조는 장기 공장점거 파업에 돌입하여 77일

만에 협상이 극적 타결되어 생산라인이 정상화되었다.

쌍용자동차는 가까스로 청산을 면하고 법정관리 신청을 통해 기업회생 절차에 들어갔으며, 2011년 4월 인도의 자동차 회사인 마힌드라가 최대 주주가 되어 현재에 이른다. 2013년 14.6만대를 판매하여 3조5천억 원의 매출에 80억 원 영업적자를 기록하고 있으나 최근 경영호조로 2014년에는 18만대를 판매하여 매출 4조원에 6백억 원 영업이익이 예상된다.

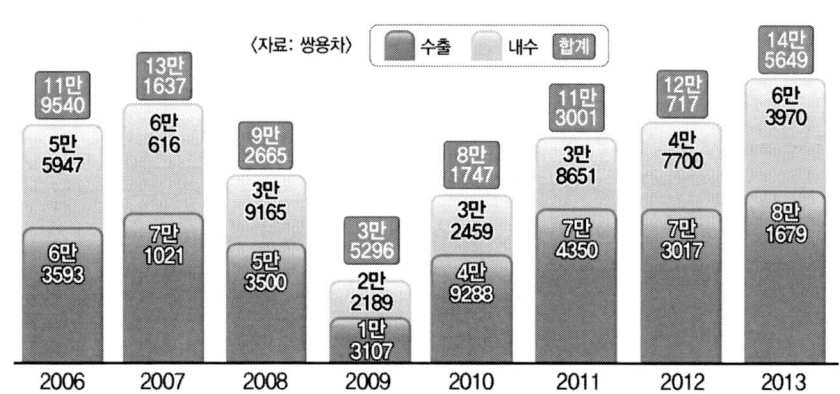

쌍용차 국내외 판매 추이

르노삼성자동차

2000년 9월 르노(80.1% 출자)로 인수되어 현재는 4천여 명의 종업원을 가지고 부산공장(생산능력 24만대)에서 닛산자동차의 기술협력으로 SM 3/5/7 시리즈와 소형 SUV를 생산하고 있다. 2013년 13만대를 생산하여 2010년 27만대(5조원)판매실적 이후 계속 내리막길을 가고 있다.

자일대우버스(ZYLE DAEWOO BUS)

2002년 10월 영안모자(100%출자)가 대우자동차 부산버스 공장을 인수하였다. 현재는 국내 3개 공장, 해외 7개국 현지생산 법인을 두고 주력공장으로 6백여 명의 종업원이 이전한 울산공장(1만대)에서 년 6천대의 중대형 버스를 생산, 판매하고 있다.

타타대우상용차

2004년 3월 대우자동차 트럭부문을 인도 최대의 자동차기업인 타타자동차(100%출자)가 인수하여 현재는 7백여 명의 종업원이 군산공장에서 약8천여원의 매출을 올리고 있다.

제3편
자동차부품산업

1. 자동차부품의 분류

▮자동차부품과 부품산업의 분류

자동차 부품은 수천 종에 이르러 부품산업을 명확히 구분하는 것은 어렵다. 왜냐하면 자동차 부품 제조기업도 자동차전용 이외의 부품을 생산하는 경우가 많고, 자동차 전용부품이라도 타이어와 같은 것은 재료특성상 고무제품 관련 산업으로 분류되고 있다.

자동차 부품의 분류

제 조 공 정	주조품, 단조품, 기계가공품, 프레스가공품, 조립품
투 입 소 재	철강품, 비철품, 고무, 섬유제품, 플라스틱, 전장품
사용호환성	자동차 전용품, 일반 범용품, 요소품
생 산 주 체	자작부품(MIP), 외주부품, 수입부품
용 도	생산용 부품(OEM), 보수용(A/S) 부품
품 질 보 증	순정부품(Genuine Part), 비순정부품
조 립 단 위	완성품(CBU), 중간분해부품(SKD), 완전분해부품(CKD)

▮한국표준산업 분류의 자동차부품제조업과 품목 – 산업통계와 공장등록에 활용

한국표준산업 분류기준(KSIC)에 따르면 자동차 전용부품의 생산활동만을 자동차부품으로 분류하기 때문이다. 따라서 타이어, 유리, 전기전자 부품은 제외하고 있다. 한국표준산업분류표는 산업관련 통계자료의 정확성, 국가 간의 비교 성을 확보하기 위해 유엔의 국제표준산업분류코드를 기초로 작성된 것으로, 통계법 제22조의 규정에 의하여 통계작성기관은 통계자료를 분류할 때 표준분류에 의하여야 한다. 통계목적 이외에도 일반 행정 및 산업정책관련 법령에서 적용대상 산업영역을 한정하는 기준으로 준용되고 있다. 위와 같이 통계자료의 분류를 목적으로 작성된 한국표준산업분류는 대, 중, 소, 세, 세세분류 5단계로 구성되어 있고, 유사한 산업활동들을 유형화시킨 것이다.

자동차 소재와 부품

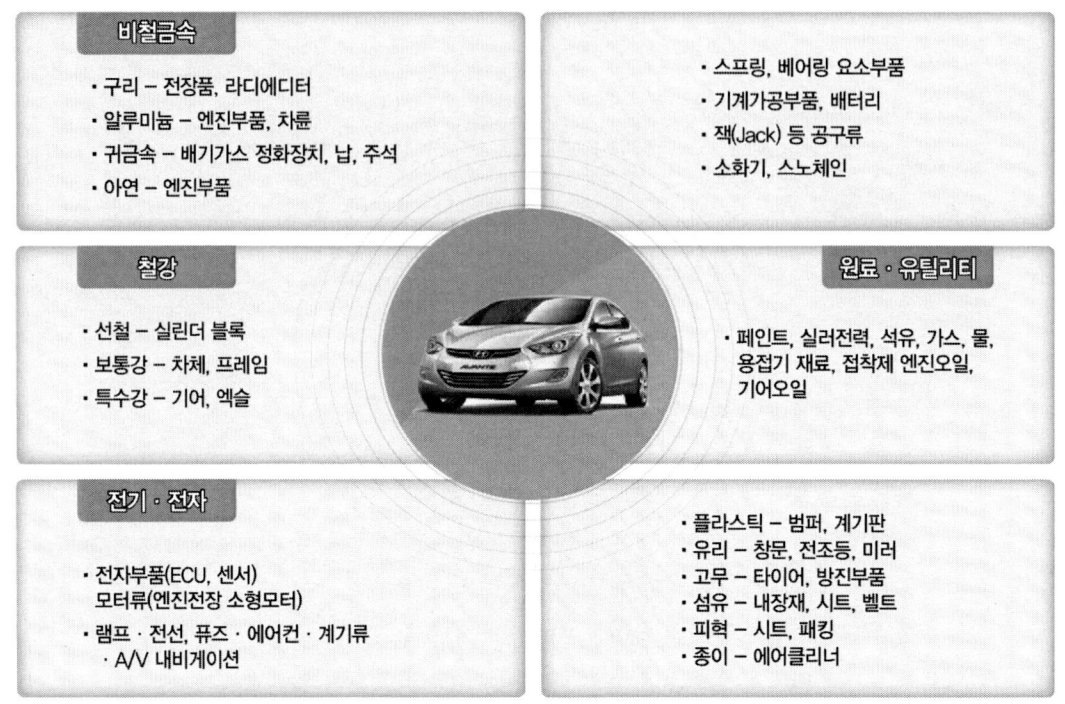

보수용 자동차 부품

보수용 부품은 2만여 부품 중 3~4천개로 최종 수요자가 자동차 소유자로 여러 가지 유통경로를 통해 조달된다. 보수용 부품은 자동차업체나 계열 서비스업체를 경유하여 이루어지는 경우와 부품업체가 도매상이나 대리점을 통해 독자적으로 유통시키는 경우로 나누어진다.

보수용 부품의 유통경로

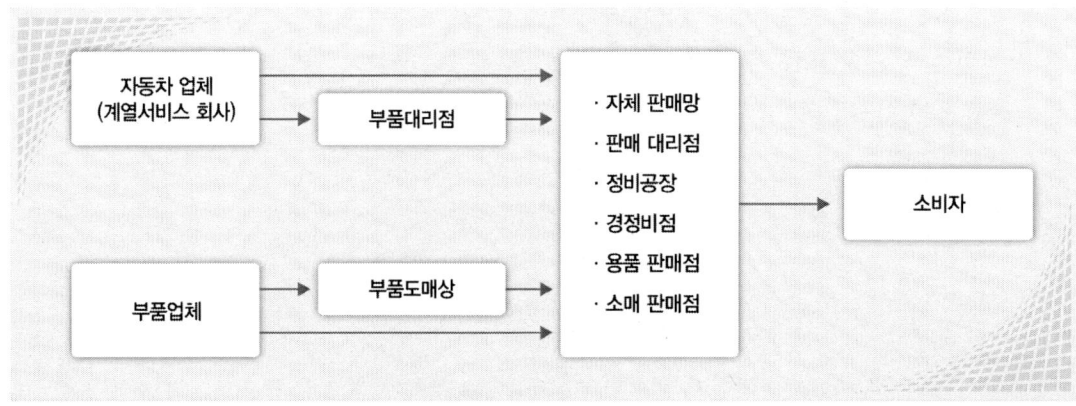

제3편 자동차부품산업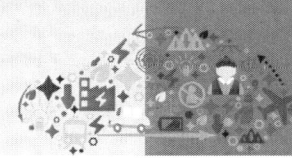

보수용 부품 중 순정(純正)부품은 부품의 발주단계부터 완성차업체 또는 계열 서비스업체를 통해 완성차업체의 상표부착과로 품질보증을 거쳐 유통되나 비순정부품은 부품업체가 독자적인 판매망을 구축하여 최종 소비자에게 공급하고 있다.

▌보수용 부품의 가장 큰 특징

첫째, 수요예측의 어려움이 크다. 보수용 부품의 수요는 신차증가, 교통사고, 계절적인 요인, 운전형태, 보수용 부품의 품질 등에 따라 달라지기 때문이다. 또 1개 부품대리점에서 취급하는 부품의 종류가 4천~5천 종이나 이 가운데 비교적 거래가 많은 부품만도 1500여종에 이르고 있어 부품의 보관과 재고관리가 항상 유통 상의 문제가 된다.

둘째, 다종다양한 자동차의 종류, 10년 이상의 긴 사용기간, 1대당 5천여 점의 부품, 모델이나 설계의 잦은 변경으로 인한 사양증가 등으로 단종 차종까지 포함하면 현대자동차의 경우 취급종류는 거의 1백만 종류에 다다른다.

셋째, 상시구비와 장기보급의 필요성이다. 아무리 오래된 차라도 차가 있는 곳이면 전 세계 어디라도 언제나 신속하게 또 값싸게 공급할 수 있어야 한다.

▌자동차 용품

자동차부품(Auto-Parts)이 자동차의 유지보수에 필요한 구성부품이라고 하면 자동차용품(Auto-Accessory)은 자동차를 보다 안전하고 쾌적하고 또 아름답게 보이기 위한 부품이라 용품이나 액세서리라고 부른다. 용품은 매우 종류가 많으나 크게 차내 용품, 차체 용품, 보안 용품, 손질 용품, 화학 용품, 공구, 소모부품, 운전 용품, 오디오/비디오 용품, 스포츠 용품 등으로 나누어진다.

자동차 용품의 종류

구 분	세 부 품 목
차 내 용 품	쿠션, 매트, 시트커버, 핸들커버, 콘솔박스, 소아용 의자, 어린이용 시트벨트, 햇빛가리개, 방향제, 공기청정기
차 체 용 품	미러, 휠캡, 안개등, 스톱램프, 와이퍼, 안테나, 범퍼가드, 차량 커버, 접지체인, 휠 커버, 스포일러, 에어댐, 데크
안 전 용 품	소화기, 경보기, 경보등, Defroster, 비상용해머, 스노체인
A / V 용 품	CD카세트, CD체인저, 멀티비전, 내비게이션, 스피커
손 질 용 품	먼지떨이, 브러시, 물통, 진공청소기, 왁스, 클리너, 페인트
스 포 츠 용 품	스키 랙, 텐트, 윈치

2. 자동차부품산업의 특성

┃자동차산업의 기초이며 중간재 공업

자동차 부품산업은 자동차산업과 분업적 생산체제를 형성하고 있으며, 소재공업, 전기전자공업, 석유화학공업 및 기계공업 등과 긴밀한 관계를 가지고 자동차산업 발전에 중요한 역할을 하는 기초 산업적 특징을 가진다.

자동차 부품산업은 소재산업을 전방으로 하고 완성차 산업을 후방산업으로 하여 폭넓은 산업연관 효과를 발생시키는 '중간재공업'으로서 자동차의 생산과 보유에 전적으로 의존하게 되며 수요자인 완성차업체와 생산, 판매, 가격결정, 기술지원 등에 있어 밀접한 관계를 갖는다.

자동차산업의 생태계

소재 ▶ 가공 ▶ 단위 품목 ▶ 모듈 품목 ▶ 완제품

원재료
- 금속소재
  - 제철/제강
  - 합금철
  - 동합금
  - 알루미늄
  - 마그네슘
  - 기타비철
- 금형
- 비금속소재
  - 고분자
  - 세라믹
  - 나노소재
  - 복합소재
  - 섬유,피혁
  - 고무

가공
- 프레스
- 주조
- 단조
- 압연압출
- 기계가공
- 다이캐스팅
- 하이드로/롤포밍
- 열처리
- 금속표면처리
- 용접
- 사출성형
- 압출성형
- 진공성형
- 발포성형
- 도금,도장

단위 품목
- 파워트레인: 엔진본체, 윤활장치, 냉각장치, 연료장치, 흡배기장치, 점화장치, 동력전달장치
- 샤시: 액슬, 제동장치, 현가장치, 조향장치
- 전장: 배터리,2차전지, 센서,스위치, 모터, 전자제어장치, 정보표시장치, 히터,에어컨, 와이어하네스
- 차체: 패널/프레임, 범퍼
- 의장: 칵핏, 내장, 외장

모듈 품목
- 프론트엔드모듈
- 칵핏모듈
- 프론트샤시모듈
- 리어샤시모듈
- 도어모듈
- 시트모듈
- 선루프모듈
- 연료탱크모듈
- 와이퍼모듈
- 텔레매틱스단말기
- 통합네트워크모듈
- 노차간 통신모듈
- 차차간 통신모듈
- 하이브리드 연료전지

완제품: 승용차, 버스, 트럭, 특장차

▌다양한 업종과 기술

자동차는 단순부품에서 고도의 정밀가공부품에 이르기까지 다양한 품목이 있어 소재, 공정, 규격, 정밀도, 공학적기초가 다종다양하다. 따라서 분업구조와 전문화를 필요로 한다.

기능부품 공급 기업은 엔진부품, 변속기, 차축, 제동장치, 조향장치 등을, 요소부품 공급 기업은 스프링, 볼트, 너트, 와셔, 와이어, 오일 실 등을, 전문부품 공급 기업에서는 유리, 배터리, 베어링, 전장품, 내장재, 호스, 타이어를, 공정중심 공급 기업은 단조, 주조, 금형, 프레스, 도장, 열처리 등을 분업 생산하고 있다.

▌중층의 분업구조와 계열화

완성차업체는 전략적, 경제적 이점을 고려하여 자체생산과 외주생산을 결정하고 거래관계에 있어서도 외주 부품업체가 완성차 업체에 직접 납품하는 1차 업체가 있고 1차 업체에 납품하는 2차 업체, 3차 업체가 있다. 또 완성차 업체에 직접 납품도 하고 1차 업체에도 납품하는 경우도 있어 1차, 2차의 구분도 반드시 명확한 것은 아니다. 이러한 분업구조를 계열구조라고 부른다.

▌부품업체규모의 다양성

기업규모는 종업원이 50명이하의 소규모 영세기업부터 1만 명이 넘는 대기업까지 격차가 대단히 크다. 또 부품의 전업 도에 있어서도 전문 메이커가 다수 있는 반면, 전기전자 메이커나 기계부품 메이커가 사업 일부로 참여한 경우도 있고, 자동차 전문메이커도 타 분야의 사업에 참여하는 경영 다각화 사례도 많다.

다만 현대자동차그룹의 1차 협력사를 보면 대기업, 중견기업, 중소기업의 수가 거의 비슷하게 형성되어있고 이는 거래기간이 길고 완성차기업의 안정적인 성장에 힘입어 기업규모가 성장하였기 때문이다. 특히 주목할 것은 10년 사이에 중소기업→중견기업→대기업으로 기업성장과 함께 규모가 큰 기업과의 거래를 선호했기 때문으로 본다.

▌현대기아차 1차 협력사 344개, 2차 협력사 4,271개사 일반구매 2,618개사

현대기아차의 협력사는 3천여개사에 이르며 그 중 1차 협력사는 344개, 2차 협력사 4,271개사, 일반구매 회사는 2,618개사에 이른다. 특히 기업의 성장측면에서 보면 현대차 1차 협력사의 평균매출액은 2001년 733억 원에서 2012년 2305억 원으로 3배 늘었다. 거래 협력사의 거래경력은 75%가 20년 이상이다. 평균 거래기간이 27년으로 매우 긴 편이다. 참고로 우리나라 중소기업 평균업력이 11.1년이다.

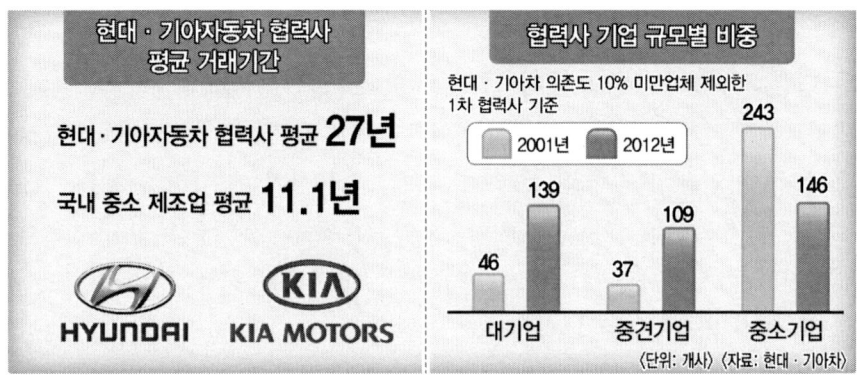

내·외제 정책과 구분

완성차업체의 입장에서 외주정책과 비율은 생산전략, 기술개발, 투자전략상 중요한 경영정책으로서 자가 생산(MIP/Made In Plant)부품은 자동차의 성능에 직접 관계되는 엔진, 변속기 등의 주요 기능부품과 자동차 외관 품질에 영향을 미치는 차체 중 스킨 패널, 그리고 자체 생산 시 수익성이 높은 부품이다. 반면에 외주조달 부품은 주로 노동집약적 특성의 중소기업 생산이 코스트 절감효과를 가져오는 부품과 전장품, 요소부품, 고무제품, 유리제품과 같이 해당분야의 전문기술업체가 생산하는 것이 경제적인 부품이다.

부품개발 방식의 다양화

자동차 부품업체의 부품개발 방식을 크게 4가지가 있다.

1. 설계대여도 방식 – 완성차업체가 상세 설계도면을 설계하면 그 도면을 건네받아 단순히 부품을 가공생산만 한다. 이들은 대여도 메이커라 하며 설계기능이 없어 VE활동의 원가절감은 불가능하여 생산중의 원가절감에 집중해야 한다.
2. 위탁도 방식 – 완성차업체가 기본설계를 하고 부품업체가 상세설계 행하는 방식으로 도면을 완성차업체가 소유한다.
3. 승인도방식 – 신제품 개발 초기 콘셉트설계를 함께하여 부품업체가 스스로 설계하고 생산하거나 완성차 업체가 부품의 기본설계를 하고 부품업체가 상세설계를 하여 설계도면을 소유하고 완성차업체의 승인을 받는 것으로 부품업체는 부품품질에 대해 책임을 진다. 주로 기능부품에 많으며 국내의 자동차업계는 주로 승인도방식을 많이 채택하고 있다.
4. 시판품 방식 – 부품업체가 독자개발 후 시판되는 부품을 구매하는 방식이 있다.

생산의 동기화와 서열공급 - 2시간 단위로 발주와 재고관리

완성차의 생산에 맞추어 부품공급을 동기화하는 것은 오랫동안 자동차산업이 추구해 온 이상이다. 여기서 생산의 동기화란 차량 투입순서에 따라 완성차의 생산 공정과 부품공급 간의 유기적인 정보전달이 이루어져 부품의 생산 공급과 완성차의 생산이 연속적으로 이루어지는 것을 말한다. 이렇게 되면 재고가 필요 없을 뿐만 아니라 생산효율을 극대화할 수 있게 된다. 도요타의 JIT 조달방식이 생산의 동기화를 통해 재고를 없애고 부품공급시스템의 효율성을 높인 대표적 사례이다.

동기화를 위한 부품공급시스템은 정보시스템의 지원이 전제가 된다. 완성차업체의 정보시스템에 의해 생산계획을 생산라인에 전달하는 ALC 시스템이 모든 부품업체까지 전달된다. 특히 부품을 생산라인에 바로 투입하는 서열공급은 부피가 커서 재고비용이 많이 드는 시트, 크래시 패드, 도어트림, 머플러, 사이드 미러에 이제는 소형품목까지 확대되고 있다. 현대자동차의 경우 일일 납입지시에 의해 납품이 이루어지는 서열부품이 전체 부품의 약 80% 수준에 이르고 이 가운데 MRP방식이 30%, 서열방식이 50%를 차지한다. 물론 서열방식도 사내서열과 부품업체 직서열이 있는데 그 비율은 반 반 정도이다.

모듈화 확대에 대응하는 전략 필요

모듈화(Modularization /모듈생산)란 '자동차 조립에 투입되는 부품숫자의 감소 정도'를 나타내는 단순한 정의도 있지만 복수의 부품이 결합하여 새로운 시스템으로 통합되는 것을 말한다. 즉 기능통합, 신소재, 신공법 등의 새로운 요소기술이 요구되는 것이다. 지금까지 부품업계의 경쟁은 부품업체간의 경쟁이었지만 앞으로는 모듈업체간 경쟁과 전문 단품업체간의 경쟁으로 나누어질 것이다. 생산과 조달능력에 원천기술을 더하고 시스템 능력까지 갖춘 시스템 통합사가 완성차의 부품개발과 조립기능을 양도받는 '0.5차 공급자' 같은 기업이 가장 앞선 형태의 부품업체로 발전해 갈 것이다.

수익성의 노출과 단가인하 가능성이 항상 존재

자동차부품사의 수익성은 기본적으로 원자재 가격의 변동과 완성차업체의 원가절감 노력에 노출되는 구조를 갖고 있다. 특히 다수의 중소 자동차부품업체가 제한된 수의 완성차업체들에게 제품을 공급하기 때문에 납품업체간 경쟁에 따른 납품단가 인하 가능성도 항상 있다.
또한, 최근 세계 자동차시장의 침체에 대응하여 완성차업체들이 추가적으로 가격을 낮추거나 구조조정을 모색하는 가운데 자동차부품업체간 납품 단가에 대한 경쟁이 치열할 것으로 예상되며, 이러한 가운데 단가인하 가능성이 존재한다.

자동차 판매 및 생산은 매우 순환적인 특징이 있으며 전반적인 경제상황 및 기타 요인들 즉, 소비자 지출 및 선호도, 금리변동, 소비자 신뢰도, 휘발유 가격, 소비자 자금여력 등의 요인에 따라 좌우된다. 특히, 해당부품사의 영업성과는 자동차 생산량에 연관되며 완성차업체가 계획한 생산중단 또는 노동관련 사태와 같은 예측 불가능한 사건들로 변동을 겪는다.

이렇게 세계자동차산업 수요의 지속적인 불확실성이나 심각한 변동은 부품사의 사업에 중대하게 부정적 영향을 미칠 수 있다.

▎모기업의 원가인하 요구에 대응하는 능력 구축

자동차업체는 매년 부품공급자에게 납품가격의 인하를 요구하고 엄격한 품질수준을 요구하고 있다. 부품업체의 광범위한 내부 구조조정의 혁신 노력과 원가절감 프로그램에 의한 수익성 증가가 요구되지만 한편으로는 모기업과 교섭확보가 중요하다. 즉, 시장상품이 아닌 모기업의 고객 상품이므로 고객의 요구품질, 요구가격, 요구납기의 충족능력을 언제 어떠한 상황에서도 가져야 생존하고 성장할 수 있다.

▎보수용 자동차 부품과 용품시장의 확대에 대응

보수용 부품은 2만여 부품 중 3~4천개로 최종 수요자가 자동차 소유자로 여러 가지 유통경로를 통해 조달된다. 보수용 부품은 자동차업체나 계열 서비스업체를 경유하여 이루어지는 경우와 부품업체가 도매상이나 대리점을 통해 독자적으로 유통시키는 경우로 나누어진다. 보수용 부품 중 순정부품은 부품의 발주단계부터 완성차업체 또는 계열 서비스업체를 통해 완성차업체의 상표부착과로 품질보증을 거쳐 유통되나 비순정부품은 부품업체가 독자적인 판매망을 구축하여 최종 소비자에게 공급하고 있다.

보수용 부품시장은 수요예측의 어려움이 크다. 보수용 부품의 수요는 신차증가, 교통사고, 계절적인 요인, 운전형태, 보수용 부품의 품질 등에 따라 달라지기 때문이다. 또한 다종다양한 자동차의 종류, 10년 이상의 긴 사용기간, 1대당 5천여 점의 부품, 모델이나 설계의 잦은 변경으로 인한 사양증가 등으로 단종 차종까지 포함하면 취급종류가 너무 많다.

제3편 자동차부품산업

▎완성차기업과 운명공동체

자동차 한 대를 조립하기 위해서는 약 2만여 가지에 달하는 부품이 필요하다. 따라서 부품의 경쟁력이 완성차의 경쟁력으로 직결된다. 오늘날 대부분의 완성차기업은 엔진이나 차체 등 중량물을 제외하고는 부품업체에서 조달받아 조립만하는 조립기업이다. 따라서 조립업체인 완성차회사와 부품업체는 하나의 운명공동체이다. 일례로 미국의 자동차 업계가 한 세대를 풍미할 수 있었던 데에는 부품 업체들의 기여가 지대했고, 그 정점에 있던 업체가 바로 1999년 GM에서 분사한 델파이(Delphi Corp.)였다.

델파이 파산은 과도한 복지요구가 원인이 되었고 파산보호 신청 후 뼈를 깎는 회생 노력을 기울여 종업원의 시간당 임금을 종전의 30달러 수준에서 10달러~12달러 수준으로 대폭 인하하는 고강도 구조조정과 근로자 1만3,000명에 대한 구조조정을 단행하여 회생하였다.

▎완성차 경쟁력의 원천은 부품공급

어떤 제품을 만드는데 있어 가장 좋은 원료의 확보는 곧 제품경쟁력으로 이어진다. 자동차의 원료는 부품이다. 그러나 완성차 회사는 수많은 부품을 조립하는 회사일 뿐 원천기술을 갖는 것은 쉽지 않다. 즉 완성차기술의 핵심은 대부분 부품회사가 보유하는 것이다. 따라서 원가절감의 시작도 부품조달에 있으므로 공급회사를 발굴하고 육성하는 전략이 무엇보다 중요하다.

▎글로벌 순위- 현대모비스 8위, 현대위아 38위, 만도 46위

세계 유수의 자동차 관련 언론기관인 Automotive News는 매년 OEM 매출 기준으로 세계 100대 자동차부품회사를 선정해 오고 있다. 2012년 OEM 매출을 기준으로 2013년 6월에 발표된 순위에 따르면, 독일의 Bosch와 일본의 Denso가 1,2위를 차지한 가운데 국내 업체로는 현대모비스(8위), 현대위아(38위), 만도(46위), 현대파워텍(70위), 현대다이모스(90위)의 5개사가 선정되었다

글로벌 자동차부품사 현황

(단위 : 억달러)

순위	업체명	국가	2012년 매출
1	Robert Bosch GmbH	독일	368
2	Denso Corp.	일본	342
3	Continental AG	독일	280
4	Magna International Inc.	캐나다	204
5	Aisin seiki Co.	일본	301
6	Johnson Controls Inc.	미국	225
7	Faurecia	프랑스	225
8	Hyundai Mobis	한국	214
9	ZF Friedrichshafen AG	독일	186
10	Yazaki Corp.	일본	158
32	Visteon Corp.	미국	67
38	Hyundai-WIA Corp.	한국	59
46	Mando Corp.	한국	47
70	Hyundai Powertech Co.	한국	29
90	Hyundai Dymos Inc.	한국	19

▍글로벌 자동차 부품 회사 개요

1. Robert Bosch

보쉬는 회사가 설립 된 지 올해 128년이 되며 그동안 자동차의 기술을 선도해 왔다. 이 회사의 세계 최초 신기술로는 디젤엔진 연료공급 펌프 시스템, ABS, TCS, ESP, 커먼레일 시스템 등 자동차를 제조하기 위해 꼭 필요한 핵심기술들이며 특히 디젤엔진에서는 보쉬 부품공급이 없이는 완성차를 만들 수 없다.

보쉬 그룹의 직원은 26만1천 명. 동사는 60개국에 350개 이상의 자회사를 보유하고 있고, 150개국에 제품을 납품한다. 보쉬는 우리나라에서도 한국로버트보쉬기전, 캄코, ETAS 코리아, 보쉬 렉스로스 코리아 등의 현지법인과 두원정공, 케피코 등의 합작회사를 앞세워 활동 중이다. 사업부문은 가솔린, 디젤, 섀시 & 브레이크 시스템 섀시 시스템 컨트롤, 전기드라이브, 스타터 모터 & 제너레이터, 차량 멀티미디어 전자부품, 자동차 배터리 기술이 있다.

2. Denso Corp.

1949년에 니쁜덴소라는 이름으로 일본 가리야에 설립되었다. 1996년에 덴소코포레이션으로 사명을 전환하였고 도요타 그룹의 멤버이다. 덴소는 토요타 프리우스의 배터리 ECU를 개발하였고, 휘발유 및 디젤 엔진을 위한 엔진 관리시스템과 커먼레일 시스템, 전기 모터를 이용해 유압식 가변 밸브 시스템의 단점을 극복한 E-VCT 등을 선보였다. 사업부문으로 파워트레인 컨트롤, 전기 & 전자 시스템 소형 모터, 텔레커뮤니케이션 등이 있다.

3. Continental AG

독일 하노버에 위치한 부품회사로 1871년에 고무회사로 설립되었다. 브리지스톤, 미쉘린, 굿이어 다음으로 세계 4위의 타이어 회사이기도 하다. 콘티넨탈은 우리에게 타이어 브랜드로 친숙하다. 동남아시아 등 세계 각지에서 생산하는 미쉐린과 달리 콘티넨탈은 오직 독일 내에서만 생산을 고집하고 있다. 첨단 능동·수동 안전 시스템, 내장형 텔레매틱스, 핸즈프리 통신 시스템, 자동 변속기 및 각종 편의시설, 브레이크 시스템, 주행안정장치까지 개발·생산하는 자동차 부품 업체다.

4. Magna International

북미 최대의 부품회사로 캐나다 온타리오에 본사가 위치한다. GM, Ford, Chrysler가 주요 고객이며, VW, BMW, 도요타에도 제품을 납품한다. 외장재, 내장재, 도어, 미러, 전자식 안전장비, 파워트레인, 루프 시스템 등 전문 업체이며 직접 자동차도 생산한다. 현재 벤츠 E-클래스 4매틱과 G-바겐, 짚 그랜드 체로키, 크라이슬러 300C와 보이저의 CRD(디젤) 모델, 사브 9-3 컨버터블, BMW X3을 위탁 생산하고 있다. 마그나 인터내셔널은 고유 모델만 없을 뿐 기술력이나 생산능력은 어지간한 자동차 메이커가 부럽지 않을 정도다.

5. Aisin Seiki Co.

1949에 설립된 일본회사로 도요타계열사로 자동차부품 외에 생활용품도 생산한다.

아이신 정기 산하엔 여러 개의 계열사가 있다. 가장 널리 알려진 건 자동변속기를 만드는 아이신 AW는 세계 1위의 자동변속기를 생산한다.

6. Johnson Controls

1883년에 미국 위스콘신에 설립된 자동차 부품기업으로 냉난방 장비, 에너지 절약 장비 전문 생산업체이다. 승용, 상용차의 인테리어 시스템으로 시트, 천장, 도어 트림, 계기판, 각종 수납함 및 전자기기까지 생산한다. 또한 자동차용 배터리, 하이브리드 카, 배터리도 만든다.

7. Faurecia

프랑스가 낳은 세계적인 자동차 부품 업체다. 시트, 인스트루먼트 패널, 스티어링 칼럼, 도어 패널, 배기 시스템, 등을 디자인, 생산 중이다. 고객으로 폭스바겐, PSA, 르노닛산, Ford, GM, BMW, Daimler, Fiat/Chrysler, Toyota and 현대기아 등이 있다. 푸조·시트로엥의 PSA 그룹이 지분의 71.5%를 가져 자회사인 셈이다.

8. ZF Friedrichshafen AG

1915년에 설립된 독일 자동차부품업체로, 철도, 해운, 방산, 비행 산업에서도 유명하다. 특히 트랜스미션, 스티어링 장치, 현가장치 부품, 클러치 전문업체로 세계적인 명성을 가지고 있다. 2014년에는 미국의 TRW를 인수하여 앞으로는 세계 2위의 부품기업으로 도약할 것으로 보인다.

3. 자동차부품의 모듈화와 플랫폼

▌자동차산업의 3대 싸움과 모듈화

자동차산업은 시간, 가격, 제품력 즉, 누가 빨리 값싸게 좋은 제품을 만드느냐의 싸움이다.

첫째, 시간과의 싸움은 주문 후 얼마나 빨리 생산하여 출고시키느냐 하는 문제로 재고와도 집결된다. 또한 차종의 수가 늘면서 부품수가 증가하고 차가 복잡해져 부품을 관리하기가 어려워졌다. 이때 부품 수를 줄이고 사내에서 사외로 돌리면 재고도 줄고 시장까지 가는 시간도 짧게 가져갈 수 있다. 이런 대응방법중의 하나가 모듈화이다.

현대 기아 FF 소형 플랫폼 베이스 모델들

둘째, 가격과의 싸움은 세계적인 공급과잉 상태에서 중국의 등장으로 원가인하 경쟁이 앞으로 부품산업의 구조조정으로 번질 것이다. 이때 가장 유효한 대응 방안도 모듈화와 전 세계 구매 조달(World-Wide Sourcing)임에 틀림이 없다.

셋째, 제품과의 싸움이다. 완성차 업체는 디젤차, 하이브리드, 연료전지 등의 파워트레인 제품개발에 사활을 걸어야 하고 부품업체는 모듈개발과 설계능력을 가진 원천기술 개발의 확보가 생존의 열쇠가 되고 있다.

▌모듈화란 무엇인가?

모듈화(Modularization /모듈생산)란 '자동차 조립에 투입되는 부품(end-item)숫자의 감소 정도'를 나타내는 단순한 정의도 있지만 '복수의 부품이 결합하여 새로운 시스템으로 통합되는 것(System Integration)'을 말한다. 즉 기능통합, 신소재, 신공법 등의 새로운 요소기술이 요구되는 것이다.

원래 모듈이란 개인용 컴퓨터에서처럼 표준화되어 서로 호환될 수 있는 부품 단위(덩어리)를 지칭하는 개념이다. 그러나 자동차부품이 이런 의미의 표준화된 범용부품으로 발전한 건 아니다. 모듈생산에는 세 가지 구성요소를 지닌다. 즉 △제품설계의 모듈화 △생산의 모듈화 △기업 간 시스템의 모듈화이다. 일반적으로 모듈생산은 1차 부품업체가 복수의 부품을 중간 조립해 모듈단위로 조립하여 완성차 라인에 투입하는 기업 간 시스템의 모듈화의 의미로 사용되지만 넓은 의미로는 완성차업체의 사내에서 중간 조립하여 완성차 라인에 투입하는 생산의 모듈화도 포함한다. 이러한 모듈화는 이제까지 생산과정 중심에서 설계과정으로 확대 전환하는 것이 앞으로 모듈화의 성공요소이다.

모듈부품으로 프론트 엔드 모듈(라디에이터, 헤드램프, 범퍼), 칵핏 모듈, 도어 모듈(도어 패널, 파워윈도와 모터, 도어 록 등으로 구성), 새시모듈, 더 나아가 프론트 새시에 엔진이 결합한 'Front Rolling Chassis Module'까지 확대되고 있다. 특히 칵핏(Cockpit)모듈은 기술적으로 가장 어려운 모듈이다. 칵핏은 자동차 내부에서 운전자 앞에 놓인 플라스틱 구조물을 지칭하는 크래시 패드뿐 아니라 계기판, 운전대, 제동장치, 공조장치, 에어백, 오디오를 비롯한 각종 전장품 등을 포함하는 운전석 전체를 말한다. 칵핏 전체를 조립하는 데는 460개 정도의 부품이 들어가고 사양의 종류만 하더라도 1천여 개에 달하기 때문에 다른 부분에 비해 가장 어려운 모듈이다.

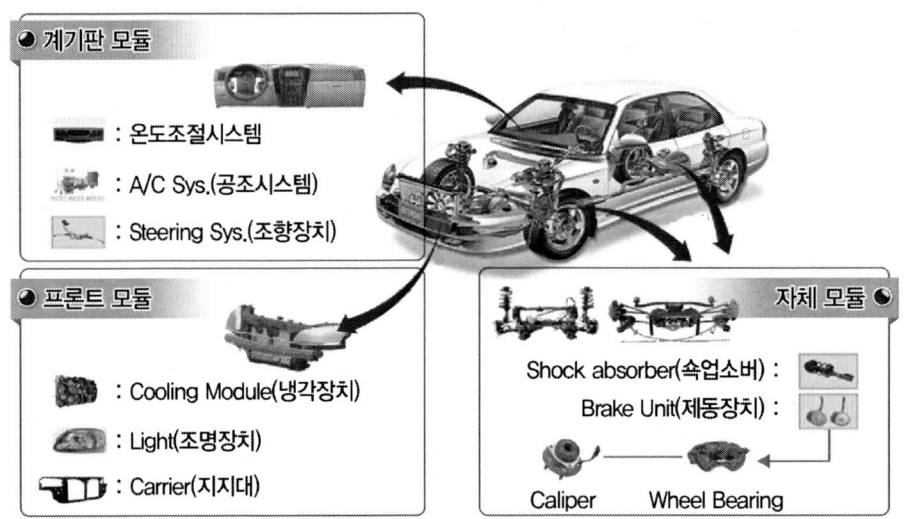

┃모듈화 확대에 대응하는 전략 필요

모듈화(Modularization /모듈생산)란 '자동차 조립에 투입되는 부품숫자의 감소 정도'를 나타내는 단순한 정의도 있지만 복수의 부품이 결합하여 새로운 시스템으로 통합되는 것을 말한다. 즉 기능통합, 신소재, 신공법 등의 새로운 요소기술이 요구되는 것이다. 지금까지 부품업계

제3편 자동차부품산업

의 경쟁은 부품업체간의 경쟁이었지만 앞으로는 모듈업체간 경쟁과 전문 단품업체간의 경쟁으로 나누어질 것이다. 생산과 조달능력에 원천기술을 더하고 시스템 능력까지 갖춘 시스템 통합사 (System Integrator)가 완성차의 부품개발과 조립기능을 양도받는 '0.5차 공급자' 즉 델파이, 비스테온, 현대모비스 같은 기업이 가장 앞선 형태의 부품업체로 발전해 갈 것이다.

▎모듈화와 더불어 플랫폼 혁신도 가속화

MQB라고 부르는 폭스바겐이 폴로부터 파사트까지, 여러 사이즈의 차를 이 플랫폼 하나로 만든다는 계획이 점점 현실화되고 있다. 그냥 세트로 돌려쓰는 것이 아니라, 블록 조립하듯이 각각의 세부 요소들을 골라 조립하면 된다는 방식이다. 전에는 플랫폼을 공유한다고 해도, 대부분은 사이즈 하나끼리 돌려쓰는 경우가 대부분이었는데 플랫폼 1개만으로 소형 슈퍼미니부터 중형급 세단까지 다 해결할 수 있다는 점이 매우 혁신적이라고 할 수 있다. 더 나아가 엔진조차도 모듈 하나만으로 다양한 종류의 엔진을 찍어낼 계획이다. 그러나 자동차간의 개성이 희미해질 수 있다는 점은 가장 중요한 해결사항이 될 것이다.

심지어 플랫폼 공용화로 유명한 도요타도 TNGA(Toyota New Global Architecture)라는 플랫폼을 제시함으로써 부품 공유율을 70~80%까지 높인 20여대의 신차를 내놓는다는 계획도 있다. 이미 다른 업체들이 기존에 있던 플랫폼들을 통폐합하면서 수를 줄여나가고 있지만, 위에서 제시한 2개 아이디어는 기존에 있던 그것들보다 훨씬 파격적인 것이다. 이러한 방식의 플랫폼 통합을 통해, 개발비용과 개발기간도 절감하고, 더 나아가서 생산라인 수와 차량 관리비까지 절감함으로써 차 값도 매우 저렴해질 수 있을 것이다.

4. 자동차부품산업 변화와 대응

┃자동차부품은 1조4천억 달러의 거대시장 – 8천만대 신차시장, 11억대 서비스시장

세계 자동차 부품시장의 규모는 OEM이 2012년 약 8천억 달러, 보수용이 약 6천억 달러로 합치면 1조4천억 달러에 이르는 거대시장을 이룬다. 이는 전적으로 매년 8천만대 이상 공급되는 신차시장과 11억대를 넘고 매년 4천만대정도 증가하는 보유대수 시장에 의존한다. 따라서 자동차산업의 흐름과 같은 궤도로 움직이다.

┃자동차부품산업의 변화 – 글로벌화, 모듈화, 전자화, 계열구조, 조달전략

세계 자동차 산업은 몇 차례 구조개편을 겪으면서 21세기 들어 플랫폼의 통합, 개발기간의 단축, 부품업체의 감축, 모듈화의 확대, 치열해지는 고품질과 가격경쟁, 중국 등의 신흥시장 확대 등으로 자동차 부품산업에도 커다란 영향이 미치고 있다. 가장 주요한 변화로서 글로벌화, 모듈화, 전자화, 네트워크화가 될 것이다. 이러한 변화를 우리나라의 부품산업측면에서 살펴보면 다음의 몇 가지 큰 흐름이 보일 것으로 예상된다.

첫째, 글로벌화의 진전이다. 글로벌화란 우리 기업의 글로벌 진출과 글로벌기업의 한국 진출을 말한다. 우리기업은 IMF이후 구조조정 속에서 글로벌 기업인 Bosch, Delphi, Visteon 등의 자본참여로 외국인지분이 50%를 넘는 외자 부품업체만 130여 개가 넘었고 또 국내 OEM 시장규모의 약 40%를 이들이 점유하게 되었다. 국내의 완성차 메이커가 현대기아차그룹이외 모두 해외로 넘어간 것과 같이 국내 부품업체의 글로벌화가 이루어졌고 앞으로는 더욱 빨라질 것이다.

둘째, 모듈화의 확대이다. 모듈화는 단위 부품의 통합화, 기능의 융합, 중량경감, 소형화, 비용절감 등의 측면에서 획기적인 부품공급방식이며 생산방식의 변화이다. 현대기아차 모델의 모듈화는 현재 약 20% 수준이지만 앞으로 새로운 모델부터 확대 적용되면 수년 내 30%~40%까지 확대될 것이다. 이런 모듈화는 대형 부품업체나 경험과 기술을 축적한 글로벌기업에게 집중될 것으로 보인다.

셋째, 전자화의 진전이다. 전자화는 차량 한 대당 전기·전자부품(Electrical & Electronics Components)의 평균 금액으로 알 수 있다. 세계 평균대당 2,800달러 수준에서 2015년에는 5,200달러로 증가하고 전체 산업규모도 현재 1,900억 달러에서 4천억 달러로 성장할 것이라고 예측한다. 이런 성장세로 간다면 머지않아 자동차 부품원가의 40%가 전기 전자부품이 될 것이라고 한다. 따라서 기존의 전통적인 부품기업들은 핵심경쟁력을 전자화분야로 재정의하고 전환할 준비를 서둘러야 할 것이다.

넷째, 계열구조의 변화이다. 머지않아 일본식 계열구조라는 모기업과 하청관계는 사라지고, 여러 완성차 기업이 다른 완성차 기업의 1·2차 부품 기업과 거래하는 형태로 바뀌어 갈 것이다. 지금까지 1·2·3차라는 공급구조보다는 새로운 기술과 부품을 보유한 경쟁력이 기업이 광범위한 네트워크형 거래구조에서 새로운 비즈니스 기회를 얻게 될 것이다.

다섯째, 부품 조달전략의 변화이다. 완성차 업체는 세계적으로 OEM조달과 부품가격 인하로 가격경쟁력을 확보하려면 글로벌 조달(Global Procurement) 확대와 부품의 공용화(공유화)를 늘릴 수밖에 없다. 부품의 공용화가 확대되려면 플랫폼을 통합하고 플랫폼 당 모델 수를 최소화해야한다. 그래야 개발비도 줄이고 부품의 가격인하도 가능해지기 때문이다.

부품개발 방식의 변화 - 승인도방식이 주도

부품개발방식을 보면 설문조사 결과 승인도 방식이 가장 많은 것으로 나타났다. 최근 한 조사에 의하면 전체 응답 업체 143개사 중에서 승인도 방식을 수행하는 업체가 75개사로 52%에 달하고 있다. 다음으로 위탁도 방식(31개사, 22%), 대여도 방식(27개사, 19%), 시판품 방식(10개사, 7%)의 순서로 나타났다. 현재 완성차 업체들은 승인도 방식의 발주를 늘리는 추세이기 때문에 부품업체들의 주요 부품개발 방식도 승인도 방식이 가장 많은 것으로 파악된다. 문제는 승인도 유형의 부품개발을 강화하려면 부품업체들이 개발력과 기술력을 높여야 한다는 점이다.

국내 부품기업 해외매출 비중이 60% 상회 - 글로벌 기업으로 성장

국내 500대 기업에 포함된 자동차 관련 업체들이 지난해 매출 가운데 60%를 해외에서 벌어들이며 글로벌 기업으로 탈바꿈하고 있다. 현대자동차그룹의 해외진출에 힘입어 부품사들이 해외 생산기지를 확충한 데 따른 결과다. 특히 완성차업체보다 부품업체의 해외매출 비중이 더 높았다. 현대자동차는 2013년 해외 매출 비중이 56.6%에 달했다.

부품업체의 향후 발전 방향

향후 일본, 독일 등 자동차부품 선진국들과 경쟁함에 따라 기술개발능력의 확충이 최대 핵심 과제로 부상하고 있다. 또한 기술개발의 과제인 차량의 전자화 및 경량화, 부품의 모듈화, 하이브리드 및 연료전지 차량의 등장, 수요업체의 중소부품업체에 대한 독자설계능력 요구 등은 이와 관련된 기술개발 필요성을 증대시키고 있다. 특히, 차량의 전자화와 관련하여 기존부품의 변화 및 수많은 신사업이 창출될 가능성이 매우 높다.

자동차 부품산업의 성장구조와 방향

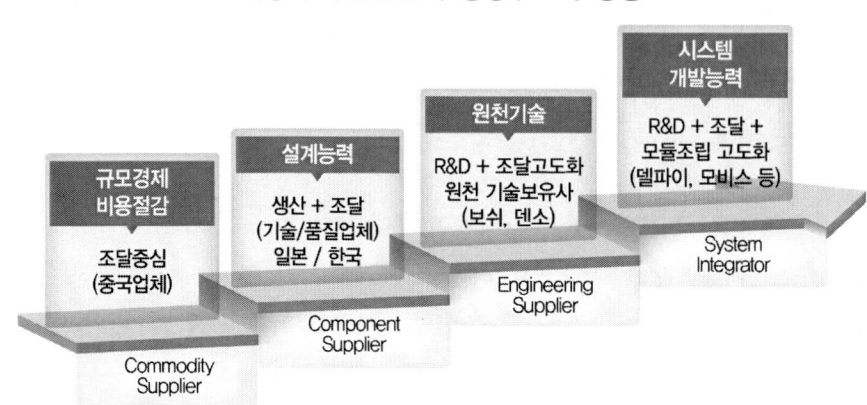

모듈부품의 개발은 대형부품업체가 주도권을 갖기 때문에 인수합병을 통해 기업을 대형화하거나 관련기업 간 협력을 통해 통합모듈을 개발하는 것이 필요할 것이다. 하이브리드나 연료전지 자동차에 들어가는 부품의 경우 완성차 업체와 병행 개발하여야 할 것이다. 부품업체가 해외에 수출하거나 국내 다국적 자동차업체에 납품하기 위해서는 독자적인 설계능력을 확보해야 하며 이는 생존과 직결된 문제가 되었다.

국내 자동차부품회사 성장모델

- 개발능력 보유 대형업체
  모비스, 만도, 한라공조, 대원강업, 에스엘, 한국프랜지, 한일이화, 평화산업

- 모듈방식 확대
  모비스, 현대위아, 평화정공, 에코플라스틱, 덕양산업, 광진상공

- 글로벌 시장 참여 / 수출주도
  에스엘, 동양기전, 평화산업, 한라공조, 에스제이엠, 에스앤티 모티브

- 현대차 동반 해외진출
  성우하이텍, 에스제이엠, 세종공업, 화신, 한라공조

- 전자화 / 편의사양 / 고급화로 성장
  인지콘트롤즈, 케피코, 캄코, 오토넷, 신창전기

- 국내외 AS 시장 참여
  평화발레오, 한국베랄, 리한, 세림테크, 상신브레이크, 동진정공, 유성기업, 서진클러치

- 글로벌기업 합작투자
  풍정덴소, 현대차 계열사, 외국합작사

▮기업규모의 대형화 중소부품업체의 전문화

자동차 부품기업의 대형화는 크게 두 가지로 나누어 볼 수 있다. 부품의 모듈 발주나 대규모 투자재원이 소요되는 미래형 첨단기술 개발 등에 대응하기 위해서는 기업규모를 초대형화 하는 것이 선결과제이다. 기업규모의 대형화로 출현하는 초대형 모듈부품업체는 설계기술을 포함한 전체 시스템기술이 매우 필요하며 2차 이하 부품업체를 관리하는 기술도 확보해야 한다. 한편 2차 업체로 존재하지만 기술 중시 전문업체는 고기능 제품개발로 고부가가치를 창출하며, 가공 중심의 부품업체는 제조기술의 역량강화에 집중해야 한다.

▮기업 간 경쟁에서 기업 네트워크단위로 변화 – 상생과 협력의 시대

대기업과 중소기업 간의 상생 협력은 세계 경제가 지식경제로 급속하게 변화되고 있는 상황에서 경쟁의 단위는 기업 간의 경쟁에서 기업집단 혹은 가치사슬로 연결된 기업 네트워크 간의 경쟁으로 빠르게 옮겨가고 있기 때문에 전통적인 형태의 경쟁 전략에서 탈피하고, 대기업과 중소기업 간의 협력을 도모해야 한다는 것이다.

5. 자동차부품기업의 변화와 대응방향

┃기술변화에 대응하기 위한 부품사의 역할 강화

자동차의 기술변화와 생산방식이 변경됨에 따라 부품사들의 역할이 점차 강화될 것으로 전망된다. 자동차 전자화 추세에 따라 자동차 산업에서는 전자, IT, 반도체, 통신 등 다양한 산업의 기술융합이 필요해지고, 이를 주도하는 것이 부품사의 역할로 바뀌어 가고 있다. 또한 완성차업체들이 자동차의 개발 전략을 모듈단위설계 방식으로 전환함에 따라 대형 부품사들의 사업영역과 성장성은 지속적으로 확대될 전망이다.

┃모듈단위 설계로 대형 부품업체들의 성장가능성 증대

모듈단위 설계가 본격적으로 확대되면서 부품 공용화 비율은 빠르게 증가할 전망이다. 따라서 부품업체들은 (1)개발기간이 단축되고, (2)규모의 경제효과로 수익성이 개선되며, (3)생산설비의 표준화를 통하여 설비투자비가 감소하고 설비의 유연성이 향상되는 효과를 기대할 수 있게 된다. 부품사가 공용화된 부품을 수주하면 다른 많은 차종에도 공급할 수 있기 때문에 생산량이 크게 확대된다. 또한 부품업체들은 자동차 설계의 초기단계부터 참여하게 되고 설계 영역도 확대된다.

┃완성차의 원가절감에 따른 부품 단가인하 압력 증대

완성차업체의 원가절감 노력에 따른 납품단가인하 압력은 자동차부품 사들이 상시적으로 직면하고 있는 내재적 위협이다. 자동차부품업체의 수익성은 기본적으로 원자재 가격의 변동과 완성차업체의 원가절감 노력에 노출되는 구조를 갖는다. 다수의 중소 자동차부품업체가 제한된 수의 완성차업체들에게 제품을 공급하기 때문에 납품업체간 경쟁에 따른 납품단가 인하 가능성이 존재하는 것이다.

┃경쟁 입찰제와 복사발주제도에서는 경쟁력이 생존요소

자동차업계의 납품계약은 경쟁 입찰제가 일반적이다. 경쟁 입찰제에서 부품업체는 부품단가와 3년간 단가인하 계획이 포함된 견적서를 제출한다. 완성차업체는 부품업체가 제출한 견적서에서 3년간 총 부품구매금액을 계산하여 그중 최저가를 제시한 업체를 선정한다. 입찰에서 업체와 단가가 최종 결정되는 것이 아니라 업체선정 이후 단가협상이 다시 이루어진다.

입찰에서 선정된 부품업체는 완성차업체가 계산한 설계원가를 바탕으로 한 목표원가를 제시 받고 단가를 협상한다. 단가가 결정되고 계약이 성립된 이후에도 부품업체가 제출한 계획에 따라 단가가 인하되고 부품업체의 생산성 향상으로 매년 정기적으로 단가인하가 추가로 이루어진다.

발주에 있어서도 일본의 경우 하나의 부품업체에 대해 기술적 연관성이 있는 몇 개의 부품을 묶어 발주하는 복수발주가 일반적인 반면, 한국의 경우 동일한 부품을 복수의 부품업체에 발주하는 복사발주가 주로 시행되고 이는 부품업체간 납품 경쟁을 유발하여 가격 통제력을 높이고 노사관계가 불안정한 부품업체 노조에 물량감소와 거래선 전환을 무기로 압박을 가하는 장치라고 할 수 있다.

완성차의 수요의존 연관성에 대응

납품계약에 따라 부품사는 특정 자동차에 맞는 특정 부품에 대하여 완성차 업체로부터 주기적인 구매 주문을 받는다. 이러한 공급관계는 전형적으로 해당 자동차 모델이 존재하는 동안 연장된다. 그러나 특정 자동차 모델의 생산량 중단 또는 감축으로 이어질 경우, 부품사의 매출을 감소시킬 수 있다.

수요는 순환적인 특징이 있으며 전반적인 경제상황 및 기타 요인에 따라 좌우된다. 또한 부품사는 완성차 업체가 계획한 생산중단 또는 노동관련 사태와 같은 예측 불가능한 사건들로 인한 생산중단으로 인해 매출 감소의 위험을 안고 있다.

현대차그룹 협력업체와 공동 해외진출, 육성과 상생

현대기아차 그룹은 현대차 협력업체 역량개발을 지원하기 위해 공정거래를 통한 상호 신뢰 구축, 건강한 기업생태계 구축 등을 추진하고 있다. 현대기아차는 회사의 중장기 상생 전략으로 부품업체들과의 동반 해외 진출과 세계화를 통해 부품산업의 규모를 키우고 세계적 역량을 발전시키고 있다. 이러한 전략에 따라 현대기아차와 공동으로 해외에 진출한 한국 부품업체들은 중국이 100개 이상을 비롯하여 인도, 미국, 슬로바키아, 터키, 브라질, 러시아 등 에 여러 개사에 달하고 있다. 현대기아차와 더불어 동반 해외 진출 역량을 구비한 부품업체들은 세계적 부품 업체로 도약할 수 있는 계기를 갖게 된 셈이다.

또한 격화되는 글로벌 업체들 간의 경쟁에서 현대기아차가 살아남기 위해서는 국제적 품질 기준과 생산능력을 갖춘 부품 협력업체들이 육성되어야 하고 상생을 위한 프로그램으로 협력회사들에 대한 각종 금융지원 및 대금결제 조건, 품질기술 상주지도, 모범라인 구축, 품질교육 및 세미나 교육, 공정개선 활동이나 관리 컨설팅, 기존의 상세 설계 단계 중심의 협력 체제에서 제품 개념 설계 단계까지 품질 향상과 설계 개선 활동 등이 있다.

▎현대차 1차 협력사는 10% 수준 영업이익과 글로벌 매출

금융감독원 전자공시시스템에 따르면 2013년 대기업과 현대차계열사를 제외한 116개 1차 협력사의 매출은 총 30조원 (평균 1사 2,580억원)에 영업이익률은 현대차보다 좋은 성적의 10.15%로 현대차(9.52%)보다 0.63%포인트 높았다. 현대차 계열사는 평균 10.76%로 가장 높은 이익률을 보인다.

또한 2013년 현대·기아차의 1차 협력사 300여 사가 GM과 폴크스바겐, 포드, 닛산, 크라이슬러 등 글로벌 완성차 업체에 부품을 판매한 금액이 9조6천억 원으로 수출이 4조2900억 원, 해외 생산분 판매액은 5조3700억 원이다. 바야흐로 부품업체의 글로벌화가 빨라지고 있는 것이다.

제4편
현대자동차그룹의 이해

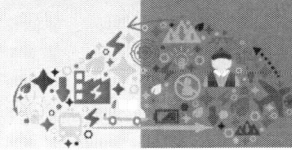

1. 현대자동차그룹

▌세계 5위의 자동차그룹

현대자동차는 정주영회장이 현대건설의 자동차산업 진출을 계기로 1967년 창업하여 국산화를 통해 국내 굴지의 자동차 회사로 입지를 굳혔고 정몽구회장의 주도로 1998년 기아자동차 인수를 계기로 2000년 9월1일 현대자동차그룹  (현대기아차그룹)으로 출범하였고 2010년 현대 일관제철소의 준공으로 쇳물에서 자동차까지 이르는 산업의 수직계열화를 완성시켰다. 이는 세계 최초의 자원순환형 그룹 구조를 이루어 냄과 동시에 향후 글로벌 자동차 업체로 입지를 확고히 하는 기반이 되었다. 이어 2011년 현대건설의 인수로 현대자동차그룹은 건설부문의 사업영역을 더욱 탄탄히 하였다.

현대차는 전략적 제휴보다는 기아차 인수와 독자적인 글로벌 확장 노선을 통하여 2013년까지 737만대 생산량을 달성하는 Global Top 5 전략목표를 이루었고 기아차 인수 이외에는 주로 해외공장 건설을 통하여 국제화와 규모의 경제 확보를 동시에 겨냥하는 전략을 채택하였다.

▌기아 인수 후 통합 시너지효과

1998년 기아를 인수하게 된 현대자동차는 대대적인 사업구조의 통합재편을 단행하였다. 그리고 1999년 현대 기아 연구개발의 통합을 시작으로 생산기술부문, 부품개발 및 구매업무, 정비서비스사업, 그리고 해외영업부문 등에 대한 통합이 활발히 이루어졌다. 아울러 현대자동차는 2000년 10월에 현대모비스를 설립하여 부품 생산 및 판매를 총괄하고 있다. 이런 부문간 업무통합은 곧 플랫폼 통합으로 이어져 원가경쟁력을 향상시켜 글로벌기업의 초석이 되었다.

▌완성차 매출 120조원, 그룹 매출 상장기업만으로 215조원

매출은 2012년 기준 상장기업만으로 215조원에 달한다. 계열사별로는 현대차가 84조원, 기아차 47조원, 모비스 30조원에 이른다. 자산면에서도 국내 2위의 그룹이고 판매대수 규모는 세계 5위의 자동차그룹이다. 국내외에 270여개 그룹법인수를 거느리며 특히 자동차전문그룹으로서 현대모비스, 기아자동차, 현대캐피탈, 현대카드, 현대제철, 현대하이스코, 현대위아, 다이모스, 글로비스, 현대오토넷, 케피코 등 자동차제조의 수직 계열화와 애프터마켓까지 일관된 사업협력 체제를 가지고 있다. 또한 현대자동차는 인터브랜드가 발표한 'Best Global Brands 2013'에서 90억불의 브랜드 가치를 기록하며 글로벌 43위 브랜드로 평가 받았다.

글로벌 8백만대 생산체제, 중국에 230만대 생산체제 추진

현대기아차그룹은 2007년 404만대의 판매실적으로 일본 혼다를 제치고 세계 7위의 자동차그룹이 되었으며 2010년 579만대에 이어 2013년 세계5위의 736만7천대로 세계시장에서 8.8%의 점유율을 기록하였다. 그러나 점유율은 2010년 8%대에서 4년째 정체되고 있다. 그 이유는 국내·해외공장의 신·증설이 없었기 때문에 나타난 것으로 해외공장을 풀가동했지만, 생산물량이 글로벌 수요 증가분을 따라가지 못했기 때문이다.

현대기아차 판매실적 추이

연도	2007년	2008년	2009년	2010년	2011년	2012년	2013년
글로벌수요 (만대)	6,670.3	6,602.7	6,388.4	7,235.0	7,609.9	8,089.2	8,427.2
현대판매 M/S	277.3 4.2%	284.0 4.3%	330.2 5.2%	370.1 5.1%	409.9 5.3%	439.2 5.4%	462.1 5.5%
기아판매 M/S	126.9 1.9%	137.5 2.1%	165.1 2.6%	208.8 2.9%	247.8 3.2%	270.9 3.3%	274.6 3.3%
합계 M/S	404.2 6.1%	421.4 6.4%	495.2 7.8%	578.9 8.0%	657.7 8.6%	710.1 8.8%	736.7 8.8%

현대기아차는 국내에 350만대, 해외에 450만대 생산체제를 구축을 추진 중이다. 특히 2016년 중국 승용차 수요가 2천6백만대에 달할 것으로 전망되는 가운데 폴크스바겐은 423만대, GM은 380만대, 닛산도 170만대의 생산능력을 갖출 예정이어서 이들과 경쟁하기 위해서는 중국 북경 1·2·3공장에 이어 4공장이 충칭에 연산 30만대 규모를 추진 중이다. 2016년께 현대차의 중국 현지 생산능력은 135만대 수준에 이를 전망이다. 여기에 2014년 연간 산업수요가 420만대로 예상되는 거대 상용차시장에 쓰촨성 쯔양시에 16만대 생산능력의 상용차공장을 갖추고 있고 기아차는 장쑤성 옌청에 총 74만대를 생산하는 1~3공장을 두고 있어 현대차그룹은 중국에서 2016년경 총 230여만대 생산체제를 구축하게 된다.

현대 기아차 중국시장 판매대수 및 시장 점유율

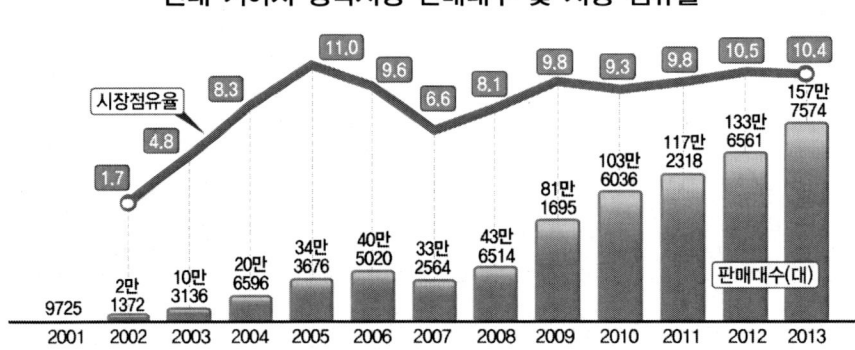

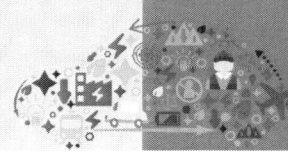

제4편 현대자동차그룹의 이해

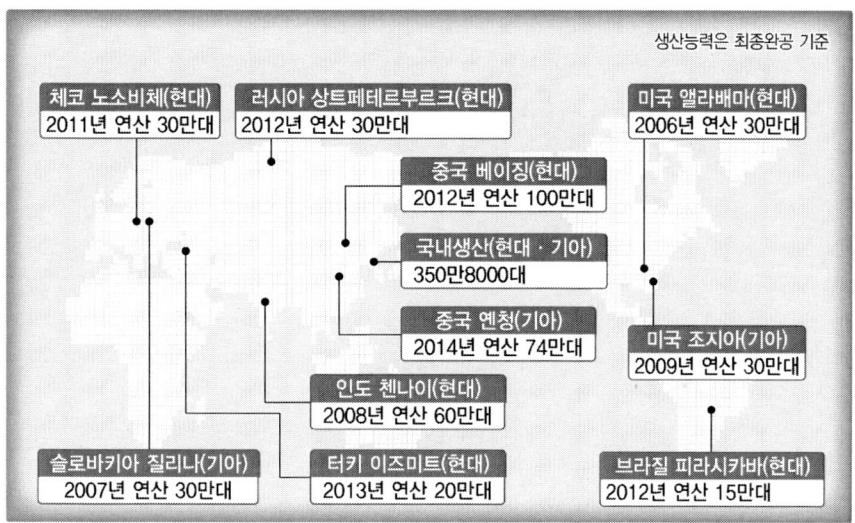

현대차그룹 엔진라인업 완성

현대차가 독자엔진 개발에 나선 것은 1983년부터다. 당시 한국의 자동차 기술 수준은 '모방'에 머물러 있었다. 그나마 엔진 관련기술은 전무한 상태였다. 엔진을 비롯한 주요 기술을 일본 미쓰비시에 의존하고 있었다. 현대차는 독자 엔진개발에 나서기로 하고 1983년 9월 엔진개발계획을 세우고 알파엔진을 시작으로 기아차를 인수하며 플랫폼통합과 함께 전 라인업을 완성하였다. 이 가운데 타우엔진은 현대기아차가 북미시장을 겨냥해 지난 2005년부터 약 4년간의 연구개발 기간을 거쳐 8기통으로는 국내에서 첫 독자 개발했다. 타우엔진이 보유한 특허만 해도 국내 출원 177개, 해외 출원 14개에 이를 정도로 첨단기술이 집약돼 있어 미국 자동차 전문미디어 워즈오토(Wardsauto)가 선정하는 미 10대 엔진에 3년 연속 선정됨으로써 엔진 전 라인업이 최고의 경쟁력을 확보하게 됐다.

현대차그룹 품질경영과 지휘사령탑 - 종합상황실

현대자동차 그룹의 심장부는 양재동 현대기아차 사옥 2층에 위치하고 글로벌 종합상황실이다. 일종의 '워 룸'같은 곳이다. 정몽구회장의 지시로 1999년 설립된 해외품질상황실을 2008년 글로벌종합상황실로 확대 개편하여 365일 24시간 전 세계에서 발생하는 품질현황을 파악하고 문제가 생길 경우 즉시 대응한다.

초기에는 해외로 수출하는 차량의 품질문제에 대처하는 수준이었지만 해외생산 법인과 판매가 늘면서 국내외의 생산법인, 판매법인, 연구소와 디자인센터까지 점검하는 단계에 이르렀다.

미국이든 유럽이든 혹은 완성차든 부품이든 간에 품질에 결함이 생기면 관련 부문에 즉각 통보하고 화상회의 시스템을 통해 해결방안을 찾는다. 판매나 연구 문제도 과정은 동일하다. 종합상황실이야 말로 현대차 그룹이 글로벌 자동차메이커들을 상대로 일전을 치르는 사령부의 핵심이고 글로벌 품질 경영시스템의 근간이다.

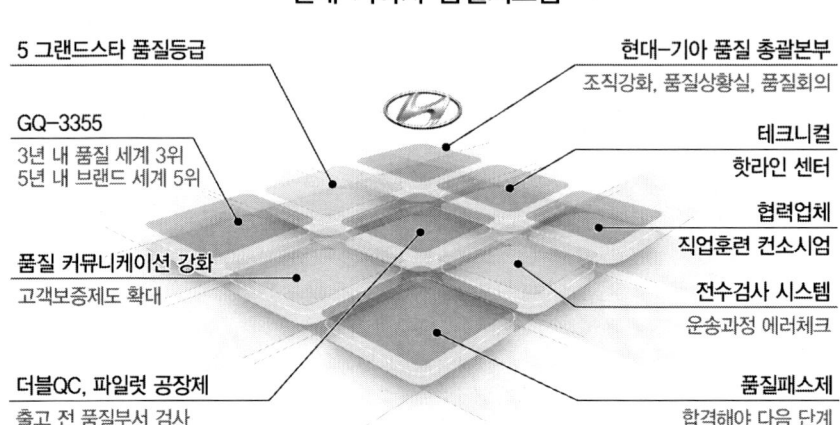

현대 기아차 품질시스템

현대차그룹의 성공요인

2000년 이전까지 현대자동차는 세계 자동차시장의 주류에서 벗어나 일본차의 아류에 불과한 싸구려 차를 만드는 회사로만 인식되었다. 기술은 일본 미쓰비시의 원천기술에서 겨우 벗어나고 있었고 품질도 J.D파워 품질조사에서 기아차와 함께 최저의 평가를 면치 못했으며 제품도 쏘나타와 같은 한 두 인기차종을 제외하고는 모든 모델의 브랜드 인지도는 바닥 수준이었다.

현대차그룹은 이러한 모든 과제를 단시일 내에 극복하고 세계 자동차업계 주류로 등장하자 세계 자동차업계도 사실 놀라고 있다. 그러나 아직도 현대차그룹에는 강성노조와의 불안정한 노사관계, 70~80%에 이르는 독과점 내수시장 의존, 프리미엄 브랜드의 부재, 저가 소형차 세계시장에의 중국 참여, 친환경 미래 차 개발에서의 기술격차 등의 문제를 안고 있다. 그럼에도 불구하고 앞으로 다음과 같은 강점과 성공 요인을 바탕으로 세계적 경쟁력을 갖춘 기업으로 성장할 것으로 보고 있다.

첫째, 오너십을 바탕으로 한 강력한 리더십의 현대시스템이다. 오너십(Ownership)이란 먼저 자신이 그린 꿈을 실현하기 위한 강한 열정이 있어야 한다. 또 리스크를 감수할 수도 있어야 한다. 그룹 전체의 조직에 위기감을 조성하고 임원인사에서 보듯 탄탄한 긴장감으로 목표도전

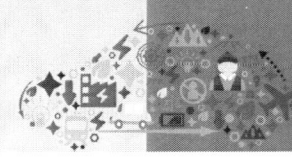

제4편 현대자동차그룹의 이해

을 독려하며 부단한 개선노력을 이끌어가는 현대차그룹 특유의 도전과 돌파 정신 그리고 스피드하게 움직이는 정몽구회장의 리더십이 압축성장의 배경이라고 할 수 있다.

둘째, 1998년 기아자동차 인수 이후 그룹경영체제를 구축하고 R&D 통합, 플랫폼 공동개발, 부품공유화와 모듈화 확대 등의 규모의 확대 성과와 통합 시너지가 극대화되었기 때문이다. 그 결과 현대차 브랜드가치가 급격하게 증가하여 수출이 증가하고 또 규모의 효과가 저비용 고수익으로 나타나는 선순환 구조가 형성되었다. 여기에 종합제철소를 준공하며 자동차그룹으로서 철강-부품-완성차의 수직계열화와 생산-판매-서비스-물류-할부금융 등 수평계열까지 완성하며 고부가가치와 밸류체인 시스템을 만들었다.

현대차 그룹 Value Chain

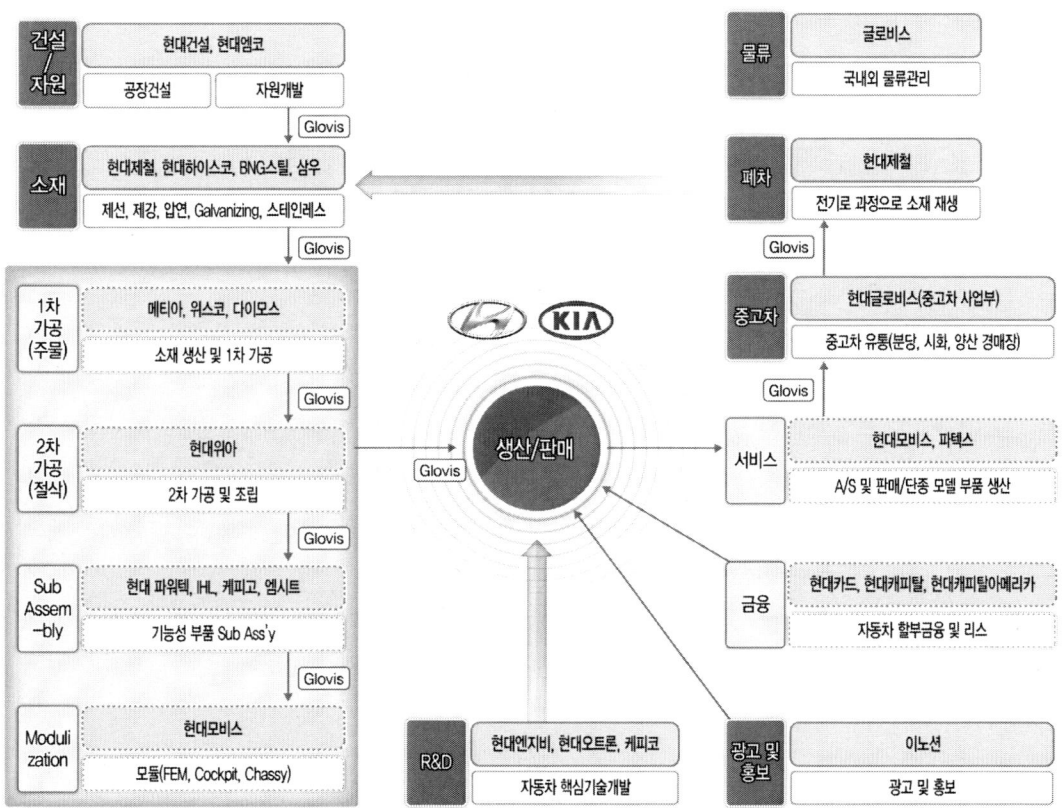

셋째, 품질경영의 성공으로 브랜드가치가 올라가고 재 구매율이 높아지면서 수출 단가도 함께 높아져 글로벌기업으로서 성장하는 원동력이 되었다. 이러한 성공의 기반은 2000년부터 그룹 경영의 핵심전략으로 품질경영을 선언하고 확고한 신념으로 믿고 나갔기 때문에 5년 만에 각종 품질조사 전문기관과 전문지로부터 세계적 수준이라는 평가를 받기에 이르는 것이다.

넷째, 자동차에 대한 제품기술과 공장운영의 축적된 역량을 충실하게 구축하고 진화시켰기 때문이다. 세계 최대의 단일 공장인 울산공장의 운영 경험과 기술을 국내 신 공장 건설과 해외 현지공장에 이전 확산시키는 기술의 축적과 진화 능력이 탁월하기 때문이다. 또 플랫폼을 통합하며 세계적 수준의 새로운 엔진으로 라인업을 갖추었기 때문이다.

다섯째, '현대속도'라 부를 만큼 신속하게 글로벌 전략을 전개하였기 때문이다. 미국 현지공장 진출, 중국 합작사업 확대, 동유럽·인도의 생산시설 확충이 성공적으로 추진되고 있어 2015년에는 국내 350만대 해외 450만대 생산을 갖출 것으로 보인다.

이런 성장속도를 도요타와 폭스바겐에 비교하면 500만대 생산체제를 갖는데 도요타와 폭스바겐 모두 62년이 걸렸다. 그러나 현대차그룹은 20여년을 단축한 41년이 걸렸고 이후 속도도 빨라 800만대에는 50년이 채 안 걸릴 것으로 보인다.

현대·도요타·VW의 성장속도

	0 → 200만	200 → 300만	300 → 400만	400 → 500만	총기간(0 → 500만대)
TOYOTA(1937)	'72(35년)	'80(8년)	'89(9년)	'99(10년)	62년
VW(1938)	'70(32년)	'90(20년)	'97(7년)	'00(3년)	62년
현대/기아(1967)	'99(32년)	'04(5년)	'06(2년)	'08(2년)	41년

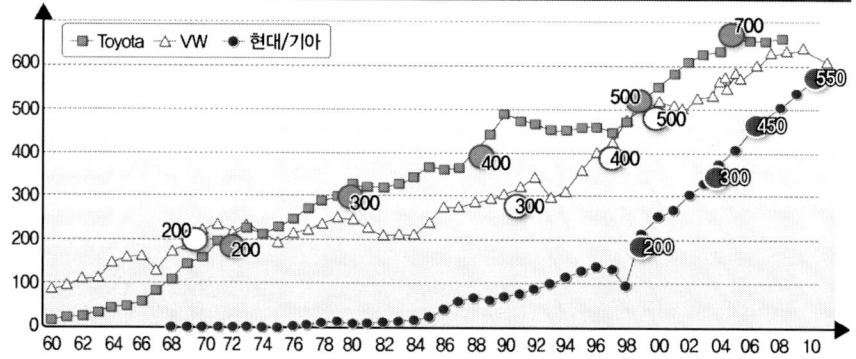

여섯째, 북미시장에서의 성공적 전략으로 기사회생한 것이다. 1990년대 중반 워낙 싼 가격에 할인과 인센티브에도 고객은 멀어져 갔고 딜러는 불만이 쌓여 1년에 겨우 9만여 대를 파는 벼랑 끝에 몰린 상황에서 나온 '10년 10만 마일 품질보증' 전략과 '가격에 비해 많은 것을 제공한다는 가치(Value)' 전략이 받아들여졌기 때문이다.

끝으로 최근 몇 년간 세계시장에 내놓은 에쿠스, 제네시스, 그랜저, 쏘나타, 아반떼, 투싼, 스포티지, 산타페, 기아 K 시리즈 등의 신차 수출이 성공하고 있기 때문이다.

제4편 현대자동차그룹의 이해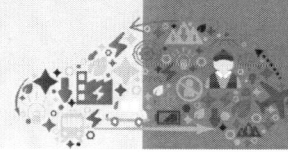

현대자동차그룹의 과제

1. 조직

'포스트 정몽구' 시대를 앞두고 승계구도의 안착과 50여 개 사로 늘어난 계열사를 자동차전문그룹으로의 밸류체인을 효율적으로 관리하는 것이다. 특히 10조원 이상의 토지대금을 포함한 그룹의 운명을 좌우할 삼성동 글로벌비즈니스센터(GBC)의 성공적인 건설로 100년 앞을 내다보는 글로벌기업의 위상과 면모를 갖추는 것이 중요하다

2. 생산

신차투입과 해외생산을 놓고 매년 반복되는 노사분규의 해소, 글로벌 조립생산성의 향상, 그리고 곧 8백만 대에 이르는 글로벌생산체제의 안정이다. 특히 현대차 국내공장 생산성은 편성효율을 보면 현대차 국내공장의 편성효율은 53.4%로 미국공장의 편성 효율 91.6에 비해 약 1.7배 많은 인원이 일하고 있다.

3. 판매

국내에서는 75%이상의 독과점체제의 유지와 함께 수입차의 공세에 대응하고 해외에서는 고가차의 비중을 높여 대당 판매가 싼 저가차를 브랜드 이미지를 개선해야 한다.

4. 품질관리

급격한 물량증가에 발맞춰 품질관리를 안정시키고 산업평균에 미치지도 못하는 글로벌 품질수준을 끌어올려야 한다.

5. 제품개발

친환경시대를 맞아 연비향상, 그린 카 개발, IT 융합 등의 기술적 고립에서 탈피하여 글로벌 톱5에 걸맞은 기술을 확보해야 한다.

6. 부품공급

8백만대에서 1천만대 생산체제의 구축에는 반드시 1차부품업체인 협력업체의 글로벌화, 대형화, 모듈화, 우량화, 고기술화가 이루어져야 한다. 따라서 5백여개에 이르는 1차부품업체를 2~3백여정도로 엄선하여 육성해야 한다.

2. 현대자동차

┃462만대 판매 87조원 매출 6만여 명 직원의 거대기업 현대자동차

현대자동차는 1967년 12월에 창립한 한국 자동차의 대표기업이요, 국내 2위의 그룹이고 세계 5위의 자동차그룹이다. 종업원 수가 6만여 명에 이르며 2013년 462만대를 판매하여 87조3천억 원 매출에 8조4천억 원의 영업이익으로 10%에 가까운 이익률을 기록하고 있다.

현대자동차 판매실적

	2013년 실적 (만대)	2014년 계획(만대)	증감
총 판매대수	473.2	490	3.6%
국내공장	182	187.2	2.9%
내 수	64.1	68.2	6.4%
수 출	117.9	119	1.0%
해외공장	291.2	302.8	4.0%
중 국	103.1	108	4.8%
인 도	63.3	60	-5.2%
미 국	39.9	39	-2.3%
터 키	10.4	20	92.3%
기 타	74.5	75.8	1.7%

국내 공장은 세계 최대의 단일공장인 울산공장(생산능력 150만대), 아산공장(30만대), 상용차 전문의 전주공장이 있고 해외에는 미국 앨러버머, 유럽 체코), 중국, 터키, 인도에 각각 현지 및 합작 공장을 가지고 있다. 특히 중국의 생산규모는 2016년 중칭공장이 완공되면 210만 대 규모로 커질 것이다.

┃세계 최대의 울산공장

현대자동차의 심장이라 할 수 있는 울산공장은 1968년에 착공하여, 1975년에 완공되었다. 1공장(액센트(RB), 벨로스터)은 1975년에 완공되어 처음으로 포니를 생산했으며, 1986년에 2공장(싼타페(DM), 베라크루즈, i40)이 완공되었고, 1990년에는 준중형 라인업을 생산하는

3공장(아반떼(MD), i30(GD), 아반떼 쿠페(JK))이 완공되었으며, 1991년에는 4공장(맥스크루즈, 그랜드 스타렉스, 포터 II) 5공장(투싼ix. 에쿠스(VI), 제네시스(DH), 제네시스 쿠페)이 차례대로 세워졌다. 여기에 엔진과 변속기 공장이 위치해 있다. 또 이곳에서 생산되는 차량은 200여개 국가로 수출되는데 5만 톤급 선박 3척이 동시에 접안할 수 있는 전용 수출부두도 갖고 포함됐다.

현대자동차 중형, 준대형 공장인 아산공장은 1996년에 완공되었다. 당시, 2공장에서 생산되던 쏘나타 III의 라인이 이곳으로 옮겨와 1998년부터 그랜저도 생산하기 시작하였다. 상용차 공장인 전주공장은 1994년에 완공되었다. 주로 2.5톤 이상의 중형, 대형 트럭과 버스를 생산하며, 본래 울산 4공장에서 생산하던 라인을 가져와 지금에 이른다.

3. 기아자동차

▎기아 – 70년 역사, 글로벌 누적판매 3천만대 돌파, 매출 50조원

기아자동차(주)은 1944년 경성정공으로 설립되었다. 1952년 최초의 국산자전거인 '삼천리호'를 생산하면서 경성정공에서 기아산업(주)로 개칭하였다. 1957년에 시흥공장을 준공하였으며, 1961년도에는 2륜 오토바이를 생산하였고, 그 다음해에는 한국최초 3륜 화물차 'K-360'를 생산하였다. 이때부터 만든 자동차가 52년 만에 3천만대를 넘었다. 1965년에는 미국에 자전거를 처음으로 수출하였으며, 오토바이를 생산하기 시작했다. 1967년에는 3륜 트럭을, 1971년에는 4륜 화물차 'E-2000', 'E-3800'을 생산하면서 기아써비스(주)를 설립하였다. 1973년에 (주)기아정기를 인수하고 현재의 소하리공장을 완공하였으며 국내 최초로 가솔린엔진을 생산하게 되었다. 다음해인 1974년에 최초의 국산자동차인 '브리사'를 생산하면서 완성차 업체로서의 기반을 확보하였다.

기아자동차는 1980년대에 들어서도 외형적 성장을 거듭하였다. 1986년에는 '베스타'를, 1987년에는 '프라이드', '콩코드'를 생산했고 1988년에는 자동차 생산 100만대를 돌파하면서 중형화물차, 1989년에는 '캐피탈'을 생산하였다. 그리고 1990년 아산만 공장을 준공하면서 풀 라인업 체제를 갖춘 완성차 업체로 발돋움하였다. 1992년에는 일본과 미국에 현지법인을 설립하였고, 1996년에 인도네시아 국민차 사업을 개시하는 등 외국 수출도 호조를 띠기 시작하였다. 1998년 기아를 인수하게 된 현대자동차는 대대적인 사업구조의 통합·재편을 단행하였고 1999년 6월에 기아자동차 아시아자동차 등 5개 법인을 합병하고 2001년 4월 현대차그룹으로 계열지정 되었다.

▎글로벌기업으로 성장 – 해외판매 1998년 25만대 → 2013년 237만대

1998년 현대차그룹으로 인수 당시 정몽구회장은 1년 내 회사 정상화를 공언하고 이듬해 적자기업에서 순이익 1800억 원으로 변모시키고 현대자동차 그룹을 세계 5위의 기업으로 만들겠다는 야심찬 경영계획을 수립하였다.

현대자동차는 기아자동차를 인수한 1999년 "New Start-99" 운동을 전개하여 작업장 차원의 목표관리 및 품질보증 실명제의 도입, 인재육성 추구, 토론 기록 정리· 안전제일의 문화구축, 3현주의(현장·현물·현실)를 추진하였다.

기아자동차는 현재 종업원이 3만2천여 명에 이르며 국내 공장으로는 소하리공장(35만대), 화성공장(55만대), 광주공장(35만대), 서산공장(조립 15만대)이 있고, 해외 공장은 미국 조지아공장 (30만대), 유럽 슬로바키아공장(30만대), 중국 합작공장(74만대)이 있다. 매출은 2013년 글로벌판매 274만대에 47조원6천억 원에 이르며 2015년 50조원을 돌파할 것으로 보인다.

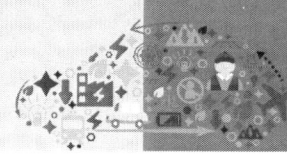

4. 현대모비스

▎종합자동차부품회사 현대모비스

자동차 부품 전문회사 현대모비스는 1977년 컨테이너 전문업체로 출범하여 2000년 자동차 부품 전문회사로 탈바꿈하고 2013년 전기전장 업체인 현대오토넷을 합병함으로써 메카트로닉스 종합자동차 부품회사로의 대도약의 토대를 쌓았다.

새시모듈, 운전석모듈, 의장모듈, FEM모듈, 자동차램프, 소형 휠, 자동차 보수용 부품, 카오디오, AV 시스템, 내비게이션, 텔레매틱스, 자동차 전장품, 전자제어장치, 연쇄전동장치 등으로 영역을 확대하고 있어 2013년 34조원대의 매출로서 글로벌 7위로 올라섰고 2020년에는 글로벌 5위업체로 성장할 것이다.

현대모비스 모듈 생산 및 공급의 가장 큰 특징은 직서열(Just in Sequence) 방식이다. 직서열 방식은 완성차 생산라인에서 요구되는 다양한 사양의 모듈을 완성차 라인의 조립 순서대로 생산해 공급하는 방식이다. 완성차와 모듈의 생산 서열을 맞춰 제 때 공급하는 것으로, 조립시간에만 맞춰 공급하는 도요타의 JIT보다 한층 더 진일보한 방식이다.

이를 위해 현대모비스는 현대기아차, 크라이슬러 공장 내 또는 10~20분 이내의 거리에 공장을 설립해 모듈을 트럭 또는 터널 컨베이어벨트로 운송하고 있다. 현대차 체코공장과 미국 앨라배마공장, 기아차 조지아공장, 크라이슬러 오하이오공장 등에 적용된 터널 컨베이어벨트 운송은 마치 모듈과 완성차 생산이 하나의 공장에서 이뤄지는 효과를 내고 있다. 이를 통해 운송품질 향상은 물론 운송비 절감에도 기여하고 있는 것이다.

모듈의 연구개발·생산·품질 부문에서는 현대모비스가 세계최고 수준의 경쟁력을 확보하고 있다. 또한 이런 경쟁력을 바탕으로 현대기아차의 세계시장 공략에 적극 기여하고 해외완성차 업체에 대한 모듈 공급도 지속적으로 늘려가고 있다.

현대모비스는 모듈을 바탕으로 안전장치(에어백), 제동, 조향, 현가, 램프, 전장 등 자동차의 핵심부품을 빠르게 개발 생산하며 2012년 글로벌 부품업계 8위에 올랐다. 현대모비스는 2015년까지 지능형, 친환경으로 대변되는 미래 자동차 핵심기술 개발에 박차를 가해 글로벌 부품업체 톱5 진입을 목표로 하고 있다.

5. 현대자동차의 성장과 노사관계의 이해

▎현대차의 초고속 성장과정

현대차는 1967년 고 정주영 회장에 의해서 설립되었으며 37년 사이에 세계적인 자동차 메이커로 도약하는 '신화의 역사'이다. 미 포드사와 제휴해 코티나를 조립생산을 하다가 1975년 미쯔비시자동차의 기술지원 하에 포니를 독자적으로 생산하였고, 1988년 독자 기술로 중형 자동차인 소나타를 생산하게 되었으며, 1991년 독자적으로 엔진과 트랜스미션을 개발하였다. 1996년 인도에 현지 공장을 만든 이후 중국, 미국, 체코, 브라질, 러시아 등에 현지 생산체제를 갖추고 있다.

현대차의 급성장 요인으로 창업주와 오너의 기업가 정신 특히 정주영회장의 모험정신이 현대차의 틀을 잡았고 기풍을 마련하였고 정부의 지원 즉 정부의 과감한 수출 및 산업정책은 현대차가 급성장하고 여러 차례의 위기에서 벗어나 기반을 다지는데 기여했다. 또한 세계화 등 국내 자동차산업의 해외 여건 변화는 현대차에게 위기를 가져왔지만 또 도약의 발판이 되었다.

현대차는 1997년 외환위기 속에서도 기아차를 인수하고 1999년 정주영 회장체제에서 정몽구 회장체제로 전환하게 되었다. 이때부터 현대차는 품질과 디자인 개발 등으로 저가 자동차 이미지를 벗어나기 위해 막대한 투자를 하였고. 특히 미국시장에서 입지 강화를 위해 "10년-10만마일 보장"이라는 공격적인 마케팅을 하였다. 이후 두 회사 간 여러 부문에서 통합으로 규모의 경제 효과가 나타나면서 글로벌메이커로 성장하는 발판이 되었다.

▎현대차 노조의 탄생

현대차의 탄생과 성장은 산업발전 전략과 맞물리며 현대차 노사관계가 경제 환경뿐 아니라 정치사회적 환경에 크게 영향을 받도록 만들었다. 근로자들이 오랫동안 저임금상태에서 장시간 노동을 하면서 불만이 쌓였다가 민주화운동을 계기로 표출되면서 현대중공업을 비롯한 현대그룹에 노조가 만들어졌고 강경투쟁노선을 밟게 되었다.

현대차의 성장에 대해서 정경유착에 대한 시비 등이 제기되어 왔고 민주화운동 이후 노동계는 이것을 반정부반자본과 노동해방을 위한 투쟁의 명분으로 삼았다. 뿐만 아니라 진보세력이 노동운동을 지도하면서 국가경제에 미치는 영향이 큰 현대차를 노동운동의 메카로 활용하였다.

제4편 현대자동차그룹의 이해

▮현대차의 기업문화와 노사관계

현대차의 창업 이념이나 철학은 독특한 기업문화를 형성하였고 노사관계에 큰 영향을 끼쳤다. 창업주의 모험정신, 불굴의 투지 그리고 성공에 대한 확신 등은 다른 회사에서 보기 어려운 현대차 특유의 기업문화를 만들었으며 짧은 기간 동안에 목표를 달성한다는 현대차의 강점이 되었다. 그러나 '일단 일은 벌리고 본다.'는 식이 되다보니 돌파력에 비해서 세밀함이 부족하고, 추진력에 비해서 기획력이 부족하였다

이러한 특징은 오너에게 경영환경 변화에 신속하고 과감하게 대응하는 장점으로 작용하였으나 선제적인 투자와 공격적인 마케팅을 뒷받침하는 인사노무관리 등 경영지원업무의 중요성에 대한 인식은 다소 떨어지게 되었다.

현대차가 사업의 범위나 규모 등 기업이 커지고 특히 노동운동의 대두 등으로 현대차가 통제할 수 없는 변수가 크게 작용하면서 현대차 경영방식의 장점은 한계에 부딪치고 대화가 부족해 시행착오의 비용이 많아지는 문제점을 보이고 있다.

현대차의 노사관계는 노사갈등이 발생하면 사용자측과 노동조합의 관계가 강강의 충돌로 이어져 갈등이 쉽게 분쟁으로 확산되고 분쟁을 해결하기 위한 대화와 협상의 기능은 취약하고 힘의 논리가 앞서며 결국 분쟁은 파업을 겪거나 벼랑 끝에서 극적으로 해결되는 성향을 보였다. 그러나 현대차 노사관계는 거꾸로 분쟁이 해결되면 조업이 빠른 속도로 정상화되는 성향을 보인다. 분쟁의 발생과 격화 과정이 운동가들에 의해서 주도되고 반면, 일반 조합원들은 분쟁의 명분과 논리에 대해서는 관심이 적고 조업재재를 통해 소득을 보전하는 것을 중시하기 때문이다.

▮IMF 외환위기의 경험

현대차는 1997년 말 외환위기를 계기로 고용조정에 들어가게 되면서 노사관계가 악화되었다. 종업원 8,764명을 고용조정 하였는데, 희망퇴직으로 6,451명을 줄이고, 무급휴직으로 2,018명, 경영상 해고로 277명을 줄이게 된 결과 종업원 수가 1997년 46,196명에서 1998년 37,752명으로 감소하였다. 그러나 2000년까지 무급휴직자 2,018명과 정리해고자 277명을 전원 복직시키게 됨에 따라 자발적 이직자를 제외하다면 미국식의 일시해고-복직제도를 도입한 셈이었다.

외환위기 이후 현대차는 자동차산업의 구조조정이 마무리되고 공격적인 마케팅전략과 품질향상 등에 힘입어 수출 및 매출액과 생산량이 급격히 증가하면서 대립적 노사관계를 반성할 수 있는 시기를 가지기 어려웠다.

1999년 하반기 이후 회복세를 넘어 빠른 성장세를 보여 종업원의 수가 1999년에 50,894명에 이르렀고 종업원 1인당 생산대수는 1998년 18.6대에서 2002년 29.6대로 증가했고, 종업원 1인당 매출액은 1998년 2억3천만 원에서 2002년에는 5억 2천8백만 원으로 4년 만에 2.3배 증가했다.

현대차의 고용조정은 개별 기업 차원의 문제를 떠나 정치사회적 이슈가 되었고 파업의 발생과 해결과정에 외부인들의 입김이 크게 작용하여 현대차의 노사문제는 상징성이 커졌고 현대차 노동조합은 신자유주의 반대나 고용유연성 반대 등을 주장하는 진보진영의 압력에 더 노출되었다. 내부적으로 고용조정은 실제 이상으로 조합원들에게 일자리 불안감을 남겼고, 노동조합은 강경투쟁으로 현장을 장악하고 인사경영권에 대한 개입을 본격화하였으며, 이것은 국가 전체의 노사관계흐름에 큰 영향을 미치게 된 것이다.

현대차의 사용자측은 고용조정의 정치사회적 부담을 실감하였고 노동조합도 그 부담에 시달리게 되어 외주를 늘리고 자연 감원에 대하여 신규채용을 하지 않고 비정규직을 증가시키는 것으로 대응하면서 종업원 수를 늘리지 않았다. 이에 대해 노동조합은 외주와 비정규직 활용에 대해 묵시적으로 동의를 하면서 공개적으로는 반대를 하는 태도를 보이게 되었다.

외환위기가 현대차 노사관계에 남김 교훈은 매우 부정적인 것으로 고용불안을 해소하기 위해서는 노동조합이 협력을 선택해야 함에도 투쟁으로 나아갔고 사용자측도 노사관계의 원칙을 지키는 전략보다 상황에 따른 대응을 하면서 원칙이 무너져 내리는 상황을 용인하였다.

현대자동차의 노무관리의 특징과 문제

현대차의 작업조직은 주임-조장-반장으로의 통제시스템으로 조는 대체로 8-9명, 반은 20-30명, 그리고 몇 개의 반을 묶어 하나의 과를 구성하며, 과에는 1-3명의 주임이 생산관리나 안전을 담당하고 있다. 그러나 회사의 업무지시권에 대한 노동조합 및 대의원들의 견제와 감독에서 벗어나려는 조합원들의 심리 때문에 통제시스템이 제 역할을 하지 못하고 있다.

제5편
도요타자동차
벤치마킹

1. 세계 1위 자동차기업 - 도요타자동차

▌직물기계 공장이 세계 최대의 자동차 메이커가 되다

1867년에 태어난 도요타 사키치. 일본의 발명왕이라 불리는 그는 직기를 발명하고 직기 공장을 설립해 많은 돈을 모았다. 그러던 어느 날 그는 자동차가 직기 이상으로 실생활에 가까운 도구가 될 것임을 예견하고, 직물기계 공장 내에 한 부서를 만들어 자동차 사업을 시작한다.

이렇게 시작된 도요타 자동차는 사키치의 아들, 기이치로에 의해 더욱 발전하게 된다. 그는 1937년 도요타자동차공업을 설립한다. 도요타는 트럭을 주력으로 생산하며 사업 초기에 빠른 성장을 이룬다. 그러나 일본 패망 후 정부의 긴축정책 실시로 도요타는 종업원들에게 월급조차 주지 못하는 파산위기에 직면하게 되고, 이 때 기이치로는 인원감축을 포함한 구조조정을 시행하면서 경영자로서의 책임을 지고 경영일선에서 사퇴한다.

이러한 위기 상황과 책임지는 경영진의 행동으로 도요타는, 도요타만의 위기의식, 신뢰기반의 노사관계 등이 정립되고, 낭비를 없애자는 도요타 생산방식(TPS: Toyota Production System)의 틀을 세우게 된다. 또한 도요타의 일련의 위기 상황은 한국전쟁으로 인한 군수산업의 부흥으로 새로운 전환점을 맞이하게 된다.

▌글로벌 생산에 의한 규모의 경제, 누적생산 2억대 돌파

최근 도요타의 놀라운 실적의 원동력은 해외 생산 확대전략의 성공 때문이다. 일본의 자동차 업체들은 미국의 통상압력을 회피하기 위해 1980년대부터 해외 생산을 시작했는데 도요타는 닛산, 혼다 등 경쟁업체보다 늦은 1988년에 해외생산을 시작했다. 하지만 도요타는 2014년 총 자동차 생산대수를 1,000만대를 돌파하며 어떤 경쟁업체보다 활발한 글로벌 생산을 실천하고 있다. 이처럼 도요타는 글로벌 대량생산에 따른 규모의 경제를 통해 가격과 브랜드 경쟁력을 강화하며, 철저한 현지화로 효과적인 시장공략의 성과를 내고 있다.

▌친환경자동차 개발의 선두주자

경쟁업체가 미온적으로 대응하던 환경자동차 시장에 도요타는 1997년 프리우스를 내놓으면서 하이브리드 차 시장을 주도하고 있다. 도요타는 이미 고급 모델인 렉서스의 모든 모델까지 하이브리드 버전을 확대하였다.

1천만대 생산에 240조원 매출의 초우량기업

도요타자동차는 경차메이커 다이하쯔, 트럭버스 히노를 거느린 명실상부하게 세계1위의 자동차그룹이다. 2013년 998만대를 판매하여 2조3천억엔(약240조원) 매출액에 2조엔(20조원)을 올리며 영업이익률도 8.8%가 되는 초우량기업이다.

2014년 도요타그룹 글로벌 판매계획 (만대)

	도요타	다이하츠	히노	합계 ('13년 실적)
글로벌 판매	928	87	18	1,032 (998)
일 본 판 매	150	63	5	218 (229)
해 외 판 매	778	23	13	814 (769)

1937년 창업하여 1949년 부도위기를 경험하고 대규모 정리해고를 한 후 지난 60년 간 한 번도 적자를 기록하지 않았고 현금 자산만 2조 5천억 엔(약25조원)을 갖고 있어 도요타 자금부를 '도요타은행'으로 부를 만큼 엄청난 여유자금을 가지고 무 차입경영을 해오고 있으며 1950년 정리해고 후 단 한 명의 인원도 정리하지 않은 일본식 경영을 선두에 서서 실천하고 있다.

왜 Toyota가 세계 최고인가?

- 최고의 품질수준(Quality)
  J.D.Power사 품질 평가지표 초기품질, 내구품질, 고객만족도 거의 매년 TOP
  최고의 제조품질 수준 : 6시그마 수준을 상회 (2차 Vender의 품질 수준 3ppm)

- 최단 개발기간(Time to market)
  Model Fixing후 12개월만에 양산개시 양산즉시 QCD목표 달성
  · 일본타사는 18개월, 구미는 30개월, 한국은 18개월

- 최강 재무체질(Finance / Cost)
  보유자금은 2조엔, 시가총액은 美 Big 3보다도 크다

- 세계 1위 생산 판매
  2013년 998만대, 2014년 세계 최초로 1천만대 돌파

- 최고의 노사협력 관계
  60여년 무분규, 애사심 넘치는 노조, 최고수준의 생산성

제5편 도요타자동차 벤치마킹

▮일본의 자존심으로 시가총액 1위 최고 선망의 기업

도요타자동차는 일본 상장기업 가운데 시가 총액 1위를 지키고 있으며, 일본에서 대학졸업자가 가장 취업하고 싶은 회사로 손꼽히고 있고, 62년간 무쟁의 기록의 노동조합을 가진 회사이다. 도요타는 '낭비추방의 경영 모범생'으로서 '현지 현물주의 경영'의 원조이며 '마른 수건도 짜는 구두쇠 상법'으로도 유명하다. 철저한 낭비제거와 합리화로 창안한 JIT시스템과 간판방식으로 대표되는 도요타생산방식의 원조로 물건을 만드는 데는 세계에 가장 탁월한 기업이다.

이러한 도요타 방식을 배우려고 일본열도는 물론 전 세계기업을 도요타 학습 열기에 빠지고 있으며 도요타 연구 서적만도 연간 수십 종에 이르고 서점에는 도요타 코너가 자리 잡고 있을 정도로 벤치마킹할 만 한 초일류기업이다. 이러한 성장의 비밀은 조직 곳곳에 스며있는 스스로 진화할 수 있는 특유의 유전자와 DNA를 지닌 기업으로서 누구도 따라잡기 어려운 명실상부하게 일본 경제를 대표하고 이끌어가고 있는 일본의 최고 자랑거리이다.

도요타는 일본 자동차산업의 발전을 이끌어 나가고 있는 독보적 존재이자 세계 자동차산업의 중심축의 하나로서 창업정신을 '물건 만들기, 자동차 만들기를 통하여 사회에 공헌한다'는 것을 되새기며 21세기에 들어와 글로벌 비전과 세계시장점유율 10%를 달성하였다. 특히 지난 2010년 천만대가 넘는 리콜사태로 배상액만 3조4천억 원을 부담하는 위기를 슬기롭게 해결하며 재기에 성공해 2014년에는 업계 최초로 1천만대 판매돌파를 기록할 것으로 보인다.

2. 도요타생산방식의 사상과 철학

┃도요타직원은 문제해결에 미친 광신도

　도요타방식은 도요타직원들도 논리적으로 설명하지 못한다. 초급자는 생산방식으로 재고가 적다고 하고 중급자는 개선방식에 초점을 맞추어 문제를 현재화시켜 생산성향상과 품질향상에 적요하는 메커니즘을 구축하는 것으로 보고 상급자는 기업혁신의 방식으로 문제를 현재화시켜 해결하는 작업을 반복하는 사이 문제가 없는 상황이 불안해서 모두들 문제를 찾기 시작하는 것으로 이해하고 있다. 상급자의 생각과 같이 불가능을 가능케 하는 혁신과 끈질긴 자주연구와 상상을 초월하는 개선 제안을 하고 문제해결에 광신도같이 매달리는 그들의 집념이 도요타방식의 근원이라고 본다.

┃도요타방식의 출발은 부도위기에서 생겨났다

　도요타방식이 오늘날 각광을 받게 된 것은 우연이 아니다. 50년 이상 목표를 향해 계속되어 온 실행의 결과다. 도요타방식은 오노다이이치에 의해 정립되었다. 1949년 이후 도요타는 일본의 극심한 불황으로 30%가 넘는 종업원의 해고와 임금체불, 이에 따른 노사분규, 연이은 부채상환의 문제로 인한 은행관리와 자동차부문의 창립자 기이치로 사장의 사임 등과 같이 기업이 겪을 수 있는 최악의 상황을 지켜보아야 했다.

도요타의 힘에 대한 생각

- **초급자 : 생산방식**
  재고가 적다는 점

- **중급자 : 개선방식**
  문제를 현재화시켜 생산성 향상, 품질 향상을 요구하는 메커니즘의 구축

- **상급자 : 기업 혁신방식**
  문제를 현재화시켜 해결하는 작업을 반복하는 사이에 문제가 없는 상황이 불안해져 모두들 열심히 문제를 찾기 시작하는 것

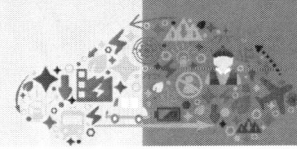

제5편 도요타자동차 벤치마킹

이때 오노는 생산성이 미국대비 8배가 차이가 있다는 것을 알고 이를 구체적으로 실현하는 방법으로 우선 자신이 맡는 가공부문에서 너무 많은 대기와 감시의 낭비에 눈을 뜨고 이를 개선하면서 2년 만에 8배 이상의 생산성향상을 이룩하게 된다. 이것이 도요타방식의 출발점이고 탄생배경이 된다.

그는 사무실이나 교실에서 하는 이론이 아니라 현장에서 현물로 직접 확인을 하면서 철저하게 현장경영을 실천하며 오노방식을 만들어 나갔다. 제조업은 소비자가 원하는 물건이 흐르는 현장에서 경쟁력이 나온다고 믿었다. 이것은 공장 내의 생산현장 만을 지칭하지는 않는다. 고객에게 물건을 건네는 영업현장, 이곳에 물건을 공급하는 물류현장, 물건을 만드는 생산현장, 자재를 공급하는 협력기업의 현장 모두가 현장의 의미를 갖는다.

도요타생산방식의 사상 – '철저한 낭비제거의 사상'

오노는 도요타방식을 '철저한 낭비제거의 사상' 이라고 정의를 했고 이론이 아니라 현장에서 얻어낸 '성과의 결정체'라고 밝혔다. 도요타방식이 높은 성과를 내는 경영방식으로 탄생되기까지 오노가 추진한 대표적인 내용은 다음과 같다

1. 경영이익을 낮추는 7대 낭비를 정의하고 이를 없애나갔다

낭비를 죄악으로 정의하고 신속하게 개선하는 풍토를 만들어 나갔다. 이것은 도요타가 불황을 이기는데 커다란 도움이 되었다.

2. KAIZEN의 신조어를 만들었다

우리가 말하는 개선을 일본어로 KAIZEN으로 발음이 된다. 그러나 도요타에서 사용하는 KAIZEN의 의미는 전혀 다르다. KAIZEN은 "돈 들이지 않고 지혜를 쓰는 것"이라 정의했다. 창의연구를 통해 지혜로 승부하는 문화를 통해 고정비를 극소화하여 불황에서도 최고이익을 실현하는 실적을 만들었다.

3. 현장의 NECK과제가 현재화되는 시스템을 만들었다

현장에서 어디를 개선하면 생산성이 오르는지 취약한 곳을 알 수 있어야 한다. 이것은 경영의 NECK부분을 알 수 있게 하는 것으로까지 발전하고 있다. 도요타의 강점은 "나날이 진보한다"로 대변이 된다. 이것은 바로 그날 문제를 모두가 알 수 있도록 도구를 설치하고 즉시 개선이 이루어지도록 책임자를 명확히 했다.

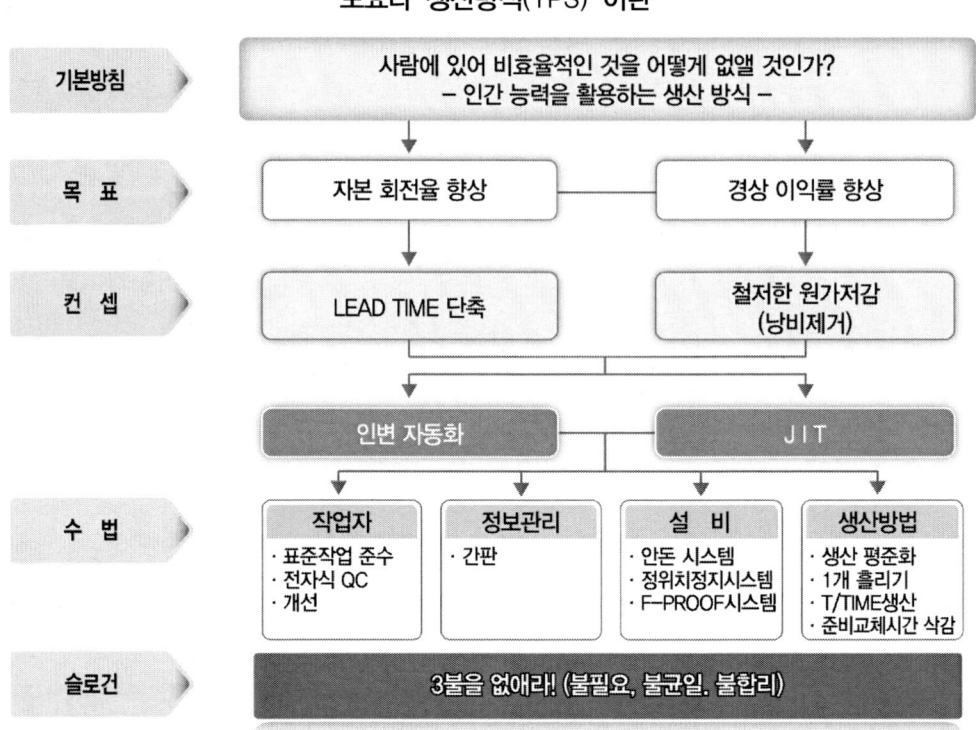

4. 지혜를 쓰는 실행과 체험을 중시했다

모두가 문제라고 하는 동안에는 개선을 하지 않는다. 그러나 그 문제로 누군가가 곤란해지면 개선을 한다. 오노는 언제나 현장을 다니면서 관리자를 잡고 이곳에서 "100가지의 문제를 찾아라."라는 지시를 통해서 문제의식을 갖는 훈련을 시켰다. 동시에 100건을 찾은 이후에는 이번에는 "한 시간 내에 100건을 개선하시오"라는 개선 실행의 훈련을 시켰다. 이때 1시간 동안 실행하지 않으면 안 된다는 절박한 상황에 빠뜨려 지혜를 쓰게 하며 돈들이지 않고도 개선이 가능하다는 것을 체험하도록 했다

5. 영원한 도전목표를 설정했다

고객이 변하는 것 이상으로 물건을 만드는 방법은 계속 변화한다. 그러나 "철저히 낭비를 줄이고 좋은 물건을 좋은 생각으로 가장 싸게 만든다." 고 하는 것은 결코 변하지 않을 것이다. 도요타방식은 바로 이러한 사고를 기본으로 삼고 있다. 도요타방식은 결국 지속적으로 궁극의 상황에도 달하고자 실행(DOING)하는 과정 속에 존재한다고 정의를 한다. 이것을 60년 동안 계속하고 있다는 사실이 강한 도요타의 원천이 되고 있다.

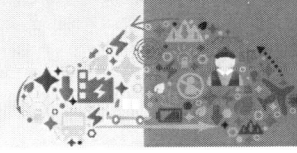

도요타는 문제해결과 실천에 집착하는 집단

일본말 '모노즈쿠리'는 우리말로 번역하면 '물건 만들기'라고 표현할 수 있다. 하지만 단순히 물건 만들기란 표현으로는 '도요타의 모노즈쿠리'를 설명하는 데 한계가 있다.

일본 자동차산업 연구의 대가인 후지모토 교수는 도요타에 대해 "도요타를 조금 아는 사람들은 도요타를 '재고가 거의 없는 기업'이라고 하고, 좀 더 안다는 사람들은 '언제나 문제해결에 능한 기업'이라고 한다. 그리고 이보다 더 도요타를 잘 이해하는 사람들은 도요타를 '문제를 찾아내서 그것을 해결하지 않으면 안절부절 하는 집단'이라고 말한다."고 설명한다. 도요타식 모노즈쿠리는 문제를 찾아서 그것을 해결하기 위한 실천이다. 이러한 실천을 통해 도요타는 TPS, 간반 및 JIT(Just in time) 등을 탄생시키고 발전시켰던 것이다.

도요타 힘의 비밀 - 도요타 DNA

세계 수천 개 기업의 수만 명 전문가들이 도요타를 방문하여 도요타의 생산방식과 경영에 관한 노하우를 배워갔지만, 세계 어느 기업도 도요타에 필적할 만한 성과를 올리지 못하고 있다. 왜 다른 기업에서는 도요타만큼의 성과를 올릴 수 없는 것일까?

도요타를 들여다보면, 인간존중, 전 직원의 끊임없는 개선, 회사를 중심으로 하는 강한 공동체의식 등 도요타만의 특징을 쉽게 발견할 수 있다. 이러한 도요타만의 특징을 총칭하여 도요타 DNA라고 부르고 있으며, 이는 진화를 거듭하며 새로운 도요타, 보다 강한 도요타를 계속 만들어 가고 있다.

제조업 진화의 전형 - 도요타

도요타는 변화하는 환경 속에서 끊임없는 자기변신을 통해 언제나 보다 진보된 생산방식, 경영방식을 실천해 왔으며, 앞으로도 끊임없는 변화를 추구하고 있는 제조업 진화의 전형이라고 할 수 있다. 지금도 도요타는 환경, 안전, IT기술을 중심으로 미래 자동차 개발을 선도하면서 시장을 이끌고 있으며, 자동차를 통해 확보된 핵심역량을 기반으로 금융 사업에 진출하여 자동차사업과 금융 사업의 시너지효과를 창출하는 융합화를 시도해 나가고 있다.

도요타는 사람을 키우고 지킨다는 철학을 바탕으로, 최고 경영층이 조성한 강렬한 위기의식으로 종업원을 결속시키고, 전 사원이 끊임없이 문제를 찾아내고 개선하는데 전력을 바치며, 모든 제도를 언제나 도요타방식으로 소화하여 도요타의 방법으로 만들어 버리는 시스템을 구축해왔다. 도요타의 강력한 힘은 강한 공동체의식을 바탕으로 회사를 숭배하는 도요타시스템으로부터 나온다고 할 수 있다.

과연 도요타의 끊임없는 전진은 어디까지 계속될 것인가? 이에 대한 대답은 매년 종업원 1인당 12건에 해당하는 65만 건의 제안과 그 제안의 90% 이상이 채택되어 활용되고 있다는 사실에서부터 찾을 수 있을 것이다. 지금까지 혁명보다 더 어렵다는 개선을 끊임없이 성공적으로 실천해 온 도요타는 앞으로도 도요타 고유의 방식으로 개선을 지속하여 끊임없이 새로운 제조업의 모습을 보여줄 것이다.

도요타의 개선 혼, 개선정신, 즉실천

도요타자동차의 현장에는 '개선 혼' 이라 불리는 개선정신이 흐르고 있다. '개선 혼'이란 도요타생산방식의 핵심사상이다.

첫째는 "알려면 철저히 알라" 이다. 이것은 자기분야에서 프로의식을 가지라는 것이다. 내가 맡은 분야에서 누구보다 전문가가 되라는 것이다.

도요타 생산시스템

```
                        항상 절대이익의 실현과 증대
                              ↑
        수익의 증대        철저한 낭비제거에 의한 원가절감 실현
              ↑                    ↑
                          재고의 감축      작업자수의 삭감
                              ↑              ↑
        전사적 QC 활동    수요변동에 적응하는
              ↑              생산관리
                              ↑              소인화
        인간성의 존중    Just in Time 생산       ↑
              ↑              ↑
        근로자 의식개선    간판방식 적용
                              ↑              표준작업개정
                  품질보증   평준화 생산            ↑
                    ↑          ↑
                  지혜스런 자동화  생산리드타임 단축
                                    ↑
                            소로트 생산   동기화에 의한
                              ↑          1개 흐름생산
                  기능별 관리              ↑
                        준비교체시간 단축  기계    다능공   표준작업 설정
                                         Layout
                            소집단에 의한 개선활동
```

제5편 도요타자동차 벤치마킹

둘째는 "알았으면 즉시 개선을 실행하여 결과를 얻어내라"는 것이다. 이것은 도요타생산방식의 핵심인 "즉실천"을 강조하는 것이다. 실패를 두려워하지 않고 즉시 실행하여 얻어낸 작은 개선들이 모여서 오늘의 도요타가 만들어졌다고 할 수 있다.

끝으로 "한번 개선한 것은 절대 원위치 되지 않도록 시스템화하라"는 것이다. 진정한 개선은 원위치 되지 않고 개선된 상태로 유지되는 것이다. 구호성개선, 일시적 개선이 아닌 꾸준하게 개선된 상태를 유지하기위해 관리시스템을 만들어 놓은 것이 중요하다

▎도요타 개선의 전제, 표준화

카이젠의 전제조건은 표준화 도요타식 카이젠(개선활동)은 작업의 표준화에서부터 출발한다. 개선을 염두에 둔 활동이 표준화다. 도요타는 표준화를 '생산자가 낭비 없이 가장 효율적으로 작업할 수 있는 방법'으로 정의하고 있다.

근로자의 세세한 움직임까지 초단위로 규정해놓고 있다는 점에서 너무나 비인간적이라는 지적도 있으나 작업자의 움직임에서 불필요하고 무리한 몸놀림을 없애 가장 순조롭게 일할 수 있는 방법을 정한다는 점에서 보면 오히려 작업자들에게도 도움이 된다고 도요타전문가들은 반박한다.

표준작업을 정하지 않은 채 상급자를 보고 배우는 도제식학습으로는 일에 숙련되기까지 너무 많은 시간이 걸린다. 개인 간 능력차를 무시할 수 없는데다 상급자를 보고 배우다보면 개인의 주의력이나 숙련도에 의지하는 경향이 있어 비능률적이다.

표준작업은 작업자의 성과를 측정하는 기준이 되기도 한다. 표준작업이 없으면 작업자의 업무능력을 객관적으로 평가하기 어렵다는 것이다. 주관적인 해석의 여지가 있으면 표준화라고 볼 수 없다. 예를 들어 나사를 조일 때 '꽉 조여'라는 지시는 표준작업으로 이어지지 못한다. 자칫 불량이 발생할 가능성이 크다. 표준화를 통한 작업지시는 '딱 소리가 날 때까지 조인다.'이다. 이 표준작업을 따르면 작업자가 누구냐에 관계없이 똑같은 결과를 얻을 수 있다. 똑같은 품질의 자동차를 만들어 내기 위해선 조립과정의 모든 업무를 표준화해야 한다.

▎도요타의 원가개념

도요타는 신차를 생산할 때 차의 기능에 따른 적정시장가격을 정한 다음 거기에 맞춰 부품가격을 정한다. 목표가격에서 출발해 설비자재원가 투입노동비용을 결정하는 역산(逆算)의 방식을 적용한다. 즉 원가를 정하는 것이 아니라 만들어 내는 것으로 생각한다. 이렇듯 처음부터

높은 목표를 세워 지금까지의 사고방식을 뒤엎는, 상식을 초월한 시스템을 만들어내는 것이 도요타식 경영이다. 즉 고객지향 사고와 낭비제거로 원가를 절감한다. 도요타 원가절감 활동의 본질은 고객을 생각하는 마음을 바탕으로 지속적인 절감목표를 설정하고 포기하지 않는 낭비제거활동을 통해 목표달성을 성공시켜나가는 데에 있다.

'우선 해보자' 와 '즉각실천'

도요타의 습관 중 하나는 이처럼 '우선 해본다'이다. 도요타는 설사 불가능하다고 생각되더라도 일단 시도를 해보는 긍정적인 사고를 갖고 있다. 개선은 지극히 당연한 것을 하되 남들보다 한 발 앞서 하는 것이다. 아는 것이 아니라 행하는 것이 중요하다. 도요타의 습관 중 하나는 이처럼 '우선 해본다'이다. 도요타는 설사 불가능하다고 생각되더라도 일단 시도를 해보는 긍정적인 사고를 갖고 있다. 개선은 지극히 당연한 것을 하되 남들보다 한 발 앞서 하는 것이다. 아는 것이 아니라 행하는 것이 중요하다

아무리 훌륭한 생각을 하고 아무리 강한 발언을 하더라도 그것이 행동으로 이어지지 않는 한 그 가치는 전혀 인정될 수 없다. 행동이 성과를 낳는다. 성과가 오르면 모든 것이 해결된다. 개선에서 내일이란 있을 수 없다. 오직 지금뿐이다.

계속이 힘이다.

'계속'이 힘이다. 문제가 있어 개선활동을 시작하면, 새로운 문제를 발견하게 된다. 그러므로 개선은 한번으로 그치는 것이 아니라 지속적으로 연결을 해야 한다. 한 번하고 포기하느냐, 아니면 한 번 더 계속하느냐가 바로 차이점이다. 도요타는 60년에 걸친 오랜 기간 동안 지속적인 개선을 실행에 옮기며 '계속'이라는 경쟁력을 갖게 되었다.

인간존중

개선을 지속하기 위해서는 변화를 단순히 받아들이는 것뿐만 아니라 직원들이 지속적으로 학습할 수 있는 환경을 만들어야 한다. 이러한 환경은 인간존중의 철학이 있을 때만 가능하다. 도요타의 경우 회사는 고용보장을 제공하고 경영자들이 직원들의 업무를 개선하기 위한 활동에 참가하여 팀 멤버들을 지도한다. 직원들은 성과를 내는 것이 당연시 되어있으며, 개선하고 있지 못할 때 회사에 미안한 마음을 가질 정도이다. 인간존중은 '지속적인 개선'과 함께 도요타를 지탱하는 두 기둥이다.

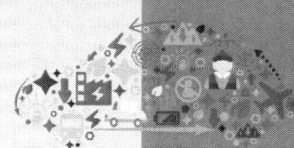

도요타의 7가지 습관

도요타와 관계된 주변 사람들이 도요타직원과의 만남과 일을 통해 느낀 점을 이야기할 때 다음과 같은 일곱 가지 습관을 꼽으며 칭찬한다.

1. 우선 상대방의 이야기를 잘 듣는다.
2. '무엇이 문제인가'를 곰곰이 생각한다.
3. 격려하고 제안하는 자세를 가지고 있다.
4. '어떻게 하면 이길 수 있을까'하고 지혜를 짜내는 고민을 한다.
5. 언제나 네트워크로 일하기 때문에 서로 의논하는 자세를 갖는다.
6. 현장, 현물주의가 철저하여 항상 사실에 바탕을 둔다.
7. 우선 해보자는 자세 습관이 있다.

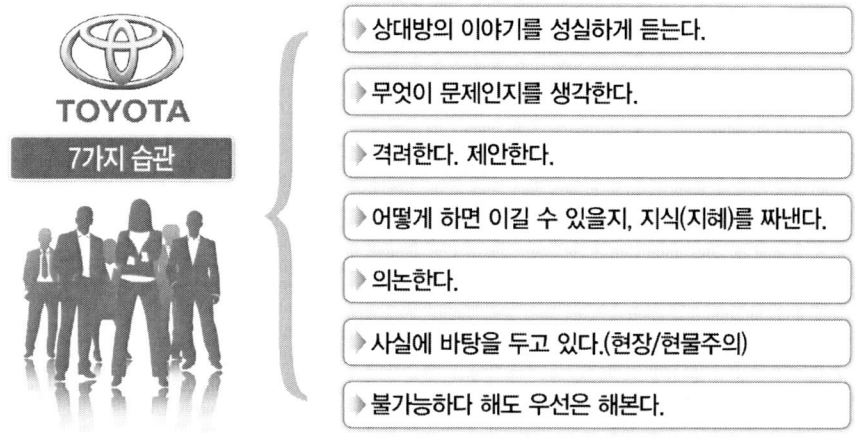

도요타 노사관계

도요타는 1950년대 일본의 극심한 내수침체로 인한 경영위기의 발생, 정리해고를 둘러싼 노사갈등의 전개, 급속한 경기회복과 대립적 노사관계의 전개 등 1998년 외환위기 당시의 한국과 유사한 상황이었다. 그러나 중반을 기점으로 대립적 노사관계에서 협조적 노사관계로 전환하는데 성공했으며, 이러한 노사관계를 기반으로 도요타 생산방식을 구축하여 지속적인 성장의 토대를 마련하였다.

협조적 노사관계로의 전환은 도요타 노조가 1956년 노사협조를 지향하는 '노조강령'을 채택함으로써 노선전환을 공식화했다. 이후 '노조강령'은 협조적 노조활동의 기본 틀이 되었으며, 1962년 발표된 '노사선언'의 기초가 되었다. 이는 다음과 같은 노사의 노력이 있었다.

회사 측은 종업원과 직접적인 커뮤니케이션 활성화를 위해 초기 열린 공간에서의 커뮤니케이션 채널인 '도시락 간담회'와 '비공식적 조직'을 통해 커뮤니케이션을 전개하고 신뢰를 쌓아갔다. 또한 원칙을 중시하여, 무임금 무노동 원칙과 대화와 타협의 원칙을 당시의 어려운 상황 하에서도 관철시켰다. 노조 측은 정치 지향적, 대립적 노선에서 종업원의 노동조건 개선과 생활의 질 향상을 추구하는 실리적 노선으로 전환하였고, '노조강령'을 채택하여 협조적 노선의 안정화를 추구하였다.

도요타는 개선에 대한 종업원들의 지속적, 자발적 참여를 유도하기 위해 동기부여를 중심으로 한 인사·노무관리전략을 전개해 왔다. 동기부여의 핵심 내용은 크게 고용안정을 중심으로 협조적 노사관계의 구축과 능력 및 성과주의를 강화하는 다양한 인사·노무제도로 구성되어 있다. 특히 도요타자동차는 노조집행부나 단체교섭보다 노사협의회를 중심으로 하는 노사관계, 일선감독관(조장, 반장, 공장) 중심의 현장조직 및 비공식적 조직을 적극 활용하고 있다는 점에서 다른 기업의 노무관리와 다르다.

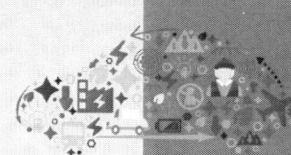

3. 렉서스 성공요인

■ 새로운 개념과 글로벌로 성공한 렉서스

렉서스(Lexus)는 글로벌의 상징으로 표현된다. 렉서스는 일본이 낳은 최고의 '프리미엄' 브랜드이다. 타의 추종을 불허하는 품질, 기존 고급차의 절반가격, 유례를 찾기 힘든 초강력 서비스, 도요타와는 전혀 새로운 브랜드로 자동차업계의 상식을 완전히 뒤엎는 것으로 '렉서스'는 1988년 출범이래 순식간에 톱 브랜드로 등극하였다.

■ 렉서스의 성공요인은 무엇일까?

첫째, 탁월한 새로운 브랜드 전략이다. 당시 미국인이 형편없는 회사로 생각한 도요타와 전혀 관계없어 보이는 브랜드, 완전히 새로운 브랜드 'Lexus'로 미국 고급차 시장에 진출한 것이 대성공의 큰 원인이었다. 아마도 TOYOTA라는 이름을 내걸었다면 전혀 다른 결과가 나타났을 것이다.

둘째, 밸류 브랜드(Value Brand)로서 가격대비 가치(Value for Money)가 뛰어나다. LS400은 같은 배기량, 같은 장비의 메르세데스 벤츠보다 만 달러 이상 싸고 품질도 더 좋아 미국차 시장의 특징인 디스카운트에서 GM과 포드 차는 평균 3~4천 달러인데 렉서스는 평균 2백 달러로 미국 소비자들은 그 가치를 인정해 주고 있다,

셋째, 상식을 뛰어넘는 섬세함에 있다. 상상을 초월하는 제품인 것이다. '소리가 안 나는 자동차'라는 개념이 없었는데 이것을 깨버렸다. 고장은 어느 자동차나 흔히 있는 것이다라는 고정관념도 없애버렸다. 렉서스가 나오고 나서 자동차에 새로운 개념이 생겼다. 그때까지만 해도 도어 패널 틈새나 구석구석의 마감 질까지는 미처 신경 쓰지 않았다. 그러나 LS400의 정밀함에 놀라고 나서부터는 라이벌 브랜드와의 비교 점검이 필수조건이 되어 버렸다. 이러한 섬세함이 바로 품질이며 세계 최고의 고객만족으로 이어지고 있는 것이다. 렉서스라이크(Lexus-like)는 최상의 품질을 뜻하는 형용사로 표현하기까지도 한다.

넷째, 렉서스의 서비스는 혁명적이다. 대부분의 미국인은 '자동차딜러를 찾아가느니 차라리 치과에 가겠다.'고 한다. 그만큼 딜러를 싫어한다. 그런데 렉서스 딜러는 친절하고 호의적인 서비스에 감동했다. 딜러 건물에 수리공장도 겸비해 지금까지 지저분한 공장 이미지를 쇄신했다. 렉서스의 수리를 위해 렉서스 서비스센터를 찾는 고객이라면 한 점의 먼지도 없어 보이는 깨끗한 접수공간에 차를 세워놓고 나중에 차를 받으러 가기만 하면 된다. 자동차 전시장에는

원하는 커피와 과자가 준비된 커피바가 있고 대기실 가죽소파 옆에는 신문과 잡지 그리고 TV와 인터넷이 있으며 수리가 끝나면 기술자가 고객 옆에 무릎을 꿇고 앉아 세부적으로 무엇을 어떻게 수리했는지 설명한다. 물론 깨끗하게 세차까지 된 차가 되돌려진다.

다섯째, 렉서스에 대한 고객의 구전효과가 컸고 이미지가 우호적이다. 고객은 주변사람에게 내가 현명한 선택을 했다는 자랑을 자주 늘어놓고 다닌다. '렉서스 참 대단해', '차가 수리되어 왔는데 가솔린이 가득 채워져 있고 또 세차까지 해서 말이야.'

끝으로, 고급차의 개념을 나름대로 명확하게 정의하고 충실하게 개발에 반영하였다. 고급차는 구입할 때, 탈 때, 오래 보유했을 때 항상 사용자의 기분이 풍족해지는 자동차이다. 또 해마다 애착이 더 깊어지는 자동차로 고도의 기능을 추구하며 인간에 대한 따뜻함이 넘치는 자동차다.

도요타 렉서스공장 – 세계 최고의 다하라 공장

전 세계 66개에 이르는 도요타의 공장 중에서도 다하라 공장의 위상은 각별하다. BMW와 벤츠 같은 유서 깊은 명차를 제치고 미국의 고급차 시장을 석권한 '렉서스'의 발상지이자 9천여 명 공장직원이 년 70만대를 생산하는 가장 효율이 높은 도요타 최대 생산기지이기 때문이다.

철저한 검사공정은 세계 최고수준의 품질의 상징이다. 조립공정을 마친 렉서스는 검사 공정에서 특수카메라가 장착된 로봇이 차체 전체를 훑으며 순식간에 1300장의 사진을 찍어 컴퓨터로 전송하고 이 사진을 토대로 컴퓨터가 육안으로 보이지 않는 미세한 흠이 있는지를 자동으로 확인한다. 렉서스의 검사 공정에는 100명이 상주하며 4000개 항목을 꼼꼼히 체크한다. 통상의 도요타 공장은 50명 정도가 3000개 항목을 검사하는 수준이다. 검사 공정을 마치고 나온 렉서스의 모든 차는 다시 직접 운전하며 승차감과 소음 등 65개의 감성 항목이 정상이라고 판단되어야 출고한다.

상생하는 노사관계의 다하라 공장은 문을 연 1979년 이래 지금까지 단 한 번도 파업을 겪은 적이 없다. 이는 1951년 이후 지어진 일본 내 어느 도요타 공장이나 마찬가지다. 도요타는 1950년 8일 연속 24시간 파업을 하는 극심한 노사 갈등으로 회사가 존망의 기로에 놓인 적이 있다. 이를 계기로 대립과 투쟁이 근로자를 위해서도 득이 될 것이 없다는 사실을 절실하게 느낀 노조는 생산성 향상을 통한 노동조건 개선을 새 노선으로 채택했다. 회사 측도 1962년 '상호 신뢰를 기반으로 노사 관계를 쌓아 올린다'는 취지의 노사선언을 발표했다. 현 노조는 "노사선언은 도요타 노사 관계의 정신을 관통하는 역사적인 문서"라고 강조하고 있다.

제6편
기업 혁신

1. 기업의 본질은 고객만족의 가치 창출이다

▌부품회사는 고객이 만족하는 제품 만들기가 본질

'기업이 무엇인가?' 무엇이 존재이유인가. 쉽지 않은 질문이다. 학생은 '공부를 하는 사람'이다. 공부를 하지 않으면 이는 더 이상 학생이라고 부를 수 없다. 기업이라면 '이윤을 창출하는 조직'이다. 그러나 기업은 반드시 이윤만을 창출하지는 않는다.

현대자동차는 무엇을 하는 조직일까? '자동차 만드는 회사'이다. 파리바게트는 '빵을 만드는 회사'이고 만도는 '자동차부품을 만드는 회사'이다. 그러니까 회사가 무엇을 하는 회사인가 목적이 무엇이냐 물으면 바로 고객에게 '어떤 가치를 창출하는 조직인가'로 답해야 한다. 현대자동차는 고객에게 '자동차'라는 제품을 삼성전자는 고객에게 '전자 제품'이라는 가치를 제공하는 조직이고, 파리바게트 '빵'이라는 가치를 제공하는 조직이다. 이들은 이윤을 창출하는 조직이 아니다. 이윤은 이러한 가치창출에 대한 결과일 뿐이다. 즉 자동차부품회사로서는 완성차메이커나 1차 협력사에게 고객사가 요구하는 품질, 가격, 납기를 만족하는 제품을 만들어 제공하는 것이 기업의 목적이요 본질이다.

▌기업의 단기 목적인 이윤은 기업 활동의 결과이며 생존의 기본조건

이윤이란 기업 활동의 결과이다. 학생이 공부의 결과로 성적으로 받듯이 기업도 가치창출 활동을 하고 이윤을 결과로 얻는다. 기업은 이러한 이윤을 가지고 기업의 활동을 평가한다. 그것은 기업이 경영혁신과 생산성에서 올린 성과를 보여주는 결과다. 이익은 동시에 그런 성과를 판단하는 검정 기준이다.

이윤이란 또한 기업 활동의 전제이다. 충분하고 지속가능한 수익을 벌어들이지 못하면, 기업 활동은 불가능하다. 우리 몸이 움직이게 하는 피와 식량과 같다. 따라서 '최저 필수 이익'은 기업 행동과 기업의 의사결정에 영향을 미친다. 경영자가 경영을 하기 위해서는 최소한 최소 필수이익에 상응하는 이익 목표를 설정해야 함과 동시에 그 필수이익을 실제로 달성하기 위한 기준과 행동지침을 설정해야 한다.

▌기업의 장기 목적은 영속과 번영

인간은 자신의 수명이 다하도록 살고 싶고 죽어서도 영생을 꿈꾼다. 마찬가지 어떤 CEO라도 회사를 설립할 때는 자신의 회사가 '영속기업'이 되기를 꿈꾼다. 기업이라는 것이 생긴 이유는 인간의 수명이 유한하기 때문이라고 한다. 실제로 100년을 넘어, 대를 넘고 세대를 이어 기업이 존속한다는 것은 단지 개인의 소망 이상의 어떤 것을 포함한다.

    회사는 개개인이 모여서 이루어진 조직이다. 그런데 개인이 가지고 있는 가치관이나 인생의 목적은 저마다 다르고 그 방향도 다르다. 회사가 영속적으로 발전하려면 이 방향을 조절하여 같이 한 목소리로, 한 지점을 향해 나갈 수 있게 맞추는 작업이 필요하다. 이러한 방향을 제대로 잡는 데 꼭 필요한 것이 핵심가치이다.

▎일이란 고객만족의 대가이다 – 고객만족이 없는 일은 가치가 없다

    일(Work)은 고객이 기꺼이 돈을 지불해 주어야 존재한다. 회사에서 8시간 보냈다고 일을 한 것이 아니다. 시간을 소비하며 회사를 멍들게 하지는 않았는지 인식해야 한다. 일은 고객이 있다는 것이고 일을 한다는 것은 Q, C, D 즉 품질, 가격, 납기 등의 고객만족 요소를 분명히 충족시킬 때만 그 가치가 있는 것이다.

    원가만 올리는 헛일을 하면서 일을 하고 있다고 착각해서는 안 된다. 고객이 인정해 주는 원가요소일 때만 진정한 일을 하는 것이 됨을 깨닫고 헛일 즉 낭비를 없애는 데 전력을 다해야 한다.

▎인생을 걸고 일해보고 싶은 가치 있는 회사를 만들자

    회사는 인간의 집단이며, 그 구성원 한 사람 한 사람이 우수한가? 아닌가? 보다 그 집단이 얼마나 조직화된 집단으로서 기능적으로 행동할 수 있는가 아닌가로 승부가 결정된다. 회사는 인간의 집단이기 때문에 이 인간집단의 폭발력이야말로 진정한 구동력이자 기업의 가장 원천적인 경쟁력이 될 수 있다.

    이러한 인간집단인 회사가 폭발력을 지니기 위해서는 구성원 모두가 자기의 인생을 걸고 일해 보고 싶다는 가치 있는 무엇인가가 있어야 한다. 이것은 급여과 같은 물질적인 것이 아니라 모두가 함께 나누어 가질 수 있는 공유가치인 것이다.

    이익창출은 기업의 본질이며, 가장 중요한 가치기준이 될 수도 있다. 하지만 이익창출은 그 자체만으로는 결코 직원들을 고무시키거나, 회사의 목표에 동참하게 할 수는 없을 것이다. 이익을 통해서 무엇을 할 것인가가 전제되지 않는 이익창출은 공유가치가 될 수 없는 것이다. 예를 들어 "세계에서 가장 돈 잘 버는 회사"와 "세상에서 돈을 가장 많이 버는 회사로서, 가장 안전한 차를 만들기 위해서 번 돈을 재투자하는 회사, 이를 통해서 고객에서 가치를 제공해 주는 회사" 중에서 어느 것이 더 구성원들에게 감동을 줄 수 있고, 의욕을 고취시킬 수 있는지를 생각해봐야 한다.

2. 고객과 시장을 명확히 알자

시장과 고객을 먼저 명확하게 정의하라

기업의 생존을 위해 시장과 고객의 요구사항의 변화에 따른 고객과 시장의 정의는 매우 중요하다. 따라서 부품업체는 고객을 외부고객, 중간고객, 잠재고객, 협력고객과 내부고객으로 구분하고 또한 시장도 국내와 해외시장으로 구분하여 제품별 시장, 기술별 시장으로 하는 세그먼테이션을 먼저 정해야 한다. 그리고 시장과 고객의 창출과 만족도 향상을 위해 고객관계를 튼튼히 구축하여 고객만족경영활동을 실시해야 한다.

고객은 완성차기업만이 아니다. 후공정도 내부고객이다

고객의 분류에서 외부고객은 1차 부품업체에서 생산된 제품을 최종적으로 구매하는 자동차 완성품 제조회사(모기업)를 말하며 그 완성차를 구매하는 전 세계의 소비자도 최종 외부고객이다. 여기서 세계 자동차 완성품 제조회사는 1차 부품업체의 미래의 잠재 외부고객이다. 중간고객은 1차 부품업체당사의 제품을 납품을 받아서 2차 가공한 후 모기업에 다시 납품하거나 서열생산관리를 위한 모기업의 1차 협력업체를 말한다. 협력고객은 주주, 투자자, 지역단체 등이 해당된다. 이 모든 고객을 만족시키는 주체는 내부고객으로 사내 임직원, 사내 하도급 업체직원 및 협력업체 전 임직원을 말하며, 직원들 간에 후 공정 작업자도 고객으로 인식하고, 후 공정에게 불편한 사항이 있으면 수시로 불만사항을 파악하여 이를 만족시킬 수 있도록 분임조, 제안을 통해 지속적으로 개선활동을 전개하여야 한다.

시장은 제품별 기술별로 세분화하라

시장은 지역별 기준에 의해 국내와 해외시장으로 나누며, 제품별 시장으로는 크게 차체품, 의장품, 전장품, 동력장치, 새시장치 등으로 나누고 세부적으로 단품으로 나눈다. 기술별로는 주조 단조, 열처리, 기계가공, 프레스, 사출, 용접, 성형, 도장, 조립 등으로 세분화하여 시장을 분류하고 정의한다. 이렇게 분류된 고객과 시장에 대한 접근은 전략에 따라 국내외의 자동차 제조회사에 각자의 보유기술영역 또는 신기술 부문의 필요성 등을 파악하고 제공 또는 개발 가능한 기술을 결정하여 제시하고 완전한 거래가 이루어질 때까지 고객관리를 해야 한다.

■ 고객의 소리를 듣는 방법

고객의 소리는 각종 회의, 고객사 상주요원, 고객방문, 유선 등의 접점을 통해서 접수되는 정보는 사내 전산망을 통하여 전사적으로 공유하고, 특히 고객사 상주요원의 경우 고객과의 접촉이 가장 빈번하고, 실시간으로 고객의 소리를 청취하므로 고객사 동향 및 문제점을 실시간으로 접수해야 한다. 지속적으로 CSI(고객만족도)조사를 통해서 고객충성도, 고객이탈 지표를 분석하여 개선사항은 관련부문에 피드백하고 클레임을 포함한 고객 불만사항 특히 WORST 10은 원인분석을 통해 개선하고, 그 결과를 업무시스템 및 프로세스에 반영해야 한다. 개선된 결과물은 ERP시스템에 과거차 문제점으로 DB화되어 Update 관리하고 고객사의 신기술적용에 대한 기대와 구매의사 결정에 필요한 결과물을 연구소의 R&D 전략에 반영, 신제품(신차) 개발에 반영해야 한다.

■ 고객 불만사항의 해결

고객 불만사항은 고객사와의 의사소통 채널인 고객 WEB VAN 등을 통하여 접수하며, 고객 불만은 접수→등록→원인 분석→대책수립 및 실시→고객통보 그리고 사후관리 5단계로 구분하여 적극적이고, 의미 있는 회답을 함으로써 고객신뢰와 충성도 확보를 통해 지속적인 신차개발 참여와 반복구매를 추진토록 해야 한다.

고객만족 성과의 효율적인 측정을 위해 주요 비교 데이터를 선정하여 동종업계 경쟁사 및 글로벌 선진업체에 대한 정보를 수집, 분석, 활용을 실시한다. 아울러 주기적으로 실시되는 CSI 조사 시에 품질, 가격, 납기 등의 만족도를 경쟁사와 비교 조사함으로써 벤치마킹을 실시하여 비교 DATA를 DB화해야 한다. 이러한 비교 데이터는 경영진의 신속한 의사결정을 돕고 혁신활동에 활용할 수 있으며 새로운 방향으로 개선되어 성과 측정에 유용한 정보를 제공한다.

3. 기본과 원칙이 지켜지는 기업풍토를 만들자

▎일류기업의 특징은 기본충실 원칙준수

많은 사람들이 일류 기업은 다른 기업이 갖지 못한 독특한 경영 기법이나 혁신 기법이 있을 것이라고 생각한다. 하지만 막상 일류 기업의 속을 들여다보면, 특별한 제도나 시스템을 발견하기란 그리 쉽지 않다. 대신 상식적으로 기본에 충실한 경영, 그것이 바로 일류 기업이 갖는 가장 큰 특징이다.

원칙이 명확하고 기본이 서 있는 조직에서 개인은 한 방향성을 갖고 업무에 임할 수 있다. 달성해야 하는 목표가 분명하므로 스스로 무엇을 할 것인가에 대해서도 명확히 인식한다. 반면, 원칙이 불분명하고 기본이 잘 지켜지지 않는 조직에서 개인은 길을 잃기 쉽다. 그런 조직에서 개인이 자신의 업무에서 성취감을 느끼고, 회사의 발전과 함께 개인의 발전까지 기대하기란 어렵다.

혁신에 성공한 기업들이 가장 먼저 심혈을 기울이는 부분은 '기본을 다지는 일'이다. 생산혁신 현장에서 5S 운동이나 TPM 활동을 중점적으로 추진하는 것은 다른 모든 혁신의 기본이 되기 때문이다.

▎삼성전자 – 원칙중심의 경영으로 초일류기업 성장

세계적 기업으로 우뚝 선 삼성전자는 기업의 사회적 책임과 임직원들이 지켜야 할 기본 행동원칙을 정하고, 실제 경영활동에서 준수해야 할 구체적인 행동원칙을 정해 시행하는 것으로 알려져 있다. 이렇게 초일류 기업들이 원칙이나 기본을 준수하는데 심혈을 기울이는 것은 한순간의 경영원칙 위반으로 기업 이미지에 심각한 타격을 입고 기업 존립 자체가 위기에 처하는 사례를 수없이 목격했기 때문이다. 세계적 기업들이 창업 이후 끊임없는 내·외부의 시련을 이겨내고 비즈니스의 전쟁터에서 살아남아 더욱 위대한 기업으로 발전하는 원동력은 원칙중심 경영의 실천에 있다.

▎기본과 원칙이 무너진 오랜 적폐가 '세월호 참사' 근본 원인

'세월호 침몰참사'는 이 시대 최대의 안전사고로 기록된다. 인재로 인한 사고로 선장이나 승무원에서 경영인 더 나아가 정부의 관료와 유관단체까지 기본과 원칙을 지키지 않아 무너진 안전과 구조의 실패사례로 국가적 대재앙을 불러왔다. 여기서 우리는 기본적인 책임과 고객을 외면하고 사리사욕과 탐욕 더 나아가 부정부패의 유착과 인명경시 등 우리사회의 오랜 적폐가 만든 인재라고도 볼 수 있는데서 교훈을 삼아야 한다.

▌일할 맛 나는 직장분위기의 기본은 배려와 경청

직장 근무 분위기 활성화 및 안전사고 예방을 통해 명랑하고 일할 맛 나는 직장분위기를 조성하기 위해서는 우선 기본과 원칙을 중시하는 조직문화가 필요하다. 나 혼자 편하기 위해, 아무런 생각 없이, 아무렇지도 않게 말하고 행동하는 것은 다른 사람에게, 혹은 소속된 직장 조직문화에 큰 상처를 남긴다. 바로 남을 배려하고 경청하며 희생하는 풍토가 필요하다.

▌고객과 사회에 공헌하는 기업문화 - 공익정신과 자기희생

좋은 품질의 제품과 서비스는 우리사회를 풍요롭게 만드는 기본이다. 따라서 고객과 인류사회에 공헌하기 위해서는 최고를 지향하고, 창의를 존중하며, 기본과 원칙을 중시하여 이 사회에서 존경받는 기업이 되고자 부단히 노력하여야 한다. 바로 개인보다는 조직, 조직보다는 국익을 중시하는 공익정신과 철저한 자기희생이 필요하다. 또한 장인정신 등 새로운 환경에 걸맞은 최고 지향, 창의 존중, 기본과 원칙을 중시하는 조직문화 등으로 승화 발전시켜 나가는 것이 필요하다.

▌기본예절이 지켜지는 조직

예절은 조직력의 원동력이다. 예절을 지키는 것은 조직구성원의 한 사람으로서 기본이다. 예절이 무너진 조직에는 힘이 결집되지 않는다. 최소한 다음 기본예절이 지켜져야 한다.
1. 시간이나 기한을 엄수한다.
2. 보고하는 것을 잊지 않는다.
3. 인사를 공손히 한다.
4. 정리. 정돈. 청소. 청결에 마음을 쓴다.
5. 필요한 연락, 협의를 철저히 한다.
6. 공과 사의 구별을 철저히 한다.
7. 좋은 인간관계를 만들도록 마음을 쓴다.
8. 직장의 규율을 성실하게 지킨다.

▌작업질서의 기본 -정리, 정돈, 청소

작업 현장에 질서를 부여하는 가장 좋은 도구는 정리, 정돈, 청소이다.
첫째, 정리란 필요한 것과 필요하지 않은 것을 구분하는 일로서 일을 진행하는 데 있어 혼란이 발생되는 장해물을 사전에 제거하여 원하지 않은 결과를 낳는 행동을 방지하기 위함이다. 질서 잡기의 가장 으뜸이 되는 방법인 것이다. 가령 가공을 진행하다가 나온 불량품은 양품과 뒤섞이지 않도록 점검 후에는 바로 작업장에서 멀리하도록 한다. 공장에서 사용하지 않는 오래된 설비를 과감히 뜯어내어 공간을 확보하거나 방치로 인한 오염을 방지하는 행동도 여기에 속한다. 공장안에는 당장 꼭 필요한 것이 아닌 물품은 하나도 없게 만드는 철학이다.

둘째, 정돈이란 필요한 것을 사용하기 쉬운 장소에 사용 순서에 따라 배치함을 뜻하는 데, 이는 곧 모든 시간의 지체를 없애주는 동시에 작업실행상의 착오나 오류를 없애는 수행상의 질서를 부여해주는 방법인 것이다. 사용하는 공구들도 가장 가까운 위치에 두고 사용하는 순서대로 배열하여 작업자가 가장 빠른 시간 내에 준비작업을 완료할 수 있도록 하는 행동도 포함한다. 물건이 가득 쌓인 창고에서도 마찬가지다.

셋째, 청소란 모든 시설물들을 항상 닦고 조여서 어디엔가 이상이 발생하면 금방 그 징조를 발견할 수 있도록 하는 것이다. 예를 들어 현장의 바닥을 말끔히 청소하다 보면 바닥에 무엇이 흩어져 있는가 하는 낭비요인들을 쉽게 발견할 수 있고 또한 설비를 구석구석 주기적으로 닦다 보면 어느 부분에서 기름이 새고 금이나 틈새가 벌어지고 있는지를 금방 발견하여 고장이 나기 전에 모든 설비를 손볼 수 있다.

구 분	내 용
정 리	- 필요한 것과 불필요한 것을 구분하여 불필요한 것은 과감히 버리는 행위
정 돈	- 필요한 것은 누구나 알 수 있게 하고 즉시 사용할 수 있도록 만드는 것
청 소	- 작업장의 바닥, 벽, 기계설비, 비품, 자재 등 모든 것의 먼지, 이물 등을 제거하여 깨끗한 환경을 조성하는 것
청 결	- 정리, 정돈, 청소상태를 유지하고 오염발생원을 근원적으로 개선하는 것
바른 자세 (습관화)	- 회사의 규율이나 규칙, 작업방법, 상하간의 예의 등을 정해진 대로 준수하는 것이 몸에 배어(습관화 되어) 무의식 상태에서도 지킬 수 있는 것

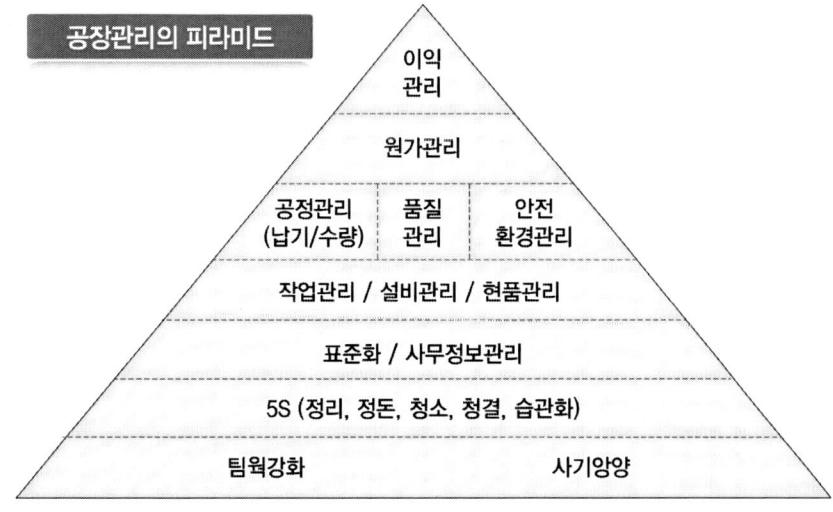

4. 강한 기업체질을 만들자

▎'시련'이 체질을 강하게 한다

기업의 체질을 강하게 하는 가장 좋은 약은 무엇보다 '시련'이다. 회사 전체의 생존이 위기에 빠지거나 구조조정의 대상이 되었던 경험이 있는 사업들과 언제나 편하게 사업을 운영해 왔던 쪽은 근본적으로 체질이 다른 경우가 많다. 우리나라의 자동차산업은 'IMF 외환위기'라는 엄청난 시련을 겪으며 생존한 현대자동차와 협력업체를 중심으로 성장했고 다시 '미국 금융위기'를 슬기롭게 이겨내며 기업이 더욱 단단한 체질로 변하였다.

▎위기감을 놓지 않고 새로운 도전 목표를 설정하자

도요타 자동차의 경우, 엄살이 지나치다 싶을 정도로 위기의식이 강하다. 어느 인터뷰에서 도요타가 강한 비결을 질문하자 도요타 쇼이치로 명예 회장은 제발 도요타가 강하다고 쓰지 말아 달라고 부탁했다고 한다. 그렇게 쓰면 사원들이 방심하게 된다는 것이 주요 이유였다. 게다가, 실제 비용 절감 실적을 보면 혼다가 한수 위라며 제발 강하다고 쓰지 말라고 부탁했다는 것이다. 현금만 수십조 원을 보유하고 있어 도요타 은행이라고 불리고 있지만 경영자들은 긴장의 끈을 놓지 않고 있다.

하지만 경영진의 위기감만으로는 충분하지 않다. 새롭고 도전적인 목표를 통해 아직도 가야 할 길이 멀다는 것을 형상화 하지 못하면 위기의식은 그들만의 의식으로 끝날 뿐이기 때문이다. 현상 인식의 근간이 되는 기준과 목표를 새롭게 정의하지 못하면, 기존의 지표들은 긍정적인 메시지를 전달할 수밖에 없으므로 의미가 없다. 나 하나쯤 실수해도 조직은 잘 돌아가고 전체성과에 묻혀 평가도 무리가 없다면 열심히 일하는 사람이 별종이 되기 십상이다. 이만하면 잘하고 있다는 타성에 쐐기를 박을 수 있는 새로운 기준이야말로 허약체질을 예방하는 묘약이다. 현상을 인식하고 목표를 세우는 기준이 달라져야 한다.

▎도요타 세계1위 비결은 위기의식과 벤치마킹

가능하다면, 경쟁자 중에 가장 강력한 경쟁자와 사업 프로세스의 모든 면을 비교하면서 구석구석 최전선의 긴장감을 불러 일으켜야 한다. 만약, 경쟁자 중에 벤치마크가 사라지면 다른 산업 부문에서 뛰어난 회사와 비교하여 부문별 목표 수준을 다시 설정해야 한다. 그 다음에는 서비스나 물류, 원가 등 특정 분야에서 가장 뛰어난 성과를 보이는 회사를 비교 대상으로 하여 다시 수준을 높여야 한다. 실제로, 도요타는 1950년대 모든 부문에서 GM과의 차이를 손익으로 인식해 손익계산서를 만드는 방법으로 조직의 목표를 설정하고 그에 따라 손익 수준을 파악했다고 한다. GM을 따라잡게 되자 원가 절감의 목표는 한국으로, 최근에는 중국을 새로운 목표로 제시했다. 지혜의 크기는 곤란의 크기에 비례하고 곤란의 크기는 목표를 어떻게 설정하느냐에 달려있다.

조직의 기강이 제대로 서야 한다

체질이 강한 기업들은 일의 결과뿐만 아니라 일의 과정을 중시한다. 일의 과정에 있어 조직 고유의 핵심 가치가 지켜지느냐의 여부가 성과만큼이나 중요하게 관리되고 있는 것이다. 단순히 중요하다고 말을 하는 것이 아니라 그 가치에 의해 사람들이 움직이는 공식적, 비공식적 표준을 철저하게 유지하는 것이다. 조직의 논리를 깨뜨리면 아무리 경영성과가 좋다 하더라도 경고의 대상이 될 만큼 조직의 기강이 확립 되어 있다는 뜻이다.

스스로의 머리로, 스스로의 손으로 문제를 해결하자

체질이 강한 기업의 또 다른 특징 중의 하나는 문제 해결의 방법을 스스로 찾는 것이다. 일본에서 10년간의 불황을 이겨낸 우수기업 들의 특징 중의 하나가 스스로의 머리로 생각하고 해결책을 뽑아내는 것이라고 한다. 어려운 문제만 생기면 외부 컨설팅에 의존해, 업계의 통설을 믿고 가는 것은 체질이 강한 기업의 방식이 아니라는 것이다. 사업의 상식, 업계 1위의 경험이라고 해서 적당히 넘어가는 법이 없다. 오히려, 고객의 입장에서 아마추어처럼 생각해 보고 접근하는 것이 10년 불황을 이겨낸 기업들의 특징이라는 것이다. 특히 도요타는 문제해결 중독증에 걸린 집단광신도와 같다고 할 정도로 문제를 찾고 또 스스로 해결하는 체질을 가지고 있다.

부품 및 기술 개발에 있어서도 마찬가지이다. 어려운 부품 혹은 어려운 기술일수록 내부에서 직접 개발해 봐야 한다는 것이 기본으로 여겨져야 강한 기업으로 유지될 수 있다는 것이다. 도요타의 경우 제조라인을 멈추는 권한까지 현장에 위임할 정도로 분권화 된 기업임에도 불구하고 부품 아웃소싱의 문제는 현장의 문제가 아니라 주요 임원의 합의 결정사항이라고 한다. 아무리 설계를 해도 생산을 해보지 않으면 아무것도 알 수 없고, 설계와 실제 생산 사이에서 몇 번씩 실패를 반복하는 과정에서 설계와 생산 사이에 의견조율과 재시도가 이어져야 좋은 부품, 좋은 재료에 도달하게 되기 때문이다. 이러한 과정을 통해야 현장의 경쟁력이 강해진다는 것이 도요타의 신념이다. 그러나 많은 회사들이 이러한 부품 아웃소싱의 문제를 현장의 제조과장이나 과장급에 맡겨 둔다고 한다. 이럴 경우 하기 어려운 것은 밖에서, 생산성을 높이기 쉬운 품목은 안에서 하게 됨으로써 자사의 미래 경쟁력의 핵심이 되는 부품과 기술에 대해서 외부에 의존할 수밖에 없는 결과를 가져 온다는 것이다.

기업 체질은 변화와 혁신을 통해 이루어진다

지금 당장의 편한 길을 추구하는 단기성과 지상주의만으로 체질이 강한 기업이 될 수는 없다. 힘들더라도 어려운 길을 찾아 성공 체험을 쌓고 더 어려운 목표를 설정하고 자기 스스로를 경계하며 조직 체질의 세밀한 변화를 주도해 나가는 경영이 필요하다.

조직 체질의 세밀한 변화를 주도해 나가는 경영은 기업에 맞는 개선이나 혁신프로그램을 꾸준히 실행해야 한다. 도요타는 지난 60여 년간 개선과 혁신의 끈을 한 번도 놓은 적이 없으며 현대자동차그룹사도 도요타방식과 6시그마를 비롯한 수많은 경영혁신기법과 프로그램을 시행했고 삼성전자도 '마누라와 자식을 빼고 모두 바꾸자는 프랑크푸르트 선언'의 혁신운동을 지난 20년여 년 간 한 번도 쉬지 않고 새로운 기법을 도입하며 스스로 혁신해오고 이제는 '마하경영'이라는 새로운 혁신을 준비하고 있다.

수익향상을 위한 6대 지표관리를 철저히 해야 한다

기업경쟁력의 핵심은 수익성에 있고 수익을 내는 체질은 6대 지표의 생산성 향상에 있다. 즉. 품질, 생산성, 안전, 원가, 납기, 직원사기에 있으면 이 지표의 관리가 철저한 기업은 수익성이 강한 체질로 더 성장을 거듭할 수 있다.

생산성 지표관리

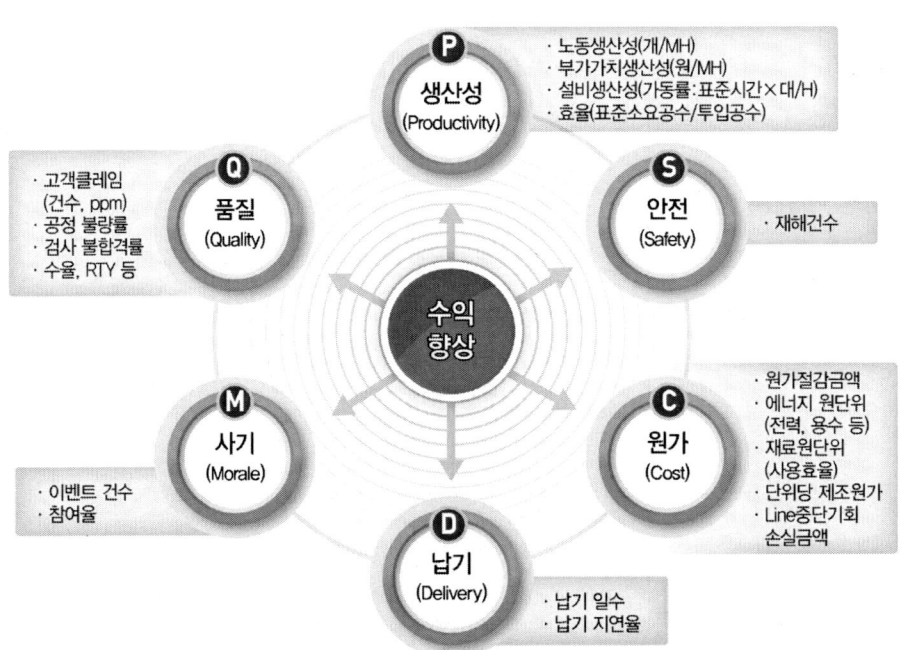

5. 기업의 체질강화는 혁신에 있다

▌강한 체질은 불황에도 이익 내는 수익구조

강한 기업체질이란 산업계의 경기변동에 좌우되지 않고 항상 이익이 확보되는 체질이다. 이런 수익체질을 가지려면 재무와 수익구조가 손익분기점 수준을 항상 유지하여야 하며 종업원, 관리자, 경영자 모두에게 아래의 체질이 습관화되어야 한다.

- 문제가 무엇인가를 파악하는 체질
- 당연한 것을 확실하게 하는 체질
- 계획과 목표를 중시하는 체질
- 업무절차를 중시하는 체질
- 중점주의를 지향하는 체질

▌혁신을 보는 7가지 기본관점 - 변화하는 기업만 살아남는다

기업을 강한 체질로 변화시키고 혁신하려면 혁신의 필요성, 목적, 방향, 주체에 관한 기본적인 7가지 관점을 가지고 보아야 한다. 그 중 가장 중요한 것은 변하지 않으면 그 기업은 사라진다는 것이다.

- 오늘날 세상은 너무 빠르게 변한다.
- 지구상에는 변화하지 않는 것은 없다.
- 변화하기 위해서는 현재의 것을 버리지 않고는 바꾸기 어렵다.
- 변화의 시작은 관점(각도)을 바꾸는 것이다.
- 의식이 달라져야 하며 행동이 나와야 한다.
- 오늘은 과거와 달라야 하고 내일은 또 오늘과 달라야 한다.
- 모든 일에 정말 새로운 생각을 나부터 지금 가져야 산다.

▌혁신은 고통과 행동이 따라야 한다

혁신을 정의하면 革(가죽혁)+新(새로울 신) 즉 가죽을 새롭게 바꾼다는 것이다. 가죽을 바꾸려면 소의 생명이 달린 고통을 함께한다. 기업혁신은 "기존의 체제 속에 안주하고 있는 기업중심의 사고에서 고객중심의 사고(Voice of customer)와 알고 있는 것으로 만족하는 것이 아니라 행동으로 조직을 한 단계 상위 수준으로 이행시키기 위한 일련의 작업"으로서, 기업의 모든 일을 고객만족 중심(Q, C, D)으로 철저하게 바꾸며 프로세스에 숨어 있는 낭비요소의 최소화를 통해 이익중시 경영으로 전환하는 것이다.

▎변화는 도전과 행동에 있다.

변화는 기득권을 포기할 때 얻을 수 있다. 매너리즘이란 변화를 멈춘 조직의 심각한 병이다. 특히 행동하지 않고 말로만 하는 풍토로 기업에는 평론가가 필요한 것이 아니라 실행으로 결과를 얻어가는 행동가를 필요로 하는 집단이다. 평론가에게서는 성과를 기대할 수는 없다. 성과는 도전하고 실행을 반복하면서(Try and Error) 앞서가는 사람에게서만 기대할 수 있는 것이다. "알겠습니다."가 아니라 "즉시(언제)하겠다."라고 답하는 효율적인 행동이 높은 업적을 만들어 낸다.

일본에서 도요타와 닛산을 비교할 때 동경대 출신이 가장 많은 닛산자동차는 몰락하고 르노자동차의 카를로스 곤이라는 혁신사고를 가진 사람에 의해 2년 만에 재건되었다. 반면 우직한 사람들이 모인 도요타는 "할 것인가 하지 않을 것인가"의 행동실천(Doing)문화로 세계 초일류기업으로 우뚝 선 것을 보면 알 수 있다.

▎변화와 혁신은 새로운 일류 기업문화를 만드는 것이다

기업 문화란 대내외 경영 환경과의 부단한 적응 과정을 통해서 역사적으로 형성되어 온 조직 구성원들의 합의된 가치 구조 즉 전 임직원들이 내면 의식 속에 진실로 자리 잡은 가치 의식이다. 바로 기업 문화는 반복적인 과정을 통해서 하나의 패턴으로 굳어져 가는 조직 내 생존 적응으로 크고 작은 제반 경영 의사결정, 즉 제도 운영, 전략 추진, 위기 상황에의 대응 방식 등을 의미한다.

어떠한 기업 문화가 형성되어 있느냐에 따라서 기업의 경영활동이나 성과는 제약당하기도 하고, 촉진되기도 한다. 즉 1등다운 기업 문화는 1등다운 사업 전략, 제도의 마련을 촉진시키고, 그 성과 또한 배가시키게 된다.

▎세계화와 초일류지향의 고객, 현장, 지식중시 경영

바람직한 기업 문화를 가지려면 앞으로의 기업 경영은 세계화, 초일류를 지향하여 고객, 현장, 지식을 중시하면서 유연성, 신속성, 도전성, 차별성을 확보하여야 한다. 이를 위해서는 의식 구조를 바꾸어야하며 가치상의 정립이 무엇보다 필요하다. 이런 신 경영 가치를 체계적으로 일목요연하게 Statement 형식으로 기술해야 한다.

제6편 기업 혁신

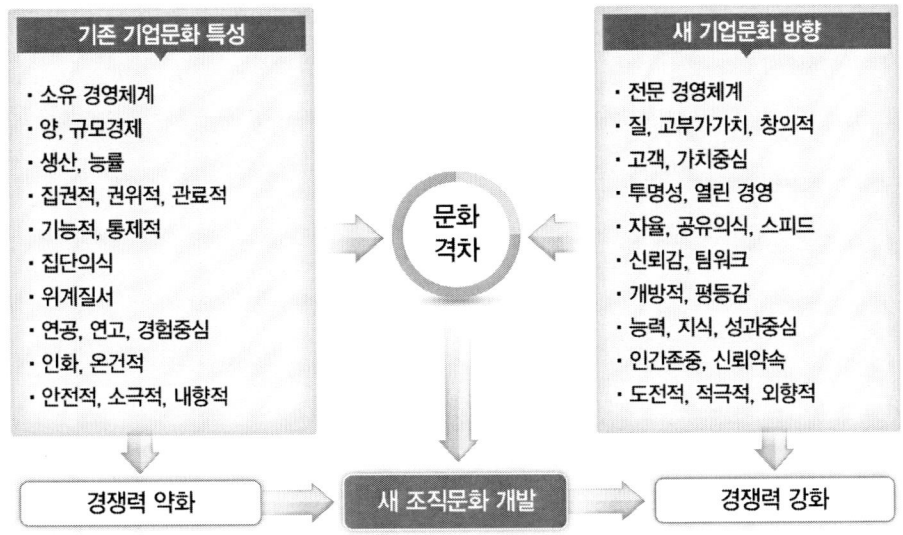

새 술 (가치상)을 붓기 위해서는 새 부대(제도)부터 마련해야 한다. 과거의 연공 식 평가 보상 체제를 능력/성과주의 체제로 바꿔야 하고, 의사결정 라인을 축소하고 권한 위임 규정이 만들어져 고객 중시의 현장 자율경영 체제가 구축되어야 한다.

말과 제도만 바뀌었다고 끝나는 것이 아니고, 가장 중요하면서도 조심스럽게 다루어야 할 것이 바로 실제 운영의 모습을 보여야 한다. 적극적으로 새로운 가치상이 배어 있는 신 영웅과 의례/의식을 만들어 내고, 성공적인 사건, 에피소드를 의도적으로 널리 유통시켜 구성원들이 새로운 가치 모델로 삼도록 하여야 한다. 구성원들이 기존의 것이 무너지고 있음을, 그리고 새로운 것이 펼쳐지고 있음을 반복적으로 다양하게 관찰, 확인하도록 여건을 조성해야 한다.

▎변혁은 최고 경영층이 주도해야

기업 문화 변혁은 쉽게 이루어지는 것이 아니기 때문에, 강력한 변혁의 힘이 부단하게 작용해 주어야 하며 특히 최고 경영층의 역할이 절대적이고, 언제나 관심의 초점이므로 언행의 불일치는 기업 문화 변혁에 절대적인 악영향을 끼친다. 바로 최고 경영층은 치열한 경쟁 환경을 헤쳐 나갈 수 있는 바른 가치관을 갖고, 이를 끊임없이 전파하며, 실제 의사결정, 평가, 위기상황 대처 행위 등에서 솔선수범과 동시에, 조직 하부에서의 기업문화 조성 여건을 적극적으로 창출할 수 있어야 한다.

최고가 되는 것은 우선 최고답게 행동함으로써 가능하고, 최고다운 행동은 바로 최고다운 의식에서 나오며, 이러한 의식을 갖춘다는 것만큼 무서운 힘은 없다.

앞서가는 관리방식을 정착시키자.

기업은 본질은 단기적 이익과 장기적 생존을 그 목적으로 존재한다. 따라서 기업은 성장하며 끊임없이 새로운 변화를 해야 한다. 따라서 그 기업의 규모에 맞는 경영방식을 가진다. 기업은 대개 소기업 → 중기업 → 중견기업 → 대기업으로 성장해 가며 관리 포인트가 다르다. 그러나 앞서가는 기업은 소기업이라도 중기업의 행태를 중기업은 중견기업의 장점을 배우고 키우며 더 나아가 대기업의 관리방식을 벤치마킹할 필요가 있다.

기업의 성장과 관리포인트

기업의 규모	소 기 업	중 기 업	중 견 기 업
인원의 범위	30~40 명	50~300 명	300~750 명
단 계	직접경영단계	관리단계	통제단계
경영자의 역할	직접지휘감독	과 단의 간접지휘	부 단위 간접지휘
경영자의 기능	창의력	지시	권한위임
경영의 주력	시장확보	생산증대	시장증대
관 리 조 직	공동화	과 중심 조직	부 중심 조직
통 제	관능/감	생산성 중심	부가가치 중심
체 제	독주	인사고과 제도	목표관리
정보의 정리	기억에 의존	원시데이터 수집	통계적 수집
위기극복 대처	관리자 양성	관리자 능력 개발	전사적 혁신운동

강한 기업체질은 혁신과 함께 구조개혁과 경쟁력 향상에 있다

강한 기업체질로 변화시키는 것과 함께 구조를 개선해가는 것은 기업경쟁력 강화의 양 날개이다. 경쟁력은 바로 수익구조를 탄탄히 하는 것으로 사업구조의 개선은 항상 비수익사업과 선택과 집중전략 상 비핵심사업의 조정이다. 이를 위해서는 제품구조, 생산구조, 구매조달구조, 판매구조, 인력구조, 재무구조 등이 있다. 특히 인력구조 조정으로 저비용, 고효율 인력구조를 정착시키고 재무구조 조정으로 재고, 채권감축, 비수익 자산 매각 등의 비용절감은 매우 중요하다. 바로 구조조정은 경영혁신의 전환점이며 종착점이다.

모든 기업의 경쟁력향상은 영원한 목표이다. 바로 경쟁력을 향상시키기 위해 체질을 변화시키는 것이다. 체질개선 요소는 크게 기업 전체를 통제하는 관리력, 기업의 핵심인 공장의 제조력, 기술을 바탕으로 경쟁력 있는 제품을 만드는 개발력, 만들어진 제품을 시장에 팔 수 있는 영업력으로 구분할 수 있다.

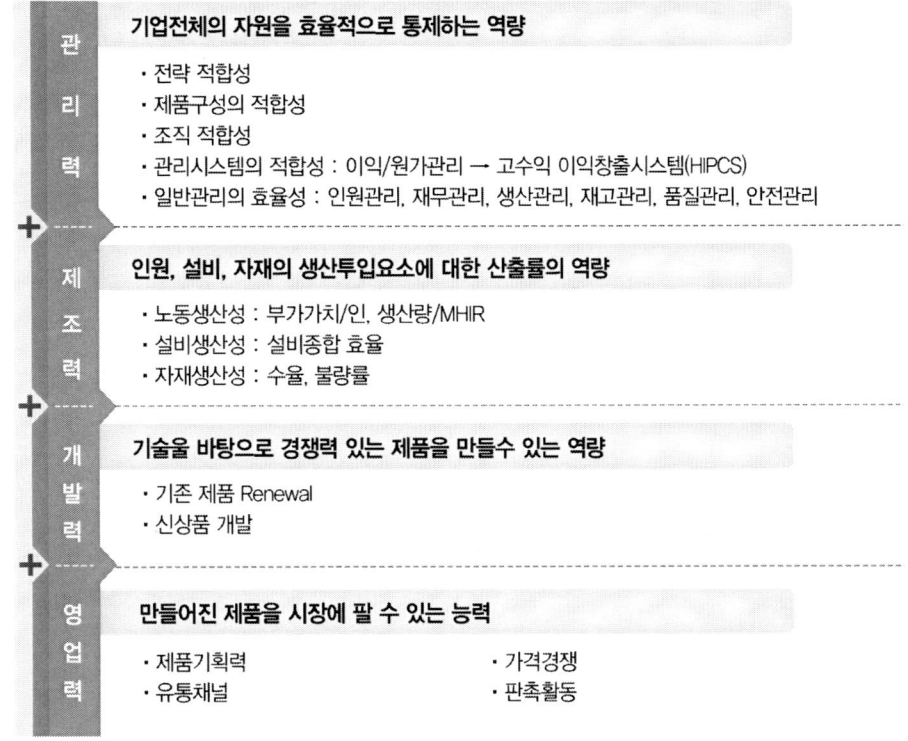

기업의 경쟁력 향상을 위한 체질개선 요소

▌벤치마킹은 앞선 분야를 표적 삼아 부단한 자기혁신

벤치마킹(BM)은 어느 특정분야에서 우수한 상대를 표적 삼아 자기 기업과의 성과차이를 비교하고 이를 극복하기 위해 그들의 뛰어난 운영 프로세스를 배우면서 부단히 자기혁신을 추구하는 기법이다.

즉 뛰어난 상대에게서 배울 것을 찾아 배우는 것이다. 이런 의미에서 벤치마킹은 "적을 알고 나를 알면 항상 이길 수 있다"는 손자병법의 말이나 "제자가 스승보다 낫다"라는 고사 성어에 청출어람(靑出於藍)과도 비유되기도 한다.

BM기법을 활용한 경영혁신의 추진은 일반적으로 BM적용분야의 선정, BM상대의 결정, 정보수집, 성과차이의 확인 및 분석, BM결과의 전파 및 회사 내 공감대형성, 혁신계획의 수립, 실행 및 평가의 순으로 진행된다.

삼성의 혁신에서 배우자

오늘날 세계 초일류기업으로 우뚝 선 삼성의 '제1신경영'은 20년 전 1993년 독일 프랑크푸르트에서 이건희 회장이 '마누라와 자식 빼고 모두 바꾸자'며 추진한 혁신선언의 핵심은 구조혁신, 프로세스혁신, 문화혁신이다.

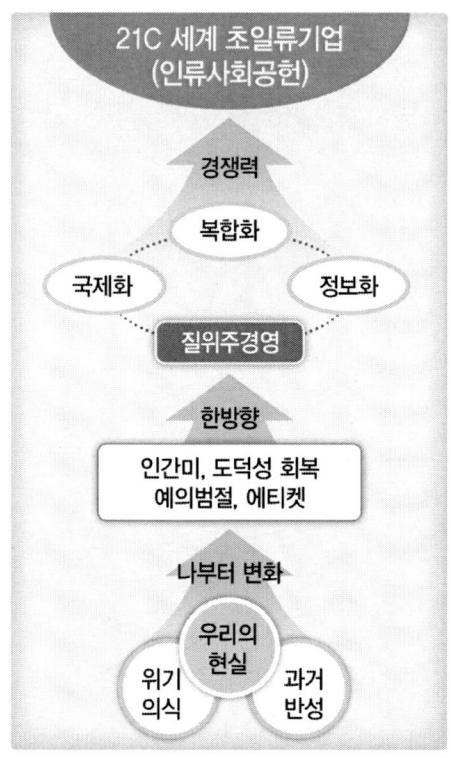 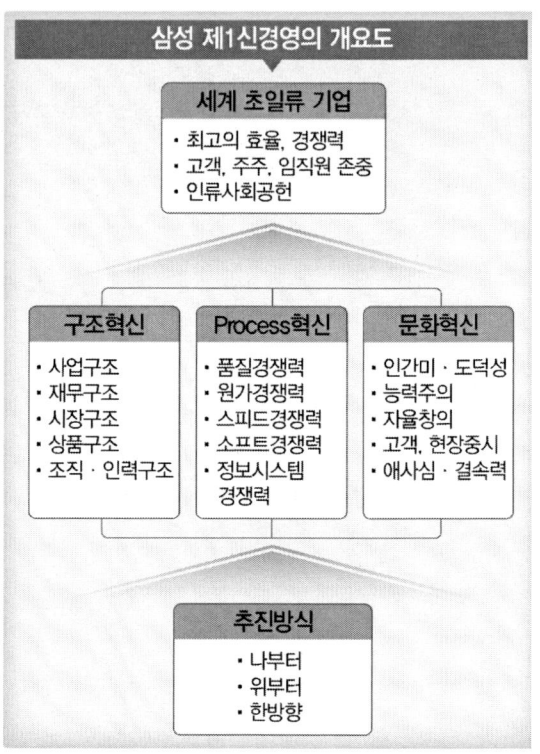

6. 대기업병을 몰아내자

▎77년간 세계1위 GM도 파산시킨 대기업병 – 기아, 대우, 쌍용, 삼성자동차도 파산

'매출규모가 적은 중소기업은 개인의 경영 한계 때문에 중견기업은 경영방식의 단조로움에 기인한 단일 기업문화의 한계 때문에 대기업은 규모자체가 요인으로 생긴 위기의식이 없는 병으로 위기가 온다.'고 한다.

1998년 글로벌 금유위기로 파산한 GM은 31년 이래 77년 동안 세계 자동차 판매 1위를 지켜온 기업이었다. 하지만 계속된 성공가도 위에서 GM은 더 이상 혁신과 성장을 위해 노력하지 않았으며, 이에 대한 외부의 잇단 지적도 수용하지 않았다. 결국 GM은 198억 달러의 막대한 정부지원에도 불구하고 파산했다. 지금 GM은 우량자사 만으로 새롭게 만든 신회사이다.

사실 우리나라도 지난 IMF외환위기 때 자동차 대기업인 기아자동차, 대우자동차, 쌍용자동차. 삼성자동차가 모두 부도와 파산, 인수 합병으로 매각되는 불운을 안고 있다. 그 원인은 외부에도 있지만 내부 대기업병이 만연하여 생긴 것이고도 할 수 있다.

이렇게 '대기업병'이란 병명조차 알지 못하는 사이 성장력을 잃고 기반이 무너져 몰락해버리는 대기업이 주로 앓는 병이다. 주로 폐쇄적인 조직, 비효율적 업무 관행, 과거 성공방식에 대한 고집, 재정적 측면을 간과한 무리한 의사결정 등 소리 없이 스며들어 있는 일종의 병리현상이 기업의 체질과 정신 속에 뿌리 깊이 스며들어 있는 병 때문에 성장에 제약을 받는다는 말이다. 그 병을 이른바 대기업병이라 한다.

▎대기업병의 9가지 증상

1. 오늘 할 일을 무엇인지 모른다

많은 수의 사원이 오늘 무슨 일을 해야 하는지 모르고 막연히 출근하여 일의 목적이나 본질을 파악하지 못한 채 그냥 주어진 일을 한다. 계획이나 목표도 없이 하루를 보내며 쉬지 않고 늦지 않고 일하는 흉내나 내며 회사는 영원하다는 착각 속에 안주하며 취미생활에 만 더 관심을 가지고 조직 속에 안주해 버린다.

2. 위를 보고 일을 한다

사원들의 최대 관심사는 보신과 출세이다. 따라서 대부분의 사람들은 상사를 향해 일을 한다. 상사 주위에 예스맨이 모여들고 무슨 일이라고 '지당하십니다.'하고 받아들인다. 기업의 장래가 분명히 마이너스가 되도 반대의견은 내지 않는다.

3. 보고와 설명은 능숙해도 실천하지 못한다.
　많은 수의 사원이 적당하게 겉만 화려한 보고서와 파워포인트를 내지만 실천에는 관심이 없고 보고서가 잘못 되도 변명거리를 만들기 바쁘다.

4. 대기업이라는 생각에 위기감을 모른다
　'우리 회사같이 큰 회사가 설마 무너지겠어.' '지금 이대로도 충분히 살아남을 수 있다.' 라는 안이한 생각이 기업 내 만연하고 경영환경이 어려워도 진로를 변경하지 않고 전체적으로 위기감을 가지지 않는다.

5. 모험을 하지 않는다
　많은 수의 사원들이 회사와 상사에 충실하고 머리 좋은 사람들이라 언뜻 한 점의 허점도 없이 회사가 굴러가지만 모든 일을 자기가 유리하게 일을 만들고 불리한 일은 절대로 안한다. 모험을 걸지 않고 위기에도 자신이 희생되는 것은 질색을 한다.

6. 업무에 들어가는 코스트를 모른다
　많은 관리자들이 일에 대한 중요도를 모른다. 별로 문제가 되지 않는 일을 가지고 많은 시간을 들여 업무를 진행한다. 불필요한 업무를 중단하지 않고 사람이 모자란다고 아우성친다. 물론 일에 들어가는 투입코스트도 관심이 없다.

7. 자리가 늘어나 공무원과 같은 관료체질이 만연한다
　본사조직은 비대하고 승진해오는 직원을 위해 조직은 더욱 커진다. 본사와 현장은 멀어지고 의시결정에 시간이 걸려 타이밍을 놓치고 책임소재도 불분명해지며 공무원처럼 무사안일과 복지부동의 관료체질로 간다.

8. 파벌이 형성된다
　'경쟁사에 밀리면 어쩔 수 없다. 그러나 사내 적에게 진다면 끝장이 나거나 목이 잘리게 된다.'고 생각하는 사람이 늘어난다. 그래서 사내 파벌이 입사, 학연, 지연, 혈연, 조직연 등으로 형성되어 사내 적들과 싸우며 경쟁사와는 다음일이 된다.

9. 일에 대한 판단이 위로만 올라간다.
　대부분의 사원이 혼자 판단하고 시행하는 것을 두려워한다. '이렇게 하고 싶은데 어떠신지요.'

하고 윗사람에게 들고 간다. 실패해도 위에서 잘 봐줄 것이라고 계산하기 때문이다. 따라서 온갖 판단이 위로만 올라가고 또 매사를 형식적이라도 판단하려는 무능력한 상급관리자도 많기 때문이다.

▌대기업병 자가 진단법

1. 조직이 비대하지 않았는가.
2. 실패를 두려워하지 않고 리스크에 도전하는가.
3. 책임과 권한은 명확한가.
4. 현장이나 현장을 잘 아는 곳에 권한이 위임되어 있는가.
5. 전문직의 육성과 활용 제도가 잘되어 있는가.
6. 회사비전이 전 직원에게 잘 침투되어있는가.
7. 정보의 흐름이 나쁘지 않은가.
8. 회사의 장단점과 기회와 위협요인을 잘 파악하고 있는가.
9. 공격형 경영에 철저한가.
10. 가점주의, 실력주의에 철저한가.
11. 의사결정에 너무 많은 시간이 걸리지 않는가.
12. 반대의견이 잘 나오는가.
13. 현상안주의 분위기가 번지고 있지 않은가.
14. 기업 내 젊음과 활력, 기업가정신 등의 기운이 넘치고 있는가.
15. 인재개발, 기술개발, 시장개발의 3대 개발력이 강화되고 있는가.

▌대기업병 예방과 치유는 '괜찮아' 부터 없애라

대기업병을 예방하기 위해서는 변화에 신속히 대응해야 한다. 변화를 선취하여 위기를 기회로 만들어가야 한다. 격변의 시대는 지키는 경영으로는 대기업병을 막을 수 없다. 전사적인 공격체제를 만들어야 한다. 전 사원이 활성화되어 있으면 대기업병이 뚫고 들어올 수 없다. 기업이 어느 정도 규모에 이르면 대기업병에 걸리기 쉬운 직원들 사이에 이 정도면 괜찮겠지 하는 '괜찮아' 병이 돈다. 안주의식이 만연하는 것이다. 이때 '이대로는 살아남을 없다.'라는 위기감을 전 사원에게 심어 주어야 한다.

7. 기업혁신은 이렇게 추진하자

❙ 이런 기업은 즉시 혁신해야 한다
- 과거의 경영성과에 모두 안주하며 무사안일에 젖어 있을 때
- 뚜렷한 비전이 없고 피드백이 없는 내부 소통부재의 폐쇄적 상태일 때
- 시장점유율이 만년 2~3위에서 밀려나고 있을 때
- 글로벌 시장에서 세계적 경쟁력과 격차가 클 때
- 디지털과 인터넷환경에서 밀려 새로운 패러다임이 필요한 때
- 급속한 환경변화로 어떤 위기가 다가올지 모를 때
- 패배의식과 적자체질로 희망과 가능성이 없을 때
- 쇠퇴기업의 특징을 보일 때(업무타성, 경직성, 내부지향성)
- 집단 이기주의(남 탓)와 희생 회피적인 태도가 만연할 때
- 만성적인 노사분규로 납기지연이나 품질문제로 확대될 때

❙ 기업혁신은 목적, 대상, 방법의 3요소를 명확히 해야 한다

기업혁신은 고객만족, 기업가치 제고, 경쟁력 강화의 복합적인 목표를 가지고 추진할 것이다. 여기서 가장 중요한 것은 품질, 원가, 생산성, 납기 등의 핵심적인 목표가 있어야 한다. 이어 대상은 크게 의식혁신, 프로세스혁신, 제품혁신으로 동시 또는 중요한 순서부터 혁신하며 방법론으로 점진적 변화를 추구할까 급격한 변화를 추구할까 나누어 목적과 대상에 맞는 방법을 찾아 추진해야하며 추진과정은 크게 8단계로 나누어 진행해야 성공확률이 높아진다.

기업(경영) 혁신 3요소

Why? 목적	What? 대상	How? 방법
· 고객만족 · 기업가치 제고 · 경쟁력 강화	· 기업체질 혁신 (의식, 문화, 관행, 조직) · 프로세스 / 시스템 혁신 · 사업구조, 제품 혁신	· 급진적 변화 · 점진적 개선 - Restructuring - 6 Sigma - Downsizing - 학습조직 TPS - BPR - 벤치마킹 - PI

제6편 기업 혁신

▍변화와 혁신을 성공으로 이끄는 8단계 과정

1) 위기감 조성과 1등 의식 고취

"메기론", "끓는 물속의 개구리" – 적절한 자극과 건전한 위기의식부터 가져라.

미꾸라지를 키우는 논 두 곳 중 한쪽에는 포식자인 메기를 넣고 다른 한쪽은 미꾸라지만 놔두면 어느 쪽 미꾸라지가 잘 자랄까? 메기를 넣은 논의 미꾸라지들이 더 통통하게 살찐다. 이들은 메기에게 잡아먹히지 않기 위해 더 많이 먹고 더 많이 운동하기 때문이다.

이건희 삼성 회장이 지난 1993년 신 경영을 시작하면서 설파한 이른바 '메기론'이다.

개구리는 15도의 수온일 때 가장 기분 좋게 수영한다. 거기에 1~2도 조금씩 수온을 높여가면 20도가 넘어도 30도가 넘어도 느긋하게 수영을 계속한다. 그러다가 40도, 50도가 되면 수영을 해가면서 죽어버린다. 물론 처음부터 40도, 45도의 물에 개구리를 집어넣으면 개구리는 놀라서 튀어나오게 되지만 조금씩 변화를 주면 그 변화를 감지하지 못하고 죽어버리는 것이다. 이것과 마찬가지로 기업도 조직이 커지면 커질수록 내부조직원이 환경변화를 감지하지 못하면 "끓는 물속의 개구리" 즉 돌이킬 수 없는 사태를 초래하게 된다.

Deep Change or Slow Death !

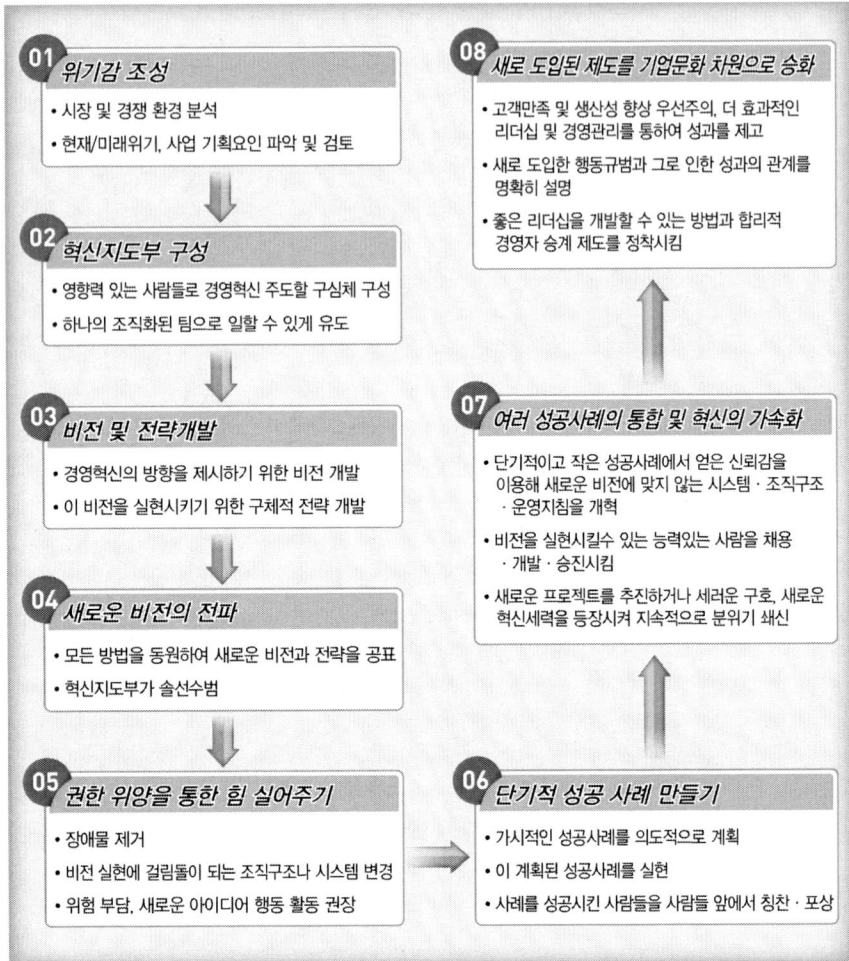

2) 혁신지도부 구성

혁신을 이끌 지도부는 혁신마인드 강하고 각 부서에서 키맨으로 있는 영향력 있는 간부중심으로 구성해야 한다. 하나의 태스크포스와 같은 조직으로 역량을 충분히 발휘할 수 있게 책임과 권한이 주어져야 한다.

3) 비전과 전략개발

경영층부터 사원까지 모두가 공감하는 비전과 전략이 있어야 한다. 혁신을 하는 목적을 모두가 공감할 수 있고 이를 5분내 설명 가능한 비전과 이를 실천할 전략이 없다면 혁신은 결코 성공할 수 없다.

비전(Vision : 기업의 꿈(Organizational Dream) _ 조직체가 바라는 미래의 상태

- 비전이 갖추어야 할 조건
  - 명백하고 간략하게 실감있게 표현되어 구성원들이 쉽게 이해할 수 있어야 한다.
  - 내용이 신빙성을 지녀야 한다.
  - 의욕적이고 도전적이며 고무적이어야 한다.
  - 우수한 성과를 지향해야 한다.
  - 불변적이면서도 유연성이 있어야 한다.
  - 실현가능하고 효과가 가시적이어야 한다.

- 비전의 전달 전략
  - 비전 메세지는 평범한 말을 사용하여, 간단하면서도 명백하게, 자연스럽지만 실감있게, 부드럽지만 강력하게 표현되어야 한다.
    → 5분 이내에 듣는 사람의 관심을 끌어야 한다.
  - 모든 기회를 최대한 활용하여 비전의 메시지 전달
    → 교육훈련, 회의, 홍보매체, 비공식 커뮤니케이션 등
  - 상급자들은 솔선수범으로 비전에 입각한 모범행동을 보임으로써 구성원들로부터 경영혁신과 비전에 대한 그들의 신임을 얻어야 한다.

4) 새로운 비전의 전파를 위한 의사소통 강화

모든 방법을 동원하여 새로운 비전과 전략을 널리 알려야 한다. 이를 위해 가장 중요한 것은 의사소통이다. 진정한 의사소통은 단순한 설명이 아닌 혁신에 대한 신념을 가지기 위해 프레젠테이션, 워크숍, 소식지 등 다양한 매체를 개발하고 교육을 해야 한다.

5) 권한의 위임과 장애요소의 제거

비전 실현에 장애가 되는 조직과 시스템을 변경하고 권한을 대폭 위양하여 혁신지도부에 힘을 실어주어야 한다. 그리고 새로운 아이디어와 행동이 넘치게 분위기를 쇄신한다.

6) 단기적인 혁신사례 발굴과 성공 체험

가시적인 성공사례를 찾아 널리 알리고 주도한 사람들을 칭찬하고 상금을 주어 영웅을 만들어 분위기를 띄워야 한다.

7) 지속적인 혁신

혁신의 힘은 지속에 있다. 이제까지 혁신활동을 총 점검하며 지속하기 위한 새로운 프로젝트의 개발, 새로운 캐치프레이즈, 새로운 지도부 등을 만들어야 한다.

삼성전자가 강한 이유

- **강한 카리스마, 뛰어난 통찰력**
  · 전체 조직에 긴장감을 불어넣어 생각을 2~3배 많이 하게 하고, 다양한 경제상황을 예측해 시나리오 경영을 하게 만듬.

- **한 발 앞선 준비경영과 위기경영**
  · 1988년 제2창업 : 위기의식과 인식전환 강조
  · 1993년 質 중시 신경영 : 마누라와 자식을 빼고 다 바꾸자
  · 1998년 버리자 : 뼈를 깎는 구조조정
  · 2002년 찾아라 : 미래수종사업 발굴(5~10년 뒤 무얼 먹고 살지 찾아라)

- **인력 중시경영 / 핵심인력 영입**
  · "21세기에는 탁월한 한 명의 천재가 1만명, 10만명을 먹여살리는 인재경쟁시대, 지적창조력의 시대 "

- **자율경영철학**
  · 懿人勿用用人勿懿 미덥지 못하면 맡기지 말고, 썼으면 믿고 맡겨라.
  · 자질과 자세를 갖춘 경영자에게 전권을 줌.

- **과감한 투자결정**
  · 명분있고 사업성 있는 쪽에 과감하게 투자

- **초일류를 향한 승부욕**
  · "돈은 얼마든지 써도 좋으니 수단과 방법을 가리지 말고 모토로라 수준의 제품을 내놔라" (1994년)
    ⇒ SCH770(Anycall)
  · 1995년 시판한 휴대전화 중 불량에 발생한 15만대, 팩스, 카폰 등 통신제품을 새 제품으로 교환 하거나 회수해 회수제품을 공개적으로 직원들이 보는 앞에서 소각처리(500억원)

- **비전으로 이어지는 통찰력**

- **인력을 직접 뽑음**
  · 인력의 혼혈주의, 잡종주의

- **엔지니어 이건희 회장**

- **인간과 조직관련 李회장 주요어록**
  · 메기론 : 매기를 넣은 논의 미꾸라지가 더 살찌듯이 적절한 자극과 건전한 위기의식이 있을때 조직은 더 활발해지고 발전
  · 당근론 : 일류 조련사는 말을 조련할때 당근만 씀. 따라서 신상필벌을 할 때 당근을 많이 써야 함.
  · 뒷다리론 : 개인집단 이기주의의 발로로 상대방은 물론 자신에게까지 피해를 주는 조직의 파렴치한은 곤란. 어떤 경우에도 용서할 수 없는 존재임.
  · 5%론 : 어느 조직이든 앞서가는 5%와 뒤처지는 5%가 있는 상위 5%가 집단을 이끌면 우수한 집단이 되지만, 그 반대면 열등한 집단으로 전락.
  · 한방향론 : 제각기 서로 다른 방향으로 노를 젓는다면 배는 앞으로 가지 못함, 전체의 힘을 같은 방향으로 집중시켜 성과를 배가해야 함.
  · 아래로부터의 개혁 : 아래로부터 올라온 의견이 묵살되면 결국 죽어있는 조직임. 비판이 살아있는 조직에 참신한 아이디어가 생기고 조직에 활력이 넘쳐 흐름.

- **개척자 정신으로 뭉친 최고의 두뇌집단**
  · "5~10년 뒤 무엇을 먹고 살것 인가" 라는 생각으로 가득
  · 현재에 안주하지 않고 앞으로 뭘 할 것 인지 계속 고민
  · 끊임없는 Benchmarking

8) 혁신의 정착과 새로운 기업문화 정립
　혁신으로 거둔 성과와 새로운 제도와 조직을 새로운 기업문화 풍토로 정착시키는 노력이 마지막 단계의 과제이다. 혁신을 정착시키고 새로운 문화를 만드는 것처럼 어려운 일은 없다.

기업(경영)혁신의 변화단계와 과정

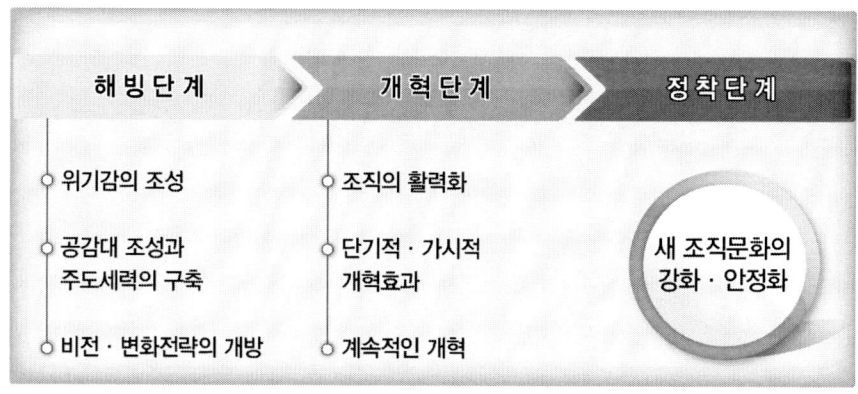

경영혁신의 방법

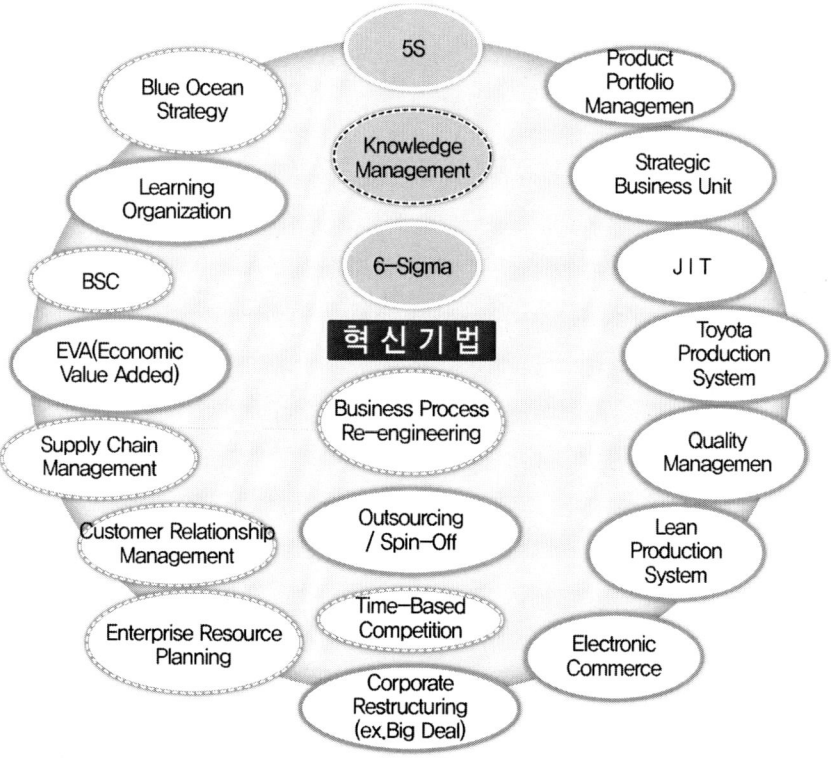

8. 기술력과 인재육성은 기업의 미래

▌기업 성장 원동력은 기술력과 인력

기업의 성장을 이끄는 원동력 중 가장 핵심은 '기술력'과 '인력'이라 할 수 있다. 하지만 오랜 시간을 거쳐야 얻어지는 결실인 만큼, 하루아침에 얻어질 수 있는 것들이 아니다. 인내와 끈기를 갖고 구슬땀 흘리는 기업만이 가질 수 있는 것이다. 이 때문에 분야를 떠나 모든 기업이 이 두 가지 성공의 조건을 갖추기 위해 노력하고 있다.

▌인력개발은 교육이요 교육은 철학이다

인력을 키우고 기술력을 향상시키는 교육은 일상적인 업무가 아니다. 교육은 대단히 창의적인 업무이면서, 장기적인 철학을 바탕으로 진행되어야 하는 업무이다. 끊임없이 대내외 산업환경을 연구하면서, 장단기 경영전략과 부합되는 교육의 목표점과 전략을 설정해 나가야 할 수 있다. 비록 교육 업무가 현장에서 실천되는 형태는 매우 단순하고 가치 없는 일이라 할지라도 교육담당자의 관점과 철학은 최고경영자 수준의 높이에서 이루어져야 할 것이다.

장기적 교육계획 구축을 위해서는 첫째는 외부환경을 분석하거나, 선진기업을 벤치마킹하는 일, 둘째는 내부 역량을 분석하고 문제점을 찾아내거나, 핵심역량을 도출해 내는 일, 셋째는 최고 경영자의 교육에 대한 철학과 의지를 구체화시키는 연구 작업, 넷째는 실제 고객인 교육생의 needs를 파악하는 일 등이 필요하다.

▌현장교육은 선배가 하는 OJT가 가장 효과적이다

현대사회에서와 같이, 기술이나 산업 환경의 변화가 급격한 시기에 정형화된 교육 프로그램은 우리의 학교 교육처럼 급격한 기술적 변화를 따라 잡기에는 역부족일 수밖에 없는 것이 현실이다. 따라서 항상 가까이에 있는 관리자들이나 선배사원들이 그들의 후배사원들을 육성하고 교육시키는데 가장 큰 역할을 담당해야만 한다. 업무를 수행하는 과정에서 수시로, 업무의 추진과 학습활동이 동시에 일어날 수 있도록 하는 것이 가장 효과적일 것이다. 이른바 OJT를 활성화시키는 것이다.

제6편 기업 혁신

▎능력개발은 자기 책임이다

이제 개인의 능력도 상품화되는 시대이다. 능력이 부족한 조직원은 인원감축 대상이 되고 있으며, 개인의 능력과 업적에 근거하여 소득이 결정되는 연봉제가 확산되고 있는 실정이다. 따라서 모든 구성원은, 본인의 상품가치를 높이기 위해서 스스로 노력해야만 한다. 개인의 능력향상이 회사의 역량강화에도 밀접한 관련이 있다.

기본이 되는 직무능력은 본인이 스스로 개발해야 하는 것이 당연한 것이다. 회사는 이러한 능력에 대한 객관적인 평가기준을 개발해 내는 것이 오히려 중요할 것이다. 다만, 회사가 전략적으로 가고자 하는 방향에서 꼭 필요한 역량, 이른바 핵심역량에 대해서 집중적인 투자를 해야 할 것이다. 꼭 필요한 교육을 꼭 필요한 사람에게, 충분한 Quality를 확보해서 시키는데 역량을 집중해야 할 것이다.

▎자동차 부품기업 직원이 알아야 기본 요소

자동차를 신뢰성 있게 만들기 위해서 부품기업의 모든 직원은 우리 회사가 만드는 수백 여 가지 부품의 기본 구성 요소를 반드시 알고 이를 제조와 품질관리에 반영해야 한다.
1) 각 부품이 어디에 어떤 상태로 부착되는가.
2) 부품의 구성요소들이 무슨 역할을 하는가.
3) 부품은 주행 시 어떤 영향을 받는가.
4) 부품품질의 핵심요소는 무엇이고 유형별 불량은 어떤 결과를 미치는가.
5) 부품에 영향을 주는 조건 중 최악의 경우를 가상하는가.
6) 주행 중의 최악조건을 갖춘 장비로 시험하는가.

▎현장 직원이 반드시 알아야 할 3대 지식과 기술

현장 직원은 과거의 단순 기능직이 아니다. 이제는 고도의 지식과 정보를 가진 기술직이다. 이들에게 제품지식은 물론 다루는 기계설비 기술을 비롯하여 다양한 생산기술까지 겸비해야 고도의 지식과 정보를 가진 기술직을 육성할 수 있다.
1) 생산제품의 소재, 원단위, 무게, 용도, 사용고객, 가격, 제조비용 지식
2) 다루는 설비를 스스로 설계, 제조, 보수하는 수준의 설비/ TPM 기술
3) 다양한 제품과 스펙생산기술 ,다른 라인을 혼류 기술, 다능공/자주검사 기술

▍4대 기술의 배양과 융합 능력

부품기업은 완성차회사와 함께 다음 4대 기술로 완성차기업의 신차 개발기간(18개월 이내)을 단축하고 게스트 엔지니어링 등 개발 프로젝트 수행능력 확보해야 한다. 특히 승인도 기술을 지향하는 추세에 맞추어 독자적인 고유기술을 가져야 한다.

1) 기초기술 : 원자재 (철강, 플라스틱 등)관련 신소재, 경량화 기술
2) 제품기술 : 제품자체기술, 시스템, 복합화, 제어기술
3) 제조기술 : 공법기술, 라인배치, 설비개발, 품질혁신, 하청관리기술
4) 적용기술 : 다양한 스펙, 다양한 차종에 맞게 적용 확대하는 기술

▍생산기술은 부품기업의 성장 동력

생산기술은 설계품질을 가장 경제적으로 구현화하기 때문에 제품품질의 개선, 생산성향상 및 납기단축을 목적으로 생산 System인 4M을 개발, 융합하는 전문적 기술이며 제조업의 경영성과에 직결되는 기술이다.

- 작업요원 (직접작업 및 간접작업) 효율화 ⋯Man
- 생산설비의 설계 (Layout 포함) ⋯Machine
- 재료개발(응용) ⋯Material
- 제조방법(고유기술 및 관리기술) ⋯Method

9. 6시그마 혁신운동을 추진하자

▌6 시그마란

6 시그마(Six-Sigma)는 지속적인 변화관리를 추진하기 위해 고객 중심의 측정과 적극적인 목표 설정을 통하여 사업의 모든 부문을 혁신하는 경영 철학이다. 즉 스스로 부문업무의 과제를 고객의 관점에서 도출하고 업무의 이상적 모습과 현재의 수준을 비교하여 그 차이를 Six-Sigma의 접근전략으로 규명함으로써 문제대응을 계량적으로 해석하고 시스템적으로 체계화하여 생산성 및 효율성 향상을 달성하는 것으로, 사고방법의 개혁을 통한 행동혁신, 경쟁력 확보를 위한 업무혁신, 새로운 업무풍토조성을 위한 기업문화 혁신기법이다.

6 시그마는 우리 사업장에는 적합하지 않다는 생각을 버려야 한다. 우리와 유사한 사업장에서 먼저 성공한 결과를 보고 나서 시작하면 이미 늦다.

▌6 시그마의 본질

1. 통계적 측정 수단

우리가 어디로 가야하고, 그것을 얻기 위해서 무엇을 해야 하는지를 명확하게 말해 주며 또한 시그마 측정은 제품 및 서비스를 만드는 과정상의 상태를 측정하는 척도이다.

2. 수단(Tool)으로써의 의미

개발, 생산, 판매, 서비스의 전 사업시스템에 걸쳐 적용할 수 있는 Full Package화 된 Tool이다.

3. 사업전략

전사원이 참여하여 일의 Process측정 → 현재위치파악 → Target설정 → 전사적 개선활동 → 성과측정/보상이다.

4. 생활철학

우리가 하는 모든 일에서 실수를 줄여 Loss를 개선하고자 하는 것으로 열심히 하기보다는 현명하게 하자는 것이다.

6 시그마의 성공조건

6 시그마는 우리 사업장에는 적합하지 않다는 생각을 버려야 한다. 우리와 유사한 사업장에서 먼저 성공한 결과를 보고 나서 시작하면 이미 늦다. 어느 정도 규모와 사업 환경이 조성되면 다음의 성공조건을 참조하여 시행해야 한다.

1. Top Down으로 실시할 것

최고 경영진의 확고한 의지 표명(예-G.E 잭웰치 회장)과 같이 Top 스스로 숙지하고, 강력하고 계속적으로 등장하는 Message를 끊임없이 창출해야 한다.

2. 조직 내 전 기능 전 직원이 참여와 지속적 개선 노력

제조부문에 국한하지 않고, 비 제조 부문까지도 확대 적용하여 고객중심의 Process 화하고 사업장 환경에 적합하게 R&D 및 사무부문으로 확대하여 효과를 극대화 한다.

3. 6σ를 전사 공통의 척도로 삼음

- 공통된 언어에 의해 수행(CTQ: Critical To Quality /주요 품질 특성, Cpk…)
- 6σ에 대한 속인적인 해석이나 행동은 배제
- 모든 수준, 목표는 σ로 표시
- Project 활동의 기준으로 제시

4. 고객의 소리에서 출발

고객이 중시하는 항목은 내부에서 기준을 정하는 것이 아니고, 고객의 소리로부터 CTQ를 선정, Impact가 큰 것부터 개선함.

5. 철저한 교육 Program 실행

- 새로운 시스템에 대한 확실한 이해
- 조직 구성원 전원이 철저히 이해시킬 것
- 과감한 교육 투자

6. 지원환경(Infra)를 구축

- Project를 성공하기 위한 제반 Infra 구축
- 합리적인 평가 및 적절한 보상 System

7. 정확한 문제 선정과 빅 데이터 확보

6 시그마의 추진요원의 육성

시그마 방법으로 작성하는 추진요원은 프로젝트 수행 능력과 활용 수준에 따라서 그린벨트(GB) → 블랙벨트(BB) → 마스터 블랙벨트(MBB) → 챔피언(Champion)의 등급으로 올라간다.

1. Champion챔피언
   - 사내에서 6시그마를 추진한다.
   - MBB, BB, GB를 지원한다.
   - 프로젝트의 책임자

2. Master Black Belt (MBB)마스터 블랙벨트
   - BB와 GB의 지도를 행한다.
   - 프로젝트의 문제 해결을 위해 조언을 행한다.
   - 프로젝트 리뷰 팀의 일원으로, 프로젝트의 선정 및 평가를 행한다.
   - 핵심 팀의 멤버로서 프로젝트의 문제해결에 임한다.

3. Black Belt (BB)블랙벨트 : 전임
   - 프로젝트의 리더로 프로젝트 마다 팀을 구성한다.
   - 6시그마 툴을 구사해 프로젝트를 실행한다.
   - 프로젝트 멤버의 지도를 행한다.

4. Green Belt (GB)그린벨트 : 겸임
   - 프로젝트 팀 멤버로서 문제 해결에 관련하며 통상업무의 대표자

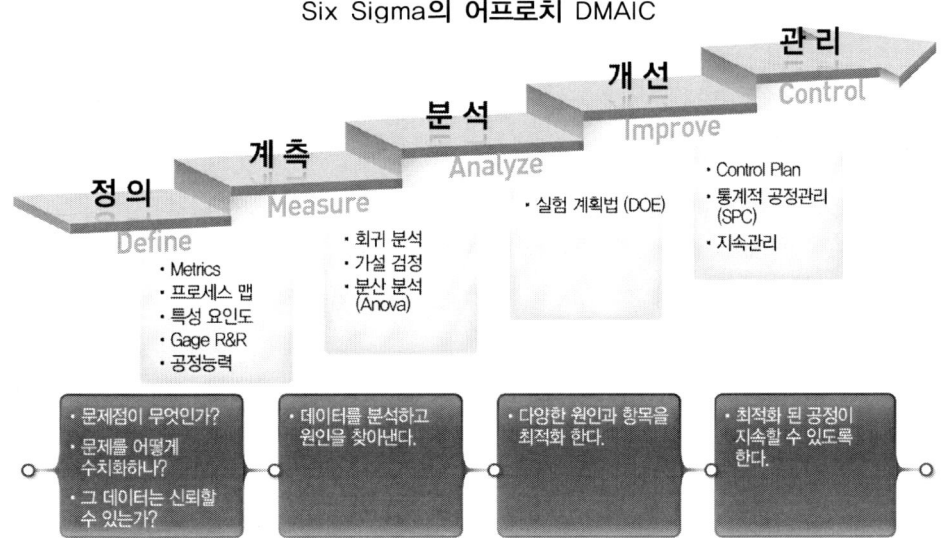

제7편
조직과 노사 혁신

1. 조직을 활성화시키자

▌조직을 활성화하려면 먼저 공유가치를 만들자

　회사는 인간의 집단이며, 그 구성원 한 사람 한 사람이 우수한가. 아닌가 보다 그 집단이 얼마나 조직화된 집단으로서 기능적으로 행동할 수 있는가 아닌가로 승부가 결정된다. 회사는 인간의 집단이기 때문에 이 인간집단의 폭발력이야말로 진정한 구동력이자 기업의 가장 원천적인 경쟁력이 될 수 있다. 이러한 인간집단인 회사가 폭발력을 지니기 위해서는 구성원 모두가 자기의 인생을 걸고 일해 보고 싶다는 가치 있는 무엇인가가 있어야 한다. 이것은 급여와 같은 물질적인 것이 아니라 모두가 함께 나누어 가질 수 있는 공유가치인 것이다. 이익창출은 기업의 본질이며, 가장 중요한 가치기준이 될 수도 있다. 하지만 이익창출은 그 자체만으로는 결코 직원들을 고무시키거나, 회사의 목표에 동참하게 할 수는 없을 것이다. 이익을 통해서 무엇을 할 것인가가 전제되지 않는 이익창출은 공유가치가 될 수 없는 것이다.

▌전원참여의 비전을 계층별 기능조직별로 만들자

　무엇보다도 전원참여를 촉진하는 Vision이 필요하다. 이를 위해서는 Vision을 계층별로 기능별로 전개해야 한다. 즉 회사의 Vision을 부문, 팀, 개인에 이르기까지 하위 Vision으로 세분화시켜 전개하도록 해야 한다. 당연히 하위의 Vision을 설계하는 과정에는 해당조직의 인력이 전원 참여해야 함은 당연한 이치이다. 이러한 하위개념의 Vision은 조직의 에너지를 만들어 내는 촉매제의 역할을 하게 될 것이다.

▌Communication의 기본은 비전의 공유

　비전이 없는 조직은 공동의 대화주제가 없다. 특히 조직 생활에서 있어서는 개인적 관심사에 대한 Communication도 중요하지만 우선적으로 조직적 관심사에 대한 Communication이 더 중요하다.

　하지만 만약 조직적 관심사가 조직 구성원들에게 귀찮은 것이거나, 자부심이나 가치를 느끼지 못하는 것이라면, 과연 그 조직은 어떻게 Communication이 활성화 될 수 있을 것인가? 이러한 조직에서 Communication이 활성화되고 있다면 그 대화의 주제는 뻔할 것이다. "퇴근 후 술 한 잔 할까", "휴일에 뭐하지" 등등 지극히 개인적인 관심사에 그칠 수밖에 없을 것이다. 조직의 구성원은 누구나 조직이 하는 일의 중심축에 서고 싶어 한다. 그리고 자기가 하는 일에 본인에게나 조직적 차원에서 가치 있는 일이고 싶어 한다.

일을 가치 있게 만들기 위해서는 공유가치가 필요할 것이며, 업무의 중심축에 서기 위해서는 적극적인 Communication을 통해서 조직 구성원의 의견이 적극적으로 조직의 일에 반영되어질 때 가능할 것이다.

상사는 부하직원이 업무에 관심이 없다고 나무라기 전에, 왜 부하직원이 업무에 관심이 없는지, 그 원인을 찾아보아야 할 것이다. 만약 조직내부에 모든 조직 구성원들이 공유할만한 Vision이 없다고 한다면 조직차원의 Vision을 만들어야 할 것이다.

▋모든 정보를 공유하자

정보는 상부에 집중되거나 통합되는 대신 조직전체에서 공유되어야 한다. 전통적인 계층구조에서 정보는 권력을 가진 사람들에게만 집중되어 있다. 하위계층에서는 경영층에서 분석, 해석된 정보에 의해서 결정되어진 지시 사항을 맹목적으로 수행할 뿐이다. 이런 상황에서는 결코 업무의 성과와 목표달성은 어려울 것이다.

관리자들은 이제 더 이상 정보를 자신들의 지위 유지와 권위차원에서 제한하려 해서는 안 된다. 어쩌면, 젊은 신입사원들이 자신의 팀장보다 더 빨리 더 많은 정보를 획득할 수 있는 능력을 가지고 있는지도 모른다. 그럼에도 불구하고 무리하게 상급자가 정보를 혼자만 독점하려고 한다면, 결국 그 상급자만 조직에서 따돌림 받고, 불신 받게 될지도 모른다.

가능한 한 많은 아이디어와 정보가 모든 직원들에게 공유될 수 있도록 해야 한다. 이러한 정보의 공유는 모든 직원들이 공통된 목적의식과 조직의 목표에 대한 이해를 갖게 될 것이며, 나아가 그들은 회사의 지시를 더욱 기꺼이 수용할 수 있는 자세를 가지게 될 것이다.

회사는 경영현황을 비롯한 가능한 한 많은 정보를 전 직원들에 알릴 수 있도록 노력하여야 할 것이다.

▋열린 풍토를 만들자

비관료적이고 장벽이 없는 열린 풍토를 조성하는 것이다. 그 속에서 자유스러운 의사소통과 팀워크가 이루어질 수 있다. 사원들이 상사나 최고경영자 앞에서도 자기의 주장을 설령 그것이 상반된 의견이라고 하더라도 두려움 없이 피력할 수 있고, 상사도 이를 자유스럽게 토론하고 수용하는 문화가 조성되어야 한다.

제7편 조직과 노사 혁신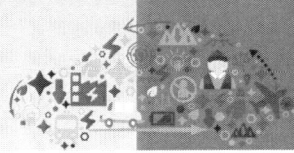

▌실패를 인정하는 문화를 만들자

실패를 새로운 체험과 교훈을 얻을 수 있는 중요한 기회로 인정하며, 선의의 실패를 받아들일 수 있는 경영 풍토가 조성되어야 한다. 실패의 경험을 통해서 같은 실패를 반복하지 않게 하고 간부들을 실패의 두려움으로부터 해방시켜야 한다. 목표가 정당했고 최선을 다했을 때의 실패를 시행착오로서 인정할 수 있어야 한다.

▌높은 목표에 도전하고 성취하는 문화를 만들자

최고의 경영목표를 세우고 이 목표에 과감하게 도전하게 해야 한다. 현실적으로 달성하기 어려울 수도 있는 높은 목표에 도전하는 것이므로 목표에 미달될 가능성도 높다. 하지만, 높은 목표에 도전하는 만큼 성과를 더 크게 얻을 가능성도 높은 것이다. 만약 목표미달을 인사고과의 평가기준으로 적용한다면 이 최고 목표 관리방식은 성공할 수 없을 것이다. 그렇게 되면 간부들은 종래의 관습으로 가장 안전한 목표를 세우게 될 것이며, 높은 목표를 향한 새로운 도전은 사라지게 될 것이다. 따라서 목표 미달을 따지는 것 보다는 최고 목표치를 향해 꾸준히 접근해 가고 있는 성취 정도를 주기적으로 평가하고 인정해야 한다.

▌권한을 위임하자

권한위양이 이루어지기 위해서는 권한을 위임받고 실행할 수 있을 만한 능력과 책임감이 있는 인재가 있어야 한다. 아울러 권한위임을 위해서는 원활한 의사소통과 정보의 Network가 확보되어져야 한다. 권한을 위임받은 리더는 상급자의 경영방침과 의지는 물론 업무를 추진하기 위한 각종 정보를 항상 습득할 수 있어야 하며, 반대로 상급자의 입장에서도 업무의 추진경과를 항상 접할 수 있는 Communication Channel의 개발이 요구되어 진다.

이러한 권한위양을 통하여 경영자는 일상 업무에서 벗어나 보다 전략적이고 장기적인 관점에서 경영활동에 임할 수 있으며, 반대로 권한위임을 받은 팀장은, 보다 책임감과 소신을 갖춘 도전적인 관리자로 성장하게 될 것이다.

▌변화에 대한 보상을 하자

변화의 결과를 측정하여 Feed-back시켜주고, 성과에 따른 보상이 제공되어야 한다. 회상 차원에서 또는 부서/팀 차원에서 무엇이 어떻게 달라지고 있는가를 주기적으로 측정하여 이를 모든 직원들에게 알려주어야 한다.

변화의 결과에 따라 어떤 형태로든 보상이 있어야 변화에 재미를 부치고 적극성을 보이게 될 것이다. 업무 프로세스를 개선했는데도 퇴근은 오히려 늦어지고, 상사의 질책이 많아진다면 누가 또 다른 개선을 하려고 할 것인가? 변화가 나타나면 칭찬이 있고, 축하 Event가 있고, 상금이 있고, 바라던 바가 현실화되는 즐거움이 수반되어야 할 것이다.

▎기본과 원칙이 지켜지는 문화를 만들자

자동차산업은 Conveyor System을 이용하는 대표적인 산업으로서, 무엇보다도 팀워크가 생명이라고 할 수 있다. 팀워크를 유지하는 룰이 바로 기본과 원칙이라고 생각된다. 현장관리의 가장 근본이 되면서도 중요했던 가치가 기본과 원칙이라는 점은 누구도 부인할 수 없을 것이다. 물론 환경이 급격하게 하고 있기는 하지만, 그것은 어쩌면 무엇이 기본이고, 무엇이 원칙인가 하는 내용만 바뀔 뿐 기본과 원칙이 중요하다는 진리는 바뀌지 않는다. 침체된 조직에 활력을 불어넣기 위해서는 가장 기본이 되는 회사의 제 규정부터 지켜나가는 풍토부터 이루어져야 한다.

▎각종 동기부여 프로그램을 새로이 정립하자

대부분의 기업들은 종업원들로 하여금 의욕을 고취시키고, 매너리즘에서 벗어날 수 있도록 각기 다양한 동기부여프로그램을 시행하고 있다. 개인에 대한 포상제도, 제안제도, 성과에 따른 성과급 지급 등이 그러한 제도의 한 사례가 될 수 있다.

개인에 대한 포상은 팀 내에서 나눠 먹기식으로 이루어지고, 성과급은 노사협의에 의해서 의례적으로 지급되어지는 것으로 생각되어진다면, 회사는 비용이 발생한다는 것 외에 과연 어떠한 효과를 기대할 수 있겠는가? 따라서 회사는 각종 포상 규정과 동기부여 로그램을 전면적으로 재검토하여, 그 효과가 미심쩍은 제도에 대해서는 과감하게 철폐하여야 할 것이며, 효과가 기대되는 프로그램일지라도 포상의 규정과 평가방법은 투명하게 재정립하고, 바르게 시행될 수 있도록 철저히 감시하여야 할 것이다.

그리고 개인에 대한 포상도 중요하지만, 집단에 대한 평가와 보상을 강화함으로써 조직 단위의 결속력과 조직성과를 높이는 방향으로 나아가야 할 것이다

▎서로 경청하고 칭찬하는 조직문화를 만들자

'경청'이란 상대방이 말하고자 하는 일 전체의 의미를 상대방과 같은 상황에 자신을 두고 이해하려는 것이다. 인간은 각각 자기 나름의 사고체계를 지니고 있다. 같은 언어라도 사용하는 사람과 듣는 사람, 그리고 그 언어가 사용되는 시간과 장소에 따라 해석이 달라진다. 따라서

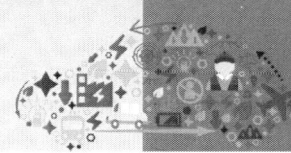

상대방이 말하는 밑바닥에 흐르는 의미를 충분히 마음에 담아서 귀를 기울어 듣는 경청이 되어야 한다. 적극적 경청은 상대가 말하는 언어가 들려오는 것이 아닌 이해하는 의도와 기분으로 알아보는 것이 본래의 의미이다.

팀 내부나 부문 간 업무 장애는 대부분 서로간의 몰이해 또는 상대방에 대한 무시에서 비롯된다. 대부분의 사람들은 듣기보다는 말하기를 좋아하는 경향이 있는데, 이런 요소들이 결국은 서로간의 벽을 쌓아가는 가장 큰 원인이 된다. 특히 대부분의 회의에서는 상급자가 하급자에게 일방적으로 업무지시 또는 훈시를 하는 형태로 진행되어지는데, 이런 경우 참여자들은 회의 참석자체를 기피하거나 무의미한 시간이었다고 생각할 것이다.

보다 효과적인 Communication을 위해서는 내가 얘기하기 보다는 끊임없이 상대방의 이야기를 경청하고 아이디어와 정보를 수집 또는 공유해야 하며 성취한 바를 인정해주고 칭찬해 주는 것이 중요하다. 또한 부하 직원들의 작은 성취나 업무개선에도 매일매일 공식 또는 비공식적으로 칭찬해주고 인정해 주어야 한다. 서로 경청하고 칭찬하는 조직문화를 만들기 위해서 의도적인 캠페인 행사를 할 수도 있으며, Event를 만들 수도 있다.

2. 관리감독자의 리더십을 키우자

▌현장 리더란 누구인가
- 현장 리더는 단위직장의 대표자이다
- 현장 리더는 의사소통의 중심자이다.
- 현장 리더는 인생 상담자이자 고충처리자이다
- 현장 리더는 직무교육 리더(OJT Leader)이다
- 현장 리더는 문제 해결자이다.
- 현장 리더는 연결고리(Link-Pin)이다

▌현장리더의 7가지 역할
1. 주어진 업무목표를 달성하는 것
2. 주어진 이상의 성과를 만들어 낼 것
3. 직장 규율을 엄정 유지하는 것
4. 부하에게 일한 보람을 맛보게 하는 것
5. 부하의 육성을 도모하는 것
6. 직장의 활성화를 도모하는 것
7. 상사에 대한 보좌, 협력을 하는 것

▌현장 리더가 갖추어야 할 조건
- 리더는 평균적인 부하들보다 지적으로 뛰어나야 한다.
- 리더는 흥미와 적성의 범위가 넓은 인간 이여야 한다.
- 리더는 표현력이 풍부해야 한다.
- 리더는 정신적, 정서적으로 성숙된 인간이어야 한다.
- 리더는 목표달성을 위한 강력한 의욕을 갖고 있어야 한다.
- 리더는 매사에 협조가 중요함을 잘 알아야 한다.
- 리더는 자기의 기술적 기능보다 관리능력이 더 중요하다는 것을 알고 있어야 한다.

제7편 조직과 노사 혁신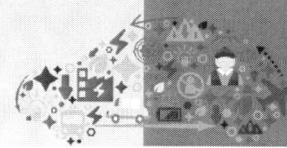

▌현장 리더에게 필요한 6가지 능력

1. 직무와 직책 수행능력
작업에 대한 충분한 지식과 그것을 구체화하고 작업준비를 빈틈 없이하고 원활히 진행시키는 관리와 조정능력에 직무상 부여된 책임이나 권한에 관해 숙지하고 그것을 차질 없이 행사하고 완수할 수 있는 능력

2. 작업지도 능력
합리적 민주적으로 부하를 지도하고, 계획적, 의도적으로 인재를 육성할 수 있는 능력

3. 작업개선 능력
7가지 낭비를 발견 제거하고 3불(불합리, 불 균일, 불필요) 5S(정리, 정돈, 청소, 청결, 마음가짐)의 효율적 추진에 의한 작업의 개선능력

4. 인간관계 능력
부하와 바람직한 인간관계를 맺고 직장 내 불평, 불안, 갈등, 반목, 대립 등이 일어나지 않도록 하며 만일 일어난 경우에는 신속하고 원만히 해결할 수 있는 능력

5. 작업안전 능력
작업을 안전하게 관리하며 사고나 재해가 발생하지 않도록 예방 조치하는 동시에 그것을 신속하게 처리할 수 있는 능력

6. 문제해결 능력
문제의식의 심도를 강화하는 동시에 과학적으로 문제를 해결할 수 있는 능력을 갖고 팀의 편성, 리드하는 방법, 집단으로 문제해결 하는 방법으로 보람찬 일터를 만드는데 변혁의 추진자가 되어야 한다.

▌현장 리더가 해서는 안 되는 말

1. 말도 안 통하는 외국인가지고 어쩌란 말이야!
2. 군대 땜빵 하는 특례병들에게 뭘 기대하나?
3. 툭하면 결근하는 가정이 우선인 아줌마들 때문에 못해 먹겠다!
4. 야! 빨리 생산이나 해! 품질은 품질부서에서 알아서 하라고 해!
5. 우리 작업자는 생산하기도 바쁩니다. (교육 및 훈련시킬 여유가 없다)

6. 야! 일 더한다고 봉급 더 주냐, 받는 거만큼만 해!
7. 야! 규정이 그렇게 돼 있는데, 없었던 일 만들지 말라고, 옛날에도 그렇게 했어!
8. 야! 설마 무슨 일이 있으려고, 오늘 못하면 내일 하지 뭐!
9. 야! 시키면 시키는 대로 할 것이지, 왜 그렇게 말이 많아!
10. 야! 대충 대충해, 그건 해보나마나 안 돼, 하려면 자네가 책임져!

▎현장 리더십 강화의 9원칙

1. 일의 우선순위를 파악하라
   - A급일 : 하지 않으면 안 되는 일 – 우선실시
   - B급일 : 하지 않는 편이 좋은 일 – 부하에게 맡긴다.
   - C급일 : 해도 하지 않아도 좋은 일 – 제거한다.

2. 서브리더를 육성하라
   - 대행자, 후계자, 협력자를 만든다.
   - 잘 가르친다.
   - 일의 중요도에 따라 부하에게 맡긴다.

3. 전원에게 역할을 분담시켜라
   - 1인 3역으로 다능공 화한다.
   - 하나의 일과 역할에 관하여는 리더가 되도록 한다.

4. 곤란할 때일수록 멤버와 상의하라
   - 부하를 쉽게 판단한지 않는다.
   - 모든 사람에게는 장단점이 있다
   - 부하의 능력이나 레벨이 높다고 생각하라

5. 철저하게 반복하라
   - 자기 할 일을 선언하고 반복한다.
   - 목표를 크게 하고 부하의 의식을 변화시킨다.

제7편 조직과 노사 혁신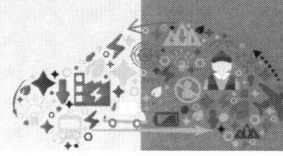

6. 객관적으로 일을 반성하라
    - 부하의 입장에서 생각한다.
    - 부하의 의견을 듣는다.
    - 부하를 편견하지 않는다.

7. 기록을 하고 과학적으로 일을 체크 하라.
    - 리더는 숫자와 데이터에 강해야 한다.
    - 메모광이 되어야 한다.

8. 정보를 가능한 한 광범위하게 모은다.
    - 리더는 정보로 사람을 움직인다.
    - 평소에 많은 정보원을 확보하라.
    - 정보는 정확하게 수집하여 적시에 활용한다.

9. 자연으로 돌아가라, 인간으로 돌아가라.
    - 모든 일은 자연의 순리에 맞게 추진한다.
    - 다른 사람을 변화시키는 것 보다 자신을 변화시킨다.

3. 회의문화를 바꾸자

▎회의는 기업문화의 결정체

회사를 가장 빨리 파악해 보고 싶다면 직원의 회의에 몇 번 참석해 보면 된다. 회의를 하는 방식과 수준에는 그 회사의 모든 것이 녹아 있다. 기업은 경쟁력 향상과 변화를 추구하면서도 후진적인 회의 문화를 고칠 생각을 하지 않는다. 결론 없이 시간만 낭비했던 기업의 회의 풍토는 달라져야 한다. 회의는 바로 기업 문화의 결정체이며, 강력한 경쟁무기가 되기 때문이다.

▎회의 문화가 일류 기업을 만든다

회사는 효과적인 운영을 위한 방향을 잡기 위해 '회의'를 하게 된다. 회의를 통해 진행의 중심을 재정립하고, 새로운 업무에 대한 틀을 마련하며 아울러 여러 의견을 모으고 정리한다. 회사에서 제일 필요한 것 중에 하나가 회의인 것이다. 이런 면에서 잘되는 기업은 회의하는 문화가 다르다. 잘되는 기업들은 회의를 다음과 같은 수단으로 이용한다.

① 커뮤니케이션의 광장　② 문제의 해결마당　③ 아이디어의 샘터
④ 방향을 조율하는 곳　⑤ 팀워크의 실천마당　⑥ 변화의 용광로

효율적이고 생산적인 회의문화를 만들기 위해서는 몇 가지 중요하게 고려해야 할 점들이 존재한다. 먼저 가장 중요한 것은 회의 참석자들에게 회의 의제를 명확히 인식시키고 이에 대해 준비하도록 해야 한다. 다른 하나는 회의가 끝난 후에는 회의 내용이 정리된 회의록을 참석자 및 관련자들에게 배포해야 한다는 것이다. 회의록에는 회의 내용에 대한 요약과 결과에 대한 정리가 들어 있어야 한다. 또한 어떤 일이 누구에게 맡겨졌으며, 언제까지 그 일을 완료하고 어떻게 피드백 할 것인지에 대한 내용도 포함되어야 한다.

▎삼성의 회의 3.3.7원칙

삼성그룹에서는 신 경영을 실시하면서 올바른 회의 문화를 정착시키기 위해 회의를 할 때 가장 기본적인 사상과 행동 원칙들을 3.3.7 원칙으로 정리하여 전 계열사의 모든 직원들이 숙지하고 행동하도록 하였다. 3.3.7 운동이란 3가지 사고와 3가지 원칙, 그리고 7가지 지침을 말한다.

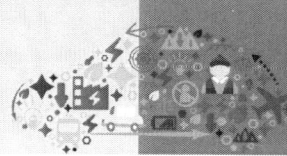

제7편 조직과 노사 혁신

1. 3가지 사고

즉흥적인 회의보다는 계획된 회의를 하라. 즉흥적인 회의는 참가자들이 영문도 모르고 들어와서 시간을 낭비할 수 있고, 제대로 준비하지 않아서 효과적인 회의가 될 수 없다. 3가지 사고의 첫 번째는 회의의 효율화를 위해 가급적이면 즉흥적인 회의를 하지 않는 것이다. 그러므로 먼저 회의의 필요성을 자문해 본다.

① 꼭 필요한 회의인가?
② 스스로 결정하면 되는 것은 아닌가?
③ 더 좋은 수단이 있을 수 있지 않은가?

두 번째는 만약 회의가 꼭 필요한 경우 회의를 최대한 간소화시킨다. 이때도 마찬가지로 여러 각도로 점검을 하도록 한다.

① 참석자를 줄일 수 없는가?
② 빈도, 시간, 배포자료를 줄일 수 없는가?
③ 좀 더 원활한 운영을 할 수 없는가?

일단 회의를 하기로 했다면 다른 방법이 있는가를 모색해 본다.

① 다른 회의와 겸해서 할 수 없는가?
② 권한 위임으로 해결할 수 없는가?
③ 다른 회의에 맡겨도 좋은 내용이 아닌가?

2. 3가지 원칙

꼭 해야 되는 회의라면 보다 효율적으로 진행하라. 위에서 언급한 3가지 사고로 회의를 최대한 하지 않거나 아니면 줄이도록 노력한다. 하지만 모든 회의를 이렇게 줄일 수많은 없다. 최소한의 회의는 필요하기 때문이다. 일단 회의를 하기로 했으면 다음의 3가지 원칙을 지켜 효율적인 회의가 되도록 한다.

원칙 ① "회의 없는 날을 운영한다." 각 회사마다 회의 없는 날을 자율적으로 운영하고 있지만 회의가 없는 날뿐만 아니라 회의 없는 시간도 지정해 운영하고 있다.

원칙 ② "회의 시간은 1시간 원칙으로 하고, 최대한 1시간 반을 넘지 않도록 한다."

원칙 ③ "회의 기록은 한 장으로 정리한다." 회의가 말로만 끝나면 무엇을 이야기했는지, 결론이 무엇인지, 어떻게 실행해야 하는지를 제대로 모를 때가 있다. 회의 내용을 정리해서 참가자나 관련자에게 배포하는 것이 좋은데, 이때 정리도 간결하게 한 장으로 하라.

3. 7가지 지침

① 회의를 진행함에 있어서 가장 중요한 것이 시간 엄수이다. 정시에 모두 참석하도록 하며, 회의 참석자가 모두 참석하지 않았어도 정시에 회의를 시작하고 종료 시간을 미리 공표하여 시간낭비를 최대한 줄인다.

② 회의에 들어가는 경비를 회의 자료에 명시해 불필요한 낭비 요소를 제거하도록 한다. 생산적이고 효율적인 회의 문화를 만들기 위해 모든 회의의 기회비용을 산출, 참석자들에게 사전에 공지한다.

③ 회의 참석자를 꼭 필요한 적임자나 담당자로 제한해 최소화시킨다.

④ 회의의 목적을 명확히 하여 다른 주제나 쓸데없는 방담이나 토론이 되지 않도록 한다. 의사결정을 위한 회의인지, 정보 공유를 위한 것인지 회의 목적도 명확하게 구분하여 사전에 참석자에게 통보한다.

⑤ 회의 자료를 사전 인트라넷 등으로 사전에 배포하고 참석 전에 의제를 검토하여 회의 진행을 원활히 하도록 한다.

⑥ 회의를 진행함에 있어서 어느 특정한 한 사람이 주도적으로 발언하는 것을 막기 위해 참석자 전원이 발언하도록 하며 발표된 의견은 서로 존중하도록 한다.

⑦ 회의록 작성을 최소화하기 위해 결정된 사항만을 기록해 보관하도록 하며, 별도로 작성하기보다는 전자칠판을 사용할 경우, 전자칠판을 복사하여 회의록으로 활용한다.

회의는 반드시 결론을 내라

장시간 회의를 하다 보면 '정작 일은 언제 하나?' 하는 생각이 든다. 회의가 사람들의 의견을 한곳으로 모으고 의사결정을 하는 데 중요한 역할을 한다는 것은 모두가 알지만, 정작 회의에서 결정되는 것은 드물기 때문이다. 회의가 끝나고 나서 "그래서 어떻게 되는 거지? 결론이 뭐였지"라고 묻는다면 많은 시간을 소비하면서 끌어온 회의는 무용지물이 되고 마는 것이다.

즉 회의를 마칠 때쯤에도 결론을 내리지 못하고 다음 회의로 안건을 연기하고 끝나는 경우가 많다. 주제 이외의 이야기로 시간을 보내고, 회의 시간 부족을 이유로 결론을 내리지 못하는 경우가 생기는 것이다. 아무리 활발하게 의견을 주고받더라도 구체적인 아이디어를 하나도 채택하지 못한 채 끝났다면, 그 회의는 실패한 것과 마찬가지다. 이렇게 결론을 내지 못한 것은 결론을 내릴 수 있을 만큼 준비가 되지 않았기 때문이다.

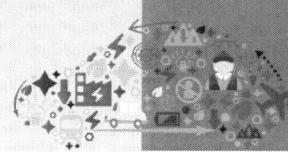

제7편 조직과 노사 혁신

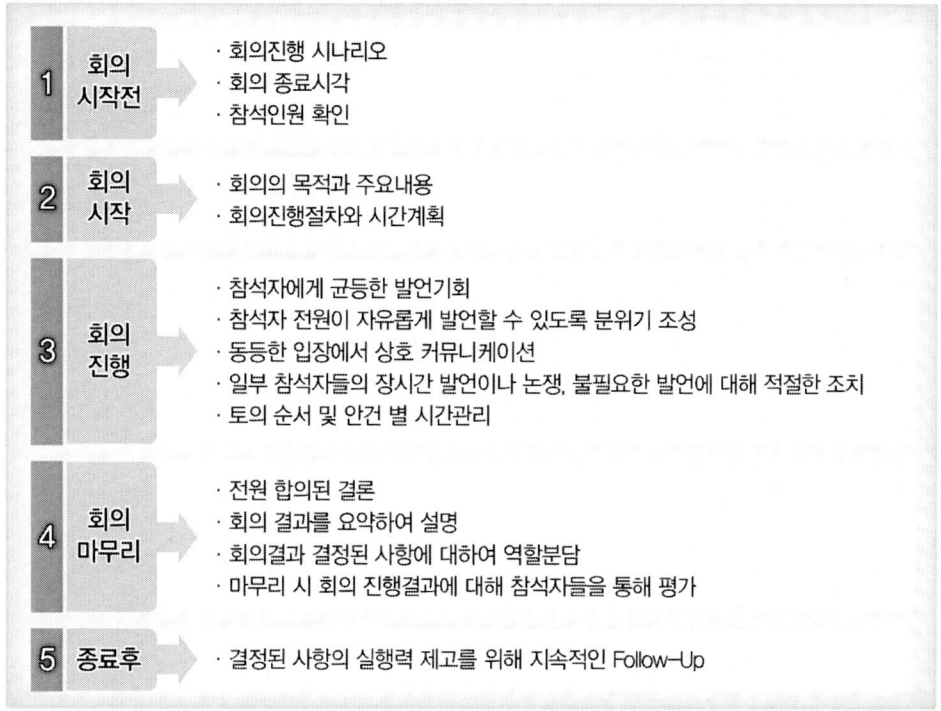

회의 체크리스트

▍회의에서 중요한 것은 '결정'이다

그러므로 회의의 목적이 결론을 이끌어 내는 것이라는 점을 모든 참가자가 확실히 공유해야 한다. 그렇다면 아무것도 결정하지 못하는 심리를 어떻게 바꾸어야 할까? 이럴 때는 회의 목적을 확실히 공유하는 방법밖에 없다. "무슨 목적으로 소집되었는지? 이것을 결정하지 않을 거라면 회의를 열 이유가 없다."는 것을 확실히 인식시키는 것이 중요하다.

▍회의 내용을 전파하라

회의의 성공적 마무리를 위해서는 회의에서 논의된 사항, 결정된 사항, 미결된 사항, 참고사항, 향후 일정 등등에 대해 정리한 회의록을 배포하도록 한다. 참석자들은 회의록을 통해 자신이 기억하지 못했던 내용들을 새로이 발견하게 될 것이다. 그런데 아무리 회의 내용을 잘 기록해 관리를 잘해도 회의 내용이 전파되어 실행에 옮겨지지 않으면 오히려 사문서가 되어 짐만 될 뿐이다. 그러므로 기록된 내용을 시스템을 이용해 신속히 구성원에게 전파시키는 것이 매우 중요하다.

회의의 발표와 경청의 기술

우연한 기회에 강의를 하게 되는 사람은 생각한 것을 표현하는 방법이 익숙지 않아서 너무 짧게 끝내버리거나 주어진 시간을 훨씬 초과하고도 아직 서론을 이야기하기도 한다. 이는 생각과 정보를 정리하지 못해서 일어나는 현상으로써 회의 때에도 자신의 생각과 정보를 정리해서 요령 있게 발표를 해야 한다.

발언 내용이 정리되지 않으면 두서없이 논리가 비약되고 옆길로 새서 알맹이가 없는 내용이 될 수 있다. 발언할 내용에 대한 전체적인 개요를 잡은 다음에 세부 내용 중에서 무엇을 강조할 것인가, 각각의 항목은 몇 가지 정도를 이야기할 것인가를 생각해서 발언의 시나리오를 만드는 것이 좋다.

회의가 계속되다 보면 여러 가지 사항들에 대해 여러 사람들의 의견이 이야기된다. 도중에 지금까지의 토의 내용에 대해 중간 정리를 하지 않으면 의견들이 뒤죽박죽되는 경우가 많다. 듣는 역할자라고 하더라도 토의되고 있는 내용들에 대한 자신의 입장이나 의견을 피드백 한다. 어떤 때에는 아무런 반응이 없으면 발언자가 자신의 의견에 동의한 것으로 간주하고 다음 내용으로 넘어가 버린다.

성공하는 회의 VS 실패하는 회의

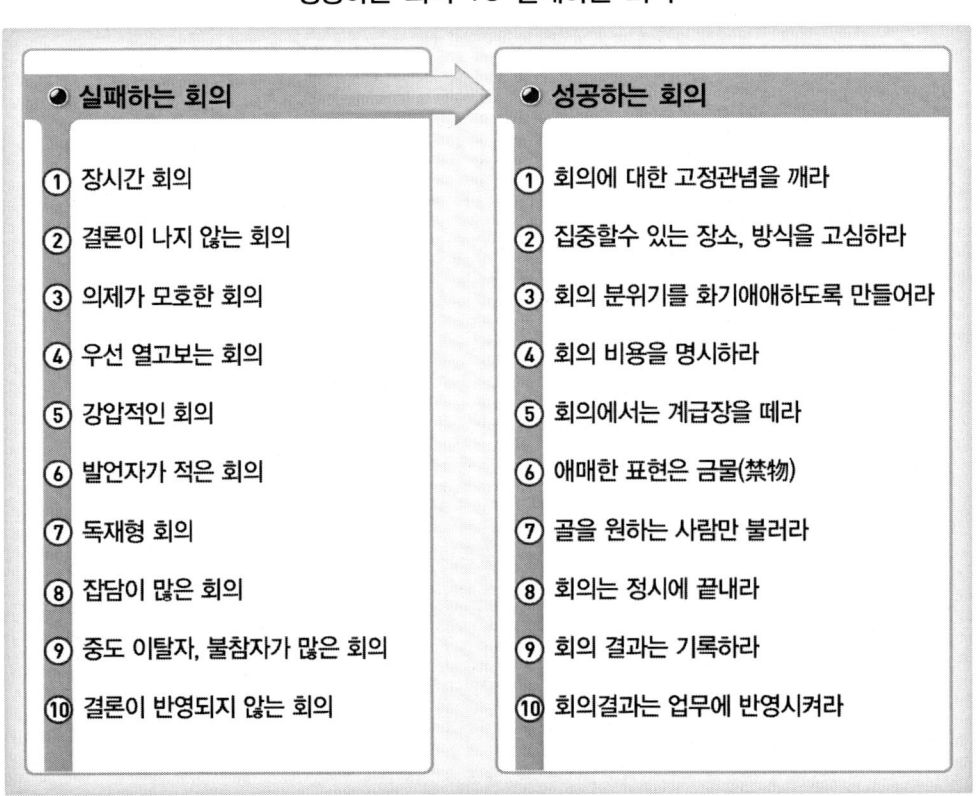

4. 최고 경영자를 이해하자

▍자동차부품업체 CEO – 힘들고 고달픈 자리

자동차부품기업의 최고경영자는 부품기업이 생존하기 위해 완성차기업으로부터 일감을 받아와야하고 원가절감(CR)으로 이익이 나도록 수익성을 확보해야하며 미래 먹을거리를 위해 자동차부품 개발프로그램에 참여할 기술개발에 몰두해야 한다. 또한 경영의 기본인 품질, 원가, 납기, 서비스에 총책임을 가지며 수많은 이해관계자와 하루에도 수십 번 충돌하며 이해를 조정하고 특히 노조와는 연간 수십 차례 정례회합과 협약을 통해 원만한 노사관계를 유지해야 한다. 그야말로 힘들고 고달프며 막중한 책임을 지는 자리이다.

▍최고경영자 – 막중한 책임 고독과 인내의 자리

어느 조직에서나 중요한 선택은 최종 결정권자가 한다. 선택을 한다는 것은 책임도 진다는 뜻이다. 최고 경영자는 엄청난 고독 속에서 집념을 자지고 싸워 나가고, 집념을 가지면서도 집착은 안 해야 하고, 일은 도맡아 하면서도 소유하지 않아야 하고, 거짓말을 좀 하면서 진실을 추구해야 하는, 이렇게 아주 힘든 직업이며 자기 자신과의 끊임없는 싸움이라고 해도 과언이 아니다.

사장이란 자리는 참아야 하는 자리이다. 자기가 다 아는 일이라도 아랫사람 얘기를 끝까지 들어주고 소신을 가지고 일하게끔 해야 한다. 인내심 있게 다 듣고, 거리낌 없이 아이디어가 나오게끔 분위기를 자유롭게 만들어야 한다.

부려먹는 조직이 아니라, 활기차게 알아서 일하는 조직을 만들어야 한다. 말단부터 아이디어를 내서 자기 스스로 자기 일을 개선하도록 하는 사람이 CEO다. 간부는 자기 일만 잘 하면 되지만, CEO가 되려면 잘 하는 것보다는 잘 리드하는 게 중요하다.

▍모든 이해집단의 조정 책임자

최고 경영자 기업대표 CEO 사장은 회사의 이해자 집단 즉 주주, 금융업자, 보험업자, 공급자, 경쟁기업, 하청기업, 조합원과 노동조합, 발주고객, 정부와 지역사회, 서비스제공자 등의 이해관계를 균형 있게 조화시킴으로써 이들과 함께 성장하는 것이 수익을 내야하는 기업경영 이외의 어려운 과제이며 책무이다.

▎주주의 권익을 최대로 보장해야

주주는 개인투자가와 기관투자가로 구성되어 있다. 주주는 주주결의권에 바탕을 두고 있는 기업의 기본적인 정책결정에 참가하고 이익배당 및 잔여재산배분에 참여하는 권리를 갖고 있어 경영자는 주주들의 권익을 최대한으로 보장하도록 인식하고 있다.

▎금융회사 은행은 자금을 무기로 통제

CEO에게 영향력 있는 상사는 금융회사 특히 은행이다. 자금조달의 문제는 주주보다는 금융업자에 의한 지원에 크게 의지하고 있기 때문이다. 기업의 급격한 확장, 통합 또는 합병, 재무위기마다 자금지원으로 압박과 통제를 할 것이다.

▎자재 공급자와 협력기업과는 동반자 관계 유지

원자재, 원료, 부품, 반제품 등을 하청공급자로부터 구매할 경우에는 장기적으로 하청공급자에 대해 재무적, 기술적 지원을 아끼지 않음으로써 쌍방기업의 상호 이해관계에서 균형을 이루면서 존속 성장하도록 하여야 한다.

▎고객의 요구는 무조건 수용해야 존속한다

누구보다 먼저 만족시켜야 할 집단은 고객이다. 고객은 회사가 존재하는 이유이다. 고객만족은 너무 기본적이고 중요해서 쉽게 잊을 수 있을 수가 있다. 고객이 가격인하를 요구하거나 더 높은 품질수준을 바란다면 거의 들어주어야 한다. CEO가 고객의 만족도를 제대로 파악하지 못하면, 그 회사는 결코 살아남지 못한다. CEO는 고객을 만족시켜야 산다.

▎경쟁기업은 항상 옆에서 위협을 가한다

경쟁기업의 경영전략과 행동이 미치는 영향은 지극히 크다. 과점기업의 경우 단독으로 시장을 지배하기 어렵고 또 공정거래와 시장의 글로벌화로 유지하기도 어렵다. 또 과당경쟁으로 인한 덤핑행위도 지속적인 계속기업으로서의 존속을 위태롭게 하여 어렵다. 다만 경쟁력을 꾸준히 유지하는 책임이 CEO에 있다.

▎종업원과 노동조합은 사장의 파트너이자 상사이다

CEO가 만족시켜야 할 또 하나의 중요한 집단은 종업원이다. 종업원들은 대개 자기들이 상사를 만족시키기 위해 애쓴다고 생각하지만, 사실은 상사도 종업원을 만족시키기 위해 애쓰고

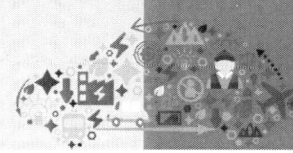

제7편 조직과 노사 혁신

있다. 마찬가지로 종업원들은 CEO가 강력한 통제권을 가지고 있다고 생각하지만, 사실은 종업원이 CEO나 상사에 대해 오히려 더 막강한 힘을 가지고 있다. 그들은 CEO의 목적이나 목표를 달성시켜 회사를 일으킬 수도 있지만, 또한 일순간에 쓰러뜨릴 수도 있다.

따라서 CEO는 종업원을 가족처럼 대하며 동기부여를 해주어야 한다. 아울러 노동조합의 세력이 점차 커지고 있으므로 단체교섭 및 노사협조를 통해 노사 간의 마찰을 없애고 생산성을 향상시키며 기업의 성장을 도모할 수 있게 해야 한다. 아마 이 일이 CEO의 가장 무거운 책임과 임무일 것이다.

▍정부와 지역사회 언론은 결코 무시 못 할 권력집단

정부와 지역사회는 기업에 대해 법령이나 규정 등으로 기업의 활동을 제약하거나 제재를 가할 수 있다. 특히 환경과 안전, 세금과 부담금 등 기업을 옥죄일 요소를 너무 많이 가지고 있다.

권력은 언론도 가지고 있다. 그들은 활자화된 몇 단어 혹은 몇 초 동안의 방송으로 특정 경영자나 기업을 죽일 수도 있고 살릴 수도 있다. 유능한 CEO는 반드시 언론을 염두에 두고 행동하지는 않지만, 언론의 시각을 고려하여 생각하고 행동해야 한다. CEO는 언론을 만족시켜야 할 또 다른 짐을 지고 있다.

▍CEO의 사내 3대책임

1. 기업유지 및 발전의 책임

기업을 계속적으로 유지·발전시킨다는 것은 쉬운 일이 아니다. 대내적인 사회적 책임을 감당할 수 있으려면, 기업이익의 증대와 수익성 향상에 혁신으로 이를 계속적으로 달성할 수 있어야 한다. 즉 기업의 CEO는 경영자가 지니고 있는 건전한 윤리관과 경영자의 창조적 기능에 의해 이익의 증대와 수익성의 향상을 도모해야 한다.

2. 종업원에 대한 인간적 만족의 책임

기업이 보유하고 있는 최대의 자산은 인적자원이다. 이들에게 적절한 리더십을 통하여 동기부여를 할 때 이들은 기업에 대해 협동적 노력을 아끼지 않게 된다.

종업원들은 자신의 관리적 역량의 반대적 급부로써 생계를 유지하고 있는 것이 사실이지만, 근본적으로는 인간이며 누구나 지니고 있는 욕구를 만족시키고자 한다. 경영자는 종업원들이 직무를 통해 이러한 욕구가 충족되도록 하여야 한다.

이들 종업원들에게 인간적 만족을 주기 위해 경영참가제도를 통해 의사결정에 직접 참여시키고 종업원의 복지향상과 노후대책을 제도화시키고 고용의 안정을 위한 인사정책을 건전하게 수립함으로써 인간적 만족감을 갖도록 함이 대단히 중요하다.

3. 후계자 양성의 책임

기업의 성장과 발전을 위해서는 후계자를 적극적으로 육성해야 한다. 이는 내일을 위한 유능한 경영자의 양성 없이는 기업의 계속적 성장을 기대할 수 없기 때문이다.

제7편 조직과 노사 혁신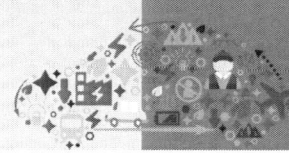

5. 노사협력의 새로운 틀을 만들자

▌노사관계의 새로운 방향 – 철학과 가치를 공유하자

노사관계를 안정시키기 위해서는 상황을 관리하는 단기적인 전략에서 벗어나 노사관계의 철학을 확립하고 이를 전 종업원들이 공유할 수 있도록 만들어야 한다. 최고경영자부터 일반 직원에 이르기까지 노사 당사자의 가치 판단이 일치해야 기업 차원의 질서를 유지하고 노사의 신뢰를 확보할 수 있다. 노사관계 철학은 기업의 성장과 종업원의 역할, 생산과 분배의 원칙, 그리고 노동조합의 위상 등에 구체적인 비전을 담고 있어야한다.

▌노사 상호신뢰와 협력기반 구축하자

노사 상호신뢰와 협력 없이는 그 어떤 것도 이룰 수 없다. 회사 경영진은 인간존중 경영으로 현장 종업원들의 애로와 문제들을 적극적으로 수렴하고 해결하고자 하는 현장 중시 경영을 지속적으로 추진하여 노조를 생산성 향상과 경쟁력 제고의 동반자로 인식하고, 근로자 대표들은 경영의 성과와 위험을 공유하여 공동으로 책임의식을 갖고 생산적으로 합리적인 활동을 지향하여야 하며 기업발전을 위해 원가절감과 경영혁신에 적극 동참하여야 한다. 이러한 인간존중 경영으로 노조의 협조를 이끌어 내는 합리적인 교섭방식과 활성화된 노사협의체계를 정착시켜 나가야 한다. 이를 위한 구체적인 실천방안은 다음과 같다.

1. 노조의 실체인정과 강력한 노조 집행부 구성

회사는 노조의 실체를 인정해야 한다. 회사 역시도 노조를 귀찮은 존재, 경영에 방해되는 존재가 아니라 협력적 동반자로서 인식하는 시각으로 대대적인 전환을 하여야만 노사관계가 선진적으로 발전할 수 있을 것이다. 또한 강력한 집행부가 구성되어야 한다. 노조는 계파간의 이해관계를 떠나서, 명실 공히 전체 직원의 의견을 대표할 수 있는 대표 기구로 거듭나야 한다. 이를 위해서는 계파간의 대통합이 이루어져야 할 것이다.

노사패러다임의 틀을 바꾸자

- 지식자본을 보유한 지식근로자의 영향력 증대 → 전통적 노사관계 틀 붕괴
- 인력의 유동성 심화 및 보상유형의 다양성 → Digital Divide 심화
- 네트워크에 기반한 정보취득 및 공유의 용이 → 경영투명성의 시대
- 불확실성, 비선형 변화 속에 즉시 활용가능인재 중시 → 노동가치 중시
- 연공, 서열, 직급, 학력 파괴현상의 가속화 → 전통가치가 新 질서로 대체
- 기업생종주기 단축, 강자만의 생존시대 도래 → 상생을 위한 협력 불가피

디지털 혁명의 충격

과거	현재 · 미래
① 고용관계(고용인-피고용인)에 기초	① 합리적 거래관계(Transaction)를 전제
② 평생고용을 전제로 한 장기적 보상배분 중시	② 단기적 성과와 장기비전의 공유 중시
③ 임금인사, 근로조건 향상을 중시	③ 노동가치 향상, 성과배분 파이 확대 중시
④ 규율, 협약에 기초한 의무이행 중시	④ 가치에 기초한 자율과 책임 중시
⑤ 노사안정을 위한 조직분위기 쇄신 중시	⑤ 기업의 성과, 경쟁력의 향상을 목표로 추구
⑥ 연속성 없는 이슈행사성 문화활동 추진	⑥ 일관성을 바탕으로 직무, 경영활동에서 실천
⑦ 집단적 가치, 이해관계 중시	⑦ 다양한 가치 존중, 전체와의 조화 중시

2. 노사 간 일체감 조성 노력

최고경영자는 수시로 현장을 방문하여 현장의 미흡한 부분의 지적이나 질책 보다는 현장고충이나 어려움을 이해하고 동감하여 즉시 처리해 주며 직원들과의 거리감을 없애도록 노력한다. 이는 회사간부, 직원, 가족 등이 수시 접촉하고 다채널 대화를 통해 이루어질 수 있을 것이다.

3. 상설 노사협의회 구축

현재와 같은 분기별 또는 협의 안건이 있어야만 하는 노사협의회 보다는 노사의 대표자들이 토론회, 간담회 형식으로라도 정기적으로 만남을 가져 노사 간의 신뢰를 쌓는 만남의 장으로 활용한다.

4. 노사 합동세미나 개최

노사 간 협력적, 화합적 공감대 형성을 위해 노사 간 분임토의나 또는 합동 세미나를 가져 국내외 경제 환경의 변화인지와 정보를 공유하여 노사화합을 다짐하는 장이 될 수 있도록 한다.

5. 노무부서 기능강화 및 활성화

회사소속의 노사협력팀을 실질적인 노사협력 조직으로 운영할 수 있도록 책임 있는 노동조

합 간부를 참여시킨다. 노사협력팀은 직원들의 고충과 어려움이 노조와 회사 각각의 라인으로 접수되는 것을 상시 노사관련 문제의 접수창고로 하고 이런 문제에 대해 토의하고 방안을 찾아 제시한다. 또한 노사 분쟁의 소지가 있는 것을 찾아 예방대책을 세우는 등 노사관련 문제를 해결하는 전문팀으로 위상을 높인다.

▮참여하고 싶은 열린 경영을 하자

노사 간 상호 신뢰의 선결조건은 상대를 배려하고 있다고 믿는 믿음이다. 이런 믿음을 주기 위해 회사에서는 인간을 존중하는 경영으로 직원을 배려하는 정책을 시행하고 경영정보를 투명하게 공개하여 직원들이 진정으로 회사의 정책에 믿음을 갖고 경영에 참여하도록 해야 한다. 경영실적과 운영계획 그리고 인사노무 관련 정책에 대한 상세한 정보를 노동조합과 종업원들이 공유하게 하고 직원들의 고충과 요구를 수렴하여 해결하고자 하는 적극적인 노력을 기울이고, 노사 간의 정서적 일체감을 다져나가기 위한 다양한 교육프로그램과 문화행사를 노사 공동으로 수행한다.

▮서로가 장기적인 관점을 갖자

서로가 장기적인 관점을 가져야 한다. 노사 양측은 매우 근시안적인 자세로 협상에 임하는 경우가 많이 있다. 이는 특히 집행부의 임기 등을 고려하여 단기적인 이익획득에 주력하는 경향이 있다. 하지만, 단기적으로는 이익으로 인식되는 부분이 결국은 먼 미래에 큰 손실로 나타날 것이 많다는 인식을 가져야만 할 것이다.

▮법치주의 노사문화를 만들자

불법파업, 폭력, 설비점거 등의 불법은 불법을 낳는 악순환을 계속한다. 이런 악순환의 고리를 끊는 가장 좋은 방법은 법을 준수하는 것이다. 선진 노사문화는 법을 준수하는 법치문화로 정착할 수 있다. 부당노동행위에 대한 고발과 경고조치 등을 적대적 행위로 보아서는 안 되며 건전한 노사문화를 정착하는데 그 목적이 있음을 이해해야 한다.

교섭석상에서 합리적 수준을 지키는 노사관행 준수하여 합리적이고 규정에 맞는 요구를 해야 하며 투쟁을 목적으로 상대방이 수용할 수 없는 요구를 해서는 안 된다. 또한 인신 공격적 언행, 언어폭력 등 사람과 문제를 분리해서 교섭한다.

2009년 쌍용차 노사사태

대립적 노사관계의 표본 : 쌍용차 구조조정의 길 37%, 2,646명 감원
- 희망퇴직 1,900여명 450명 정리해고 등

기업현실을 고려하지 않은 노조의 무리한 요구
- 적자상황에도 매년 임금인상 요구. 올해도 10% 요구
- 단 한명도 정리해고도 받아들일 수 없다는 경직된 태도

산하노조의 어려움을 악용하는 민노총과 외부세력으로 76일간(5/22~8/6) 투쟁
- 민노총과 외부세력으로 쌍용차사태가 이념투쟁으로 변질
- 좌파성향 단체가 불법무기 제조와 이념교육
- 새총 볼트, 화염병, 쇠파이프, 지게차 이용

결국에는 기존 강성노조 와해, 민노총 탈퇴, 40여명 노조원 구속, 기업이미지 타격, 회생의 어려움과 시간허비 가중

쌍용차 사태의 4가지 교훈

1. 회사가 우선 생존할 수 있는 매출과 이익구조를 가져야 한다.
2. 노조의 무리한 요구와 불법파업은 안 된다.
3. 외부세력이 끼면 모든게 그르친다.
4. 관리감독자가 앞장서야 바로 회생한다.
    - 언제 어떤 위기가 올지 또 완성차가 항상 생존보장 아무도 모른다.
        - 글로벌위기 또 다시 올지 모른다. 항상 긴장하고 혁신하라.
        - 완성차, 모기업 믿지 말라. GM, 현대 등 모기업 확신이 없다.
        - 위기의식이 생존의 원천이다.
    - 회사의 회생과 생존의 주도그룹은 언제나 관리감독자이다.
        - 관리자가 앞장 서지 않으면 누구도 나서지 않는다.
        - 아무리 어려워도 노조나 사원이 나서서 뛰지 않는다.
    - 전 사원 모두가 한 방향으로 가는 사상과 언어와 행동의 통일이다.
        - 어떤 상황에 있든 어떤 입장이든 회사가 잘 되야 한다는 같은 생각을 갖자.
        - 항상 쓰는 말, 용어, 행동, 철학, 습관이 모두 같아야 한다.
    - 중간 관리자는 회사의 중심이고 허리이다. 솔선수범으로 선두에 서야 한다.
        - 부하 앞에서 불평불만 해선 안 된다. 항상 부하를 가르치고 육성해야 한다.
        - 앞날을 내다보고 미래 목표를 제시하며 부하를 이끌어야 한다.
        - 조직관리의 핵심은 솔선수범이다. 먼저 모범을 보여라.

제8편
생산성 혁신

1. 종합생산성을 혁신하자

┃수익성을 향상 맵을 그려 전원이 참여하자

    기업이 이익을 내려면 1)매출액을 올리고 이익률을 높여 매출액 이익률을 향상하는 방안과 2)각종 투자와 자산을 효율적으로 이용하거나 당좌자산이나 재고를 줄여 자본회전율을 향상시키는 두 가지 방법이 있다. 기업의 이익이 늘고 이익을 내는 수익구조가 탄탄히 자리 잡는 체질이 되면 그 기업의 가치는 증대되고 경쟁력은 더욱 강화되는 선순환의 구조가 정착된다.

    따라서 수익성 향상 목표를 달성하려면 목표 로드맵에 전 부문이 참여해야 한다. 그리고 수익은 노동, 자본, 자재, 에너지, 정보, 공법 등의 기업의 모든 자원이 효율적으로 투입되고 투입된 자원이 효율적으로 산출되려면 결국 효율과 생산성이 극대화되어야 한다.

수익성 향상 목표 MAP

총자본 이익율 향상 → 기업가치의 증대

- 매출 이익율 향상 = 이익/매출액
  - 매출액 증대
    - 판가유지인상: 제품믹스, 납기단축, 품질향상
    - 매출량증대: 시장개척, 선전광고, 신제품개발
  - 총 원가절감
    - 제조원가절감: 생산능력, 직접재료비, 직접노무비, 제조간접비
    - 판관비절감: 고정비, 변동비
- 총자본회전율 향상 = 매출액/총자본
  - 고정자산 절감
    - 자산유효이용: 설비가동률, 토지활용
    - 투자효율향상: 자회사정리, M&A
  - 유동자산 절감
    - 재고감소: 원재료, 재공품, 완제품
    - 당좌자산감소: 어음단기화, 판매미수금, 구속예금

3대 생산성

생산성이란 생산에 투입된 재화에 대한 산출 비율로 다음을 3대 생산성이라 한다.
1. 노동 생산성 = 산출량 / 노동 투입량
2. 설비 생산성 = 산출량 / 설비 투입량
3. 재료 생산성 = 산출량 / 원재료 투입량

특히 노동생산성은 정확한 의미를 측정하기 어렵다. 임금, 이익, 배당금 등 부가가치를 그 기준으로 하는 부가가치 노동생산성이 더 의미가 있다. 즉 부가가치액 / 노동력 = (매출액-외부조달 가치) / 노동력이다.
- 외부조달가치 = 원자재, 동력, 연료, 외주가공비, 감가상각
- 부가가치액 : 임금, 주주배당, 세금, 금리, 사내 적립금, 이익 등 관계자 배분 자원.

생산성은 임금인상과 경쟁력의 원천이다.

생산성은 부가가치 즉 기업의 성과로 경쟁력과 임금인상의 원천이다. 생산성을 향상하기 위해서는 생산의 Input 요소인 4M(Man, Machine, Material, Method)을 감소시키든지 Output인 제품의 수량을 늘리든지 해야 한다. 그러나 Output을 늘리려면 설비와 인원의 확장 투자가 필요할 수 있고 또 과잉생산의 낭비를 초래하여 나쁜 영향을 끼칠 수도 있으며, Input 요소를 줄이면 자칫 잘못하면 Speed 하지 못 하거나 납기보증 및 리드타임에 대한 Loss를 초래한다.

생산성의 저해요인과 개선사항

● 생산성의 저해요인	● Loss 구분
① 작업방법 불량	① 작업방법
② Layout 배치불량	
③ 작업간선	
④ 공구/작업조건 불량	
⑤ 작업자 불량	② 작업성과(능률)
⑥ 결원으로 LOB불량	
⑦ 숙련부족	
⑧ 기계성능저하	
⑨ 작업자 태만, 잡담, 이탈	
⑩ 순간정지	③ 설비(활용/가동률)
⑪ 결품	
⑫ 부품불량	
⑬ 설비고장	
⑭ 계획량부족	
⑮ 기종교체	
⑯ 교육, 훈련, 행사	

제8편 생산성 혁신

▌제조경쟁력 극대화를 위한 종합생산성 향상

종합생산성은 생산시스템에 투입된 요소들의 총합과 이로써 이루어진 전체 산출을 비교하여 측정하는 개념이다. 따라서 종래의 생산성 개념을 뛰어넘어 제품의 경쟁력을 강화해 고객만족을 실현하는 의미라고 할 수 있다.

총 생산성 = 총산출 / 총투입
 = (매출액 또는 생산액) / (노동+자본+자재+에너지+서비스)

종합생산성 향상을 위해서는 재료의 생산성과 에너지혁신을 통한 원가혁신 활동, 인원의 생산성과 설비의 생산성 향상으로 확대하고 작업환경의 개선, 철저한 낭비제거, 표준작업의 설정, 언밸런스 공정 개선 활동, 설비의 사이클 타임 정립, 재고·재공재고·완제품 재고 감소, 생산 리드타임 단축, 작업수율 향상, 로스 감소, 간이 자동화 채용, 공정재편성을 통한 생산성 향상 등 다양한 테마를 추진하는 것이다.

생산성 3대요소 중 노동생산성과 설비생산성을 향상시키는 방법은 로스부터 줄이는 것이다. 로스에 관하여는 관련분야에서 상세히 다루었으니 생략하며 사람과 설비의 로스 구조를 먼저 알아야 한다.

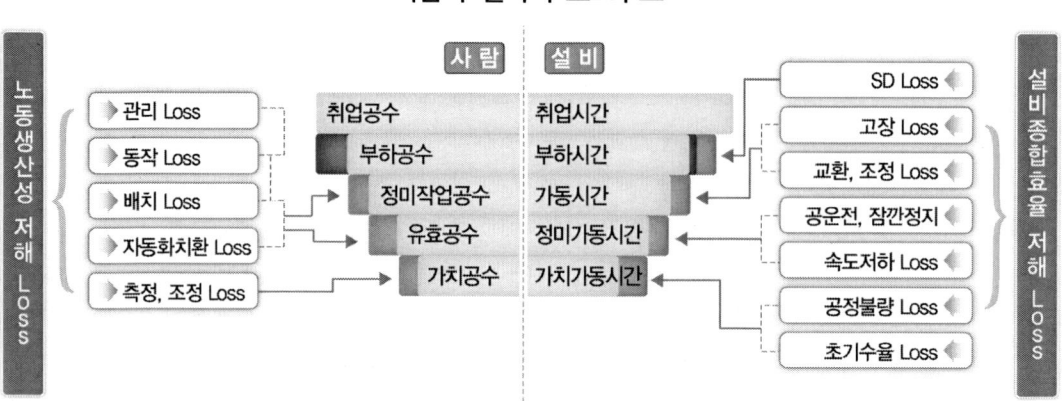

사람과 설비의 로스구조

재료 생산성 향상 방안

1. 이상적 자재의 설계(개발/설계 부분)
   - 제품별 설계 개선여지(기본, 보조기능, 과잉품질, 설계수율 LOSS)를 테마별 개선과제를 도출하여 그 목표를 전개한다. (V.E적 접근)

2. 구매가 저감(구매부분)
   - 구매방법과 구조의 분석과 가격
   - 외주 개발 등 주요전략도 검토함(생산기술부문)
   - 생산기술부문의 생산기술상 관계된 부재료절감

3. LOSS 감소(제조부문)
   - 종합수율 LOSS 체계에 의한 실적을 분석하고 이상제조 지표에 근거
   - 수율(Yield) : 공정의 각 단계에서 재작업 또는 부품의 폐기 등의 불량을 포함하여 관리하는 지표를 말하며, 양품률의 개념이다. 수율의 종류는 다음 세 가지가 있다.
     • 초기수율(FTY) : 개별공정의 품질수준을 결정하는데 사용한다. 재작업/수리하지 않는 프로세스에서 적용
     • 누적수율(RTY) : 전체공정의 품질수준을 표현하는데 사용되는 지표 중의 하나
     • 표준화 수율 : 전체공정의 평균 품질수준을 표현하는데 사용되는 지표 중의 하나로, 프로세스에서 초기수율에 기하평균 개념을 적용

제8편 생산성 혁신

자재생산성 구조

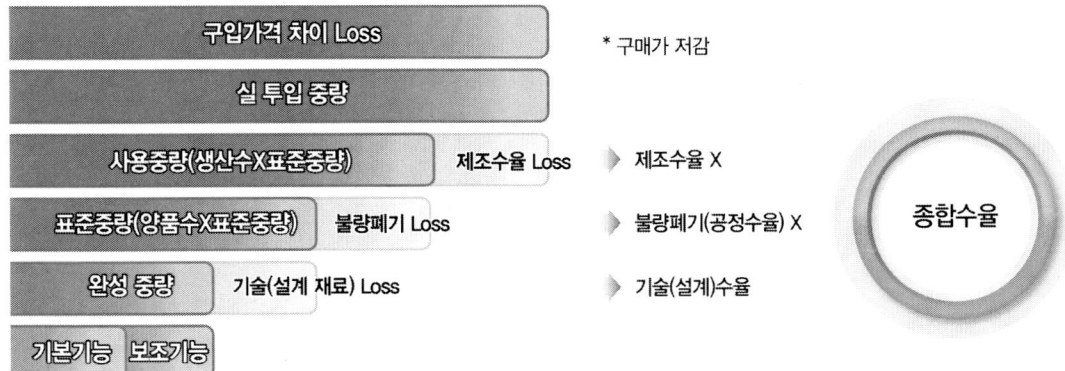

전사종합생산성 향상

① 종합생산성 관리	② 생산합리화 시스템 구축	③ 노동생산성 향상	④ 설비생산성 향상	⑤ 생산 L/T 단축	⑥ 공정재편성	⑦ 적정재고 관리
○ 현장개선활동	○ MRP-II 시스템	○ 현장작업개선	○ 5S 및 고장 예방활동	○ L/T 산출	○ 물류흐름개선	○ 생산관리 시스템 개선
○ 낭비주방활동	○ ERP 시스템	○ 표준작업 시스템구축	○ 설비 7대 Loss 제거	○ 물류흐름 개선	○ 생산CAPA 증대	○ 재고관리 시스템 개선
○ 품질향상활동	○ LEAN 생산방식	○ 표준시간 설정 · Time Study · RWF · MODAPTS · MOST	○ 눈으로 보는 관리	○ 운반작업 개선	○ C/T 단축	○ L/T 단축
○ 생산관리 시스템 정비			○ 설비종합 효율 관리시스템 구축	○ Layout 개선	○ 적정인원 설정	○ 납기준수율 향상
○ 노동생산성 향상활동		○ 적정인원 설정			○ 표준작업 구축	○ 적정재고 산출
○ 설비생산성 향상활동		○ 작업성과 관리 시스템 구축				
○ 자재생산성 향상활동						

2. 편성효율과 조립생산성을 올리자

▌자동차기업의 생산성지표는 국제수준에 미흡

국내 대표기업인 현대자동차의 생산성을 비교하면 아직 국제적 수준에 미치지 못한다. 예를 들어 자동차 1대를 생산하는데 소요되는 시간을 나타내는 HPV(Hour Per Vehicle)를 살펴보면 현대자동차의 경우 2009년 기준 31.3인 반면 경쟁업체 평균은 23.7에 불과하다. 즉, 현대자동차의 생산성은 경쟁업체의 약70%에 머물고 있는 것이다. 뿐만 아니라 최근 4년간 근로자 1인당 생산대수를 비교해보아도 현대자동차는 30.3대로 일본 도요타(52.5대)의 58.3%에 불과하다. 현재 우리나라 자동차산업의 경영실적이 좋은 것만은 사실이나 노동생산성이 높은 것은 결코 아니다.

▌조립생산성(HPV)

자동차 업체의 생산설비, 관리효율, 노동생산성 등 제조경쟁력을 평가하는 기준 지표로 차 한 대를 생산하기 위해 투입되는 시간(HPV- 단위공장의 총생산대수를 프레스, 차체, 도장, 조립공정의 생산, 자재, 품질의 직접인원 총 공수(MAN-HOUR)로 나눔)도 국내공장이 해외공장에 비해 크게 미치지 못하고 있다.

현대차 앨라배마 공장이 14.6시간, 북경현대 공장이 19.5시간인데 반해 현대차와 기아차 국내공장은 각각 28.9시간과 31.3시간이다. HPV 수치가 낮을수록 생산성이 우수한 것이다.

▌직행률

SET내 어떤 부품도 공장 내 전 공정에서 불량이 발생하지 않아 수리, 재작업, 폐기 없이 모든 개별 공정을 직행하고, 설비 고장, 품절, Model Change등에 의한 대기 없이 최종 공정까지 이상적으로 흘러갈 확률을 말한다. 공정이 길고 복잡한 차량의 경우 도요타자동차가 98% 수준이고 국내자동차메이커는 85%수준이다.

▌편성효율을 올리자

이처럼 생산성이 낮은 이유는 인력배치의 효율성을 나타내는 '편성효율'도 낮다. 편성효율이란 실제 생산에 투입한 인원 중에서 이론적으로 생산에 필요한 인원대비 차지하는 비중을 나타낸다. 따라서 편성효율이 높을수록 불필요한 생산인원 없이 효율적으로 인력배치가 이루어져있음을 의미한다. 현대자동차 국내공장의 인력배치효율성을 나타내는 편성효율은 53.2에 불과해 이론상 필요한 생산인원의 거의 두 배에 가까운 인원이 생산에 투입되고 있음을 알 수 있다.

현대차에 따르면 2010년 기준 국내공장의 편성효율(표준인원/실제 투입인원)은 53.4%로 미국공장(91.6%), 중국공장 (86.9%), 인도공장(88.4%), 체코공장(90.6%) 등에 훨씬 못 미친다. 편성효율은 조립라인을 기준으로 적정 표준인원 대비 실제 투입된 인원 수 비율로 편성효율이 낮을수록 적정 표준인원 대비 더 많은 인원이 투입됐다는 것이다. 따라서 편성효율이 낮을수록 생산성이 낮은 것이다.

이렇게 해외의 경우 편성효율이 높은 이유는 노동시장이 유연하기 때문에 사내하도급 근로자의 적절한 활용이 가능하여 경기변동과 수요변화 등에 대응한 유연한 인력조정이 가능하고 인력의 효율적 재배치가 가능하여 편성효율이 높은 것이다

▍편성효율 향상의 기본원칙

1. 생산량에 맞게 인원을 모아 재배치한다.
2. 작업영역은 최소한으로 축소한다.
3. 가공조립은 완료 후, 작업자의 손이 미치는 범위로 돌아오게 한다.
4. 부품은 사용하는 위치로 공급한다.
5. 공정 내 표준재공은 기본적으로 1개로 한다.
6. 공정 간에 표준재공은 1개 이상 놓을 수 있는 공간을 만들지 않는다.
7. 공정 간에는 도움작업을 설정하여, 표준작업화 한다.
8. 편성효율은 90% 이상 확보를 목표로 한다.

사람(인력)의 4대 로스

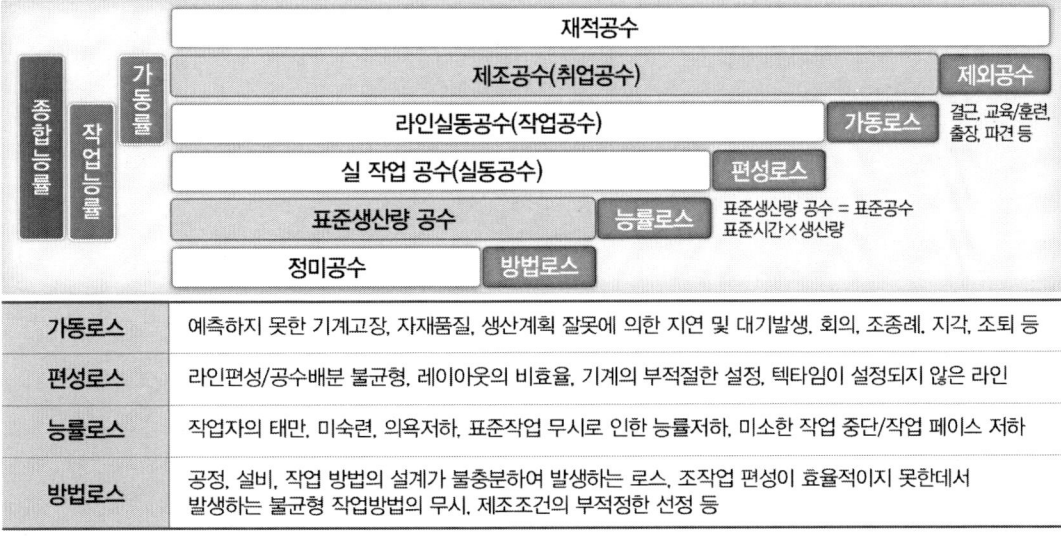

3. 현장관리를 철저히 하자

▮ 생산의 4요소 중 작업자가 가장 중요

생산의 4요소는 사람, 자재, 설비, 공법이다. 이 가운데 사람 즉 작업자가 가장 중요하다. 즉 작업자 한 사람 한 사람의 기능, 의욕, 일하는 방법이 차 한 대 부품 한 개의 완성품과 생산성에 대단한 영향을 미친다. 이런 작업자가 일하는 생산현장은 대개 과장-직장/계장-반장 (10~15명)으로 구성되며 이들 관리감독자는 현장리더로서 작업자를 직접 지도. 지휘하여 생산계획과 품질향상, 원가절감 등의 공장목표 달성과 3대 생산목표인 Q.D.C (품질, 납기, 원가)를 만드는 것이 제1목표이고 부하를 육성하는 것이 다음 목표이다.

이런 역할을 위해 일의 추진 방법의 기본으로서 현장관리는 일상적 수행 근거로 표준작업이 이루어져야 한다. 바로 작업표준화와 관리 사이클 (PLAN - DO - CHECK - ACTION)을 돌리는 것 2가지를 중요시 하고 있다.

▮ 현장관리자의 역할

1. 이상이 없는 작업환경과 자주검사로 100% 양품을 후공정 만족의 품질관리
2. 생산계획은 월간, 주간, 이일, 매시간 매번 생산수량 달성
3. 낭비의 철저한 배제로 원가절감의 토대 구축
4. 올바르게 일하도록 일을 표준화하고 지키도록 작업지도
5. 부하의 능력향상을 도모하고 인간적 성장을 지원
6. 자신의 기능도 높이고 스스로 변화하며 실력향상

▮ 현장관리자의 마음가짐

1. 항상 현장을 보고 표준 작업의 점검과 정상, 이상을 구별한다.
2. 자신의 지침, 목표를 명확히 하고, 꾸짖을 때는 꾸짖고, 칭찬할 때는 칭찬하며 부하를 통제 지도해야 한다.
3. 넓은 시야로 보고, 판단한다. 자기공정 만이 아닌 전후공정과 관련부서 포함한 종합적으로 본다.
4. 문제해결에 철저히 임해야 한다. 즉 문제 제기 보다는 문제를 자신이 해결하는 형이 되어야 한다.

현장관리자의 1일 행동기준

현장관리자는 작업지도와 감독업무가 80%이상이 되어야 하고 사무, 회의, 직접작업은 20% 미만이 되도록 해야 한다. 따라서 하루일과의 시간 관리를 철저히 하고 행동 항목별 기준이 명확하게 이루어지도록 습관화되어야 한다.

일과의 시간순서별 행동항목과 기준

1. 조회/ 체조 /안전구호 실시
[조회 전달 내용]
 - 회사, 공장, 과, 반(조) 등의 상황을 반원에게 올바르게 전달
 - 생산현황(품질, 원가, 납기) 등 - 업계와 사회의 상황 - QC, 제안활동
 - 안전, 재해사례 - 인원변동 - 생활지도 - 기타 연락사항
2. 작업시작 점검의 결과 확인 - 작업시간 준수
3. 기계설비, 치공구 작동 상황의 CHECK, 결과 확인
4. 측정기기 등의 정도 확인
5. 현장 순회 점검
 - 작업의 관찰, 안전작업 CHECK, 품질 CHECK, 부품/재료의 재고확인
6. 계장에게 생산 상황 등을 보고
7. 서무 관계의 처리
8. 시간대의 생산실적의 파악
9. 계장, 반장 연락회의 출석
10. 지시 사항에 대한 실시 상황의 CHECK
 ① 임시작업 - 설계변경으로 TRIAL작업 :초물은 반드시 설계사양도, 공정표, 작업표 점검
 ② 작업 변경
 - 개선 제안시 변경대로 작업이 되는가 여부, 부적합은 없는가 CHECK
 - 공정에서 TROUBLE이 발생한 경우는 지원여부, 공정 중 제품의 확인 등의 지시
 - 신규 작업자가 작업지도 한대로 작업을 하고 있는지 확인
 ③ 생산 진척 상황의 파악
11. 작업 - 작업의 감, 요령을 얻기 위하여 Line에 들어가서 작업한다.
12. 품질과 Trouble 정보수집과 Feed/Back - 인원변동 시 후공정과 검사부에 연락
13. 반원의 의견을 청취한다.
14. 오전 작업 설비 OFF의 확인 - 예) 유압, CONVEYOR, 조명등
15. 오전 생산실적을 파악, 기계. 설비. 치공구의 부적합한 점, 보수 상황 CHECK
 ① 생산실적이 계획 미달인 경우는 오후 처음부터 원인조사하고 대책을 행함
 ② 부적합이 있는 기계, 설비, 치공구가 올바르게 보수되어 있는가.

점심 휴식 시간에는 보전 부서의 작업자에게 전달하였는가.
16. 점심시간 행사에 참가한다.
17. 오후 작업 설비 ON의 확인
18. 작업 훈련 상황의 확인, 작업 훈련의 실시
    - 현장에서 필요한 기술내용과 개개인의 기능 Need를 파악한 후 훈련
    - 계획을 세워 실제 작업 중 얼마나 기능을 습득하였는지 CHECK
    - 표준작업서를 기준으로 작업 훈련을 실시
19. 현장 순회 점검의 실 - 오전 5와 동일 오전과는 POINT를 바꾸어 실시
20. 시간대의 생산 실적의 파악 - 오전 8과 동일
21. 지시 사항에 대한 실시 상황의 CHECK - 오전 10과 동일
22. 작업 - 오전 11과 동일
23. 품질과 Trouble의 정보의 수집과 Feed Back - 오전 12와 동일
24. 이상 발생 시 대책, 조치
    ① 안전 - 계장에게 보고하고 지시를 받고 Follow 한다.
    ② 품질 - 즉시 자 공정 대책을 지시하고 불량품이 후공정으로 흘러가는 것을 방지하고, 계장과
             검사부의 관계자에게 부적합 사실을 통보
    ③ 설비 - 보전부서에 연락하고 상황을 설명한다.
             장시간 요하는 경우는 계장에게 보고하고 적절한 조치를 한다.
    - 장시간(20분 이상)정지 시 반 내 대책회의, 불량품은 재수정 처리 등
    - 단시간(20분 이내) 정지 시 직장 청소, 정리 정돈 등을 반원에게 지시
25. 서무 관계 처리 체크
26. 완료 전 생산 관련 데이터 집계, 확인, 보고
    - 생산실적, 품질 접보, 설비고장유무, 직행율, 불량집계, 재료비 사용실적, 작업원 근태
27. 다음 반에 인계사항 확인
    - 생산관리, 작업편성, 인원, 품질, 설비, 안전
28. 종업 시 조치 - 공구정리, 청소확인, 종례

4. 5S는 공장관리의 기본이다

　기업에서 일하는 많은 사람들은 5S라는 말을 알고 있다. 그러나 5S가 왜 필요하고, 5S를 실시하면 어째서 생산성이 향상하는가를 알고 있는 사람은 많지 않다.
　5S란 업무 성과 및 편리성, 안정성, 쾌적함 등을 최고로 하는 작업장을 창출하는데 사용되는 단계별 활동 절차를 제시함으로써 모든 사람이 한 눈에 정상 및 비정상적 상태를 분별할 수 있도록 하는데 적합한 기법이다.

▎5S는 관리의 기본이며 표준화의 출발점

　5S인 정리·정돈·청소·청결·마음가짐은 관리의 기본이다. 5S도 이루어지지 않은 채 작업장을 너저분하게 하고 있어서는 아무리 효율 좋은 시스템을 도입해도 성과는 오르지 않는다.
　또한 작업조건이나 작업방법에 대해 규정한 것을 작업표준이라 한다. 작업표준은 작업능률, 공정관리, 설비보전, 품질관리, 안전의 기초가 되어 있어 작업표준에 의한 작업(표준작업)이 현장에 정착하지 않으면 작업의 재현성은 보증 되지 않으며, 효율 높은 관리활동도 생산성향상도 기대할 수 없다. 5S가 정착하는 것만이라도 어느 정도 생산성은 향상하며, 작업자에게 작업표준을 받아들이기 쉬운 태도가 형성된다.

5S 불량 손실

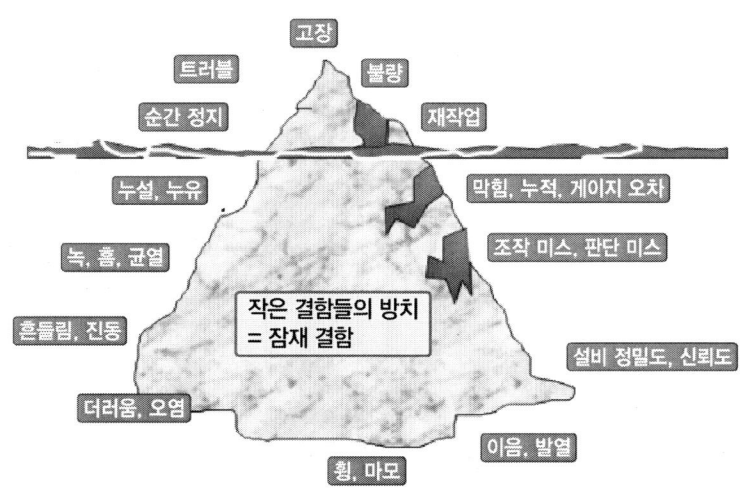

5S활동 10가지 사고방식

#	항목	설명
1	5S는 즐겁게 계속하자.	5S는 재미있게 하지 않으면 지속할 수 없다. 즐겁게 계속할 수 있는 아이디어를 궁리하자
2	5S를 업무의 일부로 생각하자.	5S를 업무의 일환으로 생각하면 작업자의 의식도 바뀐다
3	5S를 현장개선의 계기로 삼자.	현장에 분위기를 침투시키기 위해서는 5S의 성공체험을 주기적으로 발표하여 칭찬과 격려를 해 주고 배울 수 있는 자리를 마련
4	5S는 구호만으로는 안 된다.	업무에 쫓기는 작업자는 5S 감독자나 관리자의 구호만으로 움직이지 않는다. 우선 관리, 감독자가 모범을 보이자.
5	관리, 감독자가 5S의 핵심 추진자가 되자.	5S의 성공을 위해서는 현장의 관리, 감독자가 핵심 추진자가 되어 자기 자신이 즐겁게 5S를 실천한다.
6	5S 본래 목적은 공장의 체질개선이다.	오늘날 공장이 매우 중요한 역할을 담당하므로 탄력적이고 유연한 체질로 공장을 개선해야 한다. 기본적인 수단이 5S이다.
7	5S를 하여 인재를 육성하자.	5S 추진을 위해서는 각 현장마다 리더쉽을 지닌 사람이 필요하다. 지금은 없더라도 5S 추진을 하면서 리더를 육성하자.
8	5S 현장개선의 핵심이다.	5S야말로 현장개선의 핵심이며, 업무를 즐겁게 추진하고 현장의 성과 향상, 공장개혁을 위한 기본 사항임을 전원이 알고 있을 것
9	5S는 낭비제거로 인한 코스트다운	매일 작업 중에 산재해 있는 낭비가 누적됨에 따라 많은 낭비가 발생한다. 5S를 실사하여 낭비를 배제하고 코스트다운을 추진
10	5S의 기본은 낭비 발견부터	우선 생산현장 주위의 불필요한 것부터 버린다. 낭비는 필요한 것과 필요 없는 것을 구별하는 것이 기본이다.

5S는 '눈으로 보는 관리'의 기본

아무리 훌륭한 시스템이라도 이상(異常)은 발생한다. 관리에는 예외 원칙이 있어 시스템이 정상적으로 기능하고 있을 때에는 어떤 행동을 취할 필요는 없다. 그러나 이상의 징후가 보여질 때는 즉시 행동을 취할 필요가 있다.

표준은 현장에서 이루어지고 있는 일이 '정상인가', '이상인가'하는 판단을 내리는 현장의 척도이다.

5S 분위기 망치는 언어

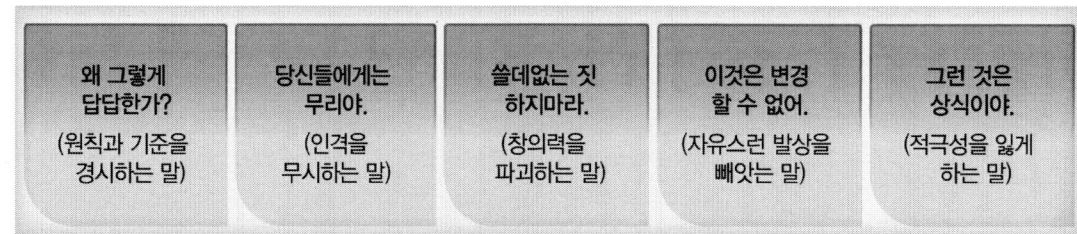

제8편 생산성 혁신

현장부문 : 5S진단 체크리스트

5S 활동	체크 항목
정리	1. 불필요한 재료, 부품은 없는가 2. 불필요한 설비, 기계는 없는가 3. 불필요한 지그, 공구, 금형은 없나 4. 불필요한 것은 명확하게 나타나 있나 5. 필요, 불필요품의 기준이 되어 있나
정돈	6. 소재지 표시와 번지표시 등 장소표시 간판은 있나 7. 물품 등 품목표시는 되어있나 8. 최대량 및 최저량의 표시는 누구나 알 수 있게 표시되었나 9. 통로 표시는 되어 있고 준수하고 있나 10. 지그, 공구, 부품 등 적치는 사용하기 쉽게 되어 있나
청소	11. 바닥에 먼지, 기름, 물 등은 없고 깨끗한가 12. 기계에 먼지, 기름 누출은 없고 주기적으로 청소하고 있나 13. 기계는 청소와 점검이 되고 있나 14. 청소는 구역별 담당자가 선정되 있나 15. 쓸기, 닦기 청소는 습관화 되어있나
청결	16. 먼지 냄새 등 공기는 탁하지 않고 배기와 환기는 좋은가 17. 조명 밝기는 좋은가 18. 3S는 지키는 규정이 있고 복장도 깨끗한가
습관화	19. 정해진 복장으로 착용되고 있는가 20. 아침, 저녁인사는 행해지고 있는가 21. 조례, 석례의 규칙은 돼있고 지켜지고 있는가 22. 규칙은 지키고 있는가

5S 활동을 방행하는 저항 10항목

저항1	⇒	이제와서 정리·정돈이라니 20년전이나 했던 것 아나!
저항2	⇒	T5S 운동 위원장을 사장인 내가 한다는 말인가?
저항3	⇒	어차피 금방 더러워질텐데 뭐!
저항4	⇒	그런 시시한걸 관리자인 내가 해야되나!
저항5	⇒	정리·정돈 따위는 이미하고 있잖아!
저항6	⇒	그런 것 하지 않아도 내 책상(작업대) 내 주위는 훤히 알아!
저항7	⇒	T5S 개선은 생산Line이나 하는 것 아닌가!
저항8	⇒	바빠서 정리·정돈 등 청소보다 그 시간에 일하는 것이 이익이다
저항9	⇒	당신이나 잘해!
저항10	⇒	T5S활동보다 생산성 혁신을 하는 고급기법을 추진해야 해!

5S 습관화를 위한 행동지침

① 하루일과를 시작하기 전에 규정된 복장은 철저히 갖추었는지 확인하라.
② 모든 인사는 (안녕하세요, 반갑습니다, 최고가 됩시다. 등) 습관화 가꾸기의 기초
③ 기준과 표준을 철저히 지켜라(T5S 활동은 표준 만들기 시작에서 표준 지키기 기다)
④ 구획선은 생명선으로 생각하라
⑤ 정돈의 기본은 3定을 지켜라
⑥ 시간이 나면 5S, 작업 전에는 우선 점검하라.
⑦ T5S의 흐트러짐은 그 자리에서 지적하라.
⑧ 더러워짐, 흐트러짐의 원점을 고쳐라
⑨ 일단 정리·정돈하고 더 좋은 방법을 검토하라.
⑩ 작은 실천이라도 즉시 행하여라.
⑪ 3현 3즉은 T5S 활동의 생명이다.
⑫ 돈들이지 않는 T5S 활동과 개선을 생각하라.
⑬ 쉬운 것, 눈에 띄는 곳부터 실행하라.
⑭ 회의는 Best 15분, Better 30분, 1시간 이상은 불가로 생각하고 실천하라.
⑮ T5S의 실패를 두려워하면 미래는 없다.

5S 정착시키는 8가지 포인트

① 시장이 5S의 결정자 – Top의 의지를 끌어내라.
② 전사원의 공식화, 참여유도 – 비공식적인 5S는 확산되지 않는다.
③ 전원 실행이 추진이 핵심 – 극히 일부 사람만으로 하지 않는다.
④ 목표와 방향을 명료하게 – 목표와 방향에 대한 설명을 충분히 한다.
⑤ 실행과제를 끈기있게 – 귀찮아 하지말고 정성스럽게 한다.
⑥ 3S활동의 추진 일정은 철저하게 준수 – 활동지연은 의욕을 잃게 한다.
⑦ Top의 현장 직접순시 – 현장 책임자를 직접 독려하라.
⑧ 5S는 생존의 사다리 – 5S 기본 없는 개선은 성공하지 못한다.

5. 눈으로 보는 관리를 실천하자

▌'눈으로 보는 관리'는 문제점·이상·낭비를 예방하는 관리 방식

아무리 훌륭한 시스템이라도 이상(異常)은 발생한다. 바로 직장 내에서 일하는 모든 직원이 일의 상태가 '정상인가, 비정상인가', '목표대로 되는가 안 되는가'를 항상 바로 판단하여 대책이나 개선으로 연결시키는 것이 중요하다. 또한 전원이 하고자하는 의욕을 북돋우고 필요한 정보를 제공하여 자기의 역할과 책임을 다하도록 하는 것이 '눈으로 보는 관리'를 도입하는 목적이다.

특히 '눈으로 보는 관리'는 생산현장에서 일어나고 있는 문제점·이상·낭비 등을 한 눈으로 알 수 있도록 해 놓아 나쁜 결과가 생기기 전에 미리 조치를 취하는 예방적 관리 방식이다. 생산현장 사정을 잘 모르는 사장이나 부장이라도 현장을 둘러보는 것만으로 현장 사정(생산 진척 상황, 재료, 재공품의 불량발생 상황, 기계설비의 정지 원인)을 즉시 알 수 있고 문제점이나 대책의 포인트를 지적할 수 있도록 된 관리 방식이다.

▌눈으로 보는 관리의 도입과 추진순서

자기직장의 목표미달항목이나 문제점을 도출하고 눈으로 보는 관리의 타사, 자사사례 연구한 후 추진목표와 계획을 세운 후 5S운동, 팀워크 사기, 현품관리, 설비관리, 작업관리, 공정관리, 품질관리, 안전관리, 원가관리 등에 걸쳐 실시하고 정기적으로 평가하고 개선을 한다.

[눈으로 보는 관리항목]
- 5S운동
  - 조직별 개인별 책임과 역할, 청소구역, 표어, 구호
  - 개선 전후 사진비교, 추진실적 평가 성적표,
- 팀워크 사기앙양
  - 사내 홍보판, 그래프, 계획대비 진도율
  - 개인별 기분상태, 작업, 제안, 품질, 스킬 목표와 실적 등
- 현품관리
  - 재고현황, 진열대 표시, 위치 식별번호, 기준량 표시, 용기표시

- 부품이나 재료의 품절표시
- 설비관리
  - 중요설비 표시 (책임자, 점검순서, 주기표시 등)
  - 배관별, 지시계 식별색채, 흐름방향 표시
  - 급유지시 라벨 (유종, 급유주기/개소, 용구)
- 작업관리, 공정관리
  - 작업표준서, 절차도, 가공순서, 관리항목과 관리기준
  - 생산관리판(생산수량 계획/ 달성), 인원배치판
- 품질관리
  - 초물체크 대
  - 불량품 진열대 (요인, 상태, 수리가능 여부표시 등)
  - 이상표시, 처리율, 불량표시 대, 로트 샘플 대
- 안전 환경관리
  - 보호 장구, 금지사항, 안전준수사항, 소화기표시, 표어, 재해실적
  - 긴급 시 대처요령, 연락방법
- 원가관리
  - 부품단가, 주요 원가추이, 절감실적, 유틸리티 단가

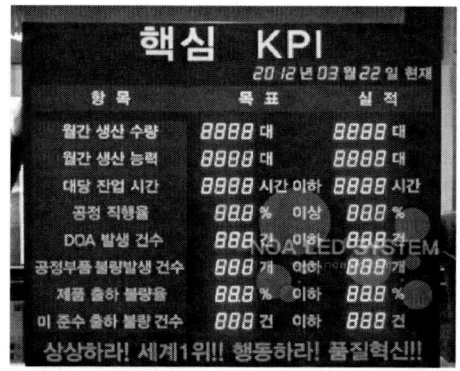

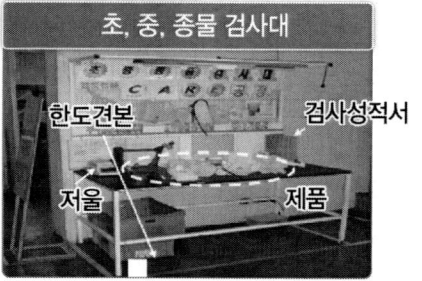

6. 생산공정을 개선하자

┃생산시스템은 최소 인풋과 최대 아웃풋의 변환과정

생산이란 간단히 말해서 재화나 서비스의 산출과정으로, 산출과정 즉 생산과정은 기업이 이용 가능한 생산자원인 사람, 원자재, 에너지, 정보, 기계설비 등을 유효하게 활용하여 제품이나 서비스로 바꾸는 과정, 즉 변환 과정이다.

┃IE 정의

IE(Industrial Engineering, 산업공학)는 사람, 재료, 설비, 에너지가 통합된 모든 시스템을 설계, 개선, 정착화 시키는 것을 대상으로 하는 것이다. 통합된 모든 시스템을 설계, 개선 및 정착화 시킬 경우에 생기는 결과를 명시하고, 평가하기 위해, 공학적 분석이나 설계원칙과 기법, 아울러 수학, 자연과학, 사회과학 등에 대한 전문지식이나 기법 등을 사용한다.

┃작업관리란

작업관리는 인간이 관여하는 작업을 전반적으로 검토하고 작업의 경제성과 효율성에 영향을 미치는 모든 요인을 체계적으로 조사·연구하는 분야로 공정분석 ⇒ 가동분석 ⇒ 작업분석 ⇒ 동작분석의 순으로 이루어진다.

공정분석

　공정이라는 분석단위로 대상물 재료, 반제품, 제품, 부자재 등이 어떠한 경로, 처리순서에 따라 가공, 운반, 검사, 정체, 저장으로 분류하고 각 공정의 가공조건, 경과시간, 이동거리 등과 함께 분석하는 현장분석 기법으로 1) 생산기간의 단축 2) 재공품의 절감 3) 생산공정의 개선 및 Lay-out 개선 4) 공정관리 시스템의 개선에 목적을 둔다.

공정개선의 원칙

① 최종 목적에 가치를 갖고 있지 않은 공정을 줄인다.
   - '그 작업은 무엇을 위해하고 있는가?'의 목적추구
   - 제품설계(형상, 정도, 공차, 표면처리, 도장, 표준화)의 변경
   - 재료사양(재질, 형상, 치수, 재료절단, 전 공정의 가공도, 내외작업구분)의 변경
   - 포장사양(Packing의 표준화, 치수, 형상)의 변경

② 공정조합의 변경
   - 결 합 : 분리된 것을 하나로 합치는 것
   - 분 리 : 결합을 역으로 분해하고, 분업화한다.
   - 교 체 : 전후공정의 순서교체
   - 평 행 : 설비 및 작업내용의 최적화

③ 제품·설비·작업내용의 최적화
   - 각 공정에서 최적의 가공조건의 선정
   - 각 공정에서 최적(저렴하게, 고기능, 자동화…)의 설비
   - 각 공정 작업내용의 간소화 (여자, 미숙련자도 쉽게 할 수 있도록)

④ 운반량, 회수감소
   - 운반량 감소 : 깎는 비용감소, 프레스 등
   - 운반회수 감소 : 1회량의 증가, 적재회수, 감소, 가설치, 중개폐지
   - 운반방식 개선 : 취급 용이한 포장방법, 용기, 대차개선
   - 운반거리, 경로의 합리화 : 직선화, 원형화, 공정조합 변경, 레이아웃 변경
   - 운반방식의 시스템화 : 순회운반방식 검토
   - 운반시간, 적재시간 단축, 타이밍화
   - 운반설비 대형화, 고속화, 다능화, 조합의 검토

⑤ 검사공정위치의 최적화에 의한 품질향상과 검사공정 감소
   - '검사공정을 많이 두어도 제품품질은 향상하지 않는다'

- 작업방법
- 도구 불비
- 작업자의 숙련지식 부족
- 작업자의 부주의

⑥ 정체량, 회수, 시간감소
- 여력분석을 하고 공정능력을 밸런스화
- 기준일정을 만들고, 일정관리의 정도향상
- 재고관리 정도 향상
- 운반시스템 개선
- 흐름작업으로의 변경

가동분석

1일 또는 장시간에 걸쳐서 일을 관측하여, 생산적인 내용과 비생산적인 내용의 분석을 통해 보다 좋은 생산적인 시스템으로 개선한다든가 표준시간의 설정(개정)을 위한 적절한 여유율의 설정을 주목적으로 하는 수법이다.

가동분석으로 작업자나 기계의 대기 등 비생산적 요소를 제거 또는 감소시켜 계획대로 생산될 수 있도록 하고 준비작업, 마무리 작업 등 개선, 적정한 사람, 설비, 방법을 결정, 표준시간 설정이나 여유 율을 결정, 로트 수의 변화에 따른 표준시간의 수정 결정, 표준시간의 정도나 작업표준을 점검한다.

작업분석

작업분석은 공장 또는 그 밖의 생산현장에서 생산성 향상을 위하여 행하는 방법인데, 그 내용은 작업자가 실시하는 작업의 개선과 작업의 표준화가 그 목적이다. 특히 효과적인 개선활동을 추진하기 위해서는, 현장이나 작업에 어떤 개선할 문제점을 정확히 파악하는 것이 개선의 목적이다.

① 안전하게 --- 작업자가 안정되어 일 할 수 있도록
② 편안하게 --- 작업자의 피로경감
③ 좋게 ------ 제품의 품질향상
④ 빠르게 ----- 작업시간 단축
⑤ 싸게 ------ 되도록 적은 경비로 만족시키는 것이다.

▮ 동작분석

동작분석이란 작업을 경제적으로 수행할 수 있는 방법을 발견하기 위해 각 작업을 세밀한 단위에 이르기까지 분석하고 평가하여 무리, 낭비, 불합리한 요소를 제거 하고, 작업수행에 요구되는 합리적 방법을 결정하는 연구로 동작계열의 개선, 설계, 모션 마인드의 체득을 목적으로 한다.

▮ 준비교체시간 단축

고객이 원하는 만큼 빠르게 생산하여 고객에게 공급하기 위해서는 소 Lot 화가 불가피한데, 소 Lot 화에 따른 준비교체시간의 과다로 인하여 가동률이 저하되는 바, 가동률을 유지하기 위해서는 준비교체시간을 단축해야 한다. 준비교체시간은 프레스공장에서 금형 및 소재의 교환, 가공공장에서 공구의 교환 등을 의미한다.

7. 개선을 활성화하자

▌개선이란 고객을 만족시켜나가는 활동 '계속이 힘이다.'

자기업무를 중심으로 하여 고객(후 공정) 불만사항부터 자기가 힘들고 불편한 공법, 설비, 재료, 제품을 보다 좋고 쉽게, 보다 빠르고, 보다 정확하고, 보다 안전하게, 보다 값싸게 변화시킴으로써 고객을 만족시켜나가는 활동이다. 이러한 개선활동의 궁극적 목적은 개선체질과 시스템을 만드는 것이다. 개선은 혁신과 달리 시대 변화에 대한 대응력이 약하다. 개선은 한 단계씩 올라가는 혁신은 일시에 변혁을 도모하는 것으로 혁신된 새로운 수준으로 유지시키기 위해선 지속적인 개선의 노력이 필요하다. 개선은 일상 업무 속에서 통상의 상식과 능력의 범위 내에서 매일 개선해야 한다. 그때까지 '계속은 힘이다.'

개선은 본질적으로 '회사'를 위해 하기 이전에 '자신'을 위해 하는 것이다. 자기 일을 자기가 하기 쉽게, 편하게 하는 것이 개선이다. '자신'을 위해 개선하다 보면 그것이 '회사'를 위한 것이 된다.

▌문제의식을 저해하는 10가지 장벽

① 현재 하고 있는 것이 모두 잘 되어 가고 있다고 믿는다.
② 자기 부문, 자기 일밖에 생각하지 않는다.
③ 지금의 방법이 가장 좋다고 믿는다.
④ 할 수 없다는 이유만 들고 변명만을 늘어놓는다.
⑤ 사실을 제대로 파악하지 못하고 있다.
⑥ 의욕이 없고 체념적이며 될 대로 되라는 분위기 이다
⑦ 타 부문의 나쁜 점만 지적하고 무슨 일이든 남의 탓으로 돌린다.
⑧ 언제나 육감만으로 판단하고 데이터로 사물을 관찰하지 않는다.
⑨ 관리항목이나 목표치가 명확하지 않다.
⑩ 상부로부터 높은 도전 과제나 목표가 부여되지 않고 있다.

▌개선 테마 선정 시 고려사항

① 자신의 소관 업무와 직결된 테마
② 반드시 해결해야만 하고 더욱이 절박한 문제
③ 상사가 관심을 기울이고 있는 테마

④ 자기 의견을 크게 살릴 수 있거나 재량권이 있는 테마
⑤ 금전적 평가를 할 수 있고 또한 예상효과가 큰 테마

개선성공 10대 원칙

1. 일하는 방식의 고정관념을 버릴 것
2. 안 되는 이유를 말하기보다는 되는 방법을 찾을 것
3. 우선 현상을 부정하여 생각 해 볼 것
4. 잘못된 것은 즉시 고칠 것
5. 완벽을 추구하기보다 50점이라도 좋으니 즉시 시행할 것
6. 돈을 들이지 않는 개선부터 우선 찾을 것
7. 어려움에 직면하지 않으면 좋은 지혜가 나오지 않는다.
8. "왜"를 5번 반복해서 근본원인을 철저히 찾을 것
9. 한 사람의 두뇌보다 열 사람의 지혜를 모을 것
10. 개선은 무한하다. 끊임없이 해야 한다

문제해결 마음가짐

1. 의욕을 지닌다

문제해결을 위한 연구와 실천은 자기 자신을 위해 실시하는 것임을 자각한다.

2. 문제해결은 가능하다고 생각한다

문제해결이 가능하다고 마음먹는 것은 문제해결의 문턱을 넘어서는 것이다. QC적 감각을 최대한으로 발휘하여 통계적 방법을 중심으로 한 과학적 수법을 활용하는 것이 중요하다. 또한 자기 혼자 힘으로 해결이 불가능 할 때는 다른 사람의 힘을 빌려야 한다.

3. 겸허함과 솔직한 마음을 지닌다

항상 현상에 만족하지 않고 문제를 탐구하며 어떻게든 해결해 나가려는 의식을 '문제의식'이라고 하는데 이때 겸허함과 솔직성이 없다면 이 같은 문제의식은 싹트지 않을 것이며, 때로는 해결하는 방향을 잘못 잡는 경우도 있다.

4. 코스트와의 균형을 취한다

질, 량, 코스트의 3가지는 제각기 독립된 것이 아니며 서로 균형이 있어야 한다. 문제 해결의

경우에도 개선안이 아무리 훌륭하더라도 그것에 막대한 비용이 들거나 회수하는데 몇 년씩이나 걸린다면 기업으로서의 바람직한 대책이라고는 할 수 없다.

5. 현장, 현물주의를 원칙으로 한다
일반적으로 회의장에는 사실이 없다. 즉각 현장으로 가서 현물(사실)을 보고 현시점에서 현실적인 대책을 세운다.

6. 문제처리 횟수를 늘린다
무슨 일이든 여러 차례 반복하지 않고서는 여간해서 문제의 본질에 도달 할 수 없다. 과학적 접근방법도 마찬가지이며 그 의미를 알게 되는 것이다. 즉, 실력은 처리 회수로써 배양된다.

7. 그룹 사고를 한다
본격적인 문제해결을 하려면 혼자서는 감당할 수 없어 타인의 힘을 빌게 된다. 혼자서는 약하지만 그룹이 되면 그 인원 이상으로 좋은 사고력이 작용하게 되므로 그룹 사고를 적극 활용해야 한다.

▮'왜 왜'의 사고

"왜, 어디"를 혼동하지 말자. 고장이 어느 부품에서 발생했는지가 중요한 것이 아니라, 왜 그 부품이 그런 고장을 일으켰는지 파악하는 것이 더 중요하다. 원인을 찾기 전에 요인 중에서 현상을 일으킨 범인을 명확히 한다.

[왜-왜 분석의 효과]
1. 생산현장의 사람들 (오퍼레이터, 보전 맨, 생산기술자, 관리자)에게 논리적으로 생각하는 능력을 갖게 한다. 그렇게 함으로써 이치에 맞지 않는 결정이나 전달 사항을 배제한다.
2. 논리적으로 가르치는 능력을 키운다. 사람은 남에게 가르침으로써 스스로의 잘못을 깨닫는다.
3. 기계설비의 구조와 기능을 정확하게 이해할 수 있게 된다. 구조와 기능을 정확하게 이해하지 못하면 설비의 이상을 분별하지 못한다. 생각보다 기술자나 관리자가 현장에 대해 잘 모른다.
4. 분석과정을 통하여 설비나 업무의 원천을 정확하게 판단하고, 작은 개선으로 큰 효과를 얻을 수 있다는 것을 스스로 체득하게 된다.
5. 재발방지를 위한 확실한 사고를 갖게 되고, 유지관리의 필요성을 인식하게 된다.
6. 문제점을 상호 공유하게 되고, 서로의 지식 레벨을 맞추어 의사소통이 원활해진다.

개선의 기본사고

1. 원가를 내려서 얻는 것이 이익의 원천이다.
   매출을 올려 이익을 얻기보다 원가를 절감하여 얻어야 한다.
2. 선입관을 버려라.
   백지상태에서 업무현상을 관찰하라. 모든 업무에 대해 "왜?" 하는가를 풀릴 때까지 세 번만은 반드시 실시하도록 하라. 문제해결의 난제가 풀린다.
3. 정리정돈을 하라.
   업무관리의 첫째는 정리정돈이다. 필요 없는 물건을 버리는 것이 정리이며 원하는 물건을 언제든지 꺼낼 수 있는 상태를 정돈이라 한다. 가지런히 늘어놓는 것은 정렬에 해당된다.
4. '일하는'의 의미 명확히 하라.
   '일을 한다.'는 것은 일이 이루어지는(부가가치작업) 것을 말하며 낭비가 없는 효율이 높은 것을 말한다.
5. 과잉인력 및 과잉라인
   여력이 있는 인력 또는 라인이 과잉인력 및 과잉라인이 되지 않도록 반드시 선행 작업을 한다. 재공품 및 재고의 증가는 문제점의 노출을 감추는 원인이 된다.
6. 설비를 개선하라.
   업무(작업)개선은 현재의 설비로 제일 좋은 방법을 생각해 낸다는 것이다. 설비를 교체하기 전에 개선을 먼저 생각하는 것이 중요한 것이다.
7. 효율적 업무배치
   업무 담당자간 업무배치를 분리한다면 업무수행 시 상호 협조가 불가능하게 된다. 사람의 공정 편성 시에는 협조가 가능한 업무배치를 하여 인력절감을 실천하도록 한다.
8. 현장개선이란 즉 실천에 의미가 있다.
   듣고, 보고, 기록하는 것이 아니고 현장에서 즉시 개선을 실천하는 것이다.
9. 업무는 항상 강물처럼 흘러야 한다.
   흐르는 작업은 물건이 흐르고 있는 사이에 공정이 진행되는 것이며, 콘베어를 사용해서 물건을 운반하는 것이라면 이것은 흐르는 작업이 아니라 흘리는 작업이다. 흘리는 작업은 외딴 섬을 몇 개를 만들게 되어 기다리는 시간의 낭비제거가 불가능해 진다.
   한문으로 자동(自働)이란, 이상이 있을 경우 기계 스스로가 판단하여 멈추는 기계이며, 자동(自動)은 움직이는 것뿐이다. 자동설비는 이상이 있으면 고장이 나던가, 불량을 대량 생산하게 되므로 감시를 하는 작업자가 별도로 필요하다.

10. '탈 상식'을 이용하라.

    물품의 흐름은 '앞 공정이 뒤 공정으로 공급하는 것'이 아니라 '뒤 공정이 앞 공정으로 인수하러 간다.'라고 생각하고 앞 공정은 뒤 공정이 인수하러 간 양만큼 만든다.

11. "멈추지 않는 라인은 월등히 좋던가, 아니면 아주 나쁜 것 중에 어느 것이다."

    라인이 멈추지 않는 것은 대부분의 경우 많은 요인이 얽혀있어 문제점이 노출되지 않기 때문이다. 그러므로 라인을 멈추어야 할 요인이 생겼을 경우 멈출 수 있게 하고 개선을 거듭하여 마지막에는 멈추고 싶어도 멈추지 않는 라인으로 만들어 가야 한다.

12. 누가보아도 무엇이 어떻게 되어 있는지 알 수 있는 현장으로 만드는 것이 중요하며 이상이 있으면 즉시 관찰하여 고치는 것이 중요하다.

13. 개선점을 발견하고 원인을 추구해서 해결해 나가려면 산업공학 수법의 핵심인 현장의 상태를 직접 관찰하고 MODAPTS 기법 또는 5 Why를 실행해 보는 것이 최적이다.

14. 개선은 반드시 작업개선에서 시작하고 다음에 설비개선을 한다는 것을 잊어서는 안 된다.

15. 작업개선은 어디까지나 인원을 줄이는데 초점을 맞추어야 한다.

16. 필요이상 능력이 있는 기계의 가동률이 저하된다고 해서 반드시 낭비가 아니다.

17. 생산대수가 줄면 사람도 줄어야 한다.

18. 사람의 작업을 중심으로 해서 작업을 편성하는 것이 좋다.

19. 1명의 작업을 0.9명을 줄이더라도 원가절감은 되지 않는다.

20. 사이클 타임동안 100% 일할 수 있는 공정을 만들어 낸다면 한 작업자가 여러 기계나 작업을 담당할 수 있다.

개선을 저항하는 10가지 말

1. 그러한 것은 도움이 안 된다.
2. 확실히 그렇기는 하지만 우리들은 다르다.
3. 방안으로는 훌륭하지만.
4. 더 이상 원가는 내려가지 않는다.
5. 우리들은 언제나 그렇게 한다.
6. 타인의 권유로 하는 것은 싫다.
7. 원가를 내리면 품질은 떨어진다.
8. 잘 되어가고 있지 않는가. 왜 바꾸는가?
9. 그런 것은 못쓴다. 우리들은 10년 전에 해본 것이다.
10. 우리들이 그 일에 대하여 제일 잘 알고 있다.

개선의 4원칙(ECRS)

개선의 포인트
다른 기능이나 방법을 하나로 결합시켜 가능한 경우와, 하나인 것을 분할하여 가능한 경우의 발상

C 결합 (Combine)
함께 할 수 없을까? 작업의 요소를 결합에 의해 배제의 가능성을 찾는다.

개선의 포인트
작업과 공정순서를 바꾸어 보고 굳이 불필요하다면 빼낸다. 지금까지와는 반대방식으로 생각해 본다.

R 재배열 (Rearrange)
순서를 바꿀 수 없을까? 재배열에 의해 배제나 결합의 가능성을 찾는다.

개선

E 배제 (Eliminate)
목적이 무엇인가? 목적추구에 의해 배제, 생략의 가능성이 보인다. 효과가 최대

S 간소화 (Simplify)
ECR에 의해 낭비를 철저히 배제한 후 간단하게 한다.
기계화, 자동화

개선의 포인트
그것은 무엇때문에 있는 것일까. 불필요한 작업을 없앨 수 없을까 하여 변경해 보자.

개선의 포인트
쉽게 할 수 있는 방법은 없을까? 치구화, 기계화, 자동화를 생각 해 본다.

8. 관리 사이클을 정착시키자

▌관리의 Cycle과 품질개선활동

PDCA사이클은 일명 데밍 사이클, 또는 관리 사이클이라고도 한다. 품질관리의 관리기능은 계획(plan) → 실시(do) → 검토(check) → 조처(action) 기능이 근간을 이룬다.

즉, 시장정보와 기술수준, 제조능력, 예정원가 등을 고려해서 설계품질을 정하는 계획단계를 시작으로, 설계품질에 따라 제조품질이 만들어지도록 제반 공정관리 활동을 수행, 다음에 원자재의 수입, 중간 제조과정 및 완성단계에 걸쳐 제조품질을 점검한 후 고객이나 시장의 의견을 조사하여 이를 토대로 개선할 사항을 그 다음의 계획단계에서 반영하는 이러한 순환과정이 반복되면서 끊임없이 진행되는 품질개선활동이 대표적인 PDCA Cycle 이라고 한다.

어떤 일도 관리가 필요하다. 관리란, 한마디로 일을 일정 수준으로 유지하기 위한 것이다. 즉, 일이 결정된 Rule대로 행해지고 있는가. 아닌가를 조사해서 정해진 것으로부터 벗어나면 이를 수정하여 결정된 대로 행해질 수 있도록 조치하는 것이다.

관리 사이클 P-D-C-A cyle

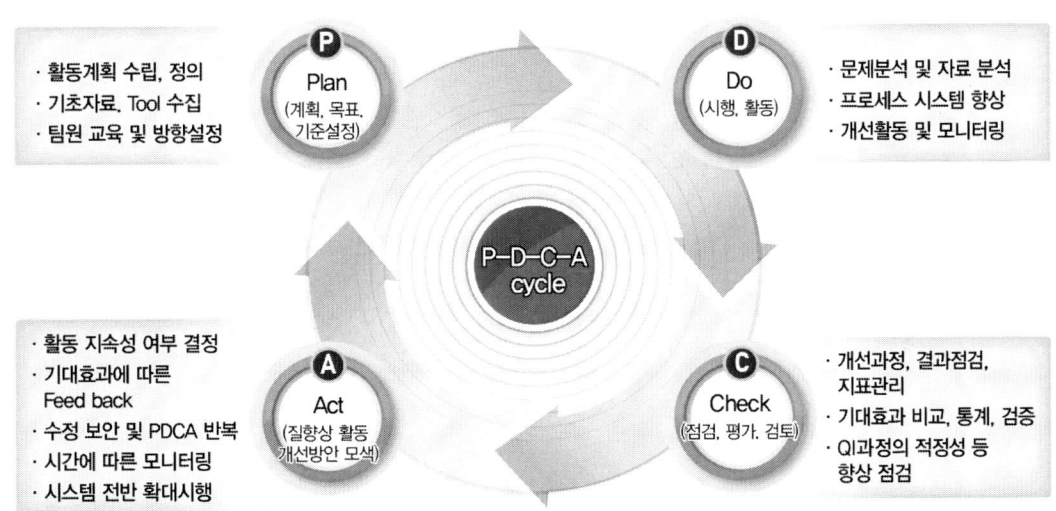

관리를 Stepdm 표시하면 다음과 같다.
1. Plan : 방법의 표준을 정한다. 목적에 따라서 목표를 정한다. 목표를 달성하기 위한 대책을 정한다.
2. Do : Plan대로 해 본다. 대책에 대해 연구한다, 대책대로 실시한다.
3. Check : 결과에 이상이 있는가. 대책대로 행해졌는가를 살펴보고 목표와 실제와의 차이를 조사한다.
4. Action : 이상이 있으면 그 원인을 조사하여 조치한다. 대책대로 행해지지 않으면 대책대로 되도록 하고 상황이 변화된 것이라면 그 상황에 맞는 대책을 새롭게 연구한다.

일을 잘 해나가기 위해서는 이 PDCA를 순서대로 행하는 것이 바람직하다. PDCA가 잘 돌아가고 있다는 것은 잘 관리되고 있다고 볼 수 있다.

PDCA와 일의 Level Up

우리는 이 Cycle를 돌려가면서 일상의 일을 하고 있지만 똑같은 Cycle을 복하는 것만으로는 진보하지 않는다. 여기서, 품질관리나, TQC활동 등으로 관리의 수준을 조금씩 올려야한다.
PDCA의 C가 잘 진행되면 다음의 P가 순조롭게 Feedback된다. 즉 최초의 계획부터, 그것이 일순한 다음 계획에서 그 정도가 올라가고 있는 것이다. 일상적인 일 즉 Routine Work를 주간단위나 월 단위로 관리하는 경우에는 PDCA는 매우 적당하다.

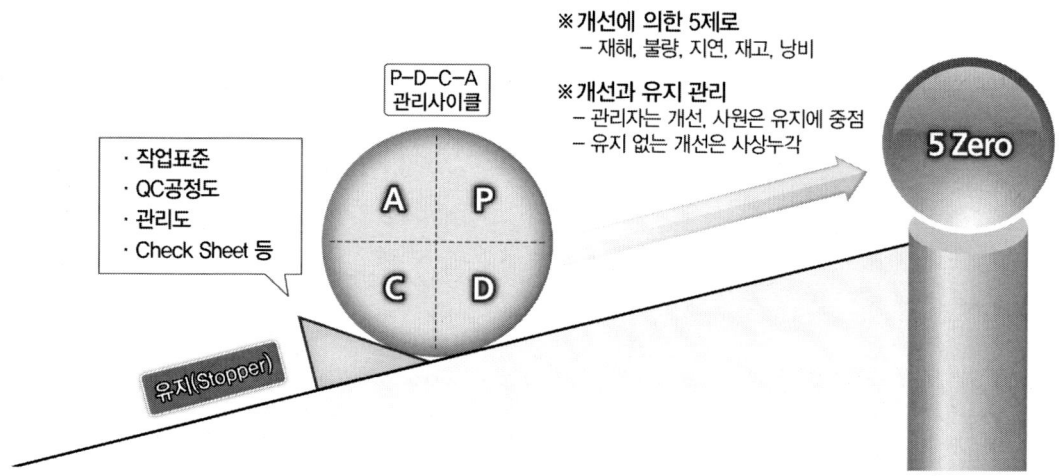

P-D-C-A 관리사이클에 의한 유지관리

9. 제안제도는 기업발전의 원동력이다

▍획기적인 생산성은 전원의 지혜를 모으는 제안활동에 있다

30, 50%의 획기적인 생산성향상은 사장 한사람, 간부 몇 사람의 힘으로는 절대 불가능하다. 전 조직 구성원의 지혜를 모아야 한다. 이것이 곧 전 임직원의 제안활동이다. 사원 1인당, 분임조 당 몇 건의 제안을 모으고 모아 수천, 수만 건의 제안 아이디어가 모여서 30%, 50%의 생산성향상이 이루어져 도요타 자동차에 보듯 수백억 원, 수천억 원의 원가절감이 이루어진다.

▍제안이란 관심이다

제안이란 기업 내에서 조직 구성원이나 협력업체, 고객들이 자신의 업무를 효율적으로 하거나 기업 성과에 기여하기 위하여 업무, 사람, 고객, 주변 환경 등에 대하여 수시로 자신의 아이디어를 제시하고 이를 개선하는 활동이다

즉 현재 자기나 부서업무에 관심을 가지고 비능률적인 요인을 제거하는 좋은 의견 (현상+문제점+대안+효과)을 제시하는 제도이다. 즉 관심이 가장 중요한 요소이다. 지속적인 개선을 위한 제안은 분임조활동과 함께 공장개선의 양 날개로 다음과 같은 효과가 있다.
1. 창의. 연구의 의욕 고취로 『생각하는 습관을 붙이게 한다.』
2. 업무개선의 촉진으로 같은 일이라도 쉽고, 편하게, 그리고 효율적으로 할 수 있다. (개선업무의 담당자는 각자 자신이다.)
3. 하의상달(제안)과 상의하달(회답, 평가)로 경영참여의 기회이며 불평불만을 해소하고 팀 단위 활동을 촉진한다, 또한 노력에 대한 포상도 받을 수 있다.

▍제안의 마음가짐
1. 안 되는 이유보다 되는 방법을 찾는다.
2. 자신의 제안 제출에 망설임이 없어야 한다. 나의 제안을 비웃지 않을까 너무 사소한 게 아닌가 할 필요가 없다.
3. 처음부터 큰 효과를 기대하지 않는다. 항상 작은 것이 모여 큰 효과를 낸다.
4. 순간적인 암시나 아이디어는 반드시 메모하는 습관을 들인다.
5. 제안참여는 창의력개발로 회사와 나의 발전을 가져가 준다.

▌제안의 목적과 기대효과

1. 커뮤니케이션 기회의 제공

　제안을 통해 상하간의 장벽을 제거하는데 도움이 되며 말단 종업원의 제안에 따른 상사(경영자 및 관리자)의 관심표명은 시너지 효과를 얻는다. 또 인간적인 협조의 기회가 많아지므로 인간관계 개선에도 크게 효과가 있을 것임.

2. 전원 참가의 경영풍토 조성

　임직원의 창의 연구를 장려하여 내가 이 회사의 주인이라는 정신을 갖게 하고 바람직한 조직 활성화와 직장에 대한 자부심을 함양한다.

3. 실질적인 경영이익추구

　임직원의 제안을 통해 작업방법을 개선하고 사무절차를 합리화함으로써 합리적이고 능률적인 경영효과를 기대할 수 있다.

4. 신바람 나는 직장

　자기의 의견이나 제안내용이 직접 경영자나 관리자에게 전달되고 인정되므로 써 스스로 만족감을 갖게 되어 사기 함양의 효과를 기대할 수 있다.

5. 일의 보람

　일에 대한 보람과 긍지는 곧 주인의식으로 승화되어 상하와 동료 간의 상호이해 증진 등 인간성이 존중되는 풍토가 조성되고 생의 보람을 맛볼 수 있는 기회가 조성된다.

▌제안의 문제점과 개선방안

- 직원의 관심 촉구를 위한 지속적인 교육 미흡과 참여 유도를 위한 테마 부족
- 지속적인 개선활동 정착을 위한 개선(안) 심사 및 우수자 포상 미흡
- 제안결과 피드백 미비
- 제안 활동에 대한 전체적인 관심 미비
- 인센티브 미약 (변화를 거부하지만 상금이 있고 목표가 있으면 반드시 돌파)
- 채택 이후 즉시 실시를 위한 사후관리 체계 미흡

▌제안제도 개선 방향

- 보상은 즉시 시행하고 적용 가능한 제안의 즉시 시행
- 전 직원의 자발적/비자발적 참여를 통한 참여의식 고취
- 신속하고 개방적인 심사제 도입

- 제안 활성화를 위한 교육 및 홍보 강화
- 질적 수준보다는 자발적인 양적 참여 확대 유도
- 채택 제안에 대한 피드백 관리 철저
- 제안 습관 만들기 중점 추진
- 일상적 제안(때와 장소에 구애 없이 제안 제출 환경)
- 동기부여(적절한 포상 정책, 적절한 이벤트 운영)
- 양적 활성화(양적 증대 없이 우수 제안 없다)

제안 활성화 방안 사례

- 매월 테마별 제안 Event 시행
  "에너지절약" 제안의 달(생산성, 원가절감, 낭비제거, 품질개선, 환경개선, 안전, 작업동작 등)
- 월 1회 제안의 날 지정 (전 직원이 1건의 제안 유도)
- 개인별 제안 목표 부여(강제성 부여/ 월 1건, 년간 12건 필히 제안
- "바로바로 포상제" 시행
- 채택된 제안에 대해서는 부서장 책임 하에 바로 시상
- "제안 명찰" 달기 운동(전임직원 대상- 제안 Slogan, 아이디어 발상법, 부서별 목표 등
- 제안 홍보 및 교육 강화 (매주 수요일 조회 제안관련 홍보 및 아이디어 교육)
- 아침 조회 시 제안구호 제창
- "24/48/72 원칙" 준수
  (24시간 이내 접수통보 48시간 이내 채택여부 통보 72시간 이내 포상)

공장혁신을 위한 개선제안 Point

1. 문제의식 있는 눈으로 매사를 관찰한다.
   [공장 가운데 서서 다음의 관점에서 유심히 관찰함]
   - 저 물건(원자재, 재공품, 공구 등)은 제 위치에 있는 것인지
   - 공정중간에 재고는 왜 저렇게 많이 쌓인 건지
   - 작업자에게 동작의 낭비는 없는지, 혹은 저 작업자는 왜 잠시 가만히 서있는 건지
     (그래서 두 작업 자를 한사람으로 줄일 수 없는지)
   - 작업자 간에 Tack Time 은 서로 동일한지
   - 공정의 흐름이 직선이지 않고 지그재그여서 물류흐름에 낭비가 있는 건 아닌지
   - 왜 움직이지 않고 서있는 기계가 많은지

- 컨베이어 벨트의 길이가 너무 길지는 않은지
  (길이를 반으로 잘라서 공장면적을 반으로 줄일 수 없는지)
- 공정중간에 병목현상은 없는지
- 자재창고 또는 제품 창고를 반으로 줄일 수(또는 없앨 수)없는지

2. 간부 한 두 사람만의 힘으로는 개선 혁신은 어렵다. 그러므로 전원참여의 개선(제안)이 중요하다.
3. 전 사원에게 먼저 개선의 방법을 가르쳐주고 그다음에 개선 독려해야한다. 전 사원 교용 개선학교를 설립 운영할 필요가 있다.
4. 개선(제안)의 결과에 대해서는 과감하게 보상한다. 현금 또는 인사고과에 반영한다.
5. 개선분임조 발표대회, 개선(제안)왕 등 개선활성화제도 정비한다.
6. 개선 전담반 (5~10명)을 조직하여 그들로 하여금 1년 내내 현장 개선활동만 하게한다.
7. 공장전체 또는 전사의 원가절감 목표를 Top Down 으로, 과감하게 정해준다.
8. "개선"을 기업문화로 영구히 정착시킨다. "개선은 무한하다", "현상을 부정하라" 등의 슬로건을 계속 강조한다.

▮현대모비스 제안사례

현대모비스가 글로벌 자동차 부품업체로 도약하고 있다. 이유는 여러 가지가 있지만, 제안이 활발한 것도 주된 이유이다. 전 세계에 위치한 현대모비스 생산 공장에서 공정개선·원가절감 등 생산성 향상을 위해 직원들이 자발적으로 제안한 건수가 2013년 한 해 무려 19만2000여건이었다. 이 중 86%에 이르는 제안이 별도 심의위원회의 심의를 거쳐 생산현장에 채택되어 300억 원에 이르는 원가절감 효과를 창출하는 등 다양한 생산성 향상 효과로 이어졌다. 이는 생산 현장에서 하루 평균 530여건의 제안이 나온 것으로, 직원 1인당 연간 제안 건수도 19건에 이른다. 현대모비스의 이러한 실적은 개선 제안 활동의 대명사로 알려진 도요타의 1인당 연간 제안 건수(10~15건)를 뛰어넘는 수치다.

제8편 생산성 혁신

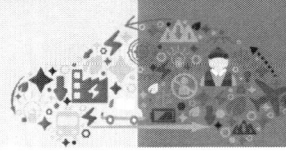

제안 개선 힌트

1. 작업방법은 이대로 좋은가?
1) 다른 방법은 없을까?
2) 담당대수를 늘릴 수 없을까?
3) 대기시간을 다른데 이용할 수 없을까?
4) 장착, 분리를 빠르게 할 수 없을까?
5) 사전준비를 더 간단하게 할 수 없을까?
6) 손작업을 자동화로 바꿀 수 없을까?
7) 공정을 줄일 수 없을까?

2. 작업동작은 이대로 좋은가?
8) 율동적인 동작으로 할 수 없을까?
9) 더 편한 자세로 할 수 없을까?
10) 양손 작업으로 할 수 없을까?
11) 다리를 사용하면 어떨까?

3. 지그 공구가 이대로 좋은가?
12) 더 가볍게 할 수 없을까?
13) 핸들, 스위치 등의 위치는 적당한가?
14) 다기능의 지그, 공구를 만들 수 없을까?
15) 램프 표시를 이용 할 수 없을까?
16) 타이머를 이용 할 수 없을까?
17) 압력을 이용하면 어떨까?

4. 기계나 작업대 이대로 좋은가?
18) 작업대의 높이를 바꾸면 어떨까?
19) 기계의 간격을 바꾸면 어떨까?
20) 기계를 반대로 놓으면 어떨까?
21) 공정 사이의 운반을 그만둘 수 없을까?
22) 사람이 이동하면 어떨까?

5. 공정관리는 이대로 좋은가?
23) 공정 간의 균형은 좋은가?
24) 작업량이 일부 작업자에게 치우치고 있는 것이 아닌가?

6. 품질은 이대로 좋은가?
25) 작업자에 따른 산포는 없는가?
26) 불량 발생 후의 처리를 빨리 할 수 없을까?
27) 불량의 발견을 자동화 할 수 없을까?
28) 기계의 이상을 빨리 발견 할 수 없을까?

7. 운반방법은 이대로 좋은가?
29) 전용 운반차를 사용하면 어떨까?
30) 다른 운반방법은 없을까?
31) 한꺼번에 묶어서 운반하면 어떨까?
32) 바퀴를 더 크게 하면 어떨까?

8. 정리정돈은 이대로 좋은가?
33) 색깔로 분류 할 수 없을까?
34) 자주 사용하는 것이 가까운데 있는가?
35) 찾는 시간이 많이 들지 않는가?
36) 버리면 어떨까?
37) 사용하지 않는 것이 가까이에 있는가?
38) 정해진 장소에 제대로 놓여 있는가?

9. 소모품, 수도, 광열에 낭비는 없는가?
39) 회수해서 다시 이용할 수 없을까?
40) 불의 밝기를 낮추면 어떨까?
41) 횟수를 줄이면 어떨까?
42) 재료의 질을 바꾸면 어떨까?
43) 사무용 소모품의 재고는 적정한가?

10. 안전, 위생에 문제는 없는가?
44) 깜짝 놀랄 일은 없는가?
45) 위험물, 유해물은 안전하게 관리되고 있는가?
46) 석유, 알코올 등의 취급에 만전을 기하고 있는가?
47) 전기배선은 안전한가?
48) 환기는 잘 되어 있는가?
49) 가루나 먼지가 날리고 있지 않는가?
50) 조명은 적절한가?
51) 안전장치의 보수는 잘 되어 있는가?
52) 보호구를 확실히 착용하고 있는가?
53) 표준을 지키고 있는가?
54) 회전부분이 노출되어 있지 않는가?
55) 바닥은 미끄럽지 않는가?
56) 소리나 빛을 사영하면 어떨까?
57) 손을 대지 않고 할 수는 없을까?

11. 사무작업 간단히 할 수 없는가?
58) 그 자료의 작성을 그만 두면 어떨까?
59) 2개 양식을 1장으로 합치면 어떨까?
60) 작성오류를 줄일 수 없을까?
61) 더 능률적인 방법은 없을까?
62) 기계화 할 수 없을까?

12. 복사, 전화는 줄일 수 없을까?
63) 인터넷 홈페이지를 활용하면 어떨까?
64) 배포처를 줄일 수 없을까?
65) 그 통지를 없앨 수 없을까?
66) 게시판을 사용하면 어떨까?

10. 분임조를 활성화시키자

▮ 소집단 활동과 품질분임조

분임조 활동인 소그룹 활동은 분임 구성원이 일정한 과제를 가지고 상호토론을 통하여 여러 사람의 의견을 모아 보다 능률적으로 문제를 개선하고 해결해 나가는 토의 활동이다. 일반적으로 회사 내의 산재한 문제점들을 스스로가 자발적으로 직접 참여하여 문제를 검토하고 이에 따른 처방과 개선대책을 강구하고 그 대책을 창조적이고 적극적인 근무자세로 상향식으로 도출하는 실천적 소그룹 개선활동이다.

따라서 품질분임조 란 『같은 직업 내에서 품질관리 활동을 자주적으로 하는 작은 그룹. 이 작은 그룹은 전사 내 품질관리 활동의 일환으로서 자기계발, 상호계발을 하고 품질관리 수법을 활용하여 직장의 관리·개선을 계속적으로 전원 참가로 한다.』라고 정의된다.
 ① 같은 직장 내에서 제일선 감독자와 부하인 작업 원끼리 조를 이룬다.
 ② 품질관리 활동을 중심으로 능률, 코스트, 안전, 모럴, 환경 등의 현장 문제를 다룬다.
 ③ 자주적으로 실시하고 자기계발과 상호계발을 한다.
 ④ 품질관리 수법을 활용한다.
 ⑤ 주제는 직장의 관리, 개선을 포함한다.
 ⑥ 계속적으로 전원 참가로 한다.

▮ 분임조 활동의 마음가짐

분임조 활동의 마음가짐으로서는 다음과 같은 사항을 들어 볼 수 있다.
 ① 분임조 활동이 바로 자기계발의 장이 된다는 점을 인식하도록 한다.
 ② 자발참여로 스스로 문제를 해결하고자 하는 노력을 한다.
 ③ 분임조원간의 그룹토의를 통한 공통 문제의 해결을 꾀한다.
 ④ 직장의 품질, 원가, 납기, 의욕, 사기, 환경, 안전에 관계되는 해결로 공장목표 달성에 기여토록 한다.
 ⑤ 분임조 활동의 활성화와 영속화를 도모한다.
 ⑥ 회합을 통한 문제의 해결능력 향상이나 새로운 기술·기능을 습득한다.
 ⑦ 아이디어 발상법이나 회합기법을 통한 창의·연구의 장이 되도록 한다.
 ⑧ 품질의식, 문제의식, 개선의식의 품질관리 3대 의식을 실천한다.

분임조 활동 역할

① 솔선수범 → 자주적・자발적으로 자기 계발하여 솔선수범을 하도록 한다.
② 상호계발 → 분임조장간에 분임조 활동의 자주 학습 및 사례연구를 한다.
③ 교육·훈련 → 분임조 및 품질관리에 대한 분임 원 교육·훈련을 하도록 한다.
④ 직장과 일체가 된 활동이 되게 유도한다.
⑤ 작은 문제부터 개선을 유도하도록 한다.
⑥ 분임조 활동의 관리 정착을 유도한다.
⑦ 개선 주제 선정이 합리적으로 되도록 지도하도록 한다.
⑧ 일의 분담 하에 전원이 참가하도록 유도한다.

분임조 리더의 역할 – 리더는 소집단의 핵심이다

① 회합을 열어 의장의 역할을 맡고 전원을 발언시킨다.
② 테마를 정해 활동계획을 마무리하고 보고한다.
③ 구성원의 역할을 정하고 분담시킨다.
④ 타 소집단이나 상사와의 관계를 조정한다.
⑤ 스스로 공부하여 구성원을 교육시키고 후계자를 키운다.

11. 준비작업 교체시간을 단축하자

▌준비교체 단축은 다품종 소량생산 단 납기시대 핵심경쟁력이다

신제품개발과 많아지면서 다품종 소량생산 단 납기가 제조현장의 큰 흐름이 되고 있다. 고객이 원하는 만큼 빠르게 생산하여 고객에게 공급하기 위해서는 소롯트가 불가피한데, 소롯트가 되면 준비작업 교체시간이 길어지고 또 과다하면 가동률도 저하된다. 따라서 가동률을 유지하기 위해서는 준비교체시간을 단축해야 한다.

준비교체시간이란 『현재 기종의 가공이 끝났을 때부터 다음 기종을 가공하여 양품이 나올 때까지의 시간』이다. 이 준비작업은 크게 3가지로 ①내 준비작업 (기계나 설비를 세워야만 할 수 있는 준비교체작업) ②외 준비작업: 기계나 설비를 세우지 않고도(가동 시) 할 수 있는 준비교체작업 ③낭비 작업: 치공구를 찾거나 크레인을 대기하는 등 준비교체작업에 직접 관계하지 않는 작업으로 나눈다.

준비 작업의 종류

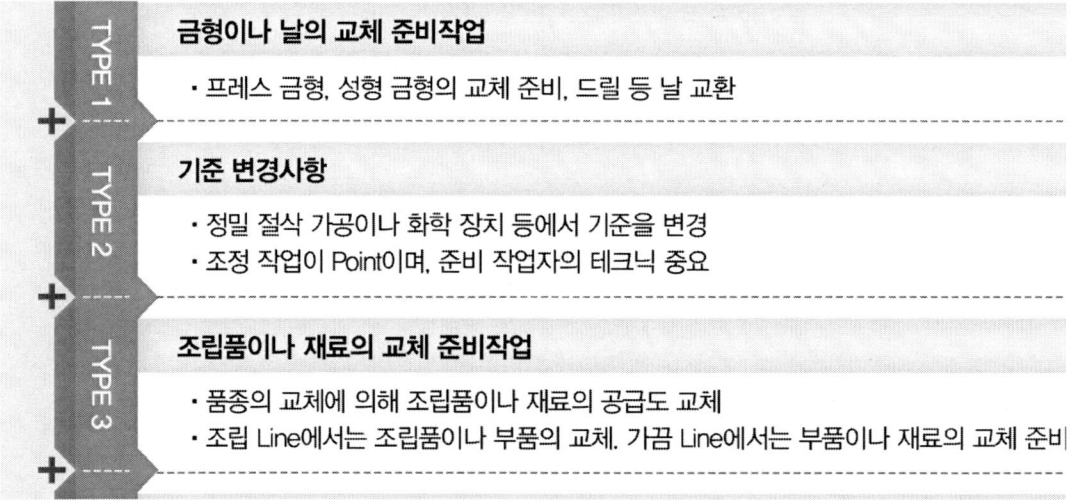

▌준비작업시간 절감은 프레스 · 기계가공 공장에선 절대 필요

준비작업 교체시간은 프레스공장에서 금형 및 소재의 교환, 가공공장에서 공구의 교환 등을 의미한다. 각각의 작업준비시간의 단축은 납기달성, 재고감소, 품질향상, 설비가동률 향상 등 생산성향상을 이루는 지름길이다.

준비교체 시간을 절감을 위해서는 '준비교체시간은 낭비이다.' '1개당 작업시간이 로트사이즈와 관계없다.'라는 사고가 있어야 한다. 그리고 '준비시간 반감목표' '싱글 생산가공 준비(9분이내)', '원터치 준비'를 새로운 목표로 삼고 절감방안을 찾아야 한다.

준비작업 교체의 사고방식

준비교체 시간을 절감을 위해서는 '준비교체시간은 낭비이다.' '1개당 작업시간이 로트사이즈와 관계없다.'라는 사고가 있어야 한다. 준비작업시간 절감은 크게 준비작업 횟수 절감과 1회당 준비작업시간 절감으로 나누어 볼 수 있다. 준비작업 횟수 절감은 영업, 설계, 생산기술, 생산관리에서 개선을 할 수 있다. 문제는 1회당 준비작업시간 절감에 있다.

준비작업 시간절감 추진방안

1. 준비작업 시간을 파악과 개선계획 추진
   - 제품, 부품, 공정의 증가상태 애로공정과 기계 설비가동 상태, 준비시간, 작업분석, 타사정보, 사내 타 공정 등의 정보를 수집하고 시간단축 목표를 세운 후 개선계획을 수립하고 실시해야 한다.

2. 작업변경 사전준비 철저
   - 내 준비작업(기계를 세우고 작업)을 외 준비 작업화(기계를 세우지 않고 작업) 구분
   - 작업분배의 명확화로 가동 전 준비철저와 3정(정위치, 정표, 정량) 정리정돈 철저

3. 준비작업의 개선과 표준화
   - 작업방법의 개선 (작업조정, 동작, 작업조 개선)
   - 작업자 (기능자 양성, 전임자 역할 명확 등)
   - 설비, 치공구 개선 (설계단계부터 자동화장치를 표준화)
   - 재료, 부품개선 (놓는 방법, 하물형태)
   - 팔레트, 운반구 개선
   - 레이아웃 개선 (제품 설변에 따른 공정 등)

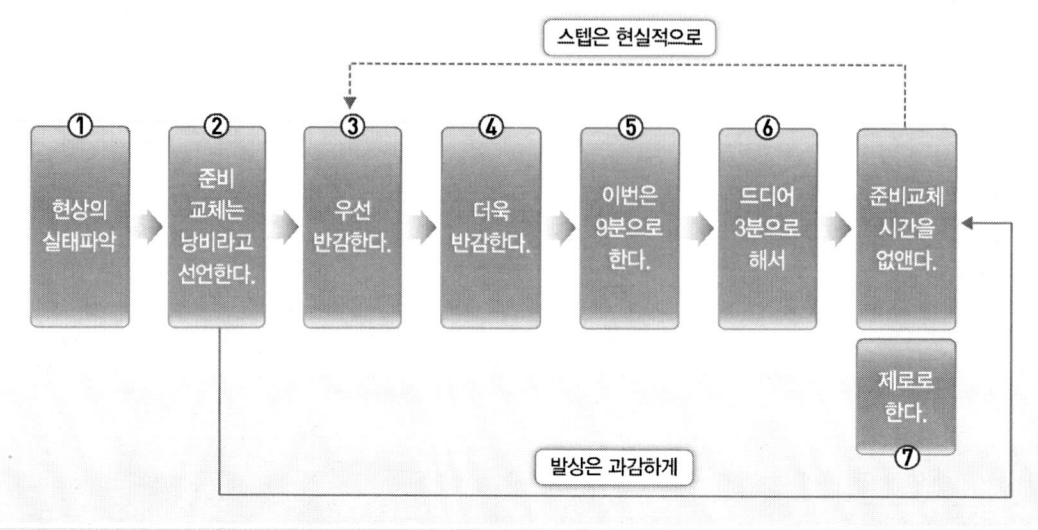

4. 작업준비 후 제조 후 처리철저
   - 제품교환 순서로 금형, 치공구 정돈
   - 금형, 치공구의 보수

효율적인 준비작업 개선

1	준비 작업의 분석	– 어떤 준비 공정에 시간이 걸리나 – 준비 작업을 어떤 작업을 하고 있나 –「교체 준비 실적표」,「준비 작업 분석표」사용
2	LOSS 작업 재조정과 제기	– 준비 작업을「내준비」,「외준비」,「LOSS」구분 – LOSS를 제거하는 것부터 시작
3	내 준비, 외 준비화	– 내 준비 작업을 잘 관찰점검, 외 준비화 한다.
4	내 준비 개선	– 내 준비 시간 단축을 위해 철저히 개선 　· BOLT 작업하지 않기, 1회전만 한다.　· 카세트 방식의 채용 　· 직렬 교체 준비에서 병렬 교체 준비로　· 조정 작업의 철폐
5	외 준비 개선	– 5S 중 특히 정리, 정돈　· 전용 대차화　· 준비작업자 설정

준비작업 시간절감 단축 포인트

1. 준비할 수 있는 것은 미리 준비하라.
   ① 치공구, 금형, 재료의 사전준비
   ② 전용대차 준비: 금형, 공구, 면포, 검사구 등 다음에 사용할 도구류 한 세트
   ③ 금형이나 치구의 주소화.
   ④ 다이캐스트 금형과 같이 열이 필요한 것은 미리 예열.
   ⑤ 금형을 설치하기 위한 가이드 롤러 준비
2. 손은 움직여도 발은 움직이지 마라.
   ① 전용화 ② 근접화 ③ 병렬화
3. 볼트는 철저히 없애라
   ① 볼트레스(BOLTLESS) 사고 ② 볼트 갯수, 나사 수 줄이기
4. 볼트는 풀어내지 마라.
5. 기준은 움직이지 마라(기준부동의 원칙)
   ① 위치조정 없앰 ② 높이조절 없앰
6. 베이스는 움직이지 마라, 끝단부의 소물(小物)을 움직여라.
7. 눈금을 보는 조정 작업은 모두 블록 게이지화 하라.

준비교체의 로스

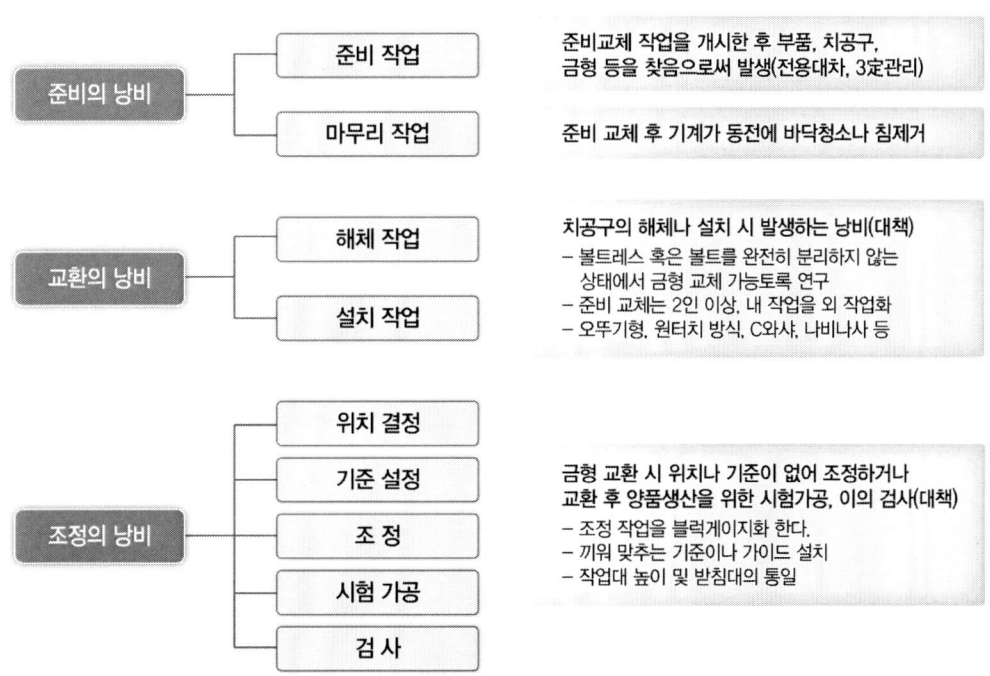

준비 교체개선 정석

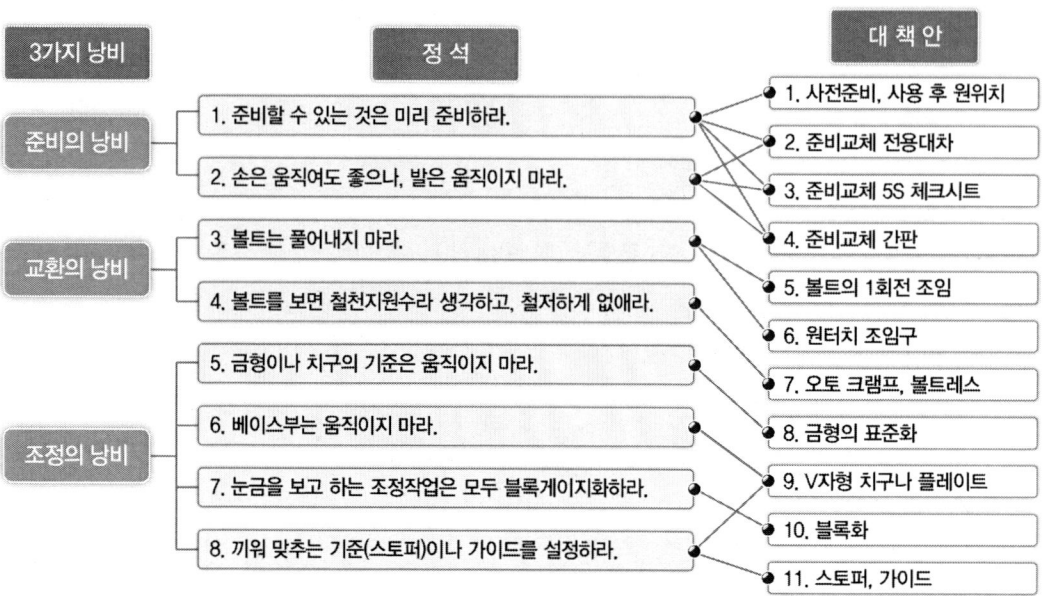

12. 작업표준을 확실히 지키자

▎표준작업은 사람의 동작중심 작업표준은 생산기술의 기준

표준작업과 작업표준은 전혀 별개의 것이며, 따라서 양자의 차이를 이해하는 것이 대단히 중요하다. 표준작업이란 사람의 동작을 중심으로 일을 모으고 낭비가 없는 순서로 가장 효율적인 생산을 하는 방법이다. 따라서 작업공정에서 사람, 제품, 설비를 가장 효과적으로 조합시켜 품질, 원가, 안전, 작업성 등의 측면을 종합적으로 향상시키는 것을 목적으로 표준작업 3요소(택트타임, 작업순서, 표준재공)가 필수불가결하다.

반면에 작업표준은 표준작업을 행할 때 설비, 제품, 방법 등에 대한 생산기술의 제반 기준 예를 들면 기계가공에서는 바이트의 규격, 절삭조건을 설정한 것, 또는 용접공정에서 용접전류 및 용접전압의 세기 등으로 대표적인 것으로는 QC 공정도를 들 수 있고, 사람측면에서는 안전작업 요령서나 치공구 교환 요령서 등이 있다.

▎표준 작업에 꼭 들어가야 할 3요소

1. CYCLE TIME – 제품 1개를 제조하는데 필요로 하는 시간
   (고객이 요구하는 주문수와 가동시간으로 산출)
2. 작업 순서 – 재료에서 제품으로 진행되는 과정에서 가공 도를 높여가는 작업자의 순서
3. 표준 대기 – 작업 진행에서 최소한 필요 공정내의 작업 개수를「표준대기」.

작업표준서 필요성

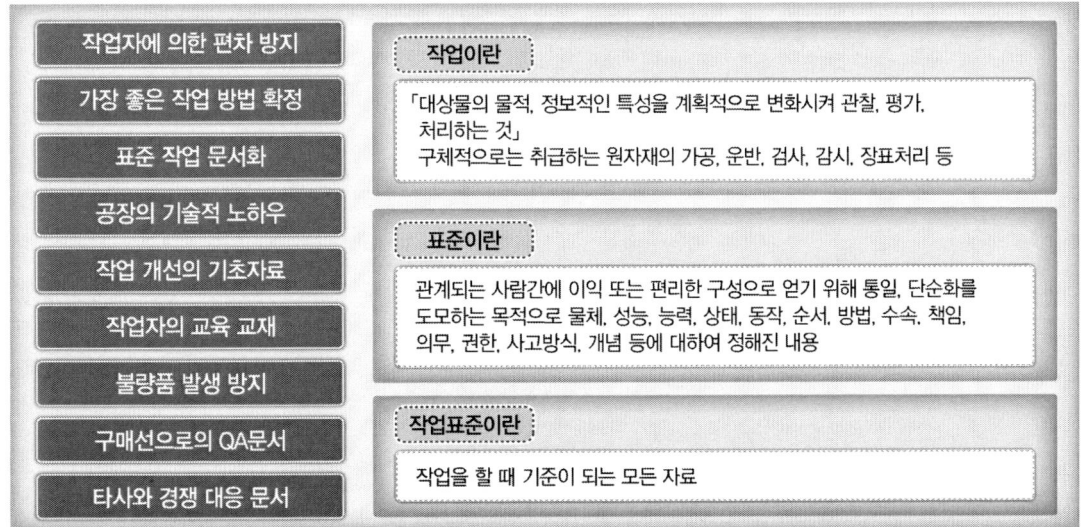

작업 표준서의 역할

작업이란 취급하는 원자재의 가공, 운반, 검사, 감시, 장표처리 등을 말하며 이 작업에 관계되는 사람 간에 이익 또는 편리한 구성으로 얻기 위해 통일, 단순화를 도모하는 목적으로 물체, 성능, 능력, 상태, 동작, 순서, 방법, 수속, 책임, 의무, 권한, 사고방식, 개념 등에 대하여 정해진 내용을 표준이라고 한다. 따라서 작업표준서는 작업에 관련되어 정해진 모든 문서로 1)표준작업서, 2)기본 준수 항목, 3)중점관리 Point 4)공정 조건 (공정 Spec) 등이 있다.

이 작업표준은 ①작업자에 의한 편차 방지, ②가장 좋은 작업방법 확정, ③표준작업 문서화, ④공장의 기술적 노하우, ⑤작업개선의 기초자료, ⑥작업자의 교육교재, ⑦불량품 발생 방지 ⑧구매처의 품질보증(QA) 문서 등의 역할을 한다.

작업표준을 어떻게 해야 준수하나

1. 공장 전체에서 실시하며 TOP이 선두에 서서 전사적 운동의 하나로 전개
2. 반장. 직장이 「나는 작업표준에 따라 제조한다!」 라는 강한 의지표시를 한다.
3. 작업 표준은 그 작업장의 간판이다. 보기 쉬운 곳에 게시한다.
4. 먼저 현상을 부정하여 현재의 방법보다 향상시켜 간다.
5. 정기적인 개선은 계속되어야 한다. 계속은 추진력이기 때문이다.

작업표준 관리체계도

개발, 생산	작업 표준 작성, 개정 순서	제조 부문			관련 표준
		(작업자)반장	계장	과장(부장)	
개발 시작 (생산준비)	작업표준 작성준비 작성단위, 양식결정	관련규격, 도면 등 수집 → 작업표준가 작성			도면, QC공정도, 검사규격 가 작업표준
양산시작	검토 결정 교육철저 실시	작업표준의 검토 → 작업표준 교육		작업표준 승인	작업표준 품질매뉴얼 관련규격, 규정류
양산	확인(수정) 보관 대장관리 활용촉진	작업 실시 → 작업표준 준수상황의 확인 ↓ 작업 표준의 관리 ↓ 문제점 파악, 해결			작업표준준수 CHECK LIST 작업표준관리 대장 이상, 고충처리부서
(설계변경)	이상처리 개정 결정	작업 표준개정 ← 수정 → 개정 승인			작업표준장 관리대장, 설변통보서 도면, 작업표준

작업표준을 적용할 때 주의사항

1. 평소에 표준화 실천 의식과 품질의 중요성을 작업자에게 철저히 인식시켜야 함
   - 경험이나 감에 의존하거나 또는 자기 혼자서 할 수 있다는 자만은 금물
   - "작업표준 이외는 올바른 작업방법이 없다"라는 점을 충분히 주지시켜야 함
2. 자신들이 만들고, 자신들이 지키는 작업표준이 되어야 함
   - 처음에 관리자가 만든 작업표준이라 하더라도 그 작업을 하고 있는 사람(감독자)이 검증하여 보완하는 것이 중요
3. 안전을 위해서는 작업표준을 준수하지 않을 경우 발생되는 재해의 실제 사례를 제시하고 작업표준 준수의 중요성을 관리·감독자가 작업자에게 알기 쉽게 가르쳐야 함
4. 작업표준의 내용에 대하여 공정 작업자에게 충분한 설명이 필요
   - 구성원들의 회합 또는 Man To Man 방식으로 꾸준히 작업표준 내용을 주지시키는 지속적인 노력이 필요
5. 작업방법이 변경되면 곧바로 작업표준을 개정
   - 작업방법을 변경할 때에는 우선 작업표준을 개정하고, 개정된 작업표준을 작업자에게 가르친 후 작업하게 해야 함

표준작업 준수의 기본조건

1	공장 전체에서 실시	TOP이 선두에 서서 전사적 운동의 하나로 전개
2	반장, 직장이 강한 의지표시	「나는 표준작업에 따라 제조한다!」라는 강한 의지
3	보기 쉬운 곳에 게시	작성한 작업 표준은 그 작업장의 간판이다. 표준 작업은 눈으로 보는 관리의 대표적인 예
4	먼저 현상을 부정	현재의 방법보다 향상시키기 위해 현재의 방법은 최하의 것.
5	정기적인 개선 검토화	개선은 계속되어야 한다. 계속은 추진력

표준의 교육과 현장적용

1. 해당 공정에서 근무하는 사원 (예를 들면 Press 공정의 근무자 전원)에게 표준작업서 중점관리Point, 기본준수, 공정조건 등을 교육하여 전원 100% 숙지시킨다.
2. 제·개정된 표준작업서, 기본준수, 중점관리 Point, 공정 SPEC등을 해당 Position에 부착하여 누가 보아도 표준관리 상태가 정상인지, 비정상인지 알 수 있도록 한다.
3. 표준 적용 생산: 현장에서 제조, 검사, 운반 등의 작업은 표준작업서대로 하고 기본준수에 정해진 주기로 청소 및 교체를 하고 중점관리 Point는 정해진 주기별로 확인을 하고 공정조건도 정해진 주기별로 Check 한다. 이상 발생 시는 Line Stop을 하고 즉시 대응한다.

작업 관리

좋은 제품을 편안하게, 필요한 만큼, 납기대로 안전하게 생산하기 위한 작업을 표준화하고 (작업방법, 작업시간, 작업환경) 그것을 준수하고 목적을 달성하기 위한 활동이다.

이를 위해서는 작업을 최적으로 표준화하고, 그것을 준수하기 '3가지 각도에 6가지 수단'이 있다. 설비에서 '자동화와 Fool Proof장치'를 관리에서 '작업표준과 눈으로 보는 관리'를 작업자에게는 '기능향상과 의식 앙양'을 추진하여 작업자의 부담을 경감시키면서 목적을 달성하고 있다. 이런 작업관리의 책임은 현장 감독자에 있다.

[작업관리 사이클]
1. 작업 계획(Plan) - 목표명확화. 작업표준화
2. 작업 실시(Do) - 작업표준교육. 작업 실시
3. 작업 결과 확인(Check) - 작업 목표가 이루어졌나. 확인. 작업 표준 준수/개정확인
4. 작업표준 개정(Action) - 작업 목적, 목표를 달성할 수 있는 작업표준 개정

작업관리 향상의 3가지 각도와 6가지 수단

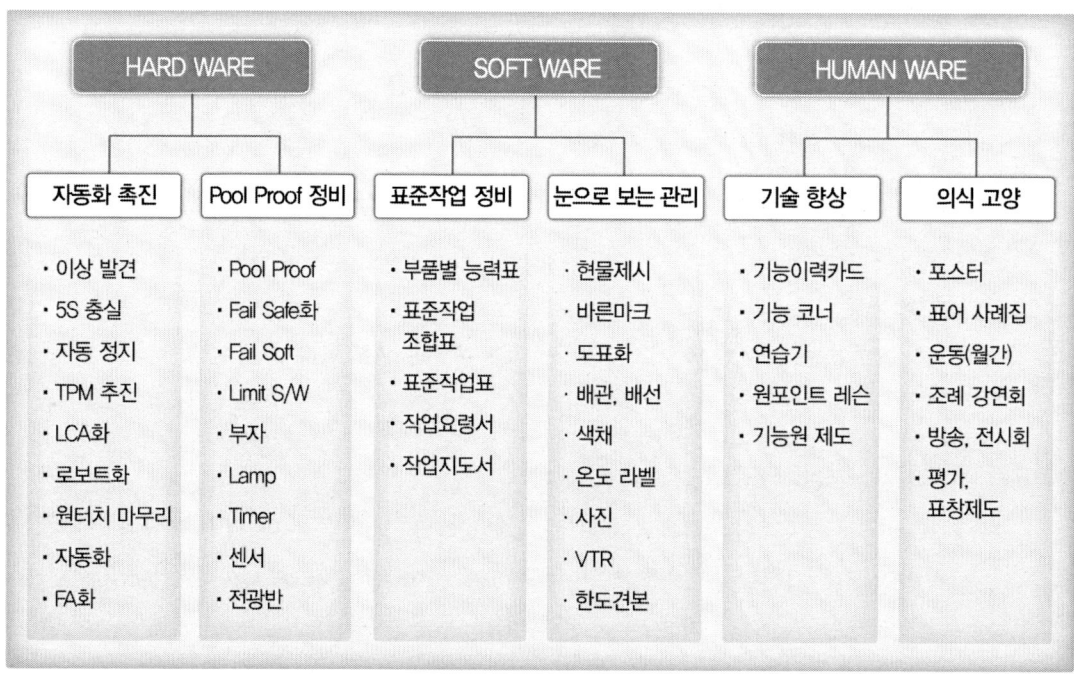

작업관리의 개념과 관리사이클

작업관리는 : 좋은 제품을 편안하게, 필요 수 만큼, 납기대로 안전하게 생산하기 위한 작업을 최적화하고 (작업방법, 작업시간, 작업환경 등을) 표준화하고 그것을 준수하고 목적을 달성하기 위한 활동이다.

현대의 작업관리는 작업을 최적으로 표준화하고, 그것을 준수하기 위해

3가지 각도 6가지 수단
- Hard ware의 충실(자동화, Fool Proof)
- Soft ware의 충실(작업표준, 눈으로 보는 관리)
- Human ware의 충실(기능향상, 의식 양양)을 추진 작업자의 부담을 경감시키면서 목적을 달성하고 있다.

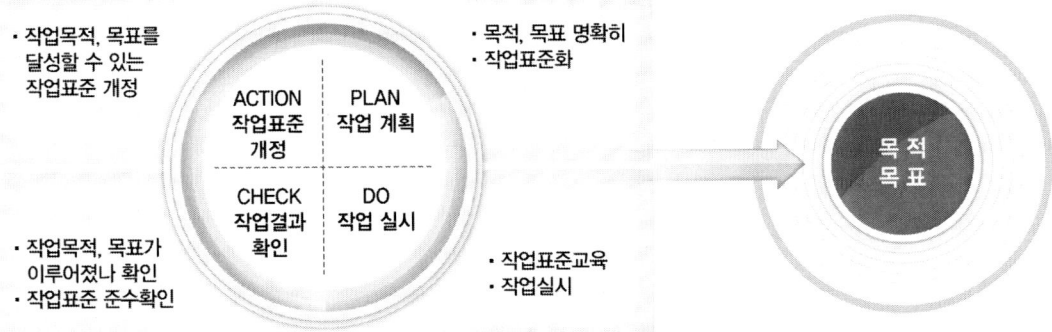

- 작업목적, 목표를 달성할 수 있는 작업표준 개정
- 작업목적, 목표가 이루어졌나 확인
- 작업표준 준수확인

- 목적, 목표 명확히
- 작업표준화
- 작업표준교육
- 작업실시

ACTION 작업표준 개정 / PLAN 작업 계획 / CHECK 작업결과 확인 / DO 작업 실시

→ 목적 목표

▌작업표준 달성을 위한 15가지 요건

1. 작업자가 작성 단계에 직접 참여한다.
2. 핵심POINT는 누구도 실행 할 수 있는 표준으로 한다.
3. 현장에서 검증하여 준수할 수 있는 표준으로 한다.
4. 마무리. 이상. 운반 등 표준화가 곤란한 작업을 개선하여 표준화한다.
5. 관리항목. 관리방법. 품질특성. 검사방법을 명확히 한다.
6. 개선. 유지. 개정을 계속하여 항상 미완성으로 생각한다.
7. 자동화. FOOL PROOF. 눈으로 보는 관리를 고려한 표준화 (작업관리 6가지 수단)
8. 과거의 실패 경험, 예측되는 문제점을 사전 해결한 표준으로
9. 목적, 목표를 확실하게 나타날 수 있는 표준으로 작성한다.
10. 다른 표준류와 모순되지 않은 표준으로 (검사규격, QC 공정도, 기술표준)
11. 구체적. 객관적으로 읽는 사람에게 친절한 표준으로 (도표, 사진, 그림, 수치 등)
12. 책임과 권한이 명확하게 되어 있도록 한다.
13. 관계자가 인정하고, 권위가 있도록 한다.
14. 형식주의에 치우치지 않아야 한다.
15. 개선을 저해하지 않아야 한다.

13. 제품개발기간과 생산리드타임을 단축하자

▌제품개발기간과 생산리드타임 단축의 장점

제품개발기간과 생산리드타임을 단축하면 신제품을 적시에 투입하여 시장과 고객의 수요에 신속히 대응하는 등 다음과 같은 유리한 측면이 있다.
- 납기가 빠르고 확실하게 되므로 판매경쟁에 우위에 서게 된다.
- 생산기간의 단축 화 재고품의 압축화에 따라, 경영자본의 감소화가 되어 자본 회전율이 향상되고 금리부담이 경감된다.
- 생산기간의 단축으로, 예측생산을 수주생산으로 변환시키고 불량자산을 없앤다.
- 재공재고품의 감소로 공장면적의 활용도가 커진다.
- 생산기간의 단축으로 생산의 합리화가 꾀해진다.
  예) 라인 화, 소인 화, 소Lot화, 다 공정담당 등
- 생산기간의 단축으로 특급, 끼워 넣기 등도 동일하게 작업이 가능해져서 생산 일정 혼란이 적어진다.
- 설계일수가 충분해지므로 설계 오류가 적어져서 품질이 좋아지고 생산성이 향상된다.

▌생산 Lead Time 단축의 접근사고방식

- Lead Time 단축에는, 강력한 추진력을 모태로 하여 공장전제에서 총합적으로 추진할 필요가 있다.
- 공정관리 측면 뿐 아니라 물품의 흐름이나 생산시스템의 개선에 의한 Lead Time의 단축을 추진한다.
- 고객이 요망하는 납기를 확보하는 것을 제일로 하여 그에 적합한 Lead Time의 단축을 추진한다.
- 수주생산, 예측생산, 다종소량생산 등 각각의 생산형태에 맞는 Lead Time 단축의 방법을 고려한다.
- 적절한 부품의 재고와 Lead Time 단축의 효과를 종합적인 시야에서 균형을 취한다.
- 재공재고품의 삭감의 포인트는 공정간 정체를 없애는 것이며, 이를 위해 소Lot생산이나 JIT 방식으로의 전환이 필요하다

제8편 생산성 혁신

▌생산기간의 단축 포인트

생산기간을 단축하려면 무엇보다 준비시간의 단축이 필요하다. 이어 소프트측면에서 기준과 표준의 매뉴얼 화와 공용화 전산화를 초진하고 촉진하고 인력(관리지원, 다기능공, 지원요원, 팀워크 강화), 기계설비(전용라인, 혼류라인, 특급라인, 자동화, 애로공정 해소 등), 재료부품(적정재고, 결품방지, 애로부품 설계변경, 협력공장 발주체제 등)의 재정비 및 문제점 사전대책이 필요하다.

Lead Time의 단축과 공정대기

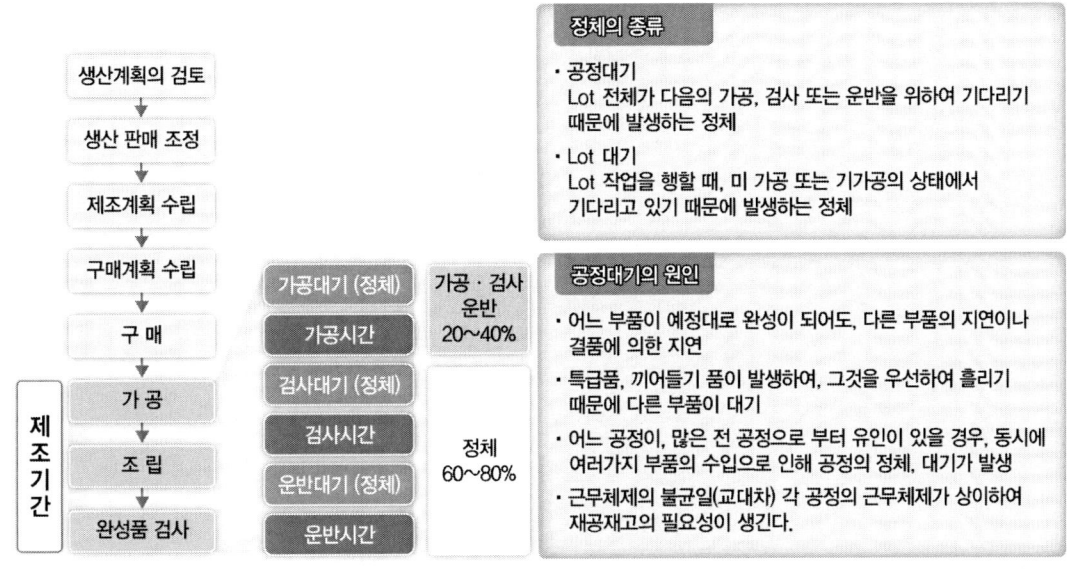

현장에서의 리드타임 단축 프로세스

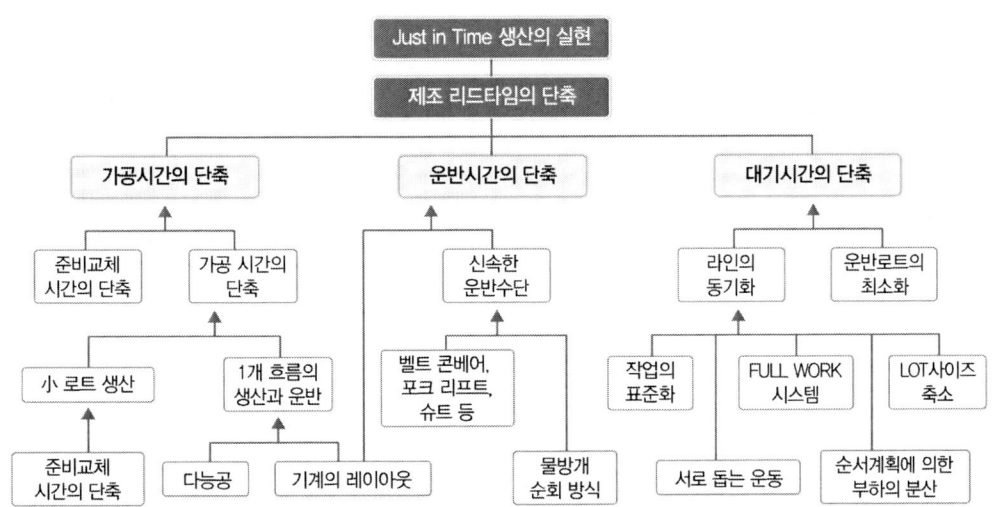

14. TPM 추진으로 설비 고장제로에 도전하자

▎TPM이란 -고장 제로와 수명연장

　제조현장의 높은 생산기술력은 설비관리에 있다. 공장자동화와 무인화를 위해 많은 설비투자를 해야 경쟁력을 유지할 수 있는 상황에서 전원참가의 예방보전 TPM (Total Productive Maintenance)을 추진함으로써 고장 제로와 가동률 향상을 기하고 궁극적으로 생산종합효율을 극대화해야 할 것이다.

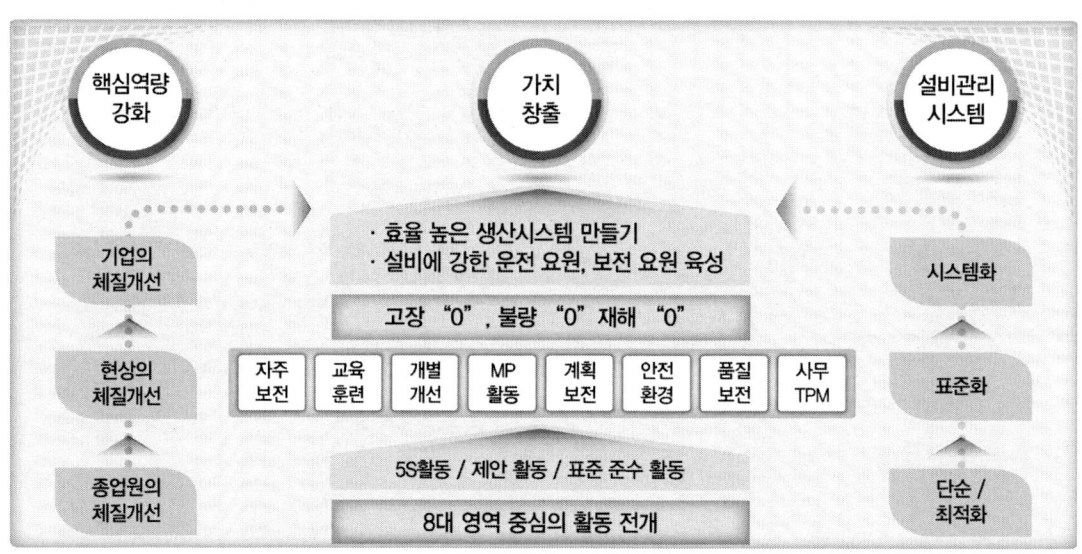

TPM 추진개념도와 8가지 활동기둥

　TPM은 특히 설비가 많은 공장의 경우 설비를 최상의 조건으로 유지 내지 개선함으로써 생산성을 올리는 좋은 공장혁신 도구(Tool)로 설비계획단계에서는 보전이 필요 없도록 하고 설비사용단계에서는 고장을 예방하며 고장발생 시에는 저비용 단시간수리로 설비수명을 늘리는 것이다.

▎TPM 추진 5원칙
1. 설비효율을 최고로 할 것을(종합적 효율화) 목표로 한다.
2. 설비의 일생동안 대상으로 PM의 토털시스템을 확립한다.
3. 설비의 계획부문·사용부문·보전부문 등 모든 부문에 걸쳐 실시한다.
4. 최고 경영자로부터 현장 작업자에 이르기까지 전원이 참여한다.
5. 소집단 자주 활동으로 PM을 추진한다.

TPM 추진의 내용과 목적

1. 자주 보전 : 생산부문의 설비가동을 전원 참가의 소집단 활동을 기본으로 전개하는 일상보전 활동
2. 계획 보전 : 예방 보전이나 개량보전 등과 같이 미리 계획을 세워 시행하는 보전을 말한다. 시간기준보전(TBM), 설비상태 예지보전(CBM)
3. 개별 개선 : 설비, 공정 등 정해진 대상에 대해서 P, Q, C, D측면의 LOSS를 제거하여, 최고의 효율을 달성하기 위한 활동
4. MP 활동 : 신뢰성, 보전성, 경제성, 조작성, 안전성이 높은 설비를 설계단계 부터 반영될 수 있는 시스템 구축을 통한 보전비 감소와 열화손실 최소화
5. 품질 보전 : 품질요소의 보전을 중점적으로 실시하여 제품의 품질을 확보하는 일에 주안점을 둔 보전이다.
6. 사무/안전 : 비효율적인 업무 제거로 사무생산성 극대화 및 재해 Zero활동 추진
7. 교육 훈련 : 직무수행 능력 향상을 위한 설비에 강한 운전요원, 보전요원을 육성

자주보전

작업자(Operator)에 의한 설비의 강제 열화복원을 실시함과 아울러 자주관리체제를 확립하는 활동을 통하여 작업자와 소집단조직의 활성화를 꾀하고 고장 트러블 삭감에 따른 안정조업과 점검보수기능의 습득·향상을 도모한다.

자주보전 7스텝

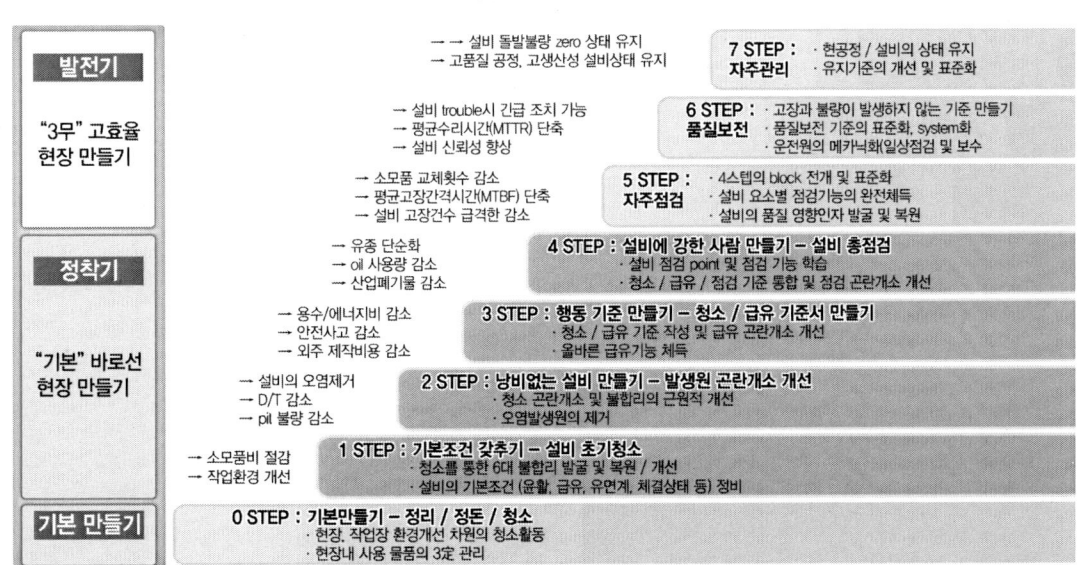

제9편
품질 혁신

1. 품질관리체계를 구축하자

▌품질관리의 변화추이

세계적인 품질관리의 동향은 과거 완제품 위주의 시험검사 관리에서, 제품의 개발에서 생산에 이르는 프로세스 관리, 그리고 1980년대 후반부터 나타난 Six Sigma등의 전 프로세스 개선 활동으로 변화하고 있다. 또한 최근의 품질관리는 단순 제조사의 책임에서 나아가 사용자와 양방 경영층의 책임 하에 전사적으로 관리되어야 하는 부분이 강조되고 있다.

품질관리 변화추이

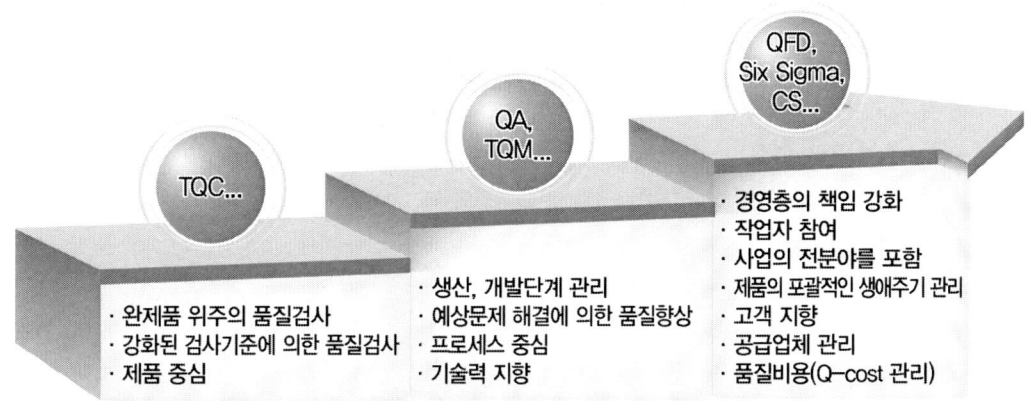

▌품질관리의 포인트 변화

① 품질관리의 전 영역에 걸친 표준화 추진
② 품질관리시스템을 통한 데이터베이스 관리로 반복적, 소모적인 품질관리 프로세스 제거를 통한 비용절감
③ 사전, 사후에 집중된 관리형태가 아닌, 품질관리계획에 의한 체계적인 관리 수행
④ 중,장기 품질관리 계획에 의한 관리 수행 및 통합화 추진
⑤ 구매관련 부서 및 유관부서와의 정보공유를 통한 유기적인 품질관리 수행
⑥ 품질관리를 통한 공급업체 관리 및 품질관련 전략적 제휴 추진
⑦ 품질비용기반의 관리 지향

품질관리의 업무영역

품질관리는 고객의 요구품질을 고려한 목표품질을 선정하고 이를 근거한 설계품질 및 제조품질을 확보하여 제품의 판매를 통한 고객 사용품질로 재평가되는 일련의 사이클을 유지하여야 한다.

품질관리의 업무영역

품질관리는 수입검사에서 출하검사에 이르는 일련의 과정에서 발생하는
데이터의 취합 및 활용이 중요함

품질관리 기본전략

품질관리의 기본전략은 크게 관리표준화, 실시간 데이터 관리 및 활용과 효율적 협력업체 관리로 요약할 수 있다. 즉, 품질통합관리시스템 운영을 통해 반복적이고 동일한 불량 및 문제 발생의 가능성을 최소화하는 것이 품질관리의 궁극적인 목표이다.

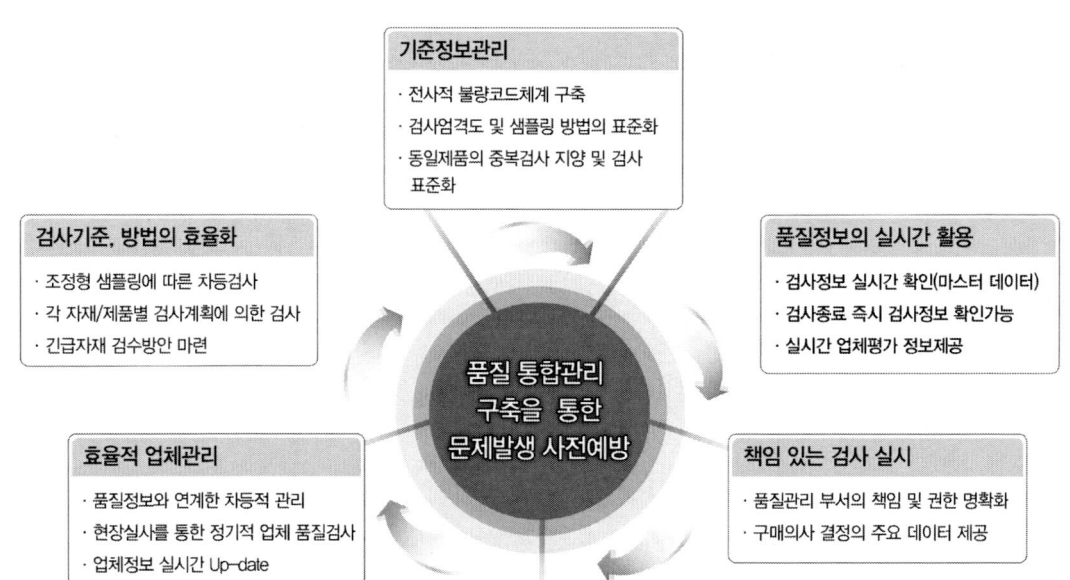

품질정보의 공유 방법

고객이나 후 공정에서 발생하는 품질 문제점에 대해서 발생공정 및 관련부문으로 즉각적으로 Feedback 하여 품질의 정보가 Real Time으로 공유되고 관리될 수 있어야 한다.

1. 품질일보를 작성하여 게시를 하거나 공람을 한다.
2. 불량품 전시대에서 불량품에 대해서 원인 및 재발방지 교육을 실시한다.
3. 품질회의체를 구성하여 주기적으로 주요 품질관련 사항에 대해서 협의를 한다.
4. 품질개선팀의 운영 및 전 사원의 참여로 품질에 대한 정보교류의 장으로 활용한다.
5. 주요 Item 이나 공정에 대한 관리 그래프를 게시하여 품질의 정보를 공유토록 한다.
6. 고객 불만사항에 대해서 누구나 볼 수 있도록 현관이나 식당에 현품을 게시한다.

품질관리와 Data

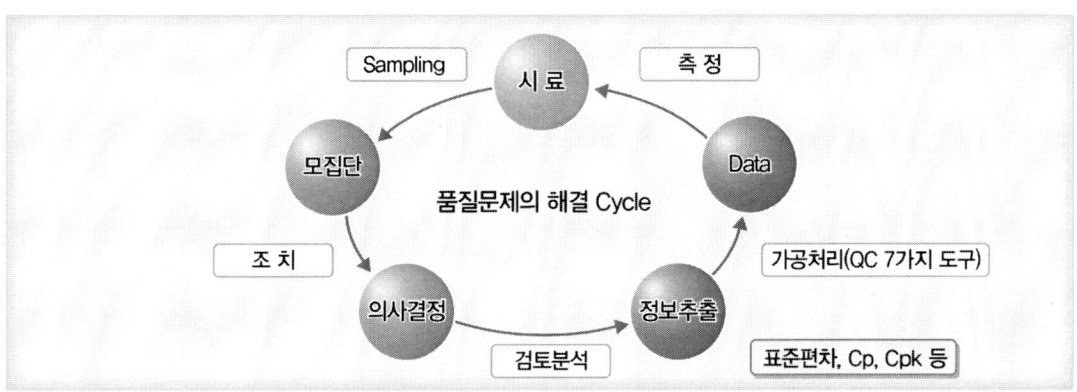

이상처리 Flow 정립

작업자가 공정 및 품질에 대한 이상 징후나 문제점을 발견했을 경우 이를 즉각 보고할 수 있는 보고체계와 방법을 정해야 한다.

1. 이상의 정의를 명확히 한다.
2. 이상처리에 관한 업무순서와 책임 및 권한을 정하고 철저히 이행한다.
3. 이상을 조기에 발견할 수 있는 기구를 만든다.
4. 이상이 발생한 실제 원인을 파악하고 해결한다.
5. 이상대책의 처치는 조기에, 항구처리는 철저하게 행한다.
6. 이상은 끈기 있게 처리하여, 예방적 처치에까지 Level-up 한다.

이상발견 및 처리의 순서와 연구

1. 이상의 발견 – 초물, 양산품, 종물체크의 규정화, 자동체크대, 자동검사, 순회검사, 관리도 및 그래프, 후 공정 Check, 양품시험, 고장예측해석,
2. 이상의 연결 – 이상표시등, 불량품 노출 대, 적색 함, 게시판, 이상시 연결계통도
3. 이상의 보고 – 상사보고, 전후공정의 보고, 이상보고서
4. 이상의 확인 – 현장, 현물, 현시점 학인, 대책회의, 재현, 시험
5. 이상의 처치 – Lot 처치, 공정처치, 신속처치, 기능교육, 중요이상등록, 불시사고예방, 설계변경, 표준화, 다기능공화
6. 이상대책의 확인 – 사례집, 발견자 분석, 이상처리상태 검사, 이상처리 규정

불량처리 Flow 정립

1. 불량처리 Flow 란

   일반적으로 공장을 방문하여 보면, 무엇이 양품이고 불량인지 눈으로 구분하기가 어렵다. 이는 불량처리 Flow 가 정립되어있지 않기 때문이다. 불량처리 Flow 는 불량이 발생 시 불량에 대한 분류 및 수합 그리고 분석 및 대책수립을 위하여 양품과 불량품을 분류하고 보관하는 방법과 그것을 수합, 분석하여 불량의 원인을 분석하고, 발생 공정이나 발생원에 Feed Back 하는 절차를 정립하고, 불량품에 대한 처리 즉 폐기 및 재활용에 대한 판정 및 조치를 취하고 품질비용을 계산하는 일련의 업무절차를 의미한다.

2. 불량처리 Flow
   - 불량품의 분류와 보관 : 불량 발생 시 불량품은 적색 불량품 박스에 별도로 보관한다.
   - 불량품의 수합 : 업무 마감 시 불량품을 회수하도록 한다.
   - 불량품의 분석 및 Feed Back : 불량품을 분석하여 발생원인 및 책임을 통보한다.

3. 불량품의 처리

   불량품이 외주 불량인 경우 해당업체로 반송조치하고, 자책인 경우 재활용이 가능한지를 판단하여, 재활용이 가능할 경우 작업지시를 하고, 불가능할 시 폐기 처리한다.

4. 품질비용 계산 : 불량품에 대한 손실금액 및 재활용금액 등을 계산하여, 품질비용을 관리한다.

초물관리대 운용

초물관리대는 생산 Lot 에 대해서 시간 기준 혹은 생산량 기준으로 작업자가 생산한 제품의 품질을 Check 할 수 있도록 만든 관리 대로써 초물, 중물, 종물을 구분하고 품질을 Check 할 수 있는 검사구나 계측기 그리고 Check Sheet를 구비한 작업대를 의미한다.

초물검사는 작업자에 의하여 실시되는 품질 Check 방법으로 자주공정품질 체계를 구축하는

가장 기본적인 것이며, 순회검사는 QC에 의해 이루어지며, 작업자가 측정하기 어려운 제품이나 중점관리 대상 제품에 대해서 순회검사 제품이 정해진다.

품질개선활동 전개

품질 현황 및 통계적 품질관리를 통하여 무엇이 문제인지를 확인하면, 그에 대한 개선활동을 추진해야 한다. 원인을 분석하고, 그 원인에 대한 근본대책을 치밀하게 수립하여 품질을 개선하지 않으면 안 된다.

1. 원인파악

문제의 원인을 정확히 규명하기 위해서는 우선 문제가 되는 중요 품질특성에 영향을 주는 모든 변동요인을 분석, 추출해 내고 이들로부터 영향력이 큰 핵심요인을 찾아내어야 한다.

이 때 기존의 QC공정도, 작업표준 및 검사규격을 검토하고 아울러 공정능력을 분석하면 문제의 원인 규명에 많은 도움이 된다.

2. 목표의 설정

자사의 현재 품질수준을 정확히 파악한 후, 원인분석에서 규명해 낸 요인의 분석결과를 근거로 해서 개선 프로젝트별로 목표를 설정하고, 또한 예상되는 기대효과를 추정하는 단계이다.

개선대책 항목별로 완료일정을 기준하여 각 해당 단위에 단계별 목표치 설정(PPM)를 정한다. 또한 이를 사장실, 회의실, 현장입구, 식당 등에 현황판 부착한다.

목표설정 시 제로 베이스에서 출발하는 과감하고 도전적인 목표를 설정한다. 이때 최고 경영자의 경영철학과 방법이 바뀌어야 하고. 전사원들이 고정관념에서 탈피하는 발상의 전환이 필요하다.

3. 개선

원인분석에서 규명된 핵심요인에 대해 개선 프로젝트별로 PDCA 사이클에 따라, 개선대책을 수립하고 실시하여 목표설정에서 정한 목표를 달성해 내고 또한 개선효과가 지속될 수 있도록 표준화하는 것이다.

원류관리를 철저히 하자

불량이 발생한다는 것은, 그 공정 또는 상류 공정에서 불량발생의 원인이 되는 기술적 조건, 작업자 관리 조건이 반드시 존재한다. 불량이라고 하는 현상뿐 만이 아니라 그 원류(상류)로 거슬러 올라가 진짜 원인을 찾아내어 트러블 발생이 되는 포인트 개소를 관리하는 방법이 원류관리이다.

양산단계의 품질관리 항목

중점관리 항목	관리 포인트

1. 양산 초기품질 유동관리
  - 양산 초물 10대 전수검사: 치수, 재질, 표면처리, 도장
  - 용접변형 정도 관리
	➜ 양산품질 조기 안정

2. 부품 완성도 관리 및 내구품질 관리
  - 외관 조잡성: 절단, 벤딩, 용접, 성형
  - 가접 및 용접 품질
  - 도장 품질: 전처리, 하도, 상도, 도금
  - 오염도 및 누유
	➜ 외관품질 고급화
	➜ 발청방지
	➜ Crack 방지

3. 4M 변경관리
  - 4M(2차 Vendor 포함) 변경 승인관리
  - 중대 결함 및 반복 불량품 검사협정서 체결
	➜ 품질에 영향을 미치는 요인계 사전관리
	➜ 관리 부재로 인한 반복불량 방지

4. 품질보전 및 경향관리
  - Data에 의한 통계적 품질관리
  - 형, 치구의 보전성/신뢰성 정기적 검사(분기 1회)
  - 제조 프로세스의 적합성/신뢰성 정기적 Audit
  - 반복 불량품 Parts Audit(수시)
	➜ 통계적 사고 및 접근에 의한 품질문제 개선
	➜ 공정능력 향상
	➜ 양산품질 균일성 및 신뢰성 확보
	➜ 악성 불량업체 제재

개발단계의 품질관리 항목

중점관리 항목	관리 포인트

1. 제조 타당성 검증
  - 도면 적절성 및 공차대로의 제조 가능성
  - 표준화 및 단순화
  - 재료/재질 적합성 및 조달 가능성
	➜ 잠재적 결함 현재화
	➜ 제작성 난이로 인한 품질문제 사전제거

2. 형, 치구 Try-out 검증
  - Fool Proof 정도
  - 변형방지 장치 적용의 적절성
  - 제조 적합성 및 작업 편의성
	➜ Spec out 관리: 공차, 공법 변경
	➜ Human Error 방지

3. 조립 적합성 검증
  - 부품 간섭 및 Alignment, Hole, Gap 불일치
  - 외관 상품성
	➜ 양산초기 품질 확보

4. 양산 준비검증
  - 공정능력, 제조공정 확보 및 적합성
  - 작업자의 품질특성 및 작업표준 이해도
  - 작업 보조구 확보 및 적합성
  - 납품 Pallet 확보 및 적합성
	➜ 양산승인 기본조건 확보

제9편 품질혁신

시장품질 혁신회의

- 사업부의 시장 품질 현황을 전 조직원이 공유하고, 기술적, 관리적인 해결책을 도출하여 실행여부를 Check 함으로써 사업부의 품질 목표를 달성하고자 함

구 분	실시일자 및 안건통보	회의 발표 및 운영	사후관리
기본전략	• QA팀에서 품질회의 실시 (실시일자 및 안건) 통신을 매월 관련부서에 통보 • 발표부서는 발표내용을 최소 5일전에 QA팀에 송부 • 회의일정이 변경시 변경내용을 전부서에 통보	• 발표양식은 A4 횡으로 작성함 • 품질실적에 대한 내용, 처리방법, 대책을 적절한 관리 및 기술적 기법을 이용하여 작성 • 발표시간은 발표부서별 10~20분 • 발표는 관리자가 실시함을 원칙	• 품질회의시 결정된 사항 및 지시사항은 품질회의를 작성하여 5일 이내에 결과보고서를 보고하고 관련부서장께 송부 • QA팀에서 전체 사후 Follow Up – 해당부서의 진척현황 파악 • 차기 회의시 Follow Up 결과보고

업무내용	• 시장품질회의 안건
	
	   – 정규 안건
	   • 국내 품질 현황
	     품질 지표, 실패비용, 신모델 품질현황, 품질사고 F/Up
	   • 해외 품질 현황
	     해외 Claim 현황
	
	   – 임시 안건
	   • 발표 부서의 요청에 의해 청된 안건으로 QA팀장 승인 후 발표
	
	   – 지시 안건
	   • 사업본부장, OBU장의 지시로 인해 선정된 안건으로 해당부서에서 발표
	
	   – Issue 안건
	   • 월간 품질실적에 대한 주요 문제점의 원인분석 및 대책을 원인부서에서 발표
	• QA팀은 품질회의 개최 5~10일 이내에 해당부서에 통보
		• 전월 지시사항 사후관리 내용
		   – OBU장 및 관련부서장 지시사항의 Follow Up 내용
		• 품질지표
		   – 제품별 당해/시장 품질실적 보고
		• 제품별 제품품질 현황
		   – 부품별 당해/시장 품질실적 보고
		   – 목표 및 전년개선내용 보고하고 목표 미달시 분석내용 및 대책보고
		• 사용불편 현황
		   – 항목별(6항목) 추이 및 Issue 내용보고
		• 신모델 품질 현황
		   – 기존 Base Model 대비 제품불량 및 사용불편 비교 보고
		• 환입 현황
		   – 월별 환입 분석 및 내용 및 Issue
		• 실패 비용
		   – 국내 사외실패 비용의 목표대비 달성률 보고
		   – SYC대행료, 무상부품대, 환입폐가비
		• 해외 Claim 현황
		   – 월 Claim 접수 내용 및 처리내역
		   – 장기 개선대책 보고
			• 지시사항/의사결정 사항 및 단순 Comment 내용은 구분하여 정리
			   – 지시사항/의사결정 사항 : ◆
			   – 단순 Comment 사항 : ◇
			• 지시사항 및 의사결정 사항은 일정 및 담당자를 명확히 설정하여 관리
			   – 일정이 불명확하게 지시하였을 경우 차기 회의시까지로 함
			• 지시사항 및 의사결정 사항은 차기 회의시 Follow Up 결과를 보고
			   – 실시완료한 것은 품질회의 시작때 간단히 설명
			   – 진행중인 사항은 해당부서에서 진척 현황 보고

● 관련표준 : 품질혁신회의 운영 규칙

2. 품질관리기법을 활용하자

┃QC 7수법은 품질개선의 가장 유용한 도구이다

QC 7수법은 특정부분에 대한 개선 뿐 아니라 Process전반을 대상으로 하는 개선활동으로 유용한 도구이며, 불량의 현상파악은 물론 원인분석과 대책수립 시 유용하게 쓰인다. QC 7수법은 내부 의사소통, 고객만족, 품질향상, 재무성과 개선을 목표로 활용할 수 있다.

QC 7 도구의 활용

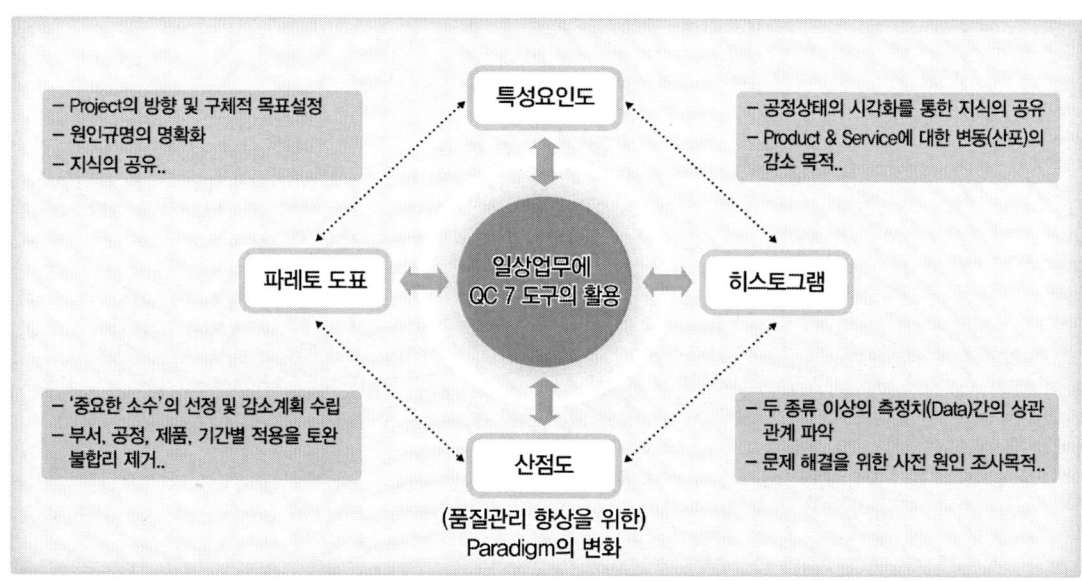

┃파레토 도표

파레토 도표는 품질개선 과정에서 사용하는 중요한 도구이다. 이탈리아의 경제학자의 이름을 딴 파레토 도표는 조셉 쥬란에 의해 처음으로 품질관리 분야에 적용되었다.

예를 들면 제조업이나 서비스업의 경우 문제를 발생시키는 원인이 많더라도 대부분의 문제는 소수의 원인 때문에 발생한다. 이처럼 문제의 원인은 '사소한 다수'와 '중요한 소수(vital few)'로 분류할 수 있다. 중요한 20%의 원인이 전체 문제의 80%를 발생시키기 때문에 이것을 특히 "20 : 80의 법칙"이라고도 한다.

특성요인도

특성요인도란 일의 결과(특성)와 그것에 영향을 미치는 원인(요인)을 계통적으로 정리한 그림이다. 즉, 특성에 대하여 어떤 요인이 어떤 관계로 영향을 미치고 있는지 명확히 하여 원인규명을 쉽게 할 수 있도록 하는 기법이다.

그 모양이 생선뼈와 비슷하여 '물고기 뼈 그림(Fishbone Diagram)'이라고도 하는데, 이 기법은 품질개선 활동에서 널리 사용되고 있다.

1. 전체의 지식이나 경험을 모으도록 한다.(Brainstorming 4원칙)
    ① 상대방의 의견을 비판하지 않는다.
    ② 많은 의견을 내어 놓는다.
    ③ 자유 분방한 의견을 내어 놓는다.
    ④ 연상(연관되는 Idea)을 활발히 내어 놓는다.
2. 원인(요인)을 철저히 규명한다. 5WHY를 되풀이 한다.
3. 현장의 문제점을 중심으로 진행한다.
4. 항상 검토하여 개선해 나간다.
5. 관련자 전원이 참가하여 작성하고, 가능하다면 고객(Customer)과 공급자(Supplier)가 원인분석단계로부터 참여하도록 한다.

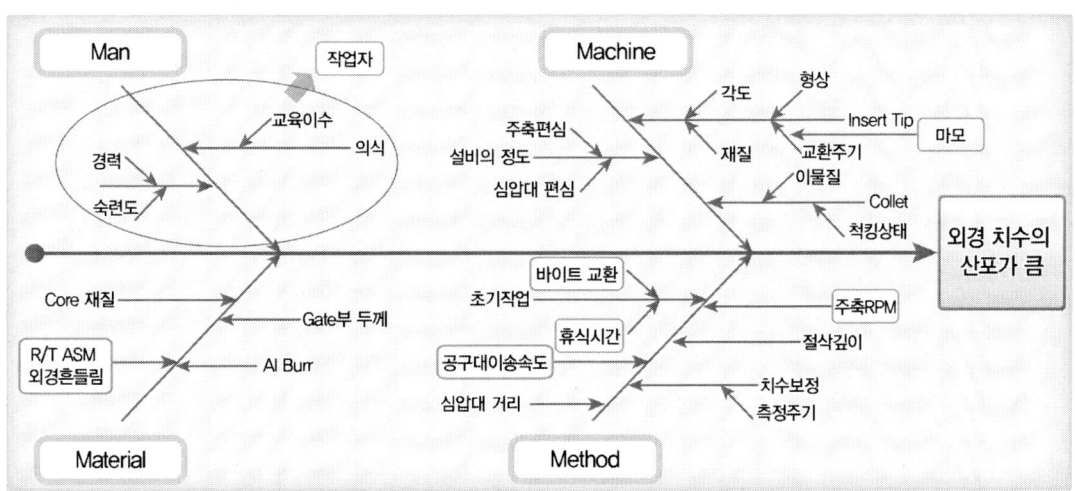

체크시트

체크시트는 종류별로 데이터를 취하거나, 확인 단계에서 누락, 오류 등을 없애기 위해 간단히 체크해서 결과를 쉽게 알 수 있도록 만든 도표이다. 체크시트는 다음과 같은 경우에 사용한다.

1. 현장의 문제점을 명확하게 파악하기 위해 체크시트를 사용한다.
2. 측정하여 얻은 그대로의 데이터를 목적에 맞게 정리하는데 사용한다.
3. 일이 표준대로 진행되고 있는지 현재의 상태를 확인하는데 사용한다.
4. 검사한 결과를 체크시트로 정리하여 그것에 따라 품질수준을 파악하는데 사용한다.

품질관리 주요 활동기법

활 동 기 법	활 용 방 법
특성요인도	생선뼈에서 연상된 기법으로 추진하고자하는 대상의 원인을 4M(사람, 자재, 설비, 방법)으로 구분하여 추적하는 방법이다.
파 레 토	각각의 요인에 대해 무엇이 얼마만큼 문제인지를 도표로 나타낸 것으로 가장 중요한 문제점이 무엇인지를 알게 해 준다.
체크리스트	각각의 요인을 직접 점검(약간의 기간이 소요)해 보아 무엇이 문제인지를 시각적, 확률적으로 알게 한다.
히스토그램	적출한 데이터의 이상 유무를 알고 평균, 산포를 계산한다.
산 점 도	요인과 결과간의 상관관계를 알아, 무엇을 개선해야 할지 알 수 있다.
관 리 도	공정의 변화를 알게 한다. 불량이 얼마나 나타나는지를 알 수 있으며 현재 상태에서 조건을 변화시켜야 하는지를 알 수 있다.
층 별	데이터의 혼입이나 섞임을 배제하는 것
왜왜 분 석	현상에 대해 사람이 원인으로 결정될 때까지 '왜?'를 반복하는 것으로 모든 문제의 출발은 무엇이 되건 사람에게 있다.
I E	공정, 작업, 동작에 대한 분석을 통해 낭비 요인을 적출, 개선하여 단순화 표준화 하는 방법

히스토그램

히스토그램은 데이터가 존재하는 범위를 몇 개의 구간으로 나누어서 각 구간에 들어가는 데이터의 발생 빈도수를 체크하여 막대그래프로 작성한 그림으로서 DATA 분포의 형태를 쉽게 파악하기 위한 용도로 작성한다. 많은 경우 수집된 데이터가 흥미는 있어 보이겠지만 그 데이터를 해석하기는 어렵다. 히스토그램은 이러한 데이터를 도식화함으로써 데이터가 가진 특성을 시각적으로 보여준다.

산점도

산점도는 두 변수에 대해서 특성(결과)과 요인(원인)의 관계를 규명하고 이 관계를 시각적으로 표현하고자 할 때 사용된다. 산점도는 주로 문제해결을 위한 사전 원인조사 단계에서 쓰인다.

층별

　결과에 영향을 미칠 것으로 예상되는 이질적 항목이 있을 때에는 자료를 수집하는 단계부터 층별 하여 관찰할 필요가 있다. 결과에 영향을 미칠 것으로 예상되는 이질적 항목이 있을 때에는 자료를 수집하는 단계에서부터 층별 하여 관찰할 필요가 있다.

그래프

　그래프는 데이터를 도형으로 나타내어 수량의 크기를 비교하거나 수량의 변화 형태를 알기 쉽게 나타낸 것이다. 그래프의 가장 큰 특징은 한눈에 내용을 대략 파악할 수 있다는 점 외에도 다음과 같은 특징이 있다.

　　– 각각의 데이터를 비교하여 이해할 수 있다.
　　– 보는 사람이 알기 쉽고 구체적으로 판단할 수 있다.
　　– 데이터의 변화 추세나 상관관계를 파악할 수 있다.
　　– 누구나 손쉽고 간단하게 작성할 수 있다.

3. 품질을 혁신하자

┃품질문제가 근절되지 않는 이유

1. 품질조직 및 체계가 불안정하다
   - 품질의식이 낮고, 품질을 좋게 만들려는 열의가 없다
   - 품질보증체계가 확립되어 있지 않다
   - 관리기준 및 표준이 미비하고 적용되지 않고 있다
2. 개발단계에서 품질확보가 되지 않고 있다
   - 품질에 대한 검토가 불충분하다
   - FOOL PROOF 대책이 반영되어 있지 않다
   - 양산준비가 불충분하다
3. 공정에서의 품질확보가 되지 않고 있다
   - 5S 및 눈으로 보는 관리가 실시되지 않고 있다
   - 정해 놓은 것이 잘 준수되지 않고 있다
   - JIG의 FOOL PROOF 장치가 되어 있지 않다
   - 현장의 문제점을 알 수 없다
4. 공정개선이 되지 않고 있다
   - 재발방지 대책이 불완전하다
   - 품질 AUDIT가 실시되지 않고 있다
   - 품질문제의 교육, 훈련이 부족하다

품질혁신의 기본조건

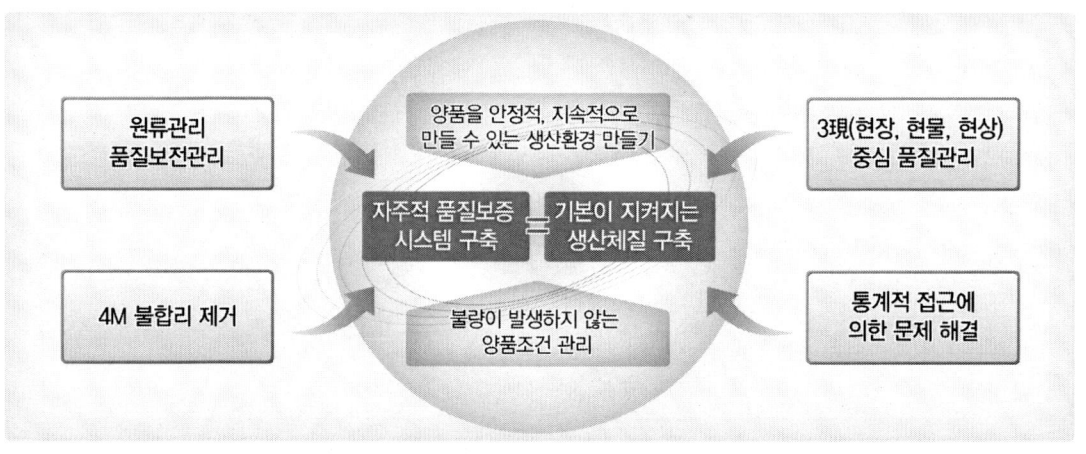

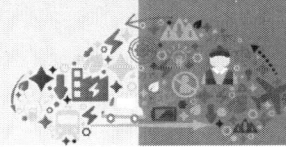

제9편 품질혁신

▮품질혁신의 기본 방향

1. 원류관리 (품질보증관리, 4M 불합리 제거)
2. 3現(현장, 현물, 현상)중심 품질관리
3. 통계적 접근에 의한 문제 해결
4. 양품을 안정적, 지속적으로 만들 수 있는 생산환경 만들기
5. 불량이 발생하지 않는 양품조건관리
6. 자주적 품질보증시스템 구축
7. 기본이 지켜지는 생산체질 구축

품질혁신의 기본방향

1. 깨끗한 생산환경 만들기
   - 5S(청정활동)
   - 3정(정품, 정량, 정위치)

2. 기본이 지켜지는 현장 만들기
   - 혁신 마인드 형성(품질의식)
   - 작업표준/검사기준 준수 체질화 정착

3. 문제를 알 수 있는 현장 만들기
   - 눈으로 보는 관리
   - 도요타 생산방식

4. 불량이 나지 않는 조건 만들기
   - 작업 실수방지 조건관리
   - Fool Proof화

1. 100% 양품생산 체계 구축
   - 이상을 판단할 수 있고,
   - 이상의 원인을 알고,
   - 이상의 조치가 쉬운 생산체질 구축

2. 자주적 품질보증 체계 구축
   - 품질 관리력 향상
   - 불량 예방관리 및 자주적 양품관리 시스템 구축

3. 품질제일의 생산체제 구축
   - 4M(작업자, 설비, 재료, 공법) 최적화 및 공정능력 향상

→ 품질혁신 + 무결점

▮제조공정의 필수 품질관리 항목

1. 작업자
   - 기량 미달 자는 없는가.
   - 정해 놓은 작업표준에 따라 하고 있는가.
   - 부품 특성 및 중점관리 항목을 숙지하고 있는가.
2. 형, 치공구(型, 治工具)
   - 기준이 정확한가.
   - Fool Proof 기능을 가지고 있는가.

- 정도관리를 하고 있는가(Leveling, 유동, 간섭)
- 보전 성을 유지하고 있는가(청소, 주유, 일상점검)

3. 검사구
   - 필요한 검사구를 해당 공정에 비치하고 있는가.
   - 신뢰성을 유지하고 있는가(검사·교정)

4. 작업 관리
   - 작업표준, 검사기준은 필요 공정에 비치하고 있는가.
   - 작업. 실수 방지 대책은 적절한가.
   - 눈으로 보는 현장관리를 하고 있는가.
   - 5S는 철저히 실시하고 있는가.

5. 자재 관리
   - 선입선출 관리를 하고 있는가.
   - 식별관리는 되고 있는가.
   - 부적합 품 관리는 되고 있는가.
   - 이동 용기 및 Pallet는 적합한가.

6. 품질 관리
   - 반복 불량을 개선하기 위한 대책은 적절한가.
   - 품질문제는 이력관리를 하고 있는가.
   - 불량현상에 대해 명확화, 정량화하여 관리하고 있는가.

품질확보를 위한 중점관리 항목

사람(Man)	설비(Machine)	재료(Matrial)	방법(Method)
기능/숙련도	공정 능력(Cpk)	수입검사	Fool Proof화
품질 지키기 의식	설비 보전성/신뢰성	보관 및 식별상태	눈으로 보는 관리
작업표준 이행 상태	형, 치구 신뢰성	부적합품 관리상태	작업표준/검사기준
품질문제 공유 상태	검사구 신뢰성	LOT 추적성	공정 자주검사
	5S	2차 VENDOR	장치화/게이지화
	Lay-out		납품 Pallet

품질개선대책의 수립 방법

1. 1차적 근본 대책
   - 품질문제의 근본 원인 제거 대책
   - 공정능력의 향상 대책
   - 품질산포의 축소 대책
2. 2차적 유지관리 대책
   - 근본 대책의 준수방안
   - 조건관리의 표준화 방안: 관리항목 설정,
   - 확인방법의 표준화
   - 눈으로 보는 관리대책
3. 3차적 예방 대책
   - 이상발생에 대비한 예방대책 및 감지대책: 2, 3중의 안전장치
   - FOOL PROOF화 대책 : 실수, 부주의, 착각 등 방지

제조공정의 기본 만들기 관리 포인트

구 분	중점 관리 항목	지도 및 관리 포인트	비 고
1. 5S	• 動線을 최소화 할 수 있는 Lay-out을 만든다. • 깨끗하고 효율이 높은 안전한 작업현장을 만든다. • 정해진 것을 지키게 만든다.	• Lay-out 개선 - 최단 이동 및 흐름 생산 구조 - 구획선 긋기 • 가용품, 불용품의 구분 및 표시 - 보관구역 및 보관방법 지정 • 모든 물품의 식별표 부착	
2. FOOL PROOF	• 누가 하더라도 실수를 하지 않도록 장치화 한다. • 불량을 내지 않는 양품조건을 만든다.	• 모든 작업의 장치화 추진(수작업 배제) • 모든 JIG, FIXTURE의 색별 표시 • 알기 쉬운 작업표준/검사기준 작성 및 현장 비치 • 공정 자주검사 실시	
3. 눈으로 보는 관리	• 눈으로 보고 누구나 알 수 있도록 한다. • 정상, 이상을 알 수 있도록 한다.	• 생산계획 및 진도 상황을 알 수 있도록 표시 • 결품 상황을 알 수 있도록 표시 • 불량 현황, 불량 발생원인 및 개선 대책을 알 수 있도록 표시 • 부품, 치공구, 측정구 등을 알 수 있도록 표시 • 설비 조작방법 및 보전 상태를 알 수 있도록 표시	

품질혁신은 정해진 룰을 준수하는 체질에 있다

좋은 품질은 어떤 획기적인 기법이나 자동화 설비가 만드는 것이 아니다. 마음이 움직여 만들어지는 품질문화가 정착되어야 한다. 또 의지만 가지고 되는 것은 아무것도 없다. 실행 가능한 조건 즉 시스템이 따라야하며 정해진 룰을 반드시 준수하는 체질을 만들어야 한다.

4. 품질비용을 줄이자

▮ 품질확보의 3원칙

품질에는 아주 기본적인 3가지 원칙이 있다. 이것은 기업이 품질을 확보하기 위해서는 반드시 준수해야 할 원칙이다.

첫째, 제품이든 서비스이든 고객의 불만을 야기할 소지가 있는 불량품은 처음부터 만들지 않는다.

둘째, 만에 하나 이러한 첫 번째 원칙을 준수하지 못해 불량품이 나오는 경우가 있다면 이것은 절대로 고객에게 전달하지 않는다.

셋째, 두 번째 원칙마저도 무너져 불량품이 고객에게 전달되는 경우가 발생한다면 신속하게 조처해야 한다. 쥬란 박사는 품질의 이러한 3가지 기본원칙을 산업계에서 건성으로 듣고 지나치기 때문에, 이 원칙의 중요성을 쉽게 전달하기 위해 이러한 개념을 돈으로 바꾸어서 설명하였다.

▮ 품질비용

기업이 품질을 확보하기 위해서 지불해야 하는 일체의 경비를 '품질비용'이라고 한다면, 이 비용은 세 가지 기본원칙의 준수에 들어가는 예방비용, 평가(검사)비용, 실패비용으로 나눌 수 있다. 이 세 가지를 합한 품질비용은 일반적으로 기업 매출액의 15~25% 정도로서, 통상적인 기업이윤의 3~5배가 된다. 따라서 기업이 이익을 낼 수 있는 지름길은 품질혁신을 통해 품질비용을 줄이는 것이다.

품질비용은 크게 3가지로 예방비용, 평가비용, 실패비용으로 나누어진다.
1. 예방비용 : 예방활동 비용으로 교육, 계획, 설계 및 분석 등에 드는 비용
2. 평가비용 : 제품이나 서비스가 제대로 작동되는지 검사하는 것과 관련된 비용.
  - 신제품/공정/수입/최종검사, 실험설비, 품질감사, 평가 등의 비용
3. 실패비용 : 나쁜 품질에 의해 발생되는 품질비용
  - 제품을 고객에게 배달하기 전에 문제를 발견, 수정하는 것에 관한 비용으로 재검사, 재시험, 폐기, 재생산, 라인정지시간, 품질미달로 인한 염가판매 비용
    - 제품이 고객에게 배달된 후 발견된 문제와 관련된 비용으로 품질보증, 교환비용, 환불, 고객 불만 처리비용, 고객이탈로 인한 수입상실, 기회손실 등

제9편 품질혁신

숨겨진 품질비용

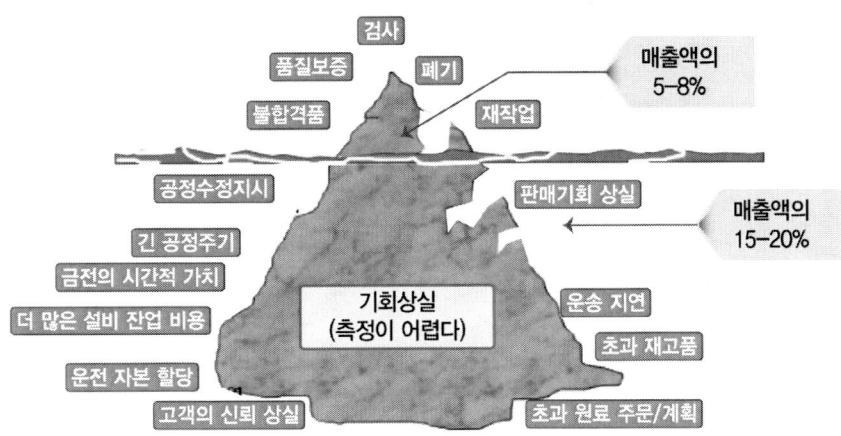

품질비용 COPQ(Cost of Poor Quality)

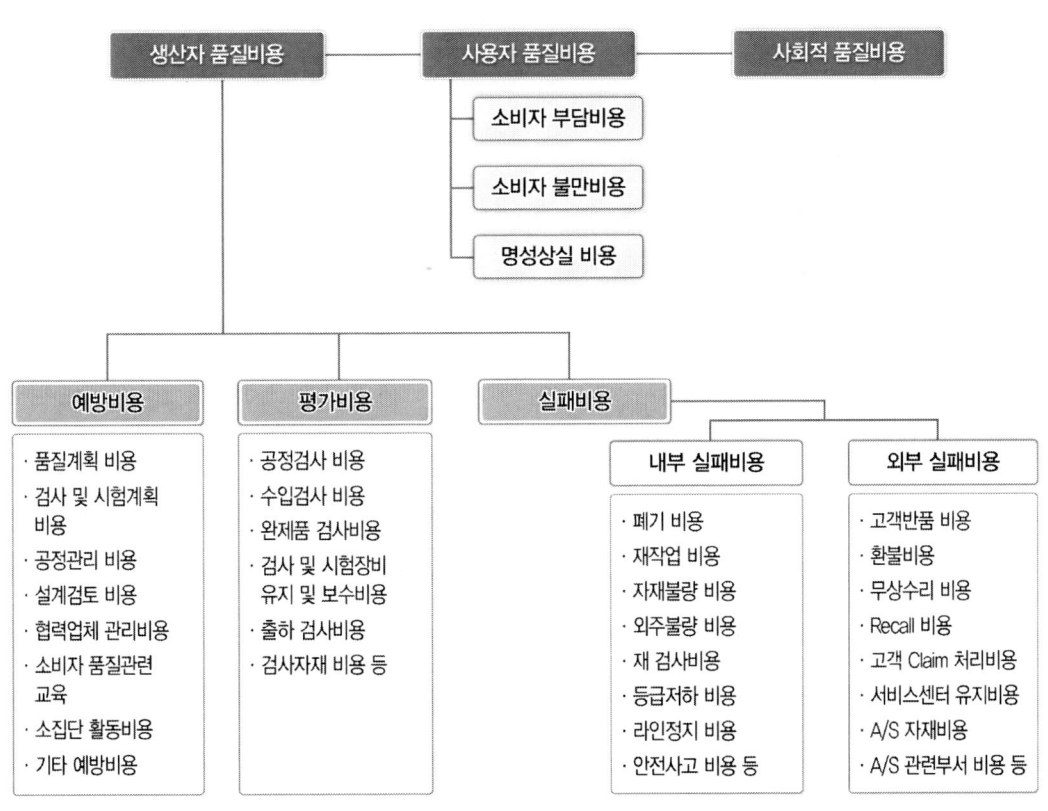

품질비용 관리체계의 구축

1. 전사 대상 품질관리비용시스템을 도입 적용한다.
2. 관리항목, 조직 및 프로세스를 구축한다.
3. 원가회계관리시스템을 이용한 집계, 분석, 및 검증을 한다.
4. 경영자정보를 통한 의시결정용 정보를 제공한다.
5. 품질비용최적화와 실패비용 최소화를 위한 개선활동을 한다.

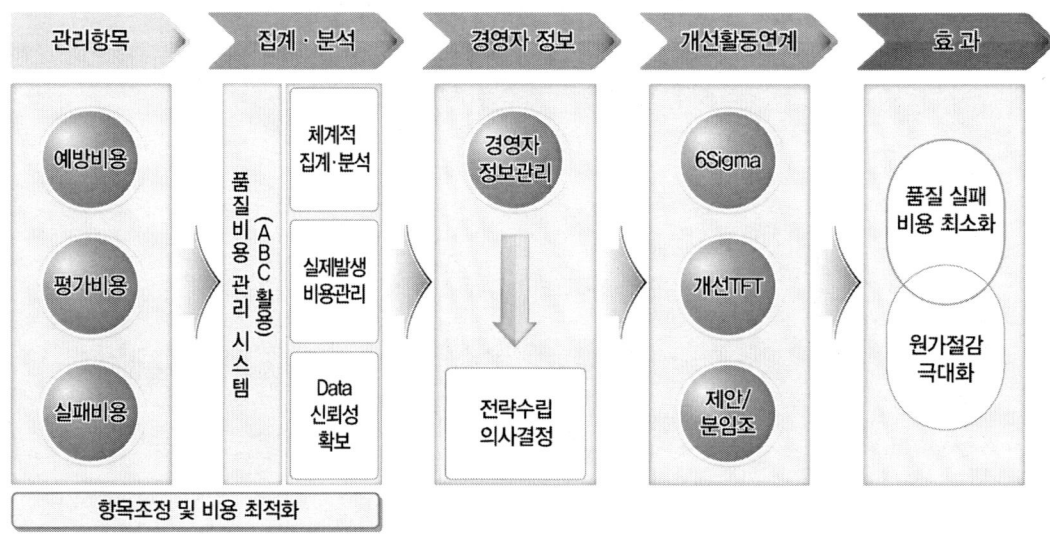

품질비용관리 System

5. 리콜과 P/L에 대비하자

▌제조결함 시정제 – 리콜(Recall)

리콜(Recall)이란 소비자의 생명·신체 및 재산상의 위해를 끼치거나 끼칠 우려가 있는 결함제품에 대하여 제조·수입 또는 의무적으로 당해 제품의 위험성을 소비자에게 알리고 수리·교환·환불·파기 등 적절한 시정조치를 해주는 제도를 말한다. 이는 결함 있는 위해제품으로부터 소비자의 안전을 사전예방하기 위한 제도이다. 따라서 개별 제품의 품질하자로 인한 피해에 대하여 사업자의 무과실 책임을 인정하는 제조물책임제와는 사후 구제제도라는 측면에서 차이가 있다.

이 리콜에는 제조업자가 자발적으로 실시하는 임의 리콜과 자동차관리법과 대기환경보전법에 의해 정부가 시정명령을 내려 실시하는 강제 리콜이 있다. 외국의 경우 특히 리콜 제도를 처음 도입한 미국에서는 리콜이 연간 수백 회 이를 정도로 빈번하다. 또한 리콜을 차량의 지명도를 올리는 마케팅전략으로 이용하거나 수리 시 대체차량 제공에 세차와 연료 주입까지 하여 고객친밀도를 높이는 기회로 활용하기도 한다. 국내 자동차리콜은 매년 1백만 대 넘고 있으며 이 가운데 2013년 현대기아는 총 82만대를 리콜 하였다.

리콜처리시스템

▎GM 1천만대 이상 리콜 – 교체비용 57센트 방치 벌금은 3500만 달러

　GM은 2014년 5월 현재 모두 29건의 리콜에 리콜대상은 미국에서만 총 1천360만대에 달한다. 이 같은 리콜 규모는 2004년 GM이 세운 미국 내 최다 기록인 1천75만대를 훌쩍 뛰어넘는다. 여기에는 차량결함으로 생긴 리콜로 2014년 5월 미 교통부는 미GM에게 3500만 달러의 벌금을 부과했다. 리콜사유는 점화장치 불량으로 주행 중 시동이 꺼지면 엔진이 멈춰 사고가 나고 에어백이 작동을 멈출 수 있어 이 사고로 최소 13명이 사망하였다고 판단한 것이다. 교체에 드는 비용이 57센트에 불과한 것을 알면서 장기간 방치한 결과에 대한 책임을 함께 물은 것이다.

▎미 타임지 선정 10대 리콜 중 1위는 도요타자동차 매트 끼임

　미국 타임지 선정 10대 리콜 중 1위를 차지한 도요타 자동차 리콜은 2009년 11월 가속페달 매트 끼임 문제로 인해 4명이 사망하자 이를 계기로 8개 차종 426만대의 리콜을 발표를 시작으로 2010년 1000만대 이상의 차량에 대해 리콜을 실시하였다. 특히, 리콜원인에 대한 경영진의 부적절한 처신 및 무책임한 늑장대응으로 인하여 도요타에 대한 국내외 비난여론이 상당히 높아졌고 도요타가 리콜로 인해 지불한 수리비용은 총 50억 달러에 이르며 피해자들의 손해배상 소송이 아직도 진행되고 있는 실정이다.

　이와 별도로 도요타는 2009~2010년 미국 시장에서 급발진 문제와 관련해 허위정보를 제공한 사실을 인정하고 자동차업계 사상 최대인 벌금 12억달러를 연방 법무부에 내기로 합의했다.

▎제조물 책임법– PL법

　제조물 책임(PL ; Product Liability)이란 자동차, 가전, 식품, 의약품 등 주로 공업제품의 결함에 의해 손해가 발생했을 경우 해당제품의 생산기업에 배상 책임을 지우는 것을 말한다. 리콜이 소비자의 안전예방을 한 사전적 조치라면 PL은 사고에 의한 소비자의 사후 피해구제인 것이다.

제조물 책임법의 성립요건

결함의 존재
- 설계결함(Design Defect)
- 제조결함(Manufacturing Defect)
- 경고결함(Failure to Warming or Instruct)

피해의 발생
- 결함의 존재와 피해자의 피해 발생간의 필연적인 관계가 증명되어야만 한다
  - 육체적 피해(Physical Injury)
  - 재산상의 손해(Property Loss)

보상의 책임의무
- 제조자, 판매자 등 그 제품의 제조, 유통, 판매과정에 관여한 자가 부담하며, 민사법적 손해배상 책임이다.

자동차의 경우 완성차는 물론 엔진, 클러치, 브레이크, 부품 등이 포함된다고 할 수 있다. 이와 같이 PL은 부품생산업자와 조립업자를 포함한 각 생산과정에 있어서의 제조업자는 물론 부품 및 제품의 유통, 판매 및 수입상 등의 책임이 광범위하게 포함된다.

기업입장에서 보면 결함 없는 완벽한 제품을 만들어 PL소송을 예방하는 것이 가장 확실한 대응방법이다. 그러나 수많은 부품의 집합체인 자동차는 하자가 생길 소지는 얼마든지 있다.

PL법의 과제와 대응

제조물책임법의 쟁점은 손해와 결함사이의 인과관계에 대한 입증책임과 손해배상책임 제조자의 면책범위 등이 있지만, 이 법의 시행으로 소송건수의 급격한 증가로 사고원인 조사와 규명기관이 절대적으로 부족한 우리나라 실정에선 많은 문제점을 안게 될 것으로 보인다.

자동차업계는 PL에 대응하기 위하여 제품의 안전과 품질을 보증하는 사내체제를 완비해야하고 설계 및 제조 시 결함을 철저히 막아야 한다. 특히 소비자의 사소한 클레임제기에 대해서도 신속한 처리를 하는 등 전사적인 PL대응체제를 구축해야 한다.

6. 현대기아차그룹의 품질경영체제에 대응하자

│현대기아차의 고질적인 품질문제에서 출발

1. 초기품질은 자동차 제품품질의 대명사와 같다. 초기품질이 나쁘면 내구품질도 나쁘고 서비스품질도 나빠지기 때문이다. 그런데 초기품질수준이 미국에서 산업평균수준(2014년 기준)이다.
2. 현대와 기아는 항상 기아가 현대보다 못한 품질을 보여주지만 최근에는 현대는 정체된 반면 기아는 꾸준히 향상되고 있다.
3. 국내에서 현대는 품질 면에서 최고가 아니었다. 오래전부터 르노삼성과 수입차에 뒤쳐져 있었다.
4. 최근 3년간 내수용 현대 기아의 품질은 점점 더 나빠지고 있다.
   - 전 세계적으로 대당 평균 문제 발생률은 감소하고 있지만 현대기아는 산업평균이거나 혹은 그 아래에 머물고 있다.
   - 현대기아의 품질 저하는 내수 수출 모두에 공통적으로 발생하는 현상이다.
   - 현대기아의 품질 저하에는 편의장비 수준이 아닌 차의 기본적인 기본기(브레이크, 엔진, 미션, 조향)와 관련된 면이 있어 우려스럽다.

│현대차 내구품질은 업계 하위권수준

미국 시장에서 현대차의 내구품질 수준이 수년 사이 급격하게 떨어진 것으로 조사됐다. 미국 시장조사기관 제이디파워(J.D.Power)가 발표한 '2014 내구품질조사(VDS, Vehicle Dependability Study)에서 현대차는 업계 최하위 권에 머물렀다.

제이디파워의 내구품질조사는 3년간 차량을 보유한 소비자들을 대상으로 실시되며 엔진, 변속기, 주행 등 차량 전반에 걸친 총 202개 세부 항목에 대한 평가로 이뤄진다. 평가 결과는 100대당 불만건수를 점수화하며 점수가 낮을수록 우수한 품질을 의미한다.

2014 내구품질조사는 2013년 10월부터 12월까지 2011년식 모델을 소유한 4만1000여명을 대상으로 진행됐다. 미국에서 판매되고 있는 31개의 브랜드 중에서 현대차는 27위를 기록했다. 또 기아차는 20위에 머물렀다. 업계 평균 점수는 133점이며 현대차는 이를 한참 밑도는 169점을 받았다.

제9편 품질혁신

▌정몽구회장의 품질철학과 품질경영 – 'GQ(Global Quality)-3355'

최근 '도요타사건'이 세계 자동차 업계를 뒤흔들고 있는 가운데 한국을 대표하는 현대기아차의 '흔들림 없는' 선전이 유독 눈에 띈다. 국내는 물론 해외에서도 현대기아차에 대한 호평이 줄을 이으면서 판매도 성장세를 이어가고 있는 것. 이는 정몽구 회장이 변함없이 고수해 온 '품질경영'이 바로 그 '기본'이 됐다. 현장에서 보고 배우고, 현장에서 느끼고, 현장에서 해결한 뒤 확인까지 한다는 '삼현주의'는 회장 특유의 현장경영에서 비롯된다.

1998년 외환위기를 불러온 부실기업 기아를 빠르게 정상화시킨 것도 바로 이처럼 정 회장의 현장중심경영이 일궈낸 결과였던 것이다. 현대기아차의 품질경영은 지난 1999년 정몽구 회장이 취임한 이후 줄곧 추진해온 제1의 경영 목표이다. 정 회장은 서울 양재동 현대차 사옥에 2002년 3월 품질총괄본부를 만들고, 이듬해 2월에는 북미 및 해외품질 조직을 신설, 정비 및 품질부문을 전체적으로 관리 운영함으로써 세계시장을 향한 품질개선 활동에 총력을 기울여 왔다. 이처럼 품질경영이 그룹 내에서 가장 중요한 기업철학으로 뿌리내릴 수 있었던 이유 중 하나는 바로 정 회장의 강력한 의지와 실천력 때문이었다. 특히 품질경영의 전초기지라 할 수 있는 '글로벌 품질상황실'은 정 회장의 '품질철학'이 가득 담겨있다. 실제로 정 회장은 신차 개발 단계부터 협력회사의 부품 하나까지 품질회의를 직접 주관하고, 매년 신년사 때마다 품질경영에 대한 확고한 의지를 거듭 강조하는 등 남다른 품질철학을 내세우고 있다.

현대기아차는 창조적 품질경영의 추진과 무결점 품질혁신활동을 통해 'GQ(Global Quality)-3355'를 달성한다는 목표를 세웠다. 'GQ-3355'는 글로벌 제품 품질은 3년 안에 세계 3위권, 브랜드 인지품질은 5년 안에 세계 5위권에 올라 최고의 품질브랜드로 성장하겠다는 것을 의미한다. 이를 위해 현대기아차는 상품기획→설계→시험생산→구매→양산→출하에 이르는 전 생산부문의 프로세스를 '창조적 품질혁신'에 초점을 맞추고 있다. 또한 현대기아차는 품질의 우수성을 고객에게 체계적으로 인식시키는 퀄리티 마케팅을 도입해 브랜드 이미지와 잔존가치를 상승시켜 가장 갖고 싶은 브랜드라는 최종목표를 달성한다는 계획이다. 현대기아차는 '퀄리티 마케팅' 중점 추진 과제로 ▲무고장·무결점을 실현하겠다는 의지, ▲품질저하 없는 비용절감 노력, ▲신속하고 완벽한 품질개선, ▲가장 안전한 차량 생산, ▲높은 품질 기반의 생산현장 문화 정착의 '5대 의식변화'를 제시했다.

▌현대-기아 품질총괄본부와 종합상황실

현대자동차는 무결함의 자동차를 제공하는 것이 고객에 대한 가장 기본적인 책임이라는 의식 아래 지속적인 개선을 통한 품질 향상 노력한다. 1999년부터 본격화된 현대자동차의 품질경영은 2002년 현대자동차와 기아자동차의 품질경영조직이 현대-기아 품질총괄본부로 통합되어 회장 직속체제로 개편되며 강화되었다. 이곳에서는 임직원 및 협력회사 직원들의 품질교육부터 전 세계 곳곳에서 발생하는 현대-기아 자동차의 품질문제를 실시간으로 체크하는 전초기지 역할을 해내고 있다. 2004년에 개설된 품질총괄본부의 글로벌 품질상황실(지금은 종합상황실)은 워룸(War-Room)과 같이 전 세계의 다양한 품질문제를 실시간 대응할 수 있는 곳으로 24시간, 365일 운영하고 있다. 전 세계 다양한 조건에서 발생하는 품질 및 정비 문제점들을 종합 분석해 관리하고 있는 것이다.

품질패스제, 테크니컬 핫라인센터

단계별 품질 목표달성 후 다른 단계로 넘어가는 것으로 독립 운영되는 파일로트 부문은 기초 원천 기술과 부문별 부품을 집중적으로 파고드는 연구개발본부와 양산기지인 공장의 중간에서 최종 생산에 들어가기 전까지 완벽한 품질을 위한 활동을 벌이는 것이다. 이곳에서 제작한 시작 차는 예상되는 모든 결정과 오류를 찾아낸다. 만약 품질 측면에서 미흡하다고 판단되면 극단적으로 양산을 단념하는 결정을 내릴 수도 있다. 품질패스제는 현대자동차에 부품을 공급하는 업체들도 따라야 하는 규칙이다.

'테크니컬 핫라인센터'는 해외에서 접수되는 하자에 대한 즉각적인 대응이 주요 임무다. 간단한 장비 관련 문제들도 하루는 커녕 몇 시간도 지체하지 말고 대응해야 한다는 것이다. 바로 해외에서 차가 갑자기 선 상황에서 신속하게 고객들에게 해결책을 던져줄 수 있는 역할을 하는 곳을 만들기 위해 설립된 것이다.

현대자동차 품질시스템

- 5 그랜드스타 품질등급
- GQ-3355
  3년 내 품질 세계3위
  5년내 브랜드 세계5위
- 품질 커뮤니케이션 강화
  고객보증제도 확대
- 더블QC, 파일럿 공장제
  출고 전 품질부서 검사
- 현대-기아 품질 총괄본부
  조직강화, 품질상황실, 품질회의
- 테크니컬 핫라인 센터
- 협력업체 직업훈련 컨소시엄
- 전수검사 시스템
  운송과정 에러체크
- 품질패스제
  합격해야 다음 단계

협력사 품질평가제도 – 5그랜드스타와 SQ인증

협력업체를 이끌기 위한 두 가지 강력한 도구가 있는데, 그 첫 번째 도구가 품질, 기술 및 납입 5스타 등급제도 이다. 다른 하나는 'SQ인증'이라 부르는 2,3차 협력업체 개선 프로그램이다. 이 제도들 중, 품질 5스타 제도는 현대차 구매 본부에서 협력업체를 평가하는 가장 중요한 제도이다.

현대/기아 품질 5스타 제도는 크게 두 가지 범주로 협력업체를 평가한 첫 번째 영역은 협력업체의 입고 불량률, 필드 클레임 변제율 및 자동차 정책에 맞는 품질경영 등 반년 간의 품질성과 평가이다.

다른 한 부분은 현대차의 심사원이 연 1회 협력업체를 제품실현, 부품개발, 양산공정관리, 검사 그리고 시정조치 및 개선에 초점을 맞춘 품질경영시스템에 대해 실시한다. 특히 'SQ 인증'이라는 2, 3차 협력사 인증을 장려하고 있으며, 높은 SQ 등급의 협력업체 거래율이 높으면 좋은 평가를 받으나, 미 인증사와 거래를 하는 경우 강등을 당하게 된다.

품질, 기술, 납품의 세 부문 12개 분야에서 만점을 받으면 5스타가 된다. 협력사들은 이를 계속 평가 받아야 한다.
- 품질 – 관리체계. 입고불량율. 클레임 비용율. 품질경영실적
- 기술 – 인력수준과 기술개발투자. 기술개발 수행능력. 신기술 개발역량. 특허 등 기술성과
- 납품 – 생산라인 정지시간. 납품사고 변제비율. AS납품율. CKD납품율

7. 현대기아차그룹의 그랜드 5스타를 획득하자

▎품질5스타는 부품협력업체의 품질수준 척도이자 수출보증서

현대기아차는 2002년부터 부품협력업체의 품질향상에 대한 의식을 제고하고 품질우수업체에 대한 공신력 있는 평가를 위해 '품질5스타' 제도를 실시해오고 있다. 이 품질5스타 제도는 380여 개 부품협력업체의 품질관리시스템 및 부품품질수준을 객관적인 절차와 기준을 반기별로 평가하고 결과를 공개하고 우수 협력사에 대해서는 구매정책에 반영하며 적극적인 인센티브를 부여하는 등 협력업체들의 투명하고 공정한 경쟁을 도모하고 협력업체 품질수준을 가늠하는 객관적 잣대로 평가 받고 있다. 평가는 여러 가지 항목을 점수화 시켜 85점 이상이 품질5스타, 90점 이상이 그랜드 품질5스타이다.

현대자동차 품질5스타 인증업체

· 콘티넨탈오토	· 동화산업	· 태양금속공업	· 에스엘라이텍
· 케피코	· 대흥알앤티	· 코리아오토글라스	· 삼송
· 한국파워트레인	· 만도	· 한일이화	· 티에이치엔
· 희성촉매	· 세종공업(Grand)	· 유라코퍼레이션	· 성우하이텍(Grand)
· 모토닉	· 세정	· 유라하네스	· 평화정공
· 남양공업	· 한라공조	· 에스엘라이팅	· 아산성우하이텍

자료 : 현대자동차

현대차에 부품을 공급한다는 것은 브랜드 인지도가 높아지면서 현대차 부품공급=우수한 품질이라는 등식이 성립한다. 특히 5스타는 한 해 두 번 7월 말과 12월 말 심사해 자격을 갱신하기 때문에 인증이 취소되지 않으려면 항상 유지해야하는 부담이 크다.

▎그랜드 5스타 - 초일류 글로벌부품기업 증표

그랜드 품질5스타는 현대기아차가 2009년 신설한 최고 등급으로 기존 품질 5스타보다 품질, 기술, 납품의 세 부문 12개 분야에서 만점을 받으면 5스타가 된다. 협력사들은 이를 계속 평가 받아야한다. 즉 품질5스타, 납기5스타, 기술5스타 3가지 그랜드슬램을 달성한 협력업체에게 수여하고 있으며, 품질5스타는 별 5개, 그랜드 품질5스타는 별5개 위에 크게 G가 표시되어 있다.

제9편 품질혁신

품질5스타 업체는 25곳이고 그랜드 품질5스타 획득업체는 ▲세종공업(2009년 12월 인증) ▲성우하이텍(2011년1월) ▲희성촉매(2012년1월) ▲남양공업(2013년1월) ▲한국파워트레인(2013년 1월) 등 5곳이 있다.

▌평가요소 – 품질경영체제, 입고불량률, 클레임비용변제율, 품질경영

전사적 품질경영체제나 입고된 부품 불량률 등 여러 가지 항목을 점수화 시켜 85점 이상이 품질5스타, 90점 이상이 그랜드 품질5스타이다.

  품질 – 관리체계. 입고불량율. 클레임 비용율. 품질경영실적
  기술 – 인력수준과 기술개발투자. 기술개발 수행능력. 신기술 개발역량. 특허 등 기술성과
  납품 – 생산라인 정지시간. 납품사고 변제비율. AS납품율. CKD납품율

현대자동차 품질5스타 평가절차

실적평가: 입고 불량율, 크레임 비용 변제율 / 평가주기 6개월
체제평가: 품질경영체계 / 평가주기 1년
→ 평가결과공개: 전산시스템
→ 이의제기(실적): 협력업체
→ 반영: 현대차그룹 구매총괄본부, 현대차그룹 품질총괄본부
→ 등급확정(매월)

등 급	평가 점수	구매정책 / 비고
그랜드 5스타	90점 이상	5스타 클럽운영 이상 신규 부품 개발 참여 평가 점수 경쟁입찰 반영
5스타	85점 이상	
4.5스타	80점 이상	
4스타	75점 이상	
3.5스타	70점 이상	
3+스타	65점 이상	
3스타	60점 이상	
2.5스타	55점 이상	부품개발팀 별도 품의 조치 신규부품개발 배제 삼진아웃제 적용(연속3회 3스타)
2스타	50점 이상	
1.5스타	45점 이상	
1스타	45점 미만	

품질5스타 클럽 운영

구 분	내 용
기본요건	• 업체단위 품질 5스타 인증: 전 공장 평균 품질 5스타 만족시 인증 　- 등급 확정 월 기준 납입 4.5스타, 　- 체제 770점 이상이며, 　- 등급 확정 월 포함 최근 1년간 리콜 및 사외캠페인, 품질문제 감점 실적이 없을 것. 　- 현대/기아 직간접 매출액 100억 미만 또는 의존율 25% 미만 인증제외
클럽운영	• 품질 5스타 가입 환영 서신 송부 • 인증패 수여: 현대/기아 자동차 대표이사 　　　　　　정문, 본관, 대표 이사실에 인증패 부착 및 비치 • 구매총괄본부 협력업체 총회 시상석 배치 및 인증서 수여 • 신용평가기관에 신용등급 향상 반영(주가 및 차입금, 이자율 호조건) • 품질경영체제 평가 면제 • 국가기관 포상 우선 추천(싱글 PPM 등) • 협력업체 게시판(PARTNER)에 공지 및 월간 모터스라인 게재 • 사내방송 및 오토웨이 초기화면 공지 • 5스타 로고 대외 사용 승인(협력업체 명함 및 대외공문 등) • 자동차 공업협회 월간지 홍보

▎GM은 '올해의 우수 협력업체' 선정

미국 GM은 현대 5스타와 비슷한 '올해의 협력업체(Global Supplier of the Year)'제를 운영하고 있다. 지난 1993년부터 매년 거래중인 전 세계 자동차 2만여 부품업체 가운데 품질, 서비스, 기술, 가격 등을 종합 평가, 우수 협력업체를 70~80개 회사를 선정, 시상하는 것이다.

2013년에는 세계 자동차 부품업체 가운데 우수 부품업체 68개사를 선정했는데 이 중 국내 부품업체는 19곳(성우하이텍, 지엔에스, 광진, 에스엘, 우신시스템, 우일정밀 등)이 포함됨으로써 전체 우수 협력업체중 28%를 차지하여 글로벌 GM 내 높아진 한국 자동차 부품업계의 위상을 반영했다.

8. 2차 협력업체에게 SQ인증을 따게 하자

▎2차 협력업체는 SQ를 획득하자

SQ란 Suppliers Quality 약자로 현대·기아자동차의 협력업체에 대한 인증평가제도이다. 자동차라는 조립 산업의 품질은 부품에서 결정되어지게 되는데 품질불량의 60%는 2차 이하 협력사에서 발생되는 내적요인이 배경이 되어 현대에서 그 대책으로 내놓은 자구책이라 할 수 있다. 1차 협력업체가 인증 받아야 하는 5스타제도와 같은 개념이다.

▎SQ MARK 인증제도

1차 협력업체에 납품을 하는 2차 이하 협력업체에 대한 실사인증평가로 평가 시 일정점수 이상 확보될 경우 공식적인 협력업체로 등록을 하는 제도라 말할 수 있는데 1차 공급처는 2차 이하 공급처로 부터 관련 제품을 안정적으로 공급할 수 있는 능력이 있다는 것을 입증하는 셈이다. 평가 후 SQ-MARK 인증 업체일 경우 개발 건에 대한 우선지원 및 거래의 지속, 원/부자재의 상호 거래인정 등 여러 가지 혜택을 부여하고 있으나 그렇지 못할 경우 거래를 전면 중단시키고 있어 2차 이하 협력사 입장에서는 회사의 사활이 걸린 아주 중대한 사안이다.

그 절차는 우선 1차 공급처에서 2차 공급처를 육성 및 기존 거래함을 현대. 기아자동차에 통보를 해야 하고, 통보 시 1차 협력사는 2차 이하 협력사에 대한 품질수준, 공장수준 등을 자체적으로 평가 및 지도 후 일정점수 이상이 되었다고 판단될 경우 현대자동차(HMC)측에 심사 신청을 하며, 신청 및 접수 시 현대·기아자동차에서 실사를 나오게 된다.

▎SQ인증 대상기업의 조건

① 양산차종은 불가, 인증완료 후 거래 시작(거래 시 평가불가)
② 신기술, 신공법, 특허, 특수공법 관련하여 신규평가 불가피한 업체
   (기 인증업체에서는 개발 할 수 없는 경우만 해당)
③ 기 인증업체 중 공장이설에 따른 4M변경 업체
④ 기 인증업체 중 대표자, 사업자번호, 주소변경 등 경영권변경 업체
⑤ 기 인증업체 중 사업 확장에 따른 유사업종 추가 의뢰 업체
   (예 : 사출인증업체가 도장라인 추가, 주 단조 인증업체가 열처리추가)
⑥ 재평가 대상업체 : 신규평가 불합격으로 재평가 의뢰한 업체
⑦ 근거리에 해당업종 인증업체가 존재하지 않아 물류비 때문에 신규업체 개발이
   불가피 할 때 – 근거리는 반경 50KM로 제안

⑧ 관련팀 원가제안으로 업체이관이 불가피한 경우
⑨ 2차업체 부도/폐업 시 물류이관이 급하게 필요한 경우(거래 후 인증평가 인정)
⑩ 기존 거래하던 SQ비대상(단순조립/가공)업체가 SQ대상업체로 전환 시

▎SQ MARK 인증제도 평가

크게 정기평가와 사후관리평가로 나뉘며 평가체크시트에 따라 심사위원 1명이 현장으로 직접 파견되어 대략 4시간 실사한다.

정기평가는 1)85점 이상 업체는 인증 2)84~60점 업체는 육성 후 재심사 3)60점 이하 업체는 거래중지하고 있다. 사후관리평가는 SQ 인증 후 그 지속성의 확인과 관리 차원의 심사로 인증 2년 후에 실시하며 역시 85점 이상 되어야만 인증이 유효하고 74점 이하가 될 경우 인증을 취소하고 있다. 현재 약 1700여사가 인증을 획득한 상태이다.

인증 준비는 자체 추진팀을 구성해 전담직원들이 직접 준비하는 회사도 있으나 대부분 어떻게 준비하는지 잘 모르는 경우가 많아 컨설팅 회사에 의뢰를 해서 추진하는 경우가 대부분이다. 기업의 현장 상황에 따라 다소 차이는 있겠으나 현장 Lay out 변경부터 시작해 공장전체를 생산을 위한 최적의 상태로 싹 뒤집는다 생각하면 그에 따른 비용 또한 만만치가 않아 영세한 중소기업의 경우 경영에 많은 부담이 되는 것 또한 사실이다.

구 분	업 종	세 부 업 종
SQ마크 15개 인증업종 (34개 세부업종)	고무	① 고무성형(압출/가황,조인트, 프레스/인젝션)
	배합고무	① 배합고무(CMB, FMB)
	와이어링	① 와이어링 (절압착 및 회로조립, 편물패드) ② SUB와이어링 조립 ③ 커넥터 (단자/하우징)
	전자	① PCB (FPCB, METAL PCB 포함) ② 납땜(리플로우/침적/수납땜)
	전기조립	① 기능조립(스위치/램프/센서/유닛/전장기타) ② 모터(액추에이터 포함)
	도장	① 전착도장 ② 스프레이 도장(실크인쇄)
	도금	① 금속도금(아연/니켈) ② 아연말화성피막 ③ 진공증착 ④ PL도금 ⑤ PCB동도금
	용접	① 일반용접(저항/용융용접, 고상용접, 후레쉬버트용접, 프릭션용접) ② 레이저용접(플라즈마용접) ③ 브레이징용접
	열처리	① 로 열처리(침탄/QT/템퍼링, 질화, 노말라이징/ISO,이온플라즈마질화, 진공침탄/QT/어넬링) ② 고주파 열처리
	사출	① PL사출(인젝션/가스/인서트 사출, 압출 사출, 브로우 성형)
	주단조	① 다이캐스팅 ② AL주조 ③ 주철주조 ④ 단조(냉간/열간 단조) ⑤ 소결합금(마찰재 포함)
	봉제	① 봉제(재단/봉제/감싸기) ▷ 대상품목 : 시트,체인지노브,선바이저,스티어링휠,센터콘솔
	사출금형	① 금형설계/가공/조립
	프레스금형	① 금형설계/가공/조립
	하드웨어	① 하드웨어 단조 ② 하드웨어 열처리 ③ 프레스/포밍(호스 클램프, 와셔, 클립) ④ 탈수소취성도금

9. 자동차산업의 품질인증을 획득하자

▎자동차관련 국제인증

자동차 부품기업들이 일반적으로 취득하는 품질관련 공인인증은 ISO 9000 시리즈, QS 9000, ISO/TS 16949, ISO 14000, ISO 26262 등이 있다. ISO 9000 시리즈는 오늘날 가장 널리 사용되는 국제적인 품질경영시스템 규격이다.

ISO 9000 시리즈는 국제표준화기구(International Organization for Standardization: ISO)에서 제정한 품질경영시스템 요구사항을 규정한 국제규격으로 국가별로 상이한 품질보증 규격을 국제적으로 통일하여 국제통상을 원활히 하기 위한 공급자와 구매자 사이의 품질경영과 품질보증에 관한 기준으로 기본적으로 고객만족을 위한 규격이다

▎QS 9000- 미 BIG 3사 주도인증

부품공급업체에 대한 자동차제조업체들의 다양한 요구사항을 표준화하여야한다는 공감대가 형성되어 수많은 부품을 제조하는 부품업체의 품질보증시스템은 전 산업분야에 공통적으로 적용되는 ISO 9000보다 더욱 특화된 경영시스템의 필요성이 대두됨에 따라 QS 9000이라는 자동차산업의 품질보증시스템이 등장하게 된 것이다.

다시 말해 QS 9000은 미국의 자동차 업계 BIG 3사(Chrysler, Ford, General Motors)가 ISO 9000 요구사항에 자동차산업의 특성을 고려하여 자동차관련 제품 요구사항을 추가하여, 자동차 업계시행 판으로 발행한 규격으로 새로운 자동차 산업의 통합규격인 ISO/TS 16949 인증과 함께 자동차 산업 인증시장을 주도하고 있다.

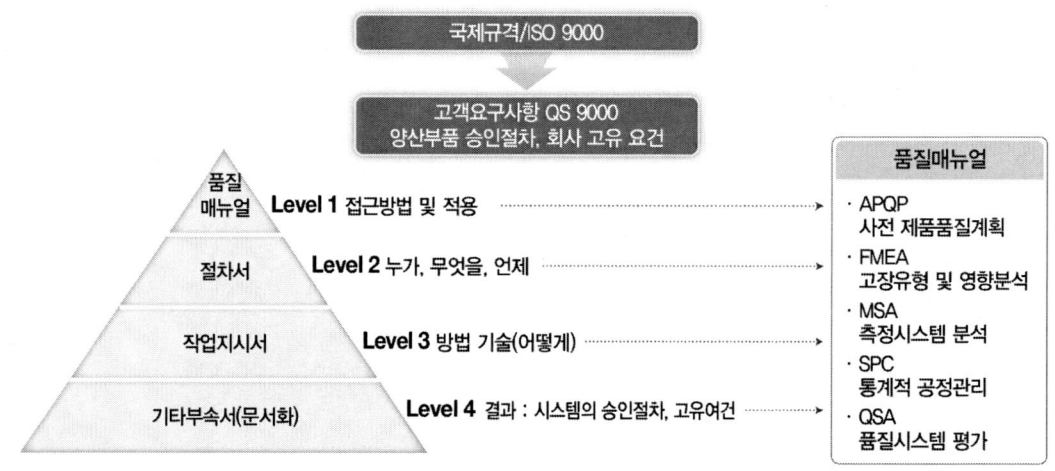

QS 9000의 목적과 기대효과

QS-9000은 생산 및 서비스 부품 내/외부 공급자들에 대하여 BIG 3사/트럭제조사/기타 외주 고객사의 기본적인 품질시스템 기대치를 규정하여 1)품질요구사항에 적합함을 보장하고 최종 고객 및 공급자자신을 위하여 산포와 낭비를 지속적으로 개선하여 줄임으로 고객만족을 보장하고 2)통계적인 공정관리를 통한 사전 불량 감시체제 구축 및 원가 절감에 있다.

이렇게 새로운 QS-9000 규격 인증은 다음의 효과를 기대할 수 있다.
- 품질보증시스템의 전사적 마인드 조성
- 자동차 업계에 적합한 시스템 구축으로 업무체계 정립 및 효율적 운영
- 개발단계에서 품질보증 체계 수립으로 예방품질 확보
- 지속적 개선에 따른 품질 문제의 감소
- 구매, 자재관리 체계화로 과잉재고 및 결품 방지
- 통계적 공정관리(SPC)도입으로 품질문제 해결능력 향상
- 해외 수출 시 대외 신인도 향상

ISO/TS 16949

ISO와 IATF가 공동으로 개발한 자동차산업분야의 품질보증체제 규격으로서, 유럽과 미국을 통합하는 글로벌규격이다. 이 규격은 미국 자동차 Big-3와 유럽에 기반을 둔 국제적인 자동차 회사의 연합체인 미국의 AIAG, 독일의 VDA, 이탈리아의 ANFIA, 프랑스의 FIEV 및 영국의 SMMT가 기존의 자동차 품질시스템 관련한 인증 규격인 미국의 QS-9000, 독일의 VDA 6.1, 프랑스의 EAQF 및 이탈리아의 AVSQ와 같은 수많은 인증으로부터 전세계 공급자들의 시간 및 비용을 최소화하고 일관된 품질 시스템을 통하여 공급자의 폭을 넓힘으로써 고객에게 최상의 서비스를 제공하기 위한 목적으로 ISO/TS16949가 탄생하게 되었다.

ISO 26262 – 전장부품 인증

현대차와 현대모비스가 ISO 26262를 전면 도입한 것은 자동차에 들어가는 전장부품의 중요성을 인정했다는 것을 의미한다. 현대차에서 차량 내 전장부품 원가 비중은 2010년 32%였으나 신형 제네시스 등 최근 출시한 고급차를 중심으로 50%에 육박하는 것으로 업계는 추정하고 있다. 현대차보다 앞서 ISO 26262를 도입한 독일 자동차 업계는 2010년 전장품 비중이 51%에 달했다. 지금까지 자동차에서 기계공학 중심의 안전개념이 주를 이뤘다면, 이제는 전장부품 중심의 안전개념으로 패러다임이 넘어가고 있는 것이다.

ISO 26262를 도입하는 배경에는 전장부품의 '품질확보'가 놓여 있다. 기계부품과 달리 전장부품은 '오류 가능성'의 공포를 자동차 업체들에 심어주고 있다. '급발진 추정 사고'가 대표적이다. 2013년 10월 미국 오클라호마 주에서 도요타 급발진 추정 사고 재판에서 사상 처음으로 배상 판결이 내려진 것은 이런 공포감을 더욱 부채질하고 있다. 미국에서 도요타 관련 급발진 소송만 100건이 넘게 진행되고 있다. ISO 26262는 제조물 책임법(PL법)상 '최신 과학기술'에 해당해 이러한 소송에서 제조사 측에 유리한 증거로 작용할 수 있다.

완성차 업체가 부품을 조립해 차량을 조립하는 구조에서, 이제 ISO 26262를 준수하지 못한 부품업체는 조립라인에서 배제될 수밖에 없다. BMW, 폴크스바겐 등의 업체는 우리나라 업체에 부품 발주를 할 때 ISO 26262 준수를 요구하고 있다. ISO 26262를 준수하지 못한 업체는 입찰 참여 자체가 불가능해진 것이다. 현대차에 납품하는 국내 부품 업체들에도 똑 같은 일이 벌어질 것으로 전문가들은 전망하고 있다. 현대차의 ISO 26262 전면 도입 결정에 부품 업계가 긴장할 수밖에 없는 이유다.

QS 9000 구성요소 중 APQP : 사전 제품 품질 계획

자동차 부품 회사 직원들이 가장 많이 듣는 단어가 아마 APQP가 아닌가 한다. 물론 이는 자동차 회사들의 요구가 강해서 그럴 수도 있고 어떻게 보면 부품회사가 만들어야 하는 품질의 수준이기 때문이다.

APQP(Advanced Product Quality Planning)는 제품의 개발 기획 단계부터 양산에 이르기까지 각 STAFF에서 무엇을 실행할 것인가를 정하고 양산개시 초 고객 요구사항이 만족되었는지를 입증하기 위한 활동지침이다.

APQP는 고객 요구사항을 만족하는 제품 및 서비스 개발을 위한 목적으로 제정된 것으로 제품기획에서부터 제품양산 후 개선까지 전 과정을 기획 및 Program 정의, 제품 설계 및 개발, 공정 설계 및 개발, 제품 및 공정 유효성 확인, Feedback/평가 및 시정조치와 같은 5단계로 분류하고 각 단계별 설정된 입력과 출력사항을 검토하여 최종적으로 고객/공급자/협력업체간의 복잡성을 감소시켜 낭비요인을 제거하며 요구되는 변화를 신속히 파악하여 실행함으로 서 가장 저렴한 비용으로 적기에 제품을 제공할 수 있도록 도와준다.

APQP에 언급된 사항을 자세히 검토하여보면 엄청난 분량의 작업이 필요한 것으로 APQP에서 요구하는 모든 절차가 이행되어야 하는 것은 아니다.

제9편 품질혁신

▌PPAP – 양산부품 승인절차(Production Part Approval Process)

PPAP는 모든 고객 요구사항(도면, 허용치, 사양 등)에 대하여 공급자가 적절하게 이해하고 있으며, 실제로 이런 요구사항들을 충족시키는 제품을 생산할 수 있는 잠재력을 갖고 있는가를 결정하기 위한 것이다. 고객으로부터 양산승인을 얻기 위한 승인업무절차 고객에게 납품중인 제품의 신규개발, 설계변경개발, 업체이원화 또는 변경개발, 당사의 주요 제조공정 변경(재질변경/금형변경/공정재배치/제조공정변경/공장이전/열, 표면처리변경) 등으로 인한 양산 견본품 제출단계부터 양산 견본품 승인 및 양산품질 승인업무에 적용한다.

▌FMEA

개발 제품에 대하여 예상 가능한 모든 고장의 형태가 고객에게 어떠한 영향을 미치며 고장의 원인이 어디에 있는가를 추정하여 해석해 나가는 기법이다. FMEA는 초기 단계(Design 개념 설정시)에서 작성하는 Design FMEA와 양산되기 전에 작성하는 Process FMEA의 2종류가 있다.

설계기능이 없는 공급자에게는 Process FMEA만 해당된다. FMEA에서 가장 중요한 요소는 위험 지수이다. 어떤 발생 요인을 감소시킬 것인지는 중요치 않고 위험을 감소시키는 것이 중요하다. 위험 지수가 높은 항목, 특히 심각성이 높은 것에 초점을 맞추어 우선 관리하여야 한다.

▎MSA(Measurement System Analysis) : 측정 시스템 분석

측정 및 시험장비 시스템의 각 형태의 결과에 있어서의 변동을 분석하는 통계적 연구 실시. QS 9000의 목표 중 하나는 산포 및 낭비의 감소인데, 측정행위에는 산포(편차)가 포함된다. MSA의 목적은 측정에서의 산포 감소를 위하여 측정 데이터를 통계적으로 분석하여 측정시스템의 품질을 평가함으로 신뢰성 있는 측정시스템의 유지 및 측정 데이터를 사용하도록 하기 위함이다. 측정행위에는 측정하는 방법, 측정자 및 측정 장비에 의한 산포가 포함되고, 이런 산포에 의하여 측정 결과치의 오차가 결정된다.

이러한 산포 원인이 무엇인가를 파악하기 위하여 반복성과 재현성을 조합, 병행하여 실시하는 평가방법을 사용한다. 분석한 결과, 재현성이 반복성보다 높게 평가되면 부적절한 사용 방법에 대한 작업자의 교육 등 이 필요하며, 재현성이 반복성보다 낮게 나오면 측정 장비에 대하여 엄격하게 관리하거나 유지 보수에 주의를 할 필요성이 있다.

▎SPC(Statistical Process Control) : 통계적 공정관리

품질규격에 합격할 수 있는 제품을 안정적으로 만들어내기 위하여 통계적 방법에 의하여 공정을 관리해 나가는 방법이다. 산포 및 낭비의 감소를 목표로 하는 QS 9000 뿐만 아니라 회사가 발전하기 위해서는 반드시 지속적인 개선에 노력을 기울여야 한다.

QSR 규격 및 SPC에서는 제품 및 서비스의 생산에 더욱 효과적인 방법을 강구함으로 제품 및 서비스의 가치 개선을 달성할 수 있도록 방법의 사용에 대한 필요성과 사용될 몇 가지 기본적인 통계적 방법을 기술하고 있다

▎QSR

QSR은 많은 부분에서 APQP와 연결고리를 가지고 있고, 어떤 사항은 반드시 이행할 것을 요구하고 있다. 예를 들어 QSR 1부 4.2항의 타당성 검토에서는 타당성 검토의 취지 및 달성되어야 할 결과를 요구하고 있는데 이러한 취지를 달성하기 위하여 APQP에서는 세부적으로 관리하는 여러 방법을 권장하고 있다. 관리계획 역시 동일한 개념으로 이해하면 된다.

10. 풀프르프 체제를 구축하자

▎풀프르프와 품질보증

품질은 공정에서 만들기 위한 체제나 장치가 여러 가지 연구되어 활용되고 있는데 그 중 하나가 풀프르프(FP : Fool Proof, 실수 막기)이다. 자동화, 기계화된 공정에서 작업자가 아무리 표준대로 일하려고 해도 자신도 모르게 깜박해서 실수하기도 하고, 작업자를 교체한 경우 등에 작업순서를 그르쳐서 불량이 다발하는 경우가 있다.

그래서 FP란 작업자가 항상 주의를 기울이지 않으면 미스를 발생시키는 작업에서 주의력으로부터 정신을 집중시키지 않아도 불량을 발견 또는 검출해 주는 체제를 연구하여 공정에 품질보증 활동의 기본은 생산과정, 고객의 사용과정을 통해서 품질 불합리를 발생시키지 않도록 하는 것이다.

품질은 표준화, 불량 Data 및 통계적 관리, 품질관리 및 품질개선 그리고 교육을 통하여 자주공정 품질관리체계를 구축할 수 있으나, 무엇보다도 풀프르프 체제를 구축하여야 한다.

Fool Proof 원인과 결과

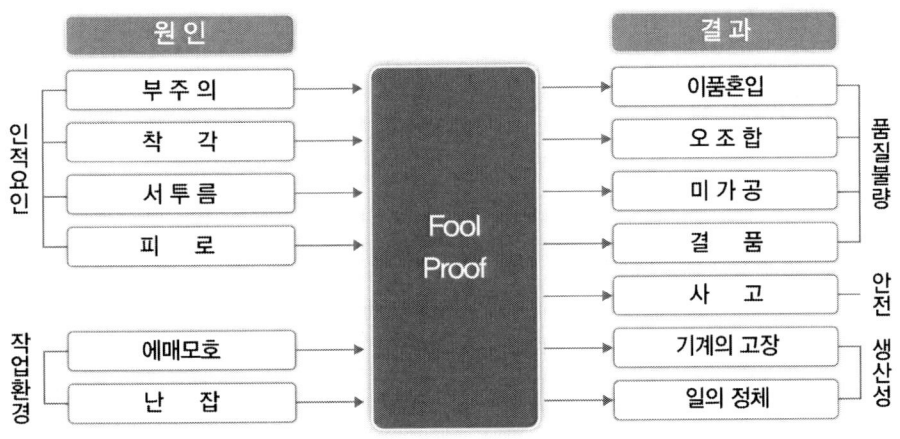

▎풀프르프 관련 불량의 Worst 10

1. 가공 빠뜨림
2. 가공 Miss
3. Work Set Miss
4. 결품
5. 이품 혼입
6. Work가 틀림
7. 오동작
8. 조정 Miss
9. 설비불량
10. 절삭공구 및 JIG 불비

풀프르프 실수 방지의 구조

1. 정지 : 정상의 작동과 기능을 정지한다.
2. 규제 : 실수를 하고 싶어도 할 수 없는 규제
3. 경보 : 불량품이 발생한 것을 알리는 경보

풀프르프 실수 방지 장치의 검지 방식

1. 중량방식: 양품의 중량기준을 설정하여, 이것에 의거하여 불량품을 잡아낸다. 또 좌우의 중량 Balance 에 의해 불량품을 판별한다.
2. 치수방식: 가로, 세로, 높이, 두께, 지름 등 치수를 근거 기준을 설정하여, 이 기준과의 차이에 이해 불량품을 구별한다.
3. 형상방식: 구멍, 각, 오목함, 돌기, 굽 재료나 부품의 모양과 특징을 이용하여 이것과의 차이로 불량품을 판별한다.
4. 공정 Sequence 방식: 공정 안의 작업자의 동작과 기계와의 연합작업이 기본 작업으로 결정된 작업순서를 따르지 않는 경우 그 이후의 작업을 할 수 없다.
5. 공정간 Sequence 방식 : 일련의 공정 안에서 규정된 공정순서에 따르지 않고 공정이 빠졌을 때, 작업을 할 수 없다.
6. 카운터 방식: 작업이 회수나 부품의 개수 등 미리 수가 결정 되어 있을 때 이것을 기준으로 하여 이것과의 차이로 이상을 알린다.
7. 남은 수 방식: 몇 가지 부품을 세트로 하여 1세트 씩 만들 때 세트 수 부품을 준비하여 세트 작업이 완료한 후 남는 부품에 의해 이상이 발생한 것을 확인한다.
8. 정수검수 방식: 압력, 전류, 온도, 시간을 미리 정한 수치를 검출하여 수치를 초과해서 작업을 할 수 없다

풀프르프 개선의 기본정신

1. 품질은 공정에서 이루어진다. 미스를 범했다 해도 불량품이 안 되는 구조를 공정에 장치한다. 이 때 전수검사가 기본이다.
2. 실수, 불량은 반드시 없어진다는 강한 의지가 필요하다.
3. 좋은 일은 곧 한다. 좋다는 것을 안다면 즉각 실천해야 한다.
4. 변명을 하지 마라. 60점이라도 좋으니 여하튼 실시한다.
5. 불량이 나면 검사원을 늘리기보다 왜 불량이 나왔는가를 알고 방안을 추구하며 실천한다.

11. 도요타의 품질관리 14원칙

┃품질이란 모든 생산활동의 질 향상이다

원재료, 부품 등을 가공, 조립한 결과의 완성물이나 1)관리, 감독자의 질 2) 라인, 설비의 질 3)작업방법의 질 4)정보의 질의 개선 없이는 제품 (부품)의 품질을 향상시킬 수 없다. 모든 생산활동의 질, 수준의 집약이 상품에 반영된다.

TOYOTA식 품질관리 원칙

품질이란
· 원재료, 부품 등을 가공, 조립한 결과의 완성물이나 - 관리, 감독자의 질 - 라인, 설비의 질 - 작업방법의 질 - 정보의 질의 개선 없이는 제품(부품)의 품질을 향상시킬 수 없다. 모든 생산활동의 질, 수준의 집약이 상품에 반영된다

- 사람의 질: 작업자, 감독자, 스텝, 관리자
- 설비의 질: 공구, 설비, 기계, 라인
- 정보의 질: 간판, 평준화, 평균화, 영업계획
- 방법의 질: 1개 흐름 소로트화, 표준작업

기업의 사활을 결정하는 품질을 통해서 체계의 질과 수준을 향상시킨다.

사람, 설비, 물품, 정보를 줄이고 상품에 동기화 시킨다.

┃도요타 품질관리의 14가지 원칙

도요타가 추구하는 품질관리는 '품질은 공정에서 만든다'는 대원칙을 두고 Repair가 필요하거나 불량이 발견되면 어떠한 일이 있어도 '현행범 체포원칙'을 지키도록 한다. 이를 위해 'Line 내에 전수검사를 하는 공정'이 있어야 한다.

도요타 식 품질관리의 사고방식에는 통계적 품질관리가 아니라, '전수 품질관리'의 사상이다. 한 개의 불량도 내지 않는다는 '불량 Zero'의 사상이다. 예를 들어, sigma 단위 불량이나, 1,000대의 1대꼴로 발생하는 불량이라 하더라도 소비자는 납득하지 못하므로 어떤 식으로든 모든 공정에 전수검사를 행하는 방법이다. 도요타에서 실시하고 있는 불량대책의 품질관리의 방법을 14가지 원칙으로 정리하면 다음과 같다.

원칙 1 전수 검사의 원칙
모든 부품 및 제품은 어떠한 형태로든 '전수검사'를 하지 않으면 안 된다.

원칙 2 품질은 공정에서 만든다.
'품질은 공정에서 만든다.'는 생각에서 공정 내 검사를 포함한 Line화를 실시한다.

원칙 3 Line Stop
공정 중 불량을 발견하면, 발견한 사람이 Line Stop 을 시키고, 관련 부문 통보와 동시에 불량발생에 대한 원인제거의 대책을 '즉시 실시'하지 않으면 안 된다.

원칙 4 원인발생부서 책임(자기책무)
불량품의 Repair 시, 사소한 부적합이라도 '불량을 낸 공정의 작업자가 Repair 하여야 한다.', '눈에는 눈, 이에는 이'는 아니지만 다른 사람에게 끼친 피해만큼 보상한다는 '책임의 원칙'이라는 엄격함이 있어야 한다.

원칙 5 현행범 체포
불량품을 발견 시, 언제 어떠한 일이 있어도 '현행범 체포의 원칙'을 지켜야 한다.

원칙 6 표준작업
표준작업표 안에 "품질이 확보될 수 있도록 반영되어 있어야 한다.", "표준작업대로만 하면 불량은 발생하지 않는다."라는 신념에서 만약에 불량이 나오면,
 ① 표준대로 '작업'이 되지 않거나,
 ② 표준대로 '재료, 부품'이 되어있지 않거나,
 ③ '기계, 설비, 금형, 치공구'에 고장이 발생하지 않았나, 등을 확인하면 쉽게 불량원인의 단순화가 가능해진다.

원칙 7 품질향상과 공수절감 동일원칙
잠재불량의 발견은 공수 절삭으로 이어진다. 공수 삭감과 품질향상은 '귀일의 원칙'이 된다.

원칙 8 초물과 종물 검사(n=2 검사)원칙
공정 중의 가공은 '초물과 종물의 n=2 검사'를 하게 되면 전수검사를 한 것과 같다. 이 원칙은 표준작업이 철저히 준수되고, 공정이 안정화되면 통용된다.

원칙 9 Fool Proof 설치

아주 드물게 발생한 불량이라 하더라도, 불량이 터무니없는 원인으로 발생된 경우에는 'Fool Proof'를 설치하여야 한다.

원칙 10 검사

검사의 임무는 선별이 아니라, '불량원인 제거의 역할'을 하여야 한다.

원칙 11 불량제로(Trouble Free)

전 직원은 품질경영을 통해 '불량 Zero를 목표'로, 고객에게 'Trouble Free'한 상품을 제공하여야 한다.

원칙 12 한 개씩 흘리기 (One Piece Flow)

"One Piece Flow는 불량 및 개선점 조기발견의 기본이다." 재공품을 갖게 되면 불량발견 및 개선점의 원인을 쉽게 발견할 수 없다. 특히 Model 변경 시의 One Piece Flow는 전 부품, 전 공정 및 전 작업의 전수검사가 필요하기 때문이다.

① One Piece Flow는 1개가 불량이면 100% 불량이므로 바로 대책이 가능하다.
   재공품이 있으면 불량을 발견할 때까지 시간차가 있으므로, 원인파악이 곤란하고 대책도 상상하여 세우게 된다.
② 생산준비단계에서의 One Piece Flow는 특히 중요하다.

원칙 13 육안으로 이상을 확인할 수 있는 관리

Line 조장으로서 우선해야 할 일은 '눈으로 봐서 이상이 보일 수 있도록 관리'하는 것이다. 눈으로 봐서 이상 상황이 바로 보일 수 있도록 공정을 편성하여야 한다.

① 표준수의 설정 ② 재료, 부품 등의 Store ③ 간판 설정 ④ (비상) 호출버튼
⑤ Stop 버튼 ⑥ 안돈 ⑦ 불량 보관 장소 명기

원칙 14 조장의 임무 명시

Line 조장으로서의 임무는 '유지 (양과 질)와 개선'이다.

① 항상 현장을 볼 것 (관찰할 것)   ② 후임 조장 육성을 위한 부하의 통제와 지도
③ 넓은 시야로 보고, 전체적인 판단을 내릴 수 있도록
④ Line에 자주 왕래하는 것도 문제지만, 가보지 않는 것도 문제
⑤ 작업자 수를 줄일 수는 없을까?, 끊임없이 개선할 것
⑥ Line의 작업자가 즐겁게 작업을 할 수 있도록 사람관리에 대한 연구를 할 것
⑦ 문제가 발생하면 원인제거를 할 것.

제10편
원가 혁신

제10편 원가혁신

1. 원가를 절감하자

▌직원들의 개선노력이 수익성향상의 첫 걸음

1. 종업원들의 노력에 의해 작업방법이 개선되면 생산량이 증가된다.
2. 작업방법 개선, 불량품의 감소, 원가절감 운동에 따라 제조원가가 내려간다.
3. 생산량이 증가하면 제품 1개당 고정비가 내려가므로 단위당 제조원가가 절감된다.
4. 생산량이 증가하면 총자본회전율이 높아진다.(투입자본이 신속하게 생산물로 되기 때문이다).
5. 제조원가가 절감되면 원가절감 상당의 제조량이 증대되어 자본회전이 빨라진다.
6. 단위당 이익 = 판매단가 - 단위당 원가이므로 원가가 내려가면 이익은 증대된다.
7. 이익의 증대는 매출총이익률의 향상을 가져온다.

원가개선의 선순환 구조

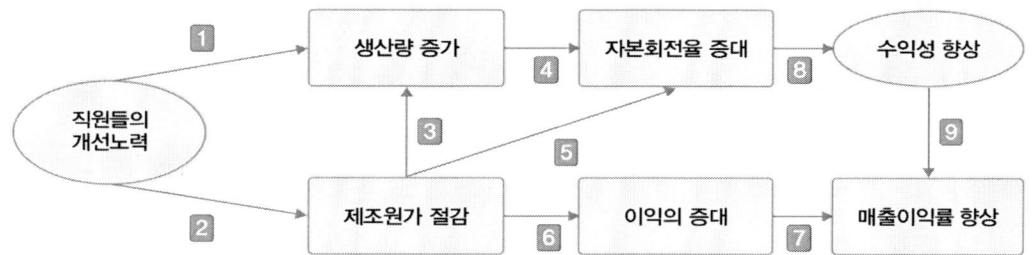

▌원가의식을 강하게 심자

1. 적자제품의 생산은 죄악이라는 강한 인식을 가질 것
2. 반드시 돈을 벌어야만 산다는 강한 집념을 가질 것
3. 반드시 매월 흑자 경영을 하도록 철저하게 노력 할 것
4. 이익 추구에는 냉정한 태도로 임할 것
5. 이익을 창출하는 기법을 총동원하여 활용할 것
6. 이익에 공헌하지 않는 마이너스 요소는 철저하게 배제할 것
7. 계획적으로 원가절감을 추진할 것 (적어도 모기업 CR 수준이상)
8. 경영 실적은 일일 실적, 누계로 매일 철저하게 관리 할 것
9. 이익추구 우선에 엄격한 직장 문화와 강한 체질을 만들 것

▌제조원가 3요소와 공장원가

하나의 제품을 생산하는 데는 사람, 자금, 설비, 그리고 이 요소들을 운용하는 관리방법이 필요로 되어 진다. 이러한 요소들이 제품생산에 있어 필요로 되는 INPUT요소, 즉 원가 구성요소라고 한다.

이 원가구성 요소는 일반적으로 크게 3가지로 분류되어 관리되고 있다. 여기에는 가장 높은 비중을 차지하는 부품구입의 재료비, 종업원들의 노무비, 그리고 제품을 생산하는데 드는 경비로 나눌 수 있다. 이러한 비용들은 생산활동에 있어 반드시 필요한 비용이지만 종업원들의 노력여하에 따라 많은 비용을 줄일 수 있다고 할 수 있다.

이렇게 원가를 구성하는 재료비, 인건비, 경비의 3가지 비용을 직접비와 간접비로 분류해 볼 수 있다. 어떤 특정제품을 만들기 위해 발생한 것인지 명확히 파악할 수 있는 비용을 '직접비'라 부르고, 여러 제품에 얽혀 발생되기 때문에 명확히 파악하기 어려운 비용을 '간접비'라 부른다. 즉 개별제품에 직접 투입된 직접재료비, 직접노무비, 직접경비를 합쳐서 직접원가(제조직접비)라고하며, 나머지 간접적으로 투입된 비용을 제조간접비라고한다. 제조직접비와 제조간접비를 합한 것이 보통 제조원가명세서에 나오는 공장의 제품원가(공장원가)를 나타낸다. 이러한 제품원가에 판매비 및 일반관리비를 더한 것이 총원가(매출원가)라고하며, 매출액에서 이러한 총원가를 뺀 것이 매출이익에 해당한다.

완성차 5사 매출 원가율

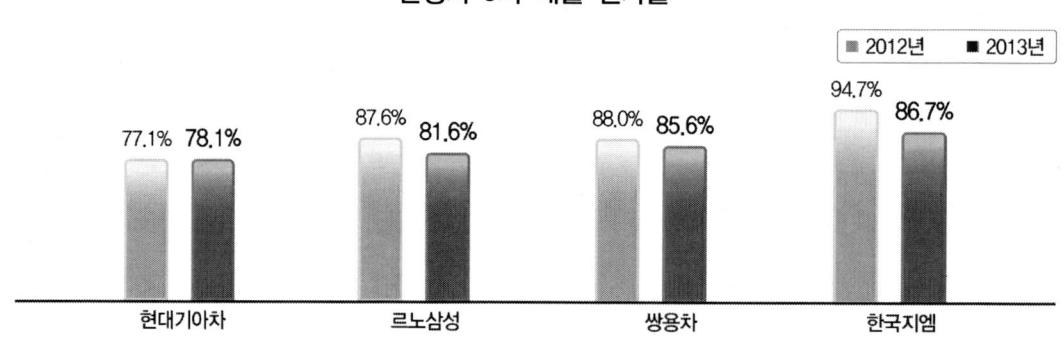

▌원가관리란

원가관리는 원가절감과 원가통제로 구성된다. 원가절감은 제품 및 생산프로세스의 설계단계에서 설계 및 생산기법의 개선을 통해 원가수준 자체를 낮추는 것이고 원가통제는 원가절감으로 낮추어진 원가수준을 표준원가로 하여 그 수준을 유지해 나가는 것이다. 따라서 원가통제보다는 원가절감이 훨씬 중요하다.

또한 원가절감은 기술의 개선이나 공정의 개선을 통해서 이뤄야 하는 것이지, 부품들의 품질을 낮춘다든지, 있었던 부품들을 빼는 방식으로 이뤄져서는 안 된다.

목표원가 관리

대부분 기업들의 원가절감 노력은 주로 '생산'과 '구매' 단계에 집중되어 있다. 제조원가의 70~80%가 제품개발과정에서 결정되므로 원가절감 노력이 생산이나 구매단계에 집중될 경우 그 효과는 제한적일 수밖에 없다. 제조원가의 결정에 제품 개발 과정이 가장 중요한 만큼 기업들은 이 단계에 보다 많은 원가절감노력을 집중한다면 보다 효과적으로 가격경쟁력을 확보할 수 있을 것이다.

목표원가 관리는 시장에 의해 기업에게 주어진 원가압력을 제품설계 프로세스에 관련된 모든 사람들(외부의 부품 공급업자, 내부의 제품 설계자 등)에게 새로운 제품이 출시되었을 때 수익성이 있다는 것을 확신하기 위하여 목표원가계산제도를 사용한다. 따라서 목표원가는 제품의 허용가능원가로서 목표판매가격과 목표이익을 설정한다.

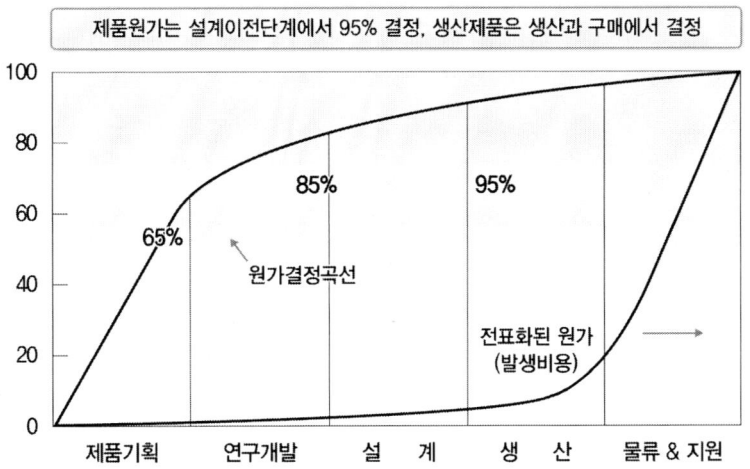

목표원가관리는 제품과 프로세스의 설계단계를 원가관리를 위한 핵심영역으로 간주하고 있다. 즉, 양산단계 이후에 제품이나 프로세스를 변경하는 것은 비용과 시간측면에서 매우 크므로 이를 최소화하기 위하여 제품설계단계에 시간과 노력을 집중하여 투자하고자 하는 개념이다.

제품설계단계에서는 제품의 사양이나 기능, 생산프로세스 등에 대한 변경이 제품양산단계보다 훨씬 용이하다. 즉, 제품의 기능이나 엔지니어링, 프로세스 등에 대한 대안이 많이 있는 설계단계에서 원가를 개선할 수 있는 잠재력이 크다. 또한 제품의 수명단계에서도 단계가 진행됨에 따라 원가개선기회가 감소하게 되므로 제품설계단계에서 원가절감계획 및 노력을 해야 만이 실질적인 원가절감을 할 수 있는바 이것이 목표원가의 주요 필요성이다.

원가절감 추진원칙

① 원가절감 계획의 필요성을 명확히 하여야 한다.
② 원가절감의 분위기를 조성하여야 한다.
③ 원가절감 목표를 설정하여야 한다.
④ 원가절감 목표를 달성하기 위한 계획을 설정하여야 한다.
⑤ 원가절감의 책임을 부과하여야 한다.
⑥ 원가절감 기간을 작성하여야 한다.
⑦ 원가절감 계획을 개시하여야 한다.
⑧ 원가절감 계획을 통제하여야 한다.
⑨ 원가절감의 성과를 추정하여야 한다.
⑩ 원가절감은 계속적인 계획으로 하여야 한다.

원가절감 점검 포인트

- 기능을 충족시키기 위한 사용 재료는 적정한가?
- 시가와 비교하며 비싸게 구입되고 있지 않는가?
- 공동 구입을 할 수 없는가?
- 일괄 발주로 싸게 살 수 없는가?
- 싼 구입처를 개척 할 수 없는가?
- 시장조사를 하고 있는가?
- 신소재의 정보를 입수하여 설계에 제공 할 수 없는가?
- 재료 사용 기준은 작성되어 있고 기준은 적정한가?
- 재료여유율은 적정한가?
- SCRAP은 개개로 환원되고 있는가?
- 폐기물은 효율적으로 처리되고 있는가?
- LOSS율, 불량률 관리는 효율적으로 관리되는가?
- 기능을 충족시키기 위한 사용 재료는 적정한가?
- 시가와 비교하며 비싸게 구입되고 있지 않는가?
- 검수는 간소화 할 수 없는가?

- 검수 방법은 표준화 되어 있는가? PALLET, BOX는 적정하게 설계되었는가?
- 소재 및 반제품 창고를 없앨 수 없는가?
- 발주, 불출 업무를 간소화 할 수 없는가?
- 여분의 재료를 구매하고 있지 않는가? 회전율의 향상이 꾀해 질 수 없는가?
- 싸고 경제적인 설비를 고려했는가? 건물, 설비 공간은 유효하게 활용되고 있는가?
- 설비 가동률은 높아지고 있는가? 설비 보전은 잘 되고 있는가? 기계 이상이 없는가?
- 전력비 낭비는 없는가? 공회전은 없는가? 전력 효율은 적정한가?
- 용수량은 적정한가? 물이 새는 것은 없는가? 물을 회수하여 사용 할 수 없는가?
- GAS, 연료비는 적정한가?
- 소모 공구, 간접 재료는 적정한가? 구입 단가는 적정한가? 단가를 내릴 수 없는가?
- 공정을 줄일 수 없는가? 혼류 화, 분할 화 할 수 없는가?
- 전송대 작업을 할 수 없는가?
- 공정의 NECK은 없는가?
- LINE BALANCE는 유지되고 있는가?
- 공법은 적정한가?
- 기계설비는 가장 경제적인가?
- 대기 시간을 줄일 수 없는가? 동시에 여러 가공을 할 수 없는가?
- 자동화 할 수 없는가? SPEED UP을 할 수 없는가? 치공구는 적절한가?
- 기계 개선을 할 수 없는가? 작업 순서는 적절한가? 작업 편성은 표준화 되어 있는가?
- 준비시간은 단축 할 수 없는가? SET UP의 순서는 표준화 되어 있는가?
- 작업 여유 율을 줄일 수 없는가?
- 직접공의 인원 비율은 정확한가? 간접인원이 적정한가? 간접인원은 전문화 되어 있는가?
- 작업 능률의 향상이 꾀해지고 있는가? 신입사원 교육은 적절한가?
- 작업 의욕을 위한 동기 부여는 하고 있는가?
- 신규 작업 방법을 꾀하고 있는가?
- 관리소요 시간을 줄이기 위한 노력은 되어 있는가?
- 일정 계획, 작업량 계획은 유효 한가?
- 작업 지시가 정확히 세워져 있는가? 이상 시간, 추가 시간 대책이 적절한가?
- 작업자의 출근율의 향상 대책은 되어 있는가? 작업 시작, 종료의 관리는 정확한가?
- 노무비 절감을 꾀하고 있는가? 표준 시간 설정은 잘 되어 있는가?
- 간접 부문 노무비 절감을 꾀하고 있는가? 과다 인원의 채용이 되고 있지 않은가?
- 정형 업무와 비정형 업무로 분리되어 관리되어 있는가?

원가기획과 원가관리 활동

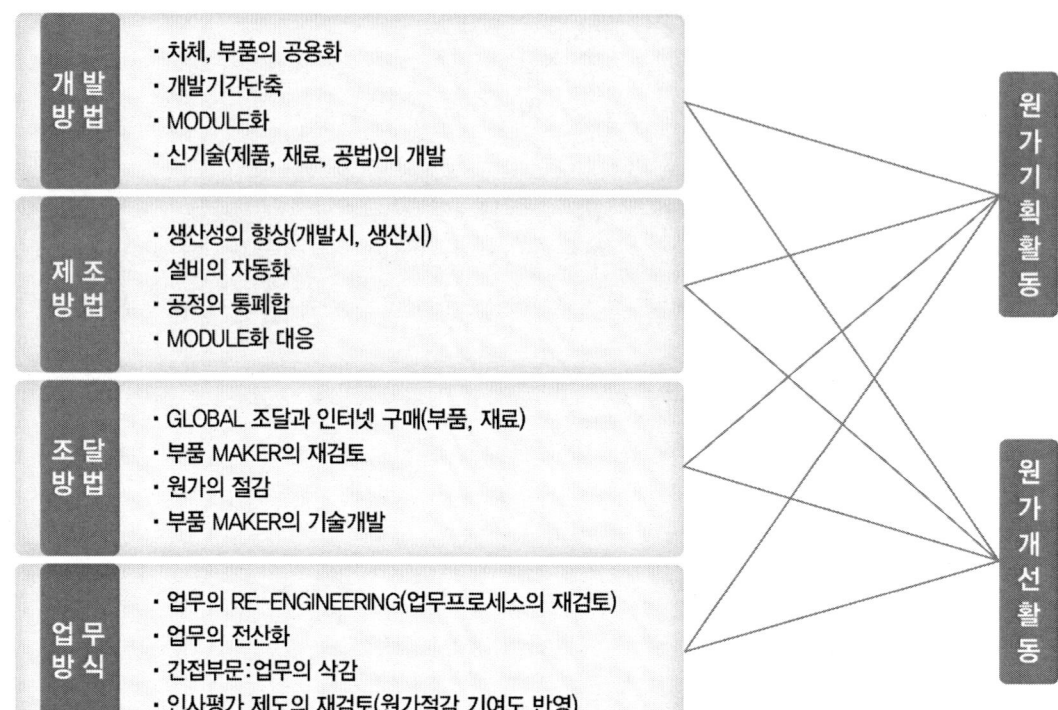

2. 원가혁신은 목숨을 걸고 하자

▌상품 기획·설계 단계에서 목표원가를 확정하라

제품의 원가는 생산 이전 단계인 상품 기획·설계 단계에서 80~90%가 결정되기 때문에 원가혁신의 노력도 상품 기획·설계 단계에 집중되어야 한다. 상품 기획·설계 단계에 활용할 수 있는 대표적인 원가혁신 기법이 원가기획이다. 목표원가가 결정되면 부품의 공용화, 제조 공정의 변경, 기능의 단순화 등 원가 혁신 방안을 상품 기획·설계 단계에 반영해 나간다.

이때 설계, 생산, 판매 등 제품 관련 부문이 공동으로 참여하는 컨커런트 엔지니어링(CE)의 다기능 통합팀을 구성하여 제품 개발 과정에 참여시켜 원가 혁신을 꾀하는 기법이다.

▌제품개발 단계에 협력업체를 참여시켜라

외주 생산 비중이 증대하고 있다. 그에 따라 원가 절감을 위한 내부적인 노력만으로는 원가 혁신을 달성하기 어렵다. 원가 혁신의 노력이 협력업체에까지 전파되어야 하는 것이다. 협력업체와 관련된 원가 혁신의 방향은 제품 개발단계에서 부품공급업자를 참여시키는 것은 중요하다. 이 경우 제품사양에 관한 정보를 교환하고, 이를 통해 부품조달의 원활화를 꾀하고, 새로운 아이디어를 제공받는 등 원가 혁신을 위한 많은 힌트를 발견할 수 있다. 이런 게스트 엔지니어링 (Guest Engineering)은 제품의 기획·설계과정에서부터 협력업체와 한 팀을 이루어 공동 작업을 하는 것을 의미한다. 또한 협력업체의 고비용, 저효율 구조의 개선을 위해 끊임없는 원가 혁신 지도를 실시해야 한다.

▌구매부서를 원가 혁신의 선도자로서 활용하라

구매부서는 기업의 내외부 정보를 누구보다도 잘 알고 있으며 신제품에 관한 시장정보, 원가정보를 갖고 있다. 따라서 제품 설계 단계에서부터 원가 혁신을 위한 중요한 역할을 수행한다. 구매부서는 개발과정에서 기존에 축적한 우수한 부품과 원재료에 대한 정보를 제공함으로써 결과적으로는 양질의 제품을 저렴한 원가로 개발하는 데 공헌한다. 이에 따라 제품 개발기간을 단축하고 생산 원가를 절감하기 위해 연구개발 부문과 구매 부서를 연계하여 제품을 개발하는 이유는 구매부서의 원가마인드에 따라 제품의 경쟁우위 요소인 납기, 품질, 가격분야의 경쟁력이 결정될 수 있기 때문이다.

▎프로세스상의 낭비적인 요인을 제거하라

생산단계에서 원가 혁신을 위한 기법으로 비즈니스 프로세스 리엔지니어링(BPR)이 있다. 기업 내 모든 프로세스 및 활동을 고객의 입장에서 재 정의하고 특정 프로세스가 과연 가치가 있는 것인가를 평가하여 전사적인 관점에서 프로세스를 재설계해 나간다. 이를 통해 생산·공정의 절감, 경영자원의 절약, 비부가가치 활동의 제거 등 원가 혁신을 달성할 수 있다.

▎과도한 재고를 줄여라

과도한 재고를 보유함으로써 발생하는 재고유지비 및 관리비 역시 기업의 고비용·저효율 구조의 요인이다. 원가 혁신을 위해 재고관리에 신경을 써야 하는 이유도 여기에 있다. 재고관리의 핵심은 품절로 인한 판매기회의 상실을 예방할 수 있는 최소한의 재고를 유지하는 것이다. 재고를 줄임으로써 얻을 수 있는 효과는 재고비용의 감소에 따른 원가 절감은 물론 진부화에 따른 손실, 보관하역비, 창고유지비, 금융비용의 감소 등 다양하다. 재고를 줄이기 위해서는 공급업체, 생산과 판매부문의 사전적인 상호 연계성이 중요하게 된다.

원가혁신의 10가지 의지목표

1. 생산비용을 현재보다 매년 10% 절감하는 높은 목표에 도전하라!
2. 완성차회사 가격인하(CR)폭 보다 더 원가절감 해야 생존한다.
3. 업무의 가치를 높여라. 돈 안 되는 업무는 바로 그만두어라!
4. 각자의 업무에 목표와 QCD(품질, 코스트, 시간)를 설정하라!
5. 현재 제품 중 생산중단 할 코스트 기준을 세우고 필요하면 중단하라!
6. 재고비용을 줄여라. 창고와 안전재고는 필요 없다.
7. 모기업 결품 사태는 죽음이다. 모기업 라인이 서면 문 닫아라
8. 가격경쟁력이 떨어지는 것은 개발과 제조기술력에 달려있다.
9. 적은 재료, 고강도, 조립간단, 수작업 감소, 자동화용이 설계를 하라!
10. 신차 프로젝트 참여시 획기적인 원가절감을 이루어라.

▎도요타 CCC21(가격경쟁력 재구축)로 30% 원가혁신 성공

1999년부터 3년 동안 생산비를 30% 절감하는 원가절감운동을 성공시킴으로서 글로벌 기업으로 우뚝 선 계기가 된 것으로 당시 떠오르는 현대자동차라는 분명한 경쟁대상 목표를 제압하고 높은 인건비의 벽을 돌파하였다. 아울러 자재의 Global Outsourcing의 성공은 반드시 목표를 달성하려는 의지로 가능했고 또 노조가 14조원 이상의 사상 최대이익 속에서도 임금동결을 선언하며 위기를 돌파하는 계기가 만들어졌다.

제10편 원가혁신

▎원가 혁신을 위한 7가지 방안

1. 상품 기획·설계 단계에서 목표원가를 확정하라

제품의 원가는 생산 이전 단계인 상품 기획·설계 단계에서 80~90%가 결정되기 때문에 원가 혁신의 노력도 상품 기획·설계 단계에 집중되어야 한다. 상품 기획·설계 단계에 활용할 수 있는 대표적인 원가혁신 기법이 원가기획이다. 목표원가가 결정되면 부품의 공용화, 제조공정의 변경, 기능의 단순화 등 원가 혁신 방안을 상품 기획·설계 단계에 반영해 나간다.

이때 설계, 생산, 판매 등 제품 관련 부문이 공동으로 참여하는 컨커런트 엔지니어링(CE)의 다기능 통합팀을 구성하여 제품 개발 과정에 참여시켜 원가 혁신을 꾀하는 기법이다.

2. 제품개발 단계에 협력업체를 참여시켜라

외주 생산 비중이 증대하고 있다. 그에 따라 원가 절감을 위한 내부적인 노력만으로는 원가혁신을 달성하기 어렵다. 원가 혁신의 노력이 협력업체에까지 전파되어야 하는 것이다.

제품 개발단계에서 부품공급업자를 참여시키는 것은 중요하다. 이 경우 제품사양에 관한 정보를 교환하고, 이를 통해 부품조달의 원활화를 꾀하고, 새로운 아이디어를 제공받는 등 원가혁신을 위한 많은 힌트를 발견할 수 있다. 이런 게스트 엔지니어링은 제품의 기획·설계과정에서부터 협력업체와 한 팀을 이루어 공동 작업을 하는 것을 의미한다. 또한 협력업체의 고비용, 저효율 구조의 개선을 위해 끊임없는 원가 혁신 지도를 실시해야 한다.

3. 구매부서를 원가 혁신의 선도자로서 활용하라

구매부서는 기업의 내외부 정보를 누구보다도 잘 알고 있으며 신제품에 관한 시장정보, 원가정보를 갖고 있다. 따라서 제품 설계 단계에서부터 원가 혁신을 위한 중요한 역할을 수행한다. 구매부서는 개발과정에서 기존에 축적한 우수한 부품과 원재료에 대한 정보를 제공함으로써 결과적으로는 양질의 제품을 저렴한 원가로 개발하는 데 공헌한다. 이에 따라 제품 개발기간을 단축하고 생산 원가를 절감하기 위해 연구개발 부문과 구매부서를 연계하여 제품을 개발해야 한다.

4. 활동 분석을 통해 비 부가가치 활동을 제거하라

기업은 일련의 자원 소비 활동을 통해 부가가치를 창출한다. 따라서 기업의 원가 유발요인은 자원 소비활동과 깊은 관련이 있다. 원가혁신을 위해 활동 분석이 필요한 이유도 여기에 있다. 자원 소비활동을 분석하는 과정에서 중복된 활동 등 낭비적 요인들을 찾아내서 제거하는 것이 원가혁신의 핵심이다. 이와 관련된 원가 혁신 기법으로는 활동기준원가계산(ABC, Activity Based Costing)이 있다. ABC의 궁극적인 목표는 활동분석을 통해서 제품별, 고객별 정확한 원가를 산정하는 것이다.

5. 프로세스상의 낭비적인 요인을 제거하라

생산단계에서 원가 혁신을 위한 기법으로 비즈니스 프로세스 리엔지니어링(BPR)이 있다. 활동분석과 맥을 같이하는 것으로서 프로세스에 대한 정보를 바탕으로 원가 혁신을 지속적으로 꾀하는 기법이다. 기업 내의 모든 프로세스 및 활동을 고객의 입장에서 재 정의하고 특정 프로세스가 과연 가치가 있는 것인가를 평가하여 전사적인 관점에서 프로세스를 재 설계해 나간다. 이를 통해 생산공정의 절감, 경영자원의 절약, 비부가가치 활동의 제거 등 원가 혁신을 달성할 수 있다.

6. 핵심 부분만을 제외하고 아웃소싱을 적절히 활용하라

특정기업이 시장 경쟁우위를 확보하기 위해 필요한 모든 경영요소를 자체적으로 내부화한다는 것은 불가능한 일이다. 더구나 지금과 같이 모든 역량을 자체적으로 확보하기 위해 투자할 인력과 자금 여력이 부족한 시기에는 더욱 더 그렇다. 기업의 경영자원은 한정되어 있다. 그러나 한정된 경영자원을 효율적으로 활용하여 성과를 극대화시켜야 한다. 이를 위해서는 핵심적인 요소 이외의 부문에 대해서는 철저하게 아웃소싱 해야 한다.

7. 선진기업의 원가구조를 벤치마킹하라

남을 알고 자기를 알면 백전백승이라는 말이 있다. 이 말은 원가 혁신 분야에서도 그대로 적용될 수 있다. 원가구조가 뛰어난 선진기업을 철저히 분석하여 원가혁신을 위한 기초자료로 활용할 수 있다. 이 때 가치사슬 원가분석(VCC, Value Chain Costing)기법이 유용하게 활용된다. VCC를 통해 가치사슬별로 창출되는 부가가치와 소요 원가를 연결시킬 수 있다.

3. 낭비를 철저히 없애자

┃낭비와 제거활동

제조활동에 있어 제품에 부가가치를 발생시키지 않는 모든 행위는 낭비(로스)이다. 최소한의 장비, 재료, 부재료, 공간, 작업소요시간은 제품에 부가가치를 창출하기 위해 절대적으로 필요하다. 그러나 만일 이것들이 제품에 부가가치를 발생시키지 못하면 그것은 낭비가 된다.

엄밀히 말하면 '일(Work)'이란 제품에 부가가치를 창출시키는 행위이고 '움직임(Move)'이란 제품에 부가가치를 창출시키지 않는 모든 행위로 구분해야 한다.

이런 현장에서 발생되는 제조의 원가에서 부가가치 작업에 소요되는 원가 이외에 비 부가가치 작업에 대한 요소를 발견하여 이를 체계적 활동을 통하여 제거함으로써 제품의 경쟁력을 확보하기 위한 활동으로 모든 제조활동에 대하여 개선하는 작업자의 마음가짐을 심어주려는 활동을 말한다.

작업자 동작 중 낭비와 실질 부가가치 구분

- **제품의 가공**
- **원가 중 45%의 낭비가 존재 (일반적 경우)**
- **어떻게 낭비1, 2, 3을 없애 정미작업의 비율을 높일까**

- **첫 번째 낭비** (즉시 없앨 수 없는 낭비)
  · 대기
  · 의미 없는 운반
  · 가지고 있기
  · 운반의 두 번 손질

- **세 번째 낭비** (설비에 기인하는 낭비)
  · 유 · 공압 공회전
  · 이송설비
  · 필요이상의 설비

- **두 번째 낭비** (작업 그 자체의 낭비 지금의 작업 조건으로서는 하지 않으면 안되는 것)
  · 제품을 가지고 간다.
  · 외주품의 포장을 푼다.
  · 커다란 팔레트에서 원/부자재, 반제품을 적게 꺼낸다.

낭비의 종류

우리 공장의 구조는 다음과 같은 낭비로 불량 발생을 알기 어려운 라인으로 구성되어있다.
- 결품에 의한 대기의 낭비
- 사이클 타임이 짧고 핸드타임이 긴 낭비
- 재공.재고가 많은 낭비
- 고가 설비의 가동률 저조의 낭비
- 대 로트 생산설비에 의한 다품종 소량 생산에 대응이 어려운 낭비
- 준비 교체손실이 많은 낭비

3불의 정의와 낭비 - 목적에서 어긋나는 것은 낭비

낭비는 구분하여 3불로 표현된다. 3불은 생산요소인 사람, 설비, 재료, 방법 등 어느 것에나 존재할 수 있다. '불필요(불일치)'는 목적보다 수단이 오버하여 주문량을 초과하는 생산제품이나 필요 이상의 과잉 설비보유 같은 낭비를 말하며 '불합리'는 목적이 수단을 넘어 무리한 경우로 과도한 작업방법에서 오는 피로 결품으로 인한 생산라인 정지 낭비가 되며 '불균일'은 목적과 수단이 맞지않는 낭비로 품질산포에서 오는 작업불량 생산라인에서의 주문변화 등을 말한다.

낭비발생 요인

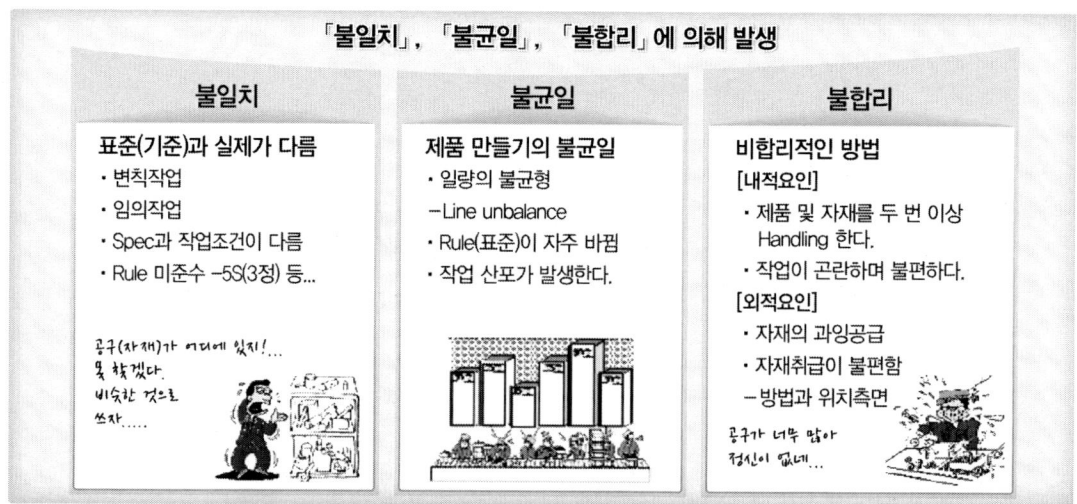

제10편 원가혁신

생산현장의 낭비(도요타 7가지 낭비)

생산현장의 낭비를 도요타 7가지 낭비라고도 한다. 사람의 낭비, 설비의 낭비, 자재의 낭비, 물류의 낭비로 나누어볼 수 있다.

1. 과잉 생산의 낭비

설비의 잦은 고장이나 종업원의 집단 무단 결근 등에 대한 대비와 LOT생산, CAPA과다, 작업인원 과다 배치, 능률을 착각한 사고 등으로 인하여 실제 고객으로 부터 수주한 양보다 많이 만들어 결과적으로 안심재고를 생산하는 낭비(예측생산, 대량설비보유, 과잉인원배치 등으로 발생)

2. 운반의 낭비

공정과 공정 간의 거리가 멀거나 운반방식의 불합리, 운반흐름의 불합리, 옮겨쌓기, 다시 쌓기 등으로 인하여 제품, 운반구, 인력 등이 이동하는 낭비를 초래하는 행위(공정 간의 거리축소, 재고 축소필요)

생산 로스의 구조

3. 재공/재고의 낭비

재료나 부품 조립품이 장기 정체하고 있는 상태로 언제 사용 될 물건인지 부정확하고 예측구매 또는 사무편의를 위하여 필요 이상의 재고를 보유함에 따라 운전 자금의 증가, 스페이스, 운반, 검사를 유발하는 낭비 (불량대책, 고장, 조달이 늦은 문제에서 유발)

4. 가공 그 자체의 낭비

불필요한 작업임에도 관행이나 습관적으로 작업하거나 과잉 Spec, 과잉설계 등으로 작업공수를 증가 시키는 등 작업성 저하, 불량을 유발할 수 있는 낭비(제조 이전의 설계 단계에서 발생되는 경우가 많다)

5. 대기의 낭비

작업자가 작업을 하지 않고 대기 또는 감시를 하고 있는 상태로 공정능력의 편차, 과다한 여유율, 잦은 설비고장, 설비감시, 결품, 오품들에 의하여 작업자가 손을 멈추고 기다리는 낭비.(인적자원의 낭비를 초래한다)

6. 동작의 낭비

작업자의 동작이 멈추거나 교육훈련부족(같은 실수를 되풀이), 작업미숙, 작업자의 고집, 작업대의 높낮이, 부품위치방향의 불합한 설정으로 발생하는 낭비.(공수(인원)의 증가, 육체적 피로, 작업 불안정 유도)

7. 불량제조 수리의 낭비

작업한 제품의 불량에 따라 부수적으로 투입되는 수리공수의 낭비와 재료낭비, 생산성하락, 검사요원 증원, 고액의 클레임 유발 등 물적/인적/이미지 손실을 초래하는 낭비

도요타 7대낭비와 개선방안

7대 낭비	내용	개선방안
과잉생산 낭비	지나치게 많이 생산하는 것을 말하며, 이는 재고·재공품 증가를 초래하여 생산의 흐름을 저해하고 불량을 발생시키며, 자금회전율 저하	1개 흐름생산, 평균화·평준화 생산, 준비 교체시간 단축
재고 낭비	재료, 부품, 조립품 등이 정체되어 있는 상태로서 창고에 쌓여 있는 것 뿐만 아니라 공정의 재공품도 포함되며, 납기 장기화, 운반·검사추가, 공간 낭비사용, 운전자금 증가 등을 초래	저스트인 타임(JIT), 평균화·평준화 생산, 계획·지시의 적정화
운반 낭비	불필요한 운반, 물품의 이동·보관·옮겨쌓기, 장거리 운반 등을 말하며, 이는 생산성 저하, 운반공수 증가, 운반설비 투자, 운반도중 제품손상을 초래	레이아웃 개선, 흐름생산, 다기능화
불량제조 낭비	재료불량, 가공불량, 고객클레임, 수정작업 등을 말하며 이는 재료비 증대, 생산성 저하, 고객불만 증가 등을 가져와 회사의 경쟁력을 저하	공정 품질보증, 풀 프루프 개선, 품질보증체제 확립
가동자체 낭비	원래는 불필요한 공정이나 작업인데 마치 필요한 것처럼 생각하여 하고 있는 작업으로, 인원이나 작업공수의 증가를 가져오며 작업능률을 저해	공정설계의 적정화, 치구의 개선과 자동화, VE/IE 추진
동작 낭비	불필요한 동작, 부가가치를 창출하지 않는 동작, 느린 동작을 말하며 인원·공수의 증가, 작업의 불안정, 기능의 은폐를 초래	동작경제의 원칙, 표준작업 철저, U자형 설비배치
대기 낭비	재료, 작업, 운반, 검사 등의 대기와 여유, 감시 작업 등을 말하며 사람·작업시간·설비의 낭비와 재고·재공품의 증가를 초래	평균화/평준화 생산, 1개 흐름 생산, 준비교체시간 단축

사람(인력)의 4대 로스

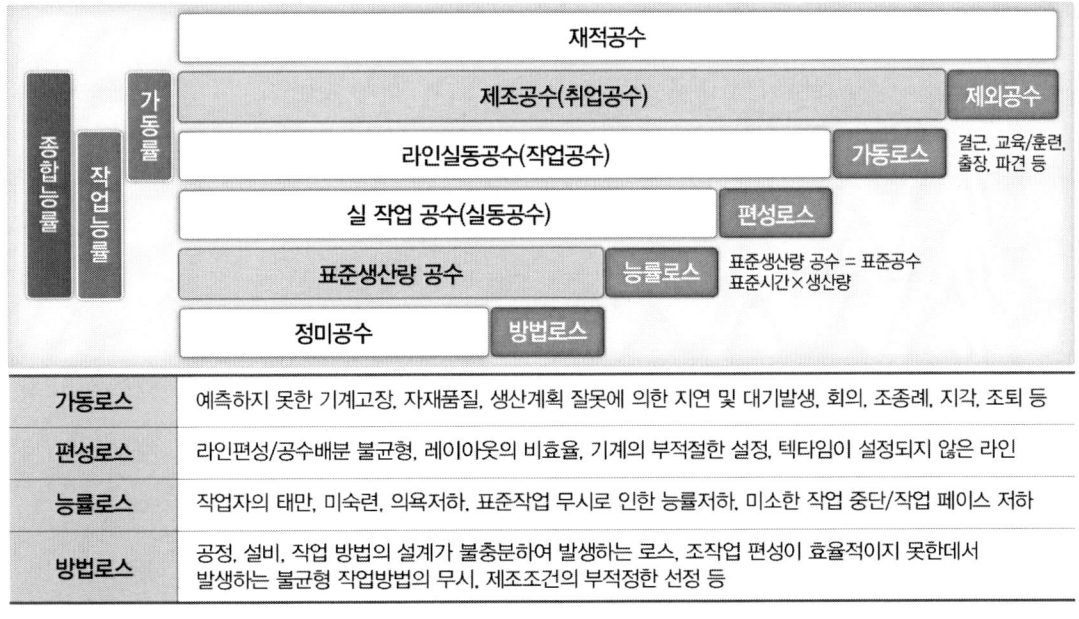

가동로스	예측하지 못한 기계고장, 자재품질, 생산계획 잘못에 의한 지연 및 대기발생, 회의, 조종례, 지각, 조퇴 등
편성로스	라인편성/공수배분 불균형, 레이아웃의 비효율, 기계의 부적절한 설정, 텍타임이 설정되지 않은 라인
능률로스	작업자의 태만, 미숙련, 의욕저하, 표준작업 무시로 인한 능률저하, 미소한 작업 중단/작업 페이스 저하
방법로스	공정, 설비, 작업 방법의 설계가 불충분하여 발생하는 로스, 조작업 편성이 효율적이지 못한데서 발생하는 불균형 작업방법의 무시, 제조조건의 부적정한 선정 등

▌낭비발견의 마음가짐과 포인트

낭비발견에 대해서는 분명한 주안점을 가지고 현장을 관찰하는 것에서 시작해야 한다. 즉 현상을 의심하는 일에서부터 출발하여 먼저 작업개선부터하고 이후 설비를 개선한다.

1. 3현주의 (현장, 현물, 현실), 3철 (철두, 철미, 철저), 즉 실천 행동
2. 작업에 대한 반문 (이 일이 진정 필요한 실질작업인가)
3. 기능을 따진다. (이 일은 부가가치가 되는 기능인가)
4. 본질기능 이외에는 전부 낭비라는 생각
5. 낭비 작업에 대한 진짜 원인을 반문 (5W1H)

▌낭비제거 활동 추진순서

1. 낭비 상태를 파악한다
   - 먼저 현장을 관찰 물품의 흐름 순으로 현장을 본다.
   - 사람의 움직임을 본다 : ① 낭비 작업 ② 필요하지만 부가가치를 만들지 않는 작업(준낭비) ③ 부가가치 작업의 3가지로 분류
   - 물건의 흐름을 본다 : ① 재공품 량, 발생원인 ② 지그재그 운반 ③ LOT흘리기인가, 1개 흘리기인가
   - 이상을 눈으로 보아 안다 : ① 공정 TROUBLE의 실태 ② 표준작업과의 비교 ③ 선입선출 ④ 순간정지
   - TACT TIME 생산인가 : ① SPH관리 ② 투입의 CONTROL ③ 과잉생산 ④ 공정내의 표준재공수 ⑤ 불량품의 처리 ⑥ FOOL PROOF

2. 낭비 원인을 생각한다
   - 낭비의 원인을 누가(WHO), 무엇을(WHAT), 어디서(WHERE), 어떻게(HOW), 언제(WHEN)하고 있는가를 분석한다. [4W1H]

3. 가장 유효한 낭비 제거방법을 발상한다

4. 바로 실천해 본다

5. 해보면서 소도구를 만든다

6. 정착방법 결정 : 표준작업의 작성 → 표준작업조합표의 작성 → 관리감독자 자신이 해 본다 → 작업자에게 시켜본다 → 불합리한 점을 개선한다.

공장에 널려있는 낭비

관리감독자에 의한 낭비

작업자가 작업을 하고 싶어도 일 할 수 없는 낭비

계획정지	돌발정지
· 품번교체	· 자재품절
· 설비정기 점검	· 설비고장
· 교육, 훈련	· 불량발생
· 조회, 종례	· 계획변경
· 작업지도	· 단전, 단수
· 정리, 청소	· 스펙변경
· 인원부족	· 기타

1차적으로 해결해야 될 낭비

작업자에 의한 낭비

작업자에 의해 발생한 낭비

· 근태사고(결근, 조퇴, 지각)
· 좌석(작업장) 이탈
· 작업시종(始終)시간 미준수
· 표준작업 위반
· 작업 미숙련
· 순간정지(잡담)
· 기타

2차적으로 해결해야 될 낭비

제조방식에 의한 낭비

생산 시스템 문제로 낭비

· 운반 낭비(Lay-Out 불합리)
· 정체/대기 낭비(공정 언바란스)
· 동작 낭비 작업역 배치 LOSS
· 설계낭비(필요이상 기능, 공차)
· 공수 LOSS(생산계획 불합리)
· 재고 LOSS(비 동기화 생산)
· 기타

3차적으로 해결해야 될 낭비

4. 공수절감은 영원한 과제

▎공수는 돈이다

공수란 한 사람이 작업을 했을 때 걸리는 시간이다. 예를 들면 작업자 4명이 4시간 동안 제품을 만들었다면 그 제품을 만드는데 든 작업량은 4인×4시간, 즉 16 man-hour 혹은 16 공수가 들었다고 한다.

공수 단위는 Man-Hour(1사람이 1시간할 수 있는 작업량), Man-Min(1사람이 1분간 할 수 있는 작업량)이며 참고로 기계공수라고하는 Machine-Hour도 있다. 이는 기계가 1시간 동안 할 수 있는 작업량을 나타내는 단위로 기계위주의 공장에서는 오히려 머신아우어가 오히려 더 적절히 사용될 수도 있다.

▎생산성향상은 표준시간(ST)과 공수종합효율에 달려있다

시간당 노무비가 매년 높아지는 가운데 공수절감 활동은 모든 기업의 최대 과제이다. 공수절감은 낭비제거 활동을 지속적으로 전개하고 미숙련자를 훈련시켜 숙련자와 일의 차이를 없애 개인 작업을 표준화하고 더 나아가 공정전체 작업흐름을 표준화해야 한다. 또한 하고자하는 의욕과 사기를 높이는 직장활성화와 공수관리가 철저히 추진되어야 한다.

   * 생산성향상(율) = 표준의 단축(절감) × 실시효율의 향상
                  = 표준작업시간의 (단축)향상(율) × 공수종합효율의 향상(율)

▎공수 종합효율은 관리자의 가동률과 작업자의 작업효율이다

종합효율이란 개인, 단체, 반 또는 라인을 얼마나 유효하게 관리하였는지를 판정하는 중요한 지표로서 시간적 능률적인 면에서 얼마나 유효하게 관리되었는가를 종합적으로 평가하는 척도이다. 흔히 효율이 낮다 또는 좋지 않다는 표현을 하는데 이 경우의 효율은 작업자의 일할 의욕과 작업방법이 좋으냐. 나쁘냐. 에만 관계가 있는 것으로 판단하기 쉽다. 비록 작업자가 열성을 다하여 작업을 하였더라도 자재의 결품 또는 기계의 고장 등과 같이 작업자가 어떻게 할 수 없는 요인에 의하여 효율이 낮아지기도 한다. 즉, 종합효율은 관리자의 노력에 관계가 있는 가동률과 작업자의 노력과 의욕에 의한 작업효율, 이 두 가지를 곱한 것으로 구성되어 있다.

시간당 생산량 관리로 실적을 관리하자

시시각각으로 변화하는 현장의 상황을 정확하게 시간단위로 파악하여 이상이 발생하면 즉시 신속한 조치를 취하여 공정이 최적의 안정 상태로 유지되도록 하는 관리방식을 시간당 생산량 관리라 하며, 간략하게 시산관리라고 한다.

하루의 작업이 끝난 후에 또는 그 다음날에 당일의 계획량 또는 목표량과 생산실적을 파악한 결과 목표를 달성하였다면 좋다. 그러나 목표에 미달되었을 경우 사유를 따질 수는 있지만 이미 그 작업이 끝났으므로 되돌릴 수는 없어 잘못된 것에 대하여 후회해도 소용이 없는 지난 일이 되어 버린다. 다음날이면 작업자가 바뀌고 생산품종도 바뀌고 자재도 바뀌어 버리므로 좋은 대책도 『사망진단서』가 되고 만다.

현장의 관리주기를 하루로 잡으면 이러한 폐단이 있기 마련이다. 관리주기를 하루에서 한 시간 주기로 바꾸어 생산실적을 관리하면 문제가 발생하는 즉시 노출된다. 그리고 노출과 동시에 신속한 조치가 취하여져 생산성 저하를 미연에 방지할 수 있다.

또한 작업자가 매 시간마다 자기가 생산한 양을 기록하고, 그 양을 감독자가 확인하므로 작업자는 작업속도를 일정하게 유지하게 되어 생산의 작업밀도가 고르고 좋아진다.

관리 지표	단위	관련 산출식
총 재적공수	분	총인원 x ○○분
직접 재적공수	분	직접재적인원 x ○○
휴 업 공 수	분	결근, 휴가, 출장, 지원줌
취 업 공 수	분	직접재적공수 - 휴업공수
추 가 공 수	분	잔업, 특근, 지원받음
작 업 공 수	분	취업공수 + 추가공수
유 실 공 수	분	기계고장, 자재품절, 작업준비, 기종교체, 등
실 동 공 수	분	작업공수 - 유실공수
단축전 표준공수	분	Σ(단축전 기종별 S/T x 생산량)
단축후 표준공수	분	Σ(단축후 기종별 S/T x 생산량)
기준모델의 S/T	분	Σ(3개월간 생산량 x 기종별 S/T) / 생산량
인 당 생 산 량	개	(단축전 표준공수/작업공수) x (○○분/기준모델 S/T)
작 업 공 수 효 율	%	(단축후 표준공수/작업공수) x 100
실 동 율	%	(실동공수/작업공수) x 100
실 동 공 수 효 율	%	(단축후 표준공수/실동공수) x 100
잔업, 특근율	%	(잔업+특근공수)/직접재적공수 x 100
추 가 작 업 율	%	(작업공수-직접재적공수)/직접재적공수 x 100
S / T 단 축 율	%	(단축전표준공수-단축후표준공수)/단축전표준공수 x 100
관 리 자 유 실	%	(작업공수-실동공수)/작업공수 x 100
작 업 자 유 실	%	(실동공수-단축후공수)/작업공수 x 100
달 성 율	%	실적/목표 x 100
향 상 율	%	(당실적/전실적)/전실적 x 100

공수관리의 주요 관련용어

공수관리는 임금을 지불하는 모든 대상(총 보유공수)에 대한 낭비요소를 철저히 배제함과 동시에 효율적으로 관리함으로써 인건비를 절감을 하여 제조 경쟁력을 강화시키는데 그 목적이 있다. 이와 관련한 주요용어는 다음과 같다.

1) 총 보유공수: 일정 기간 내 측정 단위 총인원(직접인원 + 간접인원)의 실제 보유시간을 의미하며 (사무기술직, QC인원 제외) 총 보유공수는 직접공수와 간접공수로 구분한다.
   * 총 보유공수 = 정원 × 8Hr + 잔업공수 + 특근공수 + 기타(휴가, 조퇴 등)
2) 직접공수와 간접공수: 직접공수는 직접작업 인원의 보유공수(직접인원 × 출근공수) 간접공수는 제조에 직접 참여하지 않고 감독, 공정 등 제조를 위해 부수적인 역할 공수
3) 가용공수: 작업자가 근무함으로써 임금 지급의 대상이 되는 공수로 잔업, 특근, 휴일출근, 타부서 지원받음 등이 포함되며 결근, 휴무, 시간성 사고 등 유·무급 결원 공수와 타부서에 지원함으로써 자 부서에서 활용하지 못한 공수를 제외한 자 부서 활용 가능 공수.
4) 실동공수: 직접작업 인원의 작업시간으로 재작업 공수와 순 작업공수로 구분한다. 제품을 생산하기 위해 작업시간을 걸었으나 가동되지 않은 정지로 손실된 공수(라인정지)를 제외하고 실제로 제품생산에 기여한 가동시간의 개념이며, 관리, 감독자의 노력에 의해서 작업자에게 직접 제품을 만드는 시간을 어느 정도 부여했는지를 판단하는 공수이다.
5) 무작업공수: 무작업은 품절, 품질불량, Model Change시간, 교육, 조회, 휴식 등이며, 통제가능과 통제 불능으로 구분한다. 정지손실공수가 되며 LINE 정지에 의해 생산을 하지 못한 대기손실이 발생하여 생산 효율이 저하되는 손실공수이다. 주로 외주결품 대기, 외주불량 대기, 장비고장 대기, 공장 대기/내제대기, 재해, 정전, 단수, 절송 등 요인이 있다. 무작업공수는 통제가 불가능한 법률, 노사합의 또는 안전, 기타 사유로 발생하지 않으면 안 되는 공수와 통제 가능한 무작업공수 즉 외주부품 및 판금, 도장, 사출물의 품절, 품질, M/C Loss, 설비불량 등이 있다.
6) 순 작업공수: 직접작업 인원이 목적하는 작업에 투입된 실제 작업시간으로 회수공수와 작업자 책임공수로 구분한다.
7) 회수공수: 근무한 공수 또는 투입한 공수 중에서 생산하여 회수한 공수이다. 일정기간내의 생산량을 표준시간으로 환산한 시간 (표준시간 × 생산량) 단, 조립라인은 품질보증팀의 검사가 끝난 시점을 회수시점으로 보고, 가공계 작업은 자체검사가 끝난 시점을 회수시점으로 한다.
8) 작업 Loss: 이론 T/T과 실제 T/T의 차이. 작업자 미숙련, 노력부족 및 작업 불량으로 발생된 공수 등의 작업자 책임공수

9) Line Loss 공수: 조립공정의 Error로 인한 Loss 공수 (공정 Neck 손실공수 + 공정불량 손실공수 + 순간정지 손실공수 + 기타공수),
   - Line Loss율 = Line Loss 공수 / 총 보유공수 × 100
10) 종합 Loss : 간접공수 + 무작업공수 + 재작업공수 + Line Loss공수 (총출근공수 − 회수공수)
    (*종합 Loss율 : 종합Loss / 총 보유공수×100)
11) 설비종합효율 = 시간가동률 × 성능가동률 × 양품률

- 사이클 타임(Cycle Time): 제품이나 부품 1단위가 공정에서 작업을 시작해서 완료되기까지 연속 경과된 시간을 의미하며 제품/부품 등 가공되는 대상물의 관점에서 보는 시간
- 택트타임(Tact Time T/T): 필요한 수량을 생산해 내기 위해 1대분 또는 부품 1개를 만드는데 필요한 시간을 말함. shift당 부하시간 × 종합가동률(×양품률) / shift당 필요수량
- 프로세스 타임: 생산능력, 부하계획, 리드타임 관점에서 고려할 때의 시간으로 (버퍼시간 + 사이클 타임 + 이송시간 + 검사시간)등으로 구성되며 해당 공정/ 라인/ 공장의 투입부터 완성까지의 순수 소요시간을 의미한다.

5. 부품을 반으로 줄이자

▎표준화를 통한 VRP 부품 반감화

제품다양화에 대응한 코스트 다운과 생산 효율 향상을 도모하기 위해서는 제품과 생산시스템 2가지 면에서 개선을 접근하며, 기본 콘셉트와 개선의 관점으로 고객의 다양한 니즈에 효율적으로 대응하기 위하여 제품, 부품, 설비, 공정 등의 공용화 제품수 삭감, 단순화 모듈 등에 대해 적은 일손과 대폭적인 원가절감을 도모하는 기법으로 특히 표준화를 통한 부품 반감화 프로그램을 VRP(Variety Reduction Program: 부품반감화기법)라고 한다.

▎부품반감화가 필요한 기업

① 신제품개발이 이어져 잔업이 많다.
② 설계도면 매수가 점점 증가하여 부품의 컴퓨터, 입력 작업이 나쁘다.
③ 부품 수배에 쫓기고 있다.
④ 금형이 계속 필요하지만 제품수명이 짧아져 코스트가 증가하고 있다.
⑤ 공구의 종류가 너무 많아 관리가 힘들다.
⑥ 생산공정이 복잡하여 흐름을 파악할 수 없다.
⑦ 부품교체가 많아서 준비교체가 힘들다.
⑧ 창고에 불용품이 쌓이기 시작했다.
⑨ 제품의 종류가 다양해져 서비스부품이 늘어나고 있다.
⑩ 제품종류에 비해 매출이 증가하지 않고 이익도 늘어나지 않는다.

부품반감화의 파급효과

부품반감화 효과	항목	내용
	재료비	재료비 대폭삭감(기능 복잡화에 의한 부품종류, 개수삭감, 재질변경에 의한 원가절감, 과잉치수 삭감)
	직접공수	공정 수 감축 양산효과 → 작업정원 감소(형상 편경에 의한 가공공수 삭감, 교체준비 손실 감소, 운반공구 감소)
	재고자산	공정 수 감축 → 재고량 감소 → 회전율 향상 → 생산기간 단축
	설비에너지비	설비대수, 코스트 저감 → 전용기화, 자동기화 추진 → 준비감소 → 유료가동률 향상
	스페이스비	공장 스페이스 대폭 삭감
	외주비	외주비의 내작화 → 외주비 대폭 삭감
	품질	불량 감소 → 수율 향상 → 수정공수 감소
	관리비	생산관리비 감소(주로 요원) → 자재관리비 감소(스페이스 비용 포함)
	설계비	신규설계 반감 → 설계변경 격감 서비스, 부품감소

6. 재고를 줄이자

┃'재고는 나쁘다' 부터 전원이 인식하라

생산을 시작하기 위하여 재료를 구입하여 4M(Man, Machine, Material, Method)을 활용하여 재공품, 반제품, 완제품으로 변환되어 판매되는 시점까지 휴식을 취하고 있는 상태가 재고이다.

재고의 문제가 끊임없이 제기되는 이유는 한 부서의 힘으로만 해결할 수 없기 때문이다 재고는 작업자와 작업자, 공정과 공정, 부서와 부서, 회사와 회사 사이에 정체가 있기 때문이다. 따라서 '재고는 나쁘다'에서 '재고관리를 하지 않는 것이 나쁘다'는 인식전환이 필요하다. 즉 재고의 해악은 다음과 같다.

1. 재고는 모든 문제를 감춘다.
2. 시장의 변동에 대응하는 민감도가 떨어진다.
3. 재고회전율 악화로 기업체질이 약화된다.
4. 물품 그 자체의 진부 화 등이 있다.
5. 과도한 재고를 보유함으로써 발생하는 재고유지비 및 관리비, 보관하역비, 창고유지비, 금융비용의 감소

재고는 모든 문제를 감춘다

- 과잉 인원 / 설비
- 대로트 생산
- 선행생산
- 무계획적인 생산
- 불합리한 설비 Layout

- 납기의 장기화
- 개선의 실마리를 제거
- 공간 사용의 낭비
- 운반·검사의 발생
- 운전자금의 증가
- 금리비용의 증가

계획변경 / 품질불량 / 준비교체 / 설비고장 / 결근 / 자재품절 / 정보오류

┃자재 재고자산회전율을 관리하라

재고자산회전율이란 연간매출원가를 평균재고자산으로 나눈 것으로 즉, 재고자산이 현금으로 변화하는 속도를 나타낸다. 회전율이 높다는 것은 적은 재고자산으로 생산 및 판매활동을 효율적으로 수행함을 의미하며 이는 자본수익율이 높아지고 매입채무가 감소되며 상품의 재고

손실을 막을 수 있고 보험료 및 보관료를 절약할 수 있어 기업 측에 유리하게 된다. 낮다는 것은 매출액에 비해 과다한 재고를 보유하고 있다는 것을 의미한다.

일반적으로 제조업체의 경우 평균 4회전(재고회전일 91일) 한다. 그러면 어떻게 재고회전율을 관리해야하나.

1. 재고가 제로에 가깝도록 생산에서 1) 모든 자재는 필요한 때, 필요한 양만큼 조달할 수 있어야한다. 2) 1개 흐름생산으로 생산할 수 있으며, 로트 대기가 없어야한다. 3) 공정 밸런스가 100%에 가깝고 공정대기가 없어야한다. 4) 작업자, 설비 상태가 항상 작업을 할 수 있는 상태를 갖추고 있어야한다.

2. 평균적으로 자재구매 금액의 비중이 매출액의 60% 이상을 차지한다. 그만큼 구매담당자의 철저한 품목별 재고관리를 해야 한다 .품목별로 구매담당자가 나눠져 있다면, 품목별 회전율을 공개하여 경쟁을 유발할 수 있다. 이렇게 되면 선의 경쟁의 결과로 팀의 성과도 향상이 된다.

3. 재고는 악이다. 재고가 많다는 것은 그것을 구매하면서 들어간 자금이 묶인다는 것이며, 재고를 관리해야 할 사람과 장소의 추가비용이 증가된다는 것을 전원이 인식하도록 한다.

7. 기계설비 로스를 줄이자

▌기계설비의 6대 로스

1. 고장정지 로스 – 설비의 전기능이 정지되는 고장과 부분적인 기능의 저하로 속도저하나 불량로스를 발생
2. 준비작업 교체 조정로스 – 설비의 가동 중에 가능한 준비, 금형이나 치공구 등의 교환에 의해 발생되는 정지로스
3. 공전, 일시조정 로스 – 고장은 아니나, 일시적인 트러블 때문에 설비가 정지 또는 생산하지 않고 공운전하는 현상으로 간단한 처치에 의해 원상 복귀되는 것
4. 속도저하로스 – 설비의 이론 사이클 타임과 실제 사이클 타임의 차를 로스로 파악한다. 불량이나 고장의 발생을 걱정하여 의도적으로 사이클 타임을 저하시키고 있다
5. 불량, 수리로스 – 설비 불량으로 폐각된 물량로스와 불량품의 수리에 의한 공수로스
6. 초기 수율로스 – 최초 생산 시에 발생하는 물량로스 (작업개시, 작업자교대, 금형이나 치공구 교환 최초의 양산가공시에 발생하는 로스)

설비 6대 로스와 생산 효율화

설비가동시간		6대 로스	종합 효율의 계산
조업시간			
부하시간	조업로스	계획정지 / SD 로스	부하율
가동시간	정지로스	고장 로스 / 준비 교체 조정 로스	시간가동률 = (부하시간 − 정지시간) / 부하시간 × 100
실질 가동시간	속도로스	공전 순간정지 로스 / 속도저하 로스	시간가동률 = (이론C/T × 가공수량) / 가동시간 × 100
가치 가동시간	불량로스	불량수리 로스 / 초기 수율 로스	양품률 = (가공수량 − 불량수량) / 가공 수량 × 100

설비 종합 효율 = 시간 가동률 × 성능 가동률 × 양품률

설비종합효율 산출방법

설비종합효율은 시간가동률, 성능가동률, 양품율의 세 가지를 곱한 것이며, 이는 현상의 설비가 시간적이나 속도적으로 어떤가, 양품율은 어떤가를 종합하여 부가가치를 만들어 내는 시간에 얼마나 공헌하고 있는가를 나타내는 척도이다.

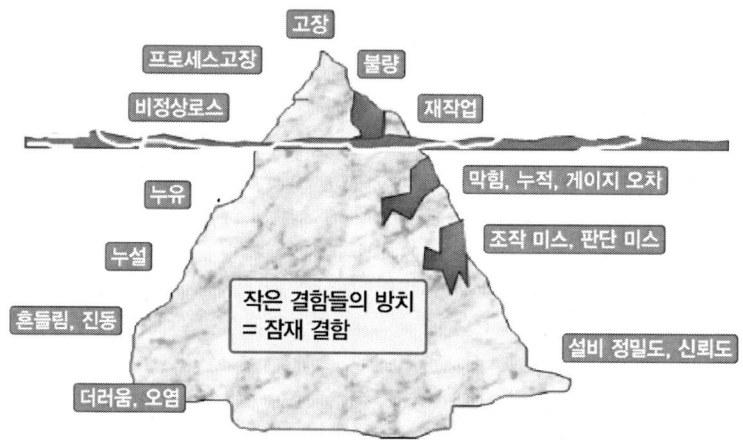

설비 가동시간

1. 캘린더 시간

달력에 주어진 시간으로, 1년이면 「24시간 ×365일」로 나타내며, 1개월이면 「24시간 ×30일」이다.

2. 부하시간

부하시간이란 연간, 월간 또는 1일을 통해 설비가 가동해야 하는 시간 혹은 조업할 수 있는 시간을 말한다. 이는 설비가 가동해야 하는 시간 혹은 설비가 조업을 할 수 있는 시간이다. 캘린더 시간에서 ①정기보수로 인한 계획정지, 정전, 용수중단, 화재, 불가피(노사분규 등), 신규증설 또는 설비교체로 인한 비계획정지 등의 SD 로스 시간 ② 수주 부족, 자재품절, 재고과다 등의 생산조정 로스 시간을 차감한 것이다.

3. 가동시간

가동시간이란 실제로 설비가 가동한 시간이다. 부하시간에서 기계적 고장, 전기적 고장 등의 설비고장 로스시간과, 작업준비, 품종교체, 공정조건조정 등의 준비·교체·조정 로스시간, 절삭기구 로스시간, 설비운전개시 후의 로스시간인 초기수율저하 로스시간 등을 차감한 것이다.

4. 실질가동시간

실질가동시간이란 가동시간에 대해 일정한 속도로 실질적으로 가동한 시간이다. 잠깐정지 및 공 운전으로 인한 로스시간, 설계 스피드와의 차이로 인한 로스시간인 속도저하 로스시간 등을 차감한 것이다.

5. 가치가동시간

가치가동시간이란 실제로 양품인 제작에 소요된 시간을 말한다.

고장대책

고장 "제로"를 달성하기 위한 기본원칙은 잠재결함을 현재화시켜 고장 나기 전에 설비를 계획적으로 세워 결함을 올바르게 처치하면 된다. 즉, 결함을 현재화시켜, 사람의 눈에 띄지 않는 요인을 전부 끄집어내어 결함을 결함으로서 인식할 수 있도록 한다.

그러기 위해서는 사람의 보는 눈이나 사고방식을 바꾸지 않으면 안 된다. 쉽게 말하면, 설비의 고장이 일어나기 전에 고장의 요인이 되는 결함을 없애면, 고장은 일어나지 않는다.

다음과 같이 5가지 대책으로 분류하여 하나하나를 순서 있게 철저히 실행하여야 충분한 성과를 얻을 수 있다.

① 기본조건(청소, 급유, 더 조이기)을 정비한다.
② 사용조건을 지킨다.
③ 열화를 복원한다.
④ 설비의 설계상 약점을 개선한다.
⑤ 운전, 보전의 기능을 높인다.

제11편
구매개발과 납기혁신

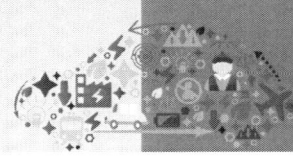

제11편 구매개발과 납기혁신

1. 구매혁신으로 새로운 경쟁력을 갖자

▌구매역량이 새로운 경쟁력

글로벌 기업환경에서 구매역량이 새로운 경쟁력의 원천으로 부각되고 있다. '최고의 구매는 값싸게 원재료를 조달하는 것' 이라며 원가절감의 수단정도로 평가절하 했지만 지금은 회사의 전략을 실현할 수 있는 중요한 도구로 재평가하고 있다. 아무리 사업전략이나 품질, 영업수주 실적이 좋아도 구매가 뒷받침되지 않으면 실행에 옮길 수가 없기 때문이다.

▌구매 관련 비용이 원가의 70% 수준

구매의 중요성은 무엇보다 원가의 절대적 비율을 차지하는 구매비용의 최적화를 달성하기 위해서이다. 특히, 구매 관련 비용이 전체 원가의 70% 정도를 차지하는 기업의 영업이익률이 10%라고 가정하면, 체계적인 전략을 세우고 실천해서 전체 구매비용을 10% 절감할 경우, 영업이익이 무려 6% Point 이상 상승하는 엄청난 효과를 볼 수 있다.

각 부품별로 고부가가치 핵심부품을 공급할 수 있는 업체들이 소수로 좁혀지면서, 공급업체들의 규모와 영향력이 커지고 있다. 심지어 일부 글로벌 공급업체들은 자신들이 가격과 공급시기를 결정해 바이어(구매업체)에게 통보하기도 한다. 결국 핵심부품을 얼마나 안정적으로 적시에 경쟁력 있는 가격에 공급받을 수 있느냐가 제조업체의 초미의 관심사가 된 것이다.

▌우수업체의 발굴과 상생은 장기협력체제 구축의 발판

우수업체를 발굴하고 상생의 기반을 확대해야 장기적으로 기업의 경쟁력을 높일 수 있다. 각 협력업체들이 경쟁사의 협력업체보다 뛰어나야 궁극적으로 경쟁에 이길 수 있는 것이다.

일본 도요타의 성공요인은 여러 가지가 꼽히지만, 우수한 협력회사와 장기계약을 맺고, 공동 R&D를 하는 등 탄탄한 협력회사 Chain을 구축하는 것이 성공요인 중의 하나이다.

▌구매 전략
1. 싸게 사는 것만이 구매의 목적이 아니다. 전체 소요비용의 최소화에 초점을 맞추어라. 당장의 싼 가격이아니라, 이 물건을 공급받아 사용하는 모든 과정에 발생하는 총비용, 즉 전체 소요비용을 최소화하는데 초점을 맞춰야한다.
2. 구매 인프라부터 구축하라. 구매시스템 등은 잘 갖췄으나 구매 프로세스나 조직, 인적자원 관리 등을 개선하는데도 별로로 투자해야한다.

3. 구매전략을 Item 별로 차별화를 하라. 원가에서 차지하는 비중이 높은 경우 : 우수한 공급업체와 장기공급계약을 맺어 상생관계를 맺는다. 특히 독점적 지위를 가진 핵심부품 공급업체는 M&A를 통한 수직 적계열화나 전략적 제휴를 하거나 자체 생산시설의 구축한다.
4. 탄탄한 Supply Chain(공급망)은 경쟁력 확보에 필수적이다. 중소기업의 설비투자자금이나 생산량 극대화에 필요한 개발자금고 현금결재비율을 향상시키기 위한 자금의 투입하며 협력회사 평가에 의한 Incentive, Penalty 등 활해야 한다.

구매요원의 행동지침

1. 구매는 이익창출부서이다. 적극적으로 경영에 참여하여 이익을 창조하자.
2. 청렴결백을 신조로 삼아 거래관계를 공명정대하자.
3. 거래처 모두가 우리 회사의 고객임을 명심하고 대표로서 예절과 성의로 대한다.
4. 명확한 원가개념으로 여러 가지 전략과 기법을 사용하여 구매목표를 달성한다.
5. 풍부한 전문지식, 폭넓은 정보력으로 환경변화에 적극적으로 대응한다.
6. 소수정예로 철저하게 혁신적으로 업무를 개선한다.
7. 항상 세계화의 관점에서 자재조달에 노력한다.
8. 관련부서와 항상 긴밀히 협력한다.
9. 업무상 얻은 기밀은 반드시 지킨다.

눈에 보이지 않는 구매관련 비용

2. 서열납입과 단납기 생산체제에 대응하자

▍납기의 중요성

적기생산방식은 '필요한 물건을, 필요한 양만큼, 필요한 때에' 생산하는 것을 목적으로 하고 있으며, 이는 무 재고관리를 목표로 한 부품 투입 및 재고관리, 부품업체의 직서열 확대와 인접 화(클러스터 전략)까지 포함하고 있다.

아울러 다품종 소량 단 납기 생산체제에서 납기가 품질이나 가격보다 중요하게 될 것이다. 또한 납기단축이 안되어 영업에서 주문을 못 받는 경우도 많고 또한 납기지연으로 여러 가지 손해도 발생한다. 그렇다고 조기 납품도 문제가 된다. 당장에 필요하지 않은 납품받는 곳은 재고자산이 증가하고, 자금의 운용효율을 악화시킨다. 일정을 지켜서 필요할 때에 재료나 부품을 확실히 입수하기 위해서는 적정납기가 가장 바람직한 생산체제이다.

▍납기관리

납기관리란 언제까지 제작해서 납품한다든지 또는 협력업체로부터 제출받은 공정표와 납기를 관리하는 것이 아니다. 바꿔 말하면 협력업체가 제시한 납기를 독촉해서 지키도록 하는 것이 아니라, 그 작업공정의 내용이 효율적으로 운영되고 있는가를 관리하는 것이다.

따라서 소재, 비용, 시간, 인원 등을 합리적으로 운영하고 있는가를 체크하고 진행과정을 관리하는 것이다. 납기관리를 할 때 제작에만 사로잡히는 경향이 있지만 포장, 발송, 재고 등도 작업공정 관리에 포함된다는 것을 잊어서는 안 된다. 납기관리의 영역은 더 나아가 고객관계 관리, 고객주문진행, 분배관리, 수주관리, 수·배송관리, 고객지원까지 포함한다.

▍원가상승을 불러오는 납기지연

생산과정에서는 흔히 예상치 못한 장애에 직면하여 설비기계의 고장, 작업자의 결근, 재료의 입수지연 등이 수시로 발생한다. 이런 납기지연은 다음의 문제를 일으킨다.
- 자재의 입수지연으로 일손이 놀거나 대기상태를 만들어 능률을 저하시킴.
- 지연을 회복하려면 잔업이나 휴일특근이 필요하므로 노무비를 증가시킴.
- 제품의 납기가 지연되어 고객의 신용을 잃게 되고 수주량의 감소를 초래함.
- 재작업이나 불량 원인이 되어 작업자의 의욕을 감퇴시킴
- 빈도가 잦으면 독촉을 위한 요원이 필요해지고, 인건비가 소요됨.

▌현대차그룹의 유연생산체제와 납기

현대자동차그룹은 생산시스템의 변화에 초점을 맞추고 연구, 부품, 물류, 조립 등의 전 분야를 묶어내는 유연생산체제를 확보하고 2시간 단위의 납입체제를 구축하였다. 이를 위해 주문접수(판매)에서부터 생산까지의 과정을 연결하는 현대-기아 공동전산망, 전사적 자원관리(ERP), 네트워크교환망(KNX) 등의 연계시스템을 구축하여 구매·조달 비용을 절감 한다. 또한 플랫폼 통합 및 생산대수의 확대, 자동화, 모듈화 등을 추진하면서 작업 공정 당 필요인원을 최소화하는 소인화와 개발비용 절감 등을 도모하고 있다. 동시에 생산의 평준화, 작업의 표준화, 혼류생산, UPH 조정, 전환배치 등이 함께 이루어지고 있다.

▌2시간 단위 부품 직서열 공급체제 - 글로비스 지원

현대와 기아자동차는 현재 부품업체의 생산가동체제를 '2시간 단위'로 주문하고 있다. 즉, 2시간마다 생산량을 점검하고 이를 바탕으로 부품업체가 2시간 이내에 필요한 물품을 조달할 수 있는 체제를 구축한 것이다. 이러한 '2시간 단위 부품 공급체제'가 가능하기 위해서는 부품단지가 완성차로부터 2시간 내에 위치되어 있어야 한다. 이러한 공급체제인 시퀀스시스템을 위해 현대차그룹의 물류전문기업 현대차 계열사 글로비스가 각 업체로부터 부품물량을 받아 차질이 없게 범퍼역할을 하며 또 이 시스템에 맞추어 공급하고도 있다.

'2시간의 부품 공급체제'의 구축은 결국 '무재고 전략'으로 품질관리나 부품공급에서 담당했던 중간단계를 생략시킨다. 차체의 경우 지게차를 배제하여 부품 창고에 업체가 직서열 공급하는 방식을 채택하고 있다. 또한 의장의 경우 라인 측면에 부품업체가 직서열로 부품을 공급하고 일부 창고서열 공급부품의 경우에는 서열공급 컨베이어를 설치하고 있다.

▌현대차그룹 'JIS(Just In Sequence)' 방식은 도요타의 'JIT'방식보다 우위

현대차와 현대모비스 간 직서열 공급(Just in Sequence) 방식으로 이 'JIS'방식은 일본 도요타의 'JIT(Just In Time)'방식보다 낫다는 평가를 받고 있다. JIT는 완성차 업체가 정해준 딱 그 시간에 모듈을 공급하는 방식이므로, 모듈업체는 시간을 맞추기 위해 일정량의 재고를 보유해야 한다. 하지만 JIS방식은 완성차 공장에서 제작에 들어가면 모듈 업체도 자동적으로 해당 차종에 맞는 모듈을 생산, 재고부담을 거의 제로수준으로 유지할 수 있다.

3. 부품업체의 선정과 발주

▮공급업자의 선정과 관리

자동차산업에 있어 가장 두드러진 특징 중의 하나인 완성품업체와 부품업체간의 협력적 거래 관계는 산업네트워크의 한 형태로 자리 잡고 있다. 여기서 성공적인 공급자-구매자간의 협력관계를 지속적으로 유지, 발전하기 위해서는 가격, 품질, 납기준수와 같은 정량적인 평가기준 뿐만 아니라 기업 간의 경영 및 문화의 호환성, 장기적인계획, 안정적인 재정, 설계능력 및 요소기술, 지리적 근접성 등과 같은 정성적인 평가기준도 충분히 고려되어야한다.

이렇게 부품공급업자를 발굴하여 평가하고 발주량을 배분하는 것은 완성차 모기업으로서는 매우 중요한 구매정책이며 기업경쟁력을 좌우하는 변수가 된다. 따라서 국내외 자동차기업이나 1차 협력업체는 선정, 계약, 평가, 관리, 육성, 물량배분, 등의 과정에서 공정하면서도 전략적인 구매방안을 고심하고 있고 이 모든 과정은 모기업 고유의 권한으로 블랙박스처럼 잘 알려져 있지 않다.

초도공급자 심사항목
- 기업에 대한 일반적인 사항
- 주요제품 및 서비스
- 타 업체와의 거래실적 및 공급내역
- 회사대표 이력 및 연락처
- 종업원 수, 설비용량(소유/임대), 교대근무, 납품업체별 생산비율, 납기, 설계능력, ERP
- 품질절차서, QA manual 시스템운영, 공급자 효율측정, ISO 등록여부, 인증서, 품질계획, 품질 검사방법, 측정공구 및 시스템 등
- 기업형태, 재무구조 등

▮업체 평가기준 - 가격과 품질이 최우선 요소

업체마다 다르나 대개 업체 평가기준은 6개의 항목(가격, 품질, 납기, 서비스, 생산기술, 공신력)으로 나누고 각각의 항목은 다시 세부적 항목의 나누고 이를 가중치로 하여 종합적인 평가로 업체를 복수 또는 단수로 선정하고 이 평가치를 기준으로 2원화 정책에서는 물량을 배분한다. 업체평가는 6가지 평가기준에서 가격과 품질이 공급자 선정기준에 있어 절대적인 중요하고 이어 납기, 서비스, 생산기술, 공신력 순이다.

1. 가격(비용)
   - 설계비 : 제품의 설계에 발생되는 비용
   - 교체비 : 부품 또는 장비 등의 교체로 인해 발생되는 비용
   - 품질비 : 품질검사, 불량 등에 발생되는 비용
   - 물류비 : 원·부자재 조달에 발생되는 비용
   - 관리비 : 공급자에 대한 유지 및 관리에 소요되는 비용
   - 순수 자재비 : 개별 원·부자재의 가격

2. 품질
   - 고객요구 만족도 : SPEC.에 대한 적합성 및 기능성
   - 사용상 적합성 : 별도의 재가공 또는 처리 없이 사용가능 여부
   - 현 공정과의 통합성 : 현행 공정의 변경, 추가 없이 사용가능 여부
   - 품질산포 : 일정한 품질수준 유지

3. 납기
   - 납기일자 : 납기일자 준수
   - 납기수량 : 납기수량 준수
   - 긴급조달 : 긴급사항 발생 시 조달의 용이성

4. 서비스
   - 지속적서비스지원 : 지속적인 서비스 지원가능여부
   - 요구사항 변경대처 : 고객의 요구사항 변경 시 대처능력

5. 생산기술
   - 최대생산량 : 최대 생산가능량(월간)
   - 독자기술보유 : 국내외 공인기술력 보유여부
   - 기술의 상대적 가치 : 보유기술의 상대적 중요도

6. 공신력
   - 가공경력 : 해당부품에 대한 실제 가공경력
   - 품질보증시스템 : 품질보증시스템의 운영여부
   - 공정관리 : 공정관리 실시여부
   - 재무구조 : 건실한 재무구조
   - 노사관계 : 원만한 노사관계 및 과거행적

제11편 구매개발과 납기혁신

▍선정업체별 발주량 조정 – 최우수평가업체가 유리

공급자선정을 위한 평가기준에는 많은 조건들을 포함하게 된다. 여기에는가격, 불량률, 납기 준수율 등과 같은 정량적인 평가기준과 개별공급자에 대한 독자적인 기술력, 설계능력, 노사관계 등의 정성적인 평가기준이 공존한다. 공급자 선정 시에는 정량적인 평가기준에 대한 중요도가 높은 반면, 장기적인공급자-구매자 협력관계를 위해서는 정성적인 평가기준에 대한 중요도가 높다.

구매사의 공급자 관리정책에 의해 아이템에 따라 공급자의 수가 변한다. 제품의 종류에 따라 특별히 고려되어야할 요소들이 있을 수 있다. 평가의 결과도 구매담당자의 의견 또는 공급자 관리정책에 따라 다르게 부여될 수 있다. 특히 자본관계나 친인척 등의 관계도 있을 수 있다. 아이템의 공급자가 단일한 경우 주문량이 해당공급자의 최대생산량을 초과하는 경우에 한해 차기공급자에 대해 초과물량에 대한 주문을 한다. 그러나 다수의 공급자를 관리하는 경우에는 적절한 주문량 배분이필요하다.

▍단가인하와 동반성장 – 매년 CR능력을 키우자

부품은 일정기간이 지나면 숙련도가 높아지고 품질이 안정되어 생산성이 올라간다. 따라서 모기업과 계약 시 또는 일정기간 경과 후 원가절감(CR Cost Reduction) 방침에 따라 단가인하를 요구하기도 한다. 한편 자동차 부품원가가 5% 이상 변할 때 납품단가 조정을 실시하는 등 완성차와 부품업계의 동반성장 가이드라인도 있다. 자동차업계의 동반성장 가이드라인은 자동차산업의 공정한 거래관행 정착을 위해 납품업체들이 원자재 가격 변동으로 부품의 전체 원가가 5% 이상 변동할 때는 납품단가 변경을 위해 협의를 곧바로 개시하고 원사업자(완성차업체)는 가급적 이를 반영하기 위해 노력하기로 하는 것이다.

4. 협력업체의 지도와 육성

업체선정의 기본 조건
- 경영자가 진보적이고 협력적 일 것
- 요구품질을 만족하는 가공기술과 기계설비를 보유하고 있을 것
- 전문기술을 보유하고 있고 생산방식이 합리화되어 생산효율이 높은 공장이어야 할 것
- 노사관계가 원만하여 납기와 품질을 확보할 수 있을 것
- 요구품질을 보증할 수 있는 관리활동을 하고 있을 것
- 입지조건이 좋은 공장이어야 할 것 (공장거리)
- 자금상황이 좋은 공장이어야 할 것 (자기자금과 차입금)
- 산업정보체계가 유지되고 있을 것 (기술상, 거래상의 기밀을 유지할 것)

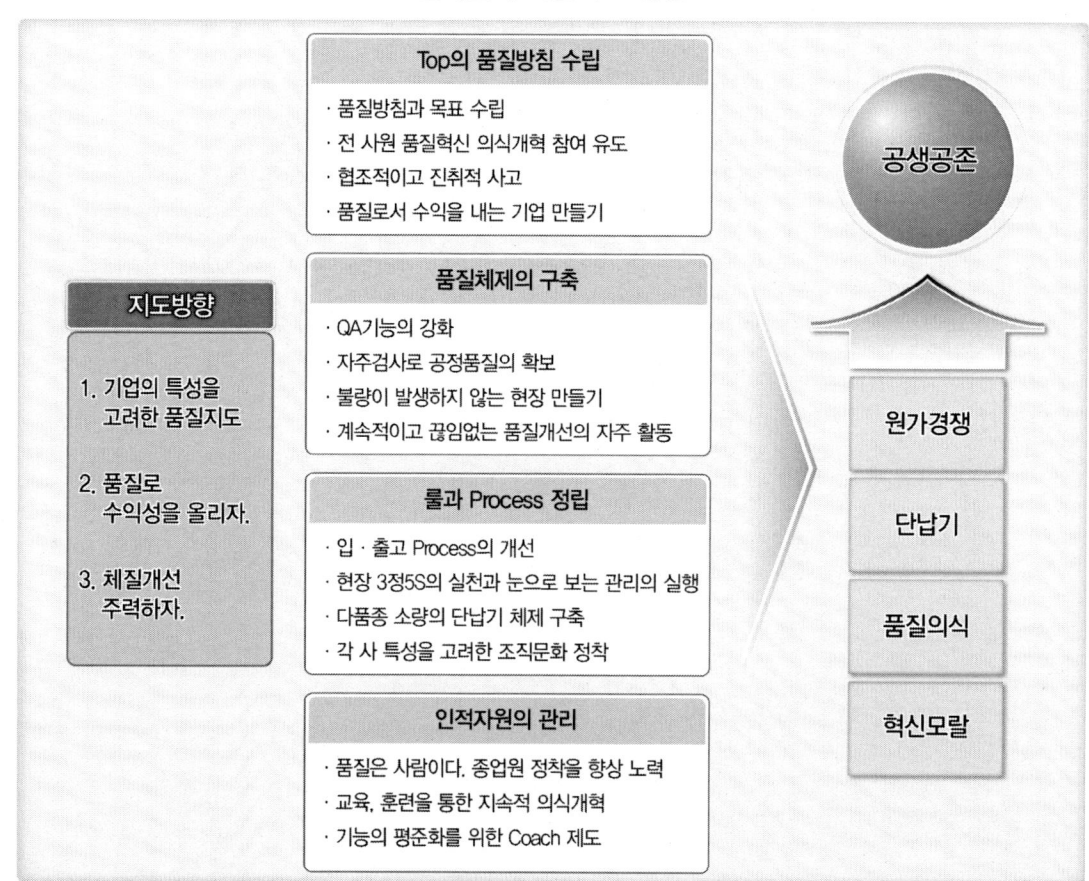

협력업체 개선지도 방향

협력업체의 납기관리

납기지연의 문제는 양쪽 모두에게 있다. 먼저 발주자와 납품공급자의 책임구분을 명확히 하고 항상 솔직하게 소통하는 협력체계를 만들어가야 한다.

특히 다음과 같은 납기지연 요인이 있는지 파악하여 지도해야 한다.

- 협력공장과 연락소통 부재, 실태조사 미흡, 거래계약 부실
- 발주시스템 미비, 수량, 일정 사전협의 부족
- 도면, 검사기구 미비
- 사급 설비, 재료, 부품 공급지연
- 진도관리 부실, 품질 납기 이상대책 미비, 수입검사 지연
- 협력공장 고충, 제안, 지도 미흡
- 능력이상 수주, 수량 일정 조정 미흡, 계획변경 추가 시 조정미비
- 재료 결품, 설비 고장, 제품불량, 0

협력업체 품질관리

협력업체는 기본적으로 자주적으로 부품 품질보증 체계를 확보하고 이를 통한 부품품질을 유지 향상시켜야 할 책임이 있다. 따라서 협력업체는 출하검사, 4M변경 신고, 공정개선 등 품질 향상을 위한 노력을 해야 한다.

그러나 업체 자체적 노력에도 품질 및 납기에 많은 문제를 발생시키고, 모기업의 공정품질 및 생산성에 크게 영향을 끼치는 경우, 협력업체에 자체적으로 품질 및 납기를 보증하라고 요구만 할 수는 없다. 필요시 바로 지도해야만 한다.

① 자사 수입/공정 반품율 : 협력 업체의 품질 수준을 확인 할 수 있다.
② 품질 문제로 인한 "LINE STOP" : 재작업 시간 또는 손실 비용 확인.
③ 공정/출하 품질 수준 : 협력업체의 작업 품질 및 검사 수준을 확인.

2차 협력업체의 품질문제가 근절되지 않는 이유

1. 품질조직 및 체계가 불안정하다.
- 품질의식이 낮고, 품질을 좋게 만들려는 열의가 없다.
- 품질보증 체계가 확립되어 있지 않다.
- 관리기준 및 표준이 미비하고 적용되지 않고 있다.

2. 개발단계에서 품질확보가 되지 않고 있다.
- 품질에 대한 검토가 불충분하다.
- Fool Proof 대책이 반영되어 있지 않다.
- 양산준비가 불충분하다.

3. 공정에서 품질확보가 되지 않고 있다.
- 5S 및 눈으로 보는 관리가 실시되지 않고 있다.
- 정해 놓은 것이 잘 준수되지 않고 있다.
- JIG의 Fool Proof 장치가 되어 있지 않다.
- 현장의 문제점을 알 수 없다.

4. 공정개선이 되지 않고 있다.
- 재발방지 대책이 불완전하다.
- 품질 AUDIT 실시되지 않고 있다.
- 품질문제의 교육, 훈련이 부족하다.

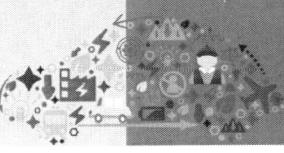

2차 협력업체의 제조공정의 필수 품질관리 항목

1. 작업자
- 기량 미달자는 없는가
- 정해 놓은 작업표준에 따라하고 있는가
- 부품 특성 및 중점관리 항목을 숙지하고 있는가

2. 형 치공구
- 기준이 정확한가
- Fool Proof 기능을 가지고 있는가
- 정도관리를 하고 있는가(Leveling, 유동, 간섭)
- 보전성을 유지하고 있는가(청소, 주유, 일상점검)

3. 검사구
- 필요한 검사구를 해당 공정에 비치하고 있는가
- 신뢰성을 유지하고 있는가(검사-교정)

4. 작업관리
- 작업표준, 검사기준은 필요 공정에 비치하고 있는가
- 작업실수 방지 대책은 적절한가
- 눈으로 보는 현장관리를 하고 있는가
- 5S는 철저히 실시하고 있는가

5. 자재관리
- 선입선출 관리를 하고 있는가
- 식별관리는 되고 있는가
- 부적합품 관리는 되고 있는가
- 이동 용기 및 Pallet는 적합한가

6. 품질관리
- 반복 불량을 개선하기 위한 대책은 적절한가
- 품질문제는 이력관리를 하고 있는가
- 불량현상에 대한 명확한, 정량화하여 관리하고 있는가

▌협력업체 품질지도

1. 주요 불량 파악 : 개선이 필요한 불량을 선정/파악하고, 그에 따른 원인을 추정한다.
2. 협력 업체 진단
    - 생산 과정을 현장에서 살펴본 후 실질적인 불량 발생의 원인을 찾는다.
    - 생산 현장 / 검사 SYSTEM 확인.

3. 목표 수립
    - 현재 불량대비 달성 불량 목표를 수립한다.
    - 자사 수입/공정 반품율 기준
4. 구체적인 실행 지도 항목 및 일정 계획
    - 개선 일정 및 진행 예정 사항 계획
    - 개선이 필요한 불량 발생원인 선정 (지그/공구/장비)
    - 작업 지도서 / 검사 기준서 확인
5. 계획한 일정대로 지도를 진행 한다.
    - "통제, 요구"가 아닌 "협력, 참여"이여야 한다.
6. 불량 예방 SYSTEM 확립
    - 불량이 발생 될 수 없는 생산 라인을 만든다. (FOOL PROOF)
    - 불량이 발생 되더라도 걸러질 수 있는 SYSTEM을 확립한다.
      (순차검사, 공정/출하 검사, 제품 성적서)
7. 지도 결과 보고 확인 및 관리유지
    - 개선 전/후 자사 수입/공정 반품율의 결과를 비교한다.
    - 개선 항목 및 내용을 보고한다.
    - 계획 했던 불량률 목표 달성 확인. (목표미달 : 원인 및 개선계획 보고)
    - 불량 예방 SYSTEM이 실행/유지 되고 있는지 확인한다.
    - 변경 사항이 즉시 적용 되고 있는지 확인 한다.

2차 협력사의 문제점

● 경영자측면 — 의식 부족
- 경쟁우위 선정을 위한 과다한 투자
- 모순적 이익구조(품질보다 매출에 의존)
- 품질관리는 대기업에서나 가능한 일
- 다품종 소량, 단납기 제품의 작업표준은 무리
- 불량의 원인제공은 도면과 가공단가

● 관리적 측면 — 품질 저하
- 인적자원의 교육, 훈련부족
- 직무분장이 명확하지 않다.
- 납기 일정은 있으나 관리의 룰이 없다.
- 재고의 기준과 형태의 정보가 없다.
- 품질관리의 Process가 없다.
- 현장 관리자의 관리 skill이 낮다.

● 인력적 측면 — 원가 상승
- 이직율이 높다
- 가공인력의 부족(인력 유동 심함)
- 기술축적이 안 된다(원가 경쟁력 약화)
- 사람으로 인한 품질, 불량 과다 발생
- 과로, 안전사고 불안감 조성
- 기술자는 자아도취에 빠져 있다.

● 설비적 측면 — 납기 지연
- 인력부족으로 인한 유휴설비 발생
- 다품종 소량으로 효율저하
- 가동률 향상을 위한 1인2기 노동 강도의 증가
- 설비 예방정비 안됨 사후정비에 의존
- 설비 노후로 인한 생산성저하 및 불량 발생

5. 부품개발의 신뢰도를 향상시키자

┃부품개발의 인증매뉴얼 - QS 9000 구성요소 중 APQP(사전 제품 품질 계획)

자동차부품은 설계나 자재관리 구성에 있어서도 수 천종에 이른다. 이를 완성차메이커가 하는 것은 일부분에 불과하며 대부분 1차 협력업체에 의해 이루어진다. 특히 승인도기술 추세로 볼 때 더욱 부품업체의 의존도는 높아지고 있다. 이 많은 부품의 개발과 품질인증을 위해 QS 9000 구성요소 중 APQP(사전 제품 품질 계획)이 있다.

자동차 부품 회사 직원들이 가장 많이 듣는 단어가 아마 APQP가 아닌가 한다. 물론 이는 자동차 회사들의 요구가 강해서 그럴 수도 있고 어떻게 보면 부품회사가 만들어야 하는 품질의 수준이기 때문이다.

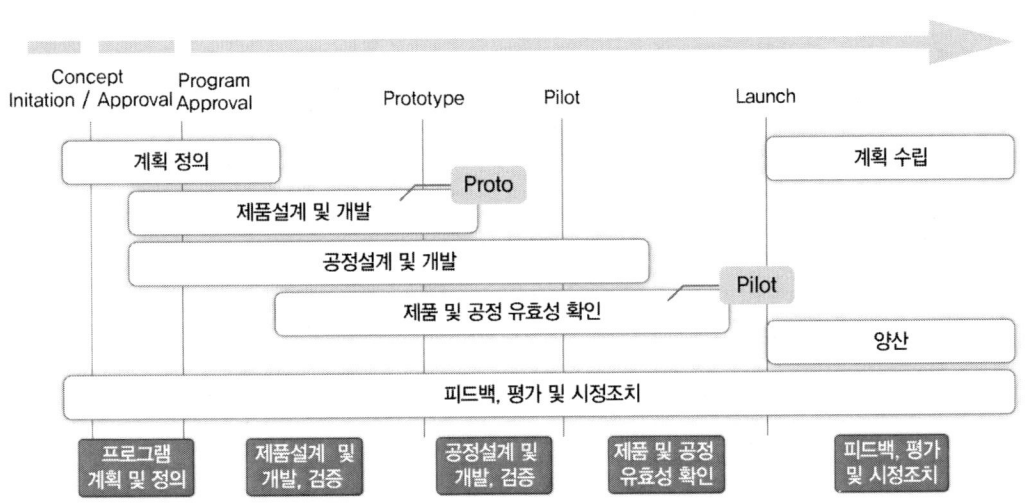

APQP(Advanced Product Quality Planning)는 제품의 개발 기획 단계부터 양산에 이르기까지 각 STAFF에서 무엇을 실행할 것인가를 정하고 양산개시 초 고객 요구사항이 만족되었는지를 입증하기 위한 활동지침이다. APQP는 고객 요구사항을 만족하는 제품 및 서비스 개발을 위한 목적으로 제정된 것으로 제품기획에서부터 제품양산 후 개선까지 전 과정을 기획 및 Program 정의, 제품 설계 및 개발, 공정 설계 및 개발, 제품 및 공정 유효성 확인, Feedback/평가 및 시정조치와 같은 5단계로 분류하고 각 단계별 설정된 입력과 출력사항을 검토하여 최종적으로 고객/공급자/협력업체간의 복잡성을 감소시켜 낭비요인을 제거하며 요구되는 변화를 신속히 파악하여 실행함으로 서 가장 저렴한 비용으로 적기에 제품을 제공할 수 있도록 도와준다.

부품개발 및 품질계획 시 사전 및 기본 검토사항

사전 검토

1. 신뢰성 목표
2. 품질 목표
3. 중요한 품질 특성
4. BOM
5. 기본적인 공정 흐름 구상
6. 품질보증방안

기본검토

1. 고객의 요구사항은 파악?
2. 과거 문제점은 파악?
3. 신제품의 기능과 용도는 파악?
4. 관련 법규는 파악?
5. 프로젝트의 원가는?
6. Bench Marking은 실시?

제품사양 확정 전

제품 사양을 확정 배포하기 전에 생산기술, 생산, 공무, 품질관리부서와 같은 사용/관리부서의 경험이 풍부한 직원이 제품사양에 의해 제조에 이상이 없는지를 검토하여 제조과정에서 이상이 없는지를 확인해야 한다.

제품설계 시 검토

1. 제품 설계를 할 때에 과거 유사 문제점을 파악하고 반영하였는가?
2. 공정 설계를 할 때에 과거 유사 문제점을 파악하고 반영하였는가?
3. 금형 설계를 할 때에 과거 유사 문제점을 파악하고 반영하였는가?
4. 설비 사양을 정할 때에 과거 유사 문제점을 파악하고 반영하였는가?
5. 치공구 설계를 할 때에 과거 유사 문제점을 파악하고 반영하였는가?
6. 외주 개발 시 과거 유사 문제점을 파악하고 반영하였는가?
7. 관리계획을 수립 할 때에 과거 유사 문제점을 파악하고 반영하였는가?

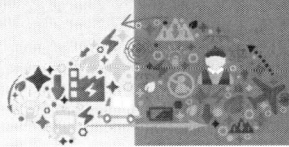

특별 특성 검토

제품의 용도, 관련법규, 고객요구정보를 바탕으로 제품개발/양산관리과정에서 정말 주의하여 관리하여야 할 '제품/ 공정특성'을 사전에 철저히 파악→구분→공정준비 시 반영→공정검증 시 별도관리→양산 시 별도 관리해야 한다. 이때 제품기능 이해자(연구소),생산기술, 생산, 공무, 품질관리와 같은 부서의 경험이 중요하다.

제조타당성 검토

1. 우선 도면 내에서 불확실한 내용은 없는가?
2. 공차 중에서 기존보다 tight한 요구는 없는가?
3. 이미 개발된 공정개념(공법)으로 어려운 항목은 없는가?
4. 생산성에 지대한 영향을 주는 항목은 없는가?
5. 유사제품의 Cpk와 비교 시 양산에서의 공정능력부족 예상항목은?
6. 재료수급상의 어려움이 예상되지는 않는지?
7. 조립상의 어려운 점은 없는가?
8. 형상, 외관을 포함하여 품질관리상의 모호한 점은 없는가?
9. 추가의 막대한 투자가 요구되어지는 항목은?
10. 취급, 운반, 포장 상의 어려움이 예상되지는 않는가?
11. 안전, 법규 상의 위배가 예상되지는 않는가?
12. 언급되고 있는 ES, MS내용상의 애로사항은 없는가?
13. 기타 본 사양으로인해 제조상의 어려운 점이 예상되지 않는가?

검사 측정시스템

제품의 용도, 관련법규, 고객요구정보를 바탕으로 공정 결과에 영향을 주는 측정변동 요인(측정자, 측정기 등)을 분석하여 측정 Data의 신뢰성을 확보함으로써 올바른 공정해석 및 공정개선을 유도하기 위한 것으로 관리계획서에 의해 파악된 제품 및 공정 특성에 대한 측정 Data값을 얻는데 사용된 측정 장비, 측정자, 측정방법, 측정환경 등 측정 프로세스를 구성하는 전체를 말한다.

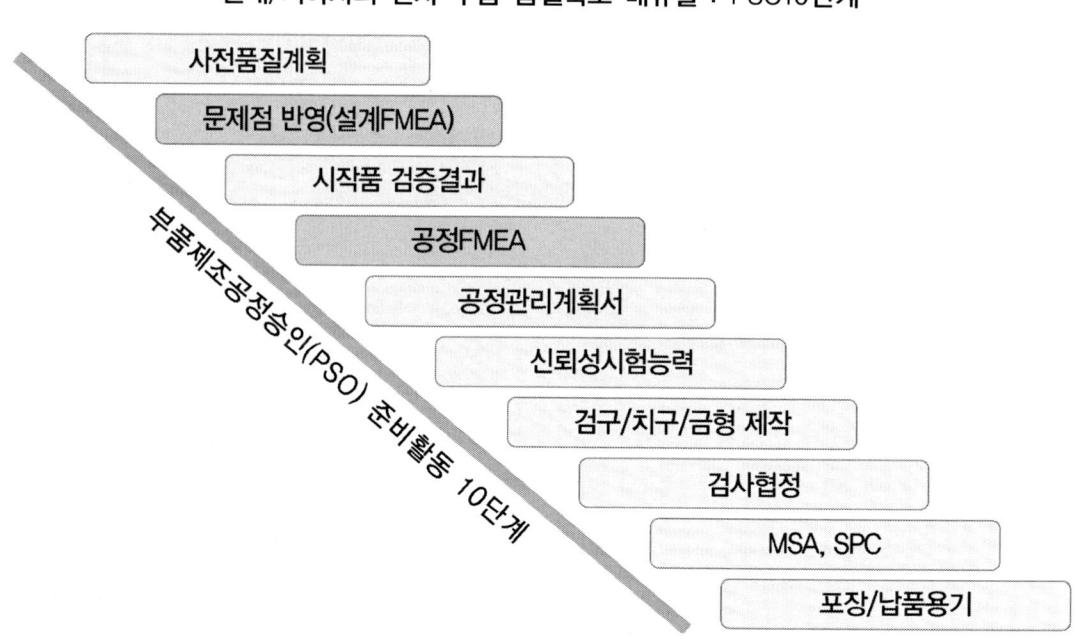

현대/기아차의 신차 부품 품질확보 매뉴얼 : PSO10단계

양산가능성 타당성 검토

양산에 앞서 파이로트를 근거로 양산가능성 여부를 검토하는데 이때 파이롯트의 수를 정함에 있어 10개의 결과를 갖고 6만개의 모습을 추정하는 것보다 100개결과를 이용하여 6만개를 추정하면 10개의 결과보다 더 정확하고, 300개의 결과는 100개의 결과보다 더 정확한 "양산 공정의 모습을 예측" 할 수 있다. 그래서 파이로트 제조 시 300개 이상의 제조가 요구된다.

양산가능성 검토사항

1. 제품품질은 도면과 일치하는가
2. 요구 공정능력은 만족하는가
3. 고객의 요구사항을 만족하는가
4. Capacity 만족하는가
5. 작업자 안전은
6. 작업 환경은
7. 공정운영상의 문제점은
8. 관리계획은 적절한가
9. 5M 준비상태는 적절한가

▌양산부품승인절차 (PPAP)

PPAP는 모든 고객 요구사항(도면, 허용치, 사양 등)에 대하여 공급자가 적절하게 이해하고 있으며, 실제로 이런 요구사항들을 충족시키는 제품을 생산할 수 있는 잠재력을 갖고 있는가를 결정하기 위한 것이다. PPAP의 대상제품은 8시간동안 최소 300개의 연속생산의 정규 양산라인 가동품 이어야 한다. 양산조건에서 공구, 공정 재료 및 생산현장에서 제조되어야 한다.

▌양산 초도품 승인 (Initial Sample Inspection Report)

기존의 부품이 제품상, 제조공정상 임의의 어떠한 변경이 있을 시, 그 부품이 설계 도면에서 요구되는 품질을 여전히 만족하며 균질한 품질이 기존과 같이 유지될 수 있는지 QC에서 최종 확인하는 과정을 말한다.

확인사항으로 변경 전후 도면과 실제 부품의 일치성, 장착 조립성, 변경 전후 P/NO, ALC 코드, 변경사항에 대한 확인시험의 항목 확인과 신뢰성, 제조공정 확인(공정감사 – 공법변경, 업체변견, 공장변경 등), 완성차 품질확인 등이다.

초일류 자동차부품기업의 공장관리 매뉴얼
자동차 협력업체의 생존 혁신

초 판 발 행 | 2015년 1월 20일
제1판2쇄발행 | 2022년 2월 25일

지 은 이 | 안 병 하
발 행 인 | 김 길 현
발 행 처 | (주)골든벨
등   록 | 제 1987-000018호   ⓒ 2015 Golden Bell
I S B N | 979-11-85343-83-9
가   격 | 23,000원

이 책을 만든 사람들

편 집 · 디 자 인	조경미, 남동우
웹 매 니 지 먼 트	안재명, 서수진, 김경희
공 급 관 리	오민석, 정복순, 김봉식
제 작 진 행	최병석
오 프 마 케 팅	우병춘, 이대권, 이강연
회 계 관 리	문경임, 김경아

㉾ 04316 서울특별시 용산구 245(원효로1가 53-1) 골든벨빌딩 5~6F
- TEL : 도서 주문 및 발송 02-713-4135 / 회계 경리 02-713-4137ㅌ
  내용 관련 문의 02-713-7452 / 해외 오퍼 및 광고 02-713-7453
- FAX : 02-718-5510   • http : // www.gbbook.co.kr   • E-mail : 7134135@ naver.com

이 책에서 내용의 일부 또는 도해를 다음과 같은 행위자들이 사전 승인 없이 인용할 경우에는 저작권법 제93조 「손해배상청구권」에 적용 받습니다.
① 단순히 공부할 목적으로 부분 또는 전체를 복제하여 사용하는 학생 또는 복사업자
② 공공기관 및 사설교육기관(학원, 인정직업학교), 단체 등에서 영리를 목적으로 복제·배포하는 대표, 또는 당해 교육자
③ 디스크 복사 및 기타 정보 재생 시스템을 이용하여 사용하는 자

※ 파본은 구입하신 서점에서 교환해 드립니다.